Springer-Lehrbuch

Peter Bundschuh

Einführung in die Zahlentheorie

Sechste, überarbeitete und aktualisierte Auflage

 Springer

Prof. Dr. Peter Bundschuh
Universität Köln
Mathematisches Institut
Weyertal 86–90
50931 Köln

ISBN 978-3-540-76490-8   ISBN 978-3-540-76491-5 (eBook)

DOI 10.1007/978-3-540-76491-5

Springer-Lehrbuch ISSN 0937-7433

Bibliografische Information der Deutschen Nationalbibliothek
Die Deutsche Nationalbibliothek verzeichnet diese Publikation in der Deutschen Nationalbibliografie; detaillierte bibliografische Daten sind im Internet über http://dnb.d-nb.de abrufbar.

Mathematics Subject Classification (2000): 11-01

Satz: Datenerstellung durch den Autor unter Verwendung eines Springer TEX-Makropakets
Herstellung: LE-TEX Jelonek, Schmidt & Vöckler GbR, Leipzig
Umschlaggestaltung: WMXDesign GmbH, Heidelberg

Gedruckt auf säurefreiem Papier

9 8 7 6 5 4 3 2 1

springer.de

Vorwort zur Erstauflage

Untersuchungen verschiedener Eigenschaften natürlicher Zahlen gehörten historisch zu den ältesten Beschäftigungen mit mathematischen Problemen überhaupt. So entstanden bereits im griechischen Altertum Mathematikbücher wie EUKLIDs *Elemente* und DIOPHANTs *Arithmetika*, die sich teilweise oder ausschließlich mit der systematischen Behandlung ganzzahliger Fragestellungen befaßten. Mit dem ausgehenden Altertum schwand jedoch weitgehend das Interesse an der Mathematik insgesamt und wirklich starke, neue Impulse erhielt die Lehre von den ganzen Zahlen erst wieder im 17. und 18. Jahrhundert, vor allem durch FERMAT und EULER. Während die Nachwelt FERMATs Ergebnisse noch mühsam seiner reichen Korrespondenz mit gebildeten Zeitgenossen entnehmen mußte, publizierte EULER seine Resultate zumeist in Zeitschriftenserien der Akademien, die einige große europäische Höfe eingerichtet hatten.

Die ersten umfassenden und systematischen Darstellungen dessen, was zu ihrer Zeit zum gesicherten Wissen in der Lehre von den ganzen Zahlen gehörte, gaben dann um die Wende zum 19. Jahrhundert nahezu zeitgleich LEGENDRE mit seinem *Essai sur la Théorie des Nombres* (1798) und GAUSS mit seinen *Disquisitiones Arithmeticae* (1801). Vor allem das epochemachende Werk von GAUSS mit seiner Fülle von neuen und tiefliegenden Entdeckungen brachte die Zahlen*theorie* als selbständige Teildisziplin der Gesamtmathematik erst eigentlich auf den Weg.

In den seither verflossenen fast zweihundert Jahren hat sich die Zahlentheorie gewaltig weiterentwickelt und in verschiedene Richtungen verzweigt. Dementsprechend ist eine umfangreiche zahlentheoretische Literatur entstanden, vom einführenden Lehrbuch bis hin zur speziellen Monographie.

Diese Situation nötigt jedem neu hinzukommenden Autor eine Rechtfertigung für sein Tun ab. So habe ich mir als Ziel gesetzt, die wichtigsten Grundlagen der Zahlentheorie in einer Weise zu präsentieren, die die historische Entwicklung in stärkerem Maße als üblich berücksichtigt. Daneben wollte ich aufzeigen, wie sich bei der Behandlung mancher spezieller Probleme neue Teilgebiete der Zahlentheorie herausgebildet und selbständig weiter entfaltet haben. Davon, daß dieser Prozeß bisweilen in intensiver Wechselwirkung mit anderen mathematischen Disziplinen ablief, zeugen etwa analytische Zahlentheorie und Funktionentheorie. Eine weitere Aufgabe der vorliegenden Darstellung ist die Heranführung des

Lesers an das Studium vertiefender Literatur, die in den Text eingearbeitet und am Ende des Buches zusammengestellt ist.

Behandelt wird in den ersten fünf Kapiteln etwa der Stoff einer einsemestrigen vierstündigen Einführungsvorlesung in die Zahlentheorie. Dabei ergeben sich schon an sehr frühen Stellen neue Probleme, die in späteren Kapiteln wieder aufgegriffen und vertieft werden. So werden z.B. bereits im ersten Kapitel über Teilbarkeit arithmetische bzw. Primzahlfragen angeschnitten, die im fünften und sechsten bzw. siebten fortgeführt werden.

Besonders in den beiden letztgenannten Kapiteln über Transzendenz bzw. Primzahlen soll der Leser beispielhaft lernen, wie die Zahlentheorie sich zur Lösung ihrer Probleme bisweilen anderer mathematischer Disziplinen bedient. Beide Kapitel belegen eindrucksvoll die Leistungsfähigkeit funktionentheoretischer Methoden im Einsatz bei zahlentheoretischen Fragestellungen, wobei im sechsten außerdem einige Sätze aus der Algebra zum benötigten Instrumentarium gehören.

Das Inhaltsverzeichnis gestattet einen sehr detaillierten Überblick über den behandelten Stoff. Dabei wird der eine Kenner dies, der andere jenes vermissen, etwa die Theorie der quadratischen Formen oder die Geometrie der Zahlen, um nur zwei Unterlassungen zu nennen, die in ihrer Gesamtheit von der auferlegten Beschränkung des Buchumfangs herrühren. Aus demselben Grund sind außer kleineren Dingen, die gelegentlich "dem Leser zur Übung überlassen" werden, auch keine Aufgaben eingearbeitet. In dieser Hinsicht muß der interessierte Leser auf einige im Literaturverzeichnis zusammengestellte Bücher verwiesen werden.

Was die Ausführlichkeit der Darstellung angeht, wird sie dem Kenner zu groß sein, während sie dem Anfänger in gewissen Passagen zu knapp erscheinen mag. Generell sollte das Buch, abgesehen von Kap. 1, §§ 5, 6, Kap. 6, §§ 4, 5 und Kap. 7, § 3, jedem interessierten Leser zugänglich sein, der in gymnasialer Oberstufe, universitären Anfängerkursen oder im Selbststudium die Sprache der modernen Mathematik erlernt und eine gewisse Übung im Umgang mit mathematischen Sachverhalten und Schlußweisen erlangt hat.

Ein Zitat 3.4.2 verweist auf Abschnitt 2 im Paragraphen 4 des Kapitels 3, Satz 3.4.2A auf den dort zu findenden Satz A. Innerhalb eines Kapitels bleibt bei Zitaten die Nummer dieses Kapitels weg, im gleichen Paragraphen eines Kapitels auch noch die Paragraphennummer; so wird mit Satz 2A bzw. Lemma 2 der Satz A bzw. das Lemma in Abschnitt 2 desselben Kapitels und Paragraphen zitiert. Schließlich deutet das Zeichen □ das Ende eines Beweises an.

Aus der Reihe der konstruktiven Kritiker, die manche Verbesserung oder Ergänzung angeregt haben, sei Herr Dozent Dr. A. T. PETHÖ besonders hervorgehoben. Nicht zuletzt hat er sich, ebenso wie Herr Dr. S. ECKMANN, der Mühe unterzogen, die erste Fassung des Manuskripts gewissenhaft durchzusehen; die endgültige Version wurde von Herrn cand. math. T. TÖPFER vollständig geprüft. Allen drei Herren möchte ich für ihre Mithilfe bestens danken. Frau E. STIEHL–SCHÖNDORFER besorgte das Schreibmaschinenmanuskript, Frau E. LORENZ nahm die Erfassung in TEX vor; beiden Damen gilt mein herzlicher Dank für ihre sorgfältige Arbeit. Schließlich habe ich dem Springer-Verlag für sein Entgegenkommen zu danken.

Köln, im Juli 1987 P. Bundschuh

Vorwort zur zweiten Auflage

Die vorliegende zweite Auflage der "Einführung in die Zahlentheorie" stellt eine korrigierte und, wo nötig, auf den neuesten Stand gebrachte Fassung der 1988 erschienenen Erstauflage dar. Auch das Literaturverzeichnis wurde — dem Geschmack des Verfassers gemäß — aktualisiert, wobei erneut keinerlei Vollständigkeit angestrebt werden konnte.

Danken möchte ich dem Verlag für sein freundliches Angebot, diese Zweitauflage meiner "Zahlentheorie" in seine Reihe "Springer-Lehrbuch" aufzunehmen. Schließlich habe ich Herrn Dipl.–Math. R. MÜLLER für die Besorgung der reproduktionsfähigen TEX–Vorlage der Zweitauflage ebenso zu danken wie meinem Sohn RALF, ohne dessen stete Bereitschaft zur Computerunterstützung manche Tabelle nicht so zügig entstanden wäre.

Köln, im Dezember 1991 P. Bundschuh

Vorwort zur dritten Auflage

Gegenüber der zweiten Auflage mußte diese dritte erneut aktualisiert werden, nicht zuletzt wegen des inzwischen gelungenen Beweises der FERMATschen Vermutung. Auch waren einige weitere kleine Inkorrektheiten oder Druckfehler zu beseitigen, auf die ich zum Teil von Lesern der früheren Auflagen hingewiesen wurde, denen ich für ihre Kritik deshalb dankbar bin. Für die technische Herstellung des überarbeiteten Textes danke ich Frau E. STIEHL-SCHÖNDORFER und Herrn Dipl.-Math. B. GREUEL sehr herzlich.

Köln, im Juni 1996 P. Bundschuh

Vorwort zur vierten bis sechsten Auflage

Auch für diese Neuauflagen waren einige Passagen dem aktuellen Stand der Forschung anzupassen, etwa dort, wo Rekorde rasch fallen, wie bei den MERSENNEschen Primzahlen oder bei der Dezimalbruchentwicklung so prominenter Zahlen wie π. Wieder habe ich einer Reihe von Lesern – meine Diktion schließt Leserinnen stets mit ein – für Verbesserungsvorschläge sehr zu danken ebenso wie Frau STIEHL-SCHÖNDORFER und den Herren Dipl.-Math. B. GREUEL und Dr. M. WELTER für ihre Mithilfe bei den jeweiligen Überarbeitungen.

Köln, Juni 1998, März 2002, August 2007   P. Bundschuh

Inhaltsverzeichnis

Kapitel 1. Teilbarkeit

Die ersten zwei Paragraphen dieses einführenden Kapitels entwickeln die Teilbarkeitstheorie im speziellen Integritätsring der ganzen Zahlen in einem Umfang, der bereits interessante Teile der "elementaren" Zahlentheorie zu begründen gestattet. Diese beiden Anfangsparagraphen beschäftigen sich mit dem multiplikativen Aufbau der ganzen Zahlen aus Primzahlen und gipfeln in zwei Beweisen für den Fundamentalsatz der Arithmetik.

Die in § 3 aufgeworfene und vollständig behandelte Frage nach der Lösbarkeit linearer diophantischer Gleichungen und nach der genauen Struktur der Lösungsgesamtheit solcher Gleichungen kann als natürliche Verallgemeinerung der Frage nach Teilbarkeit zweier ganzer Zahlen verstanden werden. Die in diesem Paragraphen besprochene Problematik wird in Kap. 4 weitergeführt und vertieft.

Die als Anwendung des Fundamentalsatzes in § 1 eingeführte Teileranzahlfunktion ebenso wie die Teilersummenfunktion sind erste Beispiele multiplikativer zahlentheoretischer Funktionen. Die wichtigsten derartigen Funktionen mit ihren wesentlichen Eigenschaften werden in § 4 aus dem Faltungsbegriff gewonnen, wie dies in moderneren Darstellungen üblich geworden ist.

Der eilige Leser kann § 4 ohne weiteres bei der ersten Lektüre übergehen, muß allerdings auf diesen Paragraphen jeweils dann zurückkommen, wenn er an späteren Stellen des Buchs auf spezielle zahlentheoretische Funktionen stößt, deren Eigenschaften er benötigt. So wird er bereits ab Kap. 2 die in 4.11 bereitgestellten Ergebnisse über die EULERsche Phifunktion immer wieder brauchen. Dagegen wird er sich mit anderen Dingen, die zweckmäßigerweise ebenfalls schon in § 4 vorbereitet sind, erst später intensiver vertraut machen müssen.

Die beiden letzten Paragraphen 5 und 6 dieses Anfangskapitels verfolgen hauptsächlich zwei Ziele:

Einerseits beschäftigen sie sich mit der Teilbarkeitstheorie beliebiger Integritätsringe. Dabei steht das Problem im Vordergrund, Bedingungen an solche Ringe zu finden, die garantieren, daß eine multiplikative Zerlegungsaussage analog zum Fundamentalsatz der Arithmetik gilt. Hierher gehören z.B. die Polynomringe über Körpern, die am Ende von § 5 studiert werden.

Andererseits leiten diese über zum zweiten Hauptziel, der Klärung der wichtigsten Eigenschaften algebraischer Zahlen und algebraischer Zahlkörper in der ersten Hälfte von § 6. Dort werden insbesondere sämtliche algebraischen Grundlagen für die Transzendenzuntersuchungen in Kap. 6 gelegt. Gegen Ende von § 6 wird die Problematik von § 5 aufgenommen, indem nun speziell die Integritätsringe der ganzen Zahlen besonders einfacher algebraischer, nämlich quadratischer Zahlkörper daraufhin untersucht werden, ob in ihnen ein Analogon zum Fundamentalsatz gilt.

Die Paragraphen 5 und 6, die der Leser zunächst überschlagen und zu denen er später bei Bedarf zurückkehren kann, enthalten nahezu alle in diesem Buch benötigten Tatsachen aus der Algebra.

§ 1.   Fundamentalsatz der Arithmetik

1. Natürliche und ganze Zahlen. Mit $\mathbb{N}$ bzw. $\mathbb{Z}$ werden hier wie üblich die Mengen der natürlichen Zahlen $1, 2, 3, \ldots$ bzw. der ganzen Zahlen $\ldots, -1, 0, 1, 2, \ldots$ bezeichnet. In der Zahlentheorie nimmt man ihre axiomatische Einführung als bereits vollzogen hin und interessiert sich für zahlreiche spezielle Eigenschaften, die diese Zahlen haben können. Für eine axiomatische Beschreibung der beiden genannten Mengen muß der Leser auf die einschlägige Lehrbuchliteratur verwiesen werden. Nur der Bequemlichkeit halber sollen hier kurz die wichtigsten Eigenschaften natürlicher bzw. ganzer Zahlen zusammengestellt werden, soweit sie zu den in diesem Buch (meist stillschweigend) benutzten unmittelbaren Konsequenzen aus der axiomatischen Beschreibung zu rechnen sind.

Die *natürlichen Zahlen* bilden eine Menge $\mathbb{N}$, aus der ein mit 1 bezeichnetes Element hervorgehoben ist und auf der eine injektive Selbstabbildung S ("Nachfolgefunktion") mit $1 \notin S(\mathbb{N})$ definiert ist, so daß gilt: *Wenn für eine Teilmenge* $M \subset \mathbb{N}$ *die Bedingungen* $1 \in M$ *und* $S(M) \subset M$ *gelten, dann ist* $M = \mathbb{N}$.

0. Das letztgenannte Axiom ist eine mengentheoretische Fassung des wohlbekannten *Prinzips der vollständigen Induktion*.

1. Sodann wird eine *Addition* $+$ und eine *Multiplikation* $\cdot$ in $\mathbb{N}$ definiert, für die man sämtliche vertrauten Rechenregeln (Assoziativ- und Kommutativgesetze sowie Distributivgesetz) nachweisen kann.

2. Des weiteren werden auf $\mathbb{N}$ Relationen $<$ bzw. $\leq$ in der üblichen Weise eingeführt: Für $m, n \in \mathbb{N}$ schreibt man $m < n$ genau dann, wenn es ein $q \in \mathbb{N}$ mit $m + q = n$ gibt; man schreibt $m \leq n$ genau dann, wenn $m < n$ oder $m = n$ zutrifft. Offenbar ist $\leq$ eine Ordnungsrelation: Die für eine Ordnung charak-

teristischen Eigenschaften (Reflexivität, Antisymmetrie, Transitivität) können nämlich für ≤ leicht nachgewiesen werden. Auch ergeben sich die *Monotonie* der obigen Ordnungsrelation ≤ bezüglich Addition und Multiplikation ebenso wie deren *Linearität*.

3. Schließlich ist jetzt das folgende, für viele Beweise der Zahlentheorie überaus nützliche *Prinzip des kleinsten Elements* einfach zu zeigen: *Jede nicht leere Teilmenge von $\mathbb{N}$ hat ein* (eindeutig bestimmtes) *kleinstes Element,* d.h. aus $M \subset \mathbb{N}$, $M \neq \emptyset$ folgt die Existenz (genau) eines $m \in M$ mit $m \leq n$ für alle $n \in M$.

Bemerkungen. 1) Wie üblich wird $2 := S(1)$, $3 := S(2)$ usw. geschrieben.

2) Andere geläufige Varianten des Induktionsprinzips wie z.B. die mit beliebigem Induktionsanfang oder diejenigen, welche für den Induktionsschritt nicht nur die unmittelbar vorausgehende Aussage, sondern *alle* vorangehenden ausnutzt, werden ebenso angewandt.

Aus der bezüglich der Addition $+$ kommutativen Halbgruppe $\mathbb{N}$ gewinnt man rein algebraisch (durch Bildung von Paaren natürlicher Zahlen) die additive Gruppe $\mathbb{Z}$ der *ganzen Zahlen*. Die ursprünglich nur in $\mathbb{N}$ definierte Multiplikation $\cdot$ kann so auf $\mathbb{Z}$ fortgesetzt werden, *daß $\mathbb{Z}$ bezüglich seiner Addition und Multiplikation einen Integritätsring bildet,* d.h. einen kommutativen, nullteilerfreien Ring mit Einselement.

Schließlich läßt sich die Ordnungsrelation ≤ von $\mathbb{N}$ auf $\mathbb{Z}$ so erweitern, daß die oben genannten Linearitäts- und Monotonieeigenschaften erhalten bleiben mit der alleinigen Maßgabe, daß aus $\ell, m, n \in \mathbb{Z}$ und $m \leq n$ die Beziehung $\ell \cdot m \leq \ell \cdot n$ (das Multiplikationszeichen $\cdot$ wird später in der Regel weggelassen) nur noch bei $0 \leq \ell$, d.h. bei $\ell \in \mathbb{N}_0 := \mathbb{N} \cup \{0\}$ folgt.

In $\mathbb{N}$ bzw. $\mathbb{Z}$ definiert man ergänzend $n \geq m$ (bzw. $n > m$) durch $m \leq n$ (bzw. $m < n$). Bequem ist auch die Einführung des Absolutbetrages durch $|n| := n$, falls $n \in \mathbb{N}_0$ bzw. $|n| := -n$, falls $-n \subset \mathbb{N}_0$.

Bemerkung. 3) Sehr bald werden in diesem Buch rationale und reelle, etwas später komplexe Zahlen auftreten. Auch die grundlegende Einführung der Körper $\mathbb{Q}$, $\mathbb{R}$ bzw. $\mathbb{C}$ der rationalen, reellen bzw. komplexen Zahlen wird hier als anderweitig durchgeführt betrachtet. Genauso werden elementare Funktionen wie Wurzel- oder Logarithmusfunktionen als bekannt vorausgesetzt.

2. Teiler. Sind $m \neq 0$ und n ganze Zahlen, so heißt n durch m *teilbar,* wenn es eine (und dann auch nur eine) ganze Zahl q mit $n = mq$ gibt. Gleichbedeutend damit sind Sprechweisen wie: m ist ein *Teiler* von n, oder: n ist ein *Vielfaches* von m, oder: m *geht in* n *auf.* In Zeichen wird dies durch $m|n$ ausgedrückt; $m\!\not|\,n$ bedeutet die Negation dieser Aussage, besagt also, daß n nicht durch m teilbar ist.

Es sei ausdrücklich betont, daß *Teiler* hier und im folgenden *stets als von Null verschieden vorausgesetzt* werden: Dies geschieht deshalb, weil die Gleichung $n = 0 \cdot q$ nur für $n = 0$ bestehen kann, dann allerdings für jedes ganze q.

Aus der angegebenen Definition der Teilbarkeit in $\mathbb{Z}$ folgen einige leichte Rechenregeln, die sogleich als Satz zusammengestellt seien; dabei bedeuten lateinische Buchstaben, gleichgültig ob indiziert oder nicht, stets ganze Zahlen.

Satz.

(i)   *Für jedes* $n \neq 0$ *gilt* $n|0$ *und* $n|n$.

(ii)   *Gilt* $m|n$, *so auch* $-m|n$ *und* $m|-n$.

(iii)   *Für alle* n *gilt* $1|n$.

(iv)   *Aus* $m|n$ *und* $n \neq 0$ *folgt* $|m| \leq |n|$.

(v)   *Aus* $n|1$ *folgt entweder* $n = 1$ *oder* $n = -1$.

(vi)   *Aus* $m|n$ *und* $n|m$ *folgt entweder* $n = m$ *oder* $n = -m$.

(vii)   *Aus* $\ell|m$ *und* $m|n$ *folgt* $\ell|n$.

(viii)   *Bei* $\ell \neq 0$ *sind* $m|n$ *und* $\ell m|\ell n$ *gleichbedeutend.*

(ix)   *Gelten* $m|n_1$ *und* $m|n_2$, *so auch* $m|(\ell_1 n_1 + \ell_2 n_2)$ *bei beliebigen* ℓ_1, ℓ_2.

(x)   *Gelten* $m_1|n_1$ *und* $m_2|n_2$, *so auch* $m_1 m_2|n_1 n_2$.

Exemplarisch sei der *Beweis* für die Regel (vii) geführt. Die dort gemachte Voraussetzung besagt, daß es ganze q_1, q_2 gibt, so daß $m = \ell q_1$ und $n = m q_2$ gelten. Daraus folgt $n = \ell(q_1 q_2)$ und dies bedeutet $\ell|n$. $\square$

Bemerkungen. 1) Folgerungen wie in (v) bzw. (vi) werden oftmals kürzer als $n = \pm 1$ bzw. $n = \pm m$ notiert.

2) Die beiden Regeln (i) und (ii) beinhalten offenbar, daß man bei der Untersuchung der Frage, ob $m|n$ oder $m\!\not|\,n$ gilt, o.B.d.A. m und n als natürliche Zahlen voraussetzen darf.

3. Primzahlen. Regel (iv) des letzten Satzes besagt, daß jedes $n \in \mathbb{N}$ höchstens n verschiedene natürliche Teiler haben kann. Schreibt man $\tau(n)$ für die Anzahl der verschiedenen natürlichen Teiler von $n \in \mathbb{N}$, so ist stets $\tau(n) \leq n$. Nach Satz 2(iii) ist $\tau(n) \geq 1$, insbesondere $\tau(1) = 1$. Die *Teileranzahlfunktion* τ wird in 7 und später in § 4 genauer untersucht.

Kombiniert man die Regeln (i) und (iii) aus Satz 2, so erhält man $\tau(n) \geq 2$ für jedes ganze $n \geq 2$. Diejenigen n mit $\tau(n) = 2$ bekommen nun einen speziellen Namen: Eine ganze Zahl $n \geq 2$ heißt *Primzahl*, wenn 1 und n ihre einzigen positiven Teiler sind. Ist eine ganze Zahl $n \geq 2$ nicht Primzahl, so heißt sie *zusammengesetzt*.

Nach dieser Definition ist 1 keine Primzahl. Ein Grund, warum man die Definition heute stets so faßt, daß 1 nicht zu den Primzahlen rechnet, wird in Bemerkung 3 von 5 erläutert.

Die Folge der Primzahlen, der Größe nach geordnet, beginnt also mit

$$2, 3, 5, 7, 11, 13, 17, 19, 23, \ldots \quad .$$

Zur Klärung der Frage, ob die bisweilen mit $\mathbb{P}$ bezeichnete Menge aller Primzahlen unendlich ist, beweist man zunächst das

Lemma. *Der kleinste positive, von 1 verschiedene Teiler $p(n)$ jeder ganzen Zahl $n \geq 2$ ist Primzahl.*

Beweis. Nach Satz 2(i) hat n (≥ 2) mindestens einen von 1 verschiedenen positiven Teiler, nämlich n selbst. Die Menge aller derartigen Teiler ist also nicht leer und hat daher ein kleinstes Element (vgl. das in 1 explizit aufgeführte "Prinzip"), welches $p(n)$ genannt werde; es ist offenbar $p(n) \geq 2$. Wäre $p(n)$ nicht Primzahl, so hätte es einen von 1 und $p(n)$ verschiedenen positiven Teiler t. Nach Satz 2(iv), (vii) wäre $t < p(n)$ bzw. $t|n$ und in Verbindung mit $t \geq 2$ würde dies der Definition von $p(n)$ widersprechen. $\qquad\square$

Die vor dem Lemma aufgeworfene Frage beantwortet der

4. Satz von EUKLID. *Es gibt unendlich viele Primzahlen.*

Beweis. Sind $p_0, \ldots, p_{r-1} \in \mathbb{P}$ paarweise verschieden, so definiert man die von 1 verschiedene Zahl $n \in \mathbb{N}$ durch

$$(1) \qquad\qquad n := 1 + \prod_{\rho=0}^{r-1} p_\rho \quad .$$

Nach Lemma 3 ist $p(n)$ eine n teilende Primzahl. Wäre $p(n)$ gleich einem der p_ρ, so würde $p(n)|1$ gelten nach Satz 2(ix), was nicht geht. Man hat also $p_r := p(n) \in \mathbb{P} \setminus \{p_0, \ldots, p_{r-1}\}$. $\qquad\square$

Der vorstehende Beweis liefert ein effektives Verfahren (man redet von einem *Algorithmus*) zur Gewinnung unendlicher Folgen $(p_r)_{r \in \mathbb{N}_0}$ paarweise verschiedener Primzahlen: Man startet mit beliebigem $p_0 \in \mathbb{P}$, denkt sich die r paarweise verschieden $p_0, \ldots, p_{r-1} \in \mathbb{P}$ bereits erhalten, definiert n_r durch die rechte Seite in (1) und setzt dann $p_r := p(n_r)$. Beginnt man etwa mit $p_0 := 2$, so führen die ersten Schritte dieses Verfahrens zur folgenden kleinen Tabelle:

r	0	1	2	3	4	5	6	7
n_r	–	3	7	43	1807	23479	1244335	6221671
p_r	2	3	7	43	13	53	5	6221671

Um hier zu entscheiden, ob 1807 Primzahl ist, braucht man keineswegs von allen Primzahlen $p < 1807$ festzustellen, ob sie 1807 teilen oder nicht. Es reicht, dies für die $p \leq \sqrt{1807}$ zu tun, also für die Primzahlen unterhalb 43. Dies reduziert den Rechenaufwand ganz erheblich und man stützt sich dabei auf folgende

Proposition. *Eine ganze Zahl $n \geq 2$ ist genau dann Primzahl, wenn $p(n) > \sqrt{n}$ gilt.*

Beweis. Für $n \in \mathbb{P}$ ist $p(n) = n > \sqrt{n}$. Ist n zusammengesetzt, so schreibt man $n = mp(n)$; die natürliche Zahl m genügt $1 < m < n$ und man hat $p(m) \geq p(n)$, also $n \geq p(m)p(n) \geq p(n)^2$. □

Bemerkungen. 1) EUKLIDs Satz findet sich (im wesentlichen mit dem hier präsentierten Beweis) wie folgt in Buch IX, § 20 seiner *Elemente* (griechisch $\Sigma \tau o \iota \chi \varepsilon \tilde{\iota} \alpha$) formuliert: "Es gibt mehr Primzahlen als jede vorgelegte Anzahl von Primzahlen."

2) Weitere Beweise des EUKLIDschen Satzes finden sich in 4.5, 4.11 und 2.1.2. In Kap. 7 wird insbesondere die durch $\pi(x) := \#\{p \in \mathbb{P} : p \leq x\}$ definierte, stückweise konstante, monoton wachsende Funktion $\pi : \mathbb{R} \to \mathbb{N}_0$ eingehend untersucht. Sie beschreibt quantitativ die Verteilung der Primzahlen in der Menge der natürlichen Zahlen.

5. Der Fundamentalsatz der Arithmetik ist das Hauptergebnis dieses ersten Paragraphen und zeigt deutlich die große Bedeutung der Primzahlen für den multiplikativen Aufbau der natürlichen Zahlen.

Fundamentalsatz der Arithmetik. *Jede von Eins verschiedene natürliche Zahl ist als Produkt endlich vieler Primzahlen darstellbar; diese Darstellung ist eindeutig, wenn man die in ihr vorkommenden Primzahlen der Größe nach ordnet.*

Ohne eine solche Ordnung ist diese Darstellung also nur bis auf die Reihenfolge der eingehenden Primzahlen eindeutig.

Existenzbeweis. Ist n Primzahl, so ist nichts weiter zu tun; insbesondere hat man damit den Induktionsanfang bei $n = 2$ erledigt. Sei nun $n \in \mathbb{N}$, $n > 2$ und es werde die Existenz einer Zerlegung für alle $m \in \{2, \ldots, n-1\}$ vorausgesetzt. O.B.d.A. darf angenommen werden, daß n zusammengesetzt ist. Nach Lemma 3 ist $p(n)$ Primzahl und es werde $n = mp(n)$ geschrieben, woraus sich $m \in \{2, \ldots, n-1\}$ ergibt. Nach Induktionsvoraussetzung hat man

$$m = \prod_{\rho=1}^{r} p_\rho$$

mit gewissen $p_\rho \in \mathbb{P}$, was mit $p_{r+1} := p(n) \in \mathbb{P}$ zu $n = \prod_{\rho=1}^{r+1} p_\rho$ führt. $\square$

Eindeutigkeitsbeweis. Wird angenommen, die Menge der natürlichen Zahlen > 1 mit nicht eindeutiger Produktzerlegung sei nicht leer, so sei n ihr kleinstes Element. Schreibt man wieder $n = mp(n)$, so ist dies eine Produktzerlegung von n, unter deren Faktoren die Primzahl $p(n)$ vorkommt. Nach der über n gemachten Annahme hat diese Zahl eine weitere Produktzerlegung $n = \prod_{\sigma=1}^{s} q_\sigma$ mit allen $q_\sigma \in \mathbb{P}$, die nach Lemma 3 und nach Induktionsvoraussetzung sämtliche größer als $p(n)$ sein müssen. Setzt man*) $n' := n - p(n) \prod_{\sigma=2}^{s} q_\sigma$, so ist dies wegen

$$(1) \qquad\qquad n' = (q_1 - p(n)). \prod_{\sigma=2}^{s} q_\sigma$$

eine natürliche Zahl, die wegen $p(n)|n$ und Satz 2(ix) durch $p(n)$ teilbar ist. Weiter ist $n' < n$ und also ist n' eindeutig in ein Produkt von Primzahlen zerlegbar, unter denen $p(n)$ vorkommt. Aus (1) sieht man dann $p(n)|(q_1 - p(n))$, also $p(n)|q_1$, was der Tatsache widerspricht, daß $q_1 \in \mathbb{P}$, $q_1 > p(n)$ gilt. $\square$

Offenbar liefert der obige Existenzbeweis für die Produktzerlegung ein effektives Verfahren zur Gewinnung derselben: Will man ein $n \in \mathbb{N}$ mit $n \geq 2$ in seine

---

*) Wie üblich hat man unter *leeren Produkten* Eins zu verstehen; genauso hat man *leere Summen* stets als Null zu interpretieren.

Primfaktoren (diese Redeweise hat sich für die in der Zerlegung vorkommenden Primzahlen eingebürgert) zerlegen, so setzt man $n_0 := n$ und denkt sich die streng fallende Folge $n_0 > n_1 > \ldots > n_r$ natürlicher Zahlen schon so gewonnen, daß für $\rho = 1, \ldots, r$ gilt

$$(2) \qquad\qquad n_\rho = \frac{n_{\rho-1}}{p(n_{\rho-1})}$$

Ist $n_r = 1$, so hört man auf; andernfalls setzt man $n_{r+1} := \frac{n_r}{p(n_r)}$. Insgesamt ist klar, daß das beschriebene Verfahren nach endlich vielen, etwa R Schritten sein Ende erreicht, d.h. es wird $n_0 > \ldots > n_{R-1} > n_R = 1$ und es gilt (2) für $\rho = 1, \ldots, R$. Letzteres zeigt $n_0 = n_R \prod_{\rho=0}^{R-1} p(n_\rho)$, also

$$(3) \qquad\qquad n = \prod_{\rho=0}^{R-1} p(n_\rho)$$

und dies ist die gesuchte Darstellung von n als Primzahlprodukt. Wegen $p(n_\rho) \geq 2$ folgt aus (3) noch $R \leq \frac{\log n}{\log 2}$, eine Ungleichung, die es zu beurteilen gestattet, wie lange man bei gegebenem n schlimmstenfalls arbeiten muß, bis man die im Fundamentalsatz gesicherte Primfaktorzerlegung von n gefunden hat.

Bemerkungen. 1) Der Fundamentalsatz der Arithmetik steht nicht explizit in EUKLIDS *Elementen*, obwohl einige der Propositionen in Buch VII bzw. IX ihm nahezu äquivalent sind. Auch in A.M. LEGENDRES *Essai sur la Théorie des Nombres* tritt er noch nicht völlig präzisiert hervor. Seine erste klare Formulierung mit Beweis scheint von C.F. GAUSS (*Disquisitiones Arithmeticae*, Art. 16) gegeben worden zu sein: "THEOREMA. Numerus compositus quicunque unico tantum modo in factores primos resolvi potest."[*)

2) Der oben geführte Eindeutigkeitsbeweis geht auf E. ZERMELO zurück, der ihn, so H. HASSE (J. Reine Angew. Math. *159*, 3-12 (1928)), mündlich an K. HENSEL mitteilte. ZERMELOS Beweis ist hinsichtlich seiner Hilfsmittel sehr einfach, dafür in seiner Schlußweise recht kunstvoll. Ein weiterer Eindeutigkeitsbeweis, bei dem die Verhältnisse eher umgekehrt gelagert sind, wird in 2.8 geführt.

3) Die Aussage des Fundamentalsatzes wird oft ausnahmslos für alle natürlichen Zahlen formuliert; dazu hat man lediglich noch die Zahl 1 als leeres Produkt darzustellen. Würde man 1 zu den Primzahlen rechnen (vgl. 3), so würde die weitestmögliche Eindeutigkeit der im Fundamentalsatz angesprochenen Zerlegungsaussage verloren gehen: Z.B. wären $2 \cdot 3$ und $1 \cdot 2 \cdot 3$ zwei verschiedene Primfaktorzerlegungen der Zahl 6.

[*) ("Satz. Jede beliebige zusammengesetzte Zahl kann nur auf eine Weise in Primfaktoren zerlegt werden.")

6. Kanonische Primfaktorzerlegung. Natürlich brauchen die in der Produktzerlegung von n gemäß Fundamentalsatz vorkommenden Primzahlen nicht verschieden zu sein; z.B. ist $72 = 2 \cdot 2 \cdot 2 \cdot 3 \cdot 3$. Für solche Fälle führt man eine kürzere Schreibweise ein: Sind $p_1, \ldots, p_k$ genau die paarweise verschiedenen, n teilenden Primzahlen und kommt p_k genau a_k-mal rechts in 5(3) vor, so schreibt man statt 5(3)

$$(1) \qquad n = \prod_{\kappa=1}^{k} p_\kappa^{a_\kappa}$$

und nennt dies die *kanonische (Primfaktor-) Zerlegung* von n. Oft notiert man (1) auch in der Form

$$(2) \qquad n = \prod_{p} p^{\nu_p(n)}$$

oder ähnlich, wobei das Produkt nun über *alle* $p \in \mathbb{P}$ erstreckt ist. Die Exponenten $\nu_p(n) \in \mathbb{N}_0$ in (2), oft auch als *Vielfachheit von p in n* bezeichnet, sind Null für alle $p \in \mathbb{P} \setminus \{p_1, \ldots, p_k\}$; ist p aber gleich einem der p_κ aus (1), so ist unter $\nu_p(n)$ das entsprechende a_κ aus (1) zu verstehen.

7. Teileranzahl- und Teilersummenfunktion. Hier soll zunächst folgender Hilfssatz vorausgeschickt werden.

Lemma. *Für $m, n \in \mathbb{N}$ gilt: m teilt n genau dann, wenn $\nu_p(m) \le \nu_p(n)$ für alle $p \in \mathbb{P}$ zutrifft.*

Beweis. Es ist $m|n$ gleichwertig mit der Existenz eines $\ell \in \mathbb{N}$, für das $n = \ell m$ gilt. Aus dieser Gleichung folgt mit 6(2) und dem Fundamentalsatz $\nu_p(n) = \nu_p(\ell) + \nu_p(m)$ für alle $p \in \mathbb{P}$, wegen $\nu_p(\ell) \in \mathbb{N}_0$ insbesondere $\nu_p(n) \ge \nu_p(m)$ für alle $p \in \mathbb{P}$. Hat man jedoch diese letzte Tatsache, so sind die Differenzen $\delta_p := \nu_p(n) - \nu_p(m)$ nichtnegative ganze Zahlen für alle $p \in \mathbb{P}$, aber höchstens endlich viele δ_p sind positiv. Deswegen ist $\prod_p p^{\delta_p} \in \mathbb{N}$; bezeichnet man dieses Produkt mit ℓ, so gilt damit $\ell m = n$. $\square$

Hat man nun eine natürliche Zahl n mit der kanonischen Primfaktorzerlegung 6(1), so erhält man nach obigem Lemma sämtliche positiven Teiler m von n in der Gestalt

$$(1) \qquad m = \prod_{\kappa=1}^{k} p_\kappa^{\alpha_\kappa} \qquad \text{mit } \alpha_\kappa \in \{0, \ldots, a_\kappa\} \text{ für } \kappa = 1, \ldots, k.$$

Insbesondere hat man damit für die in 3 eingeführte Teileranzahl eines gemäß 6(1) (bzw. 6(2)) zerlegten $n \in \mathbb{N}$

$$\tau(n) = \prod_{\kappa=1}^{k} (1 + a_\kappa) \qquad (\text{bzw. } \tau(n) = \prod_{p} (1 + \nu_p(n))),$$

was übrigens auch für $n = 1$ gilt und genausogut geschrieben werden kann als

$$(2) \qquad \tau(n) = \prod_{\kappa=1}^{k} \tau(p_\kappa^{a_\kappa}) \qquad (\text{bzw. } \tau(n) = \prod_{p} \tau(p^{\nu_p(n)})).$$

Bezeichnet jetzt $\sigma(n)$ die Summe aller positiven Teiler von $n \in \mathbb{N}$, und ist n wieder gemäß 6(1) zerlegt, so ist nach (1)

$$(3) \qquad \sigma(n) = \sum_{(\alpha_1, \ldots, \alpha_k)} p_1^{\alpha_1} \cdot \ldots \cdot p_k^{\alpha_k},$$

wobei rechts über alle $(\alpha_1, \ldots, \alpha_k) \in \{0, \ldots, a_1\} \times \ldots \times \{0, \ldots, a_k\}$ zu summieren ist. Aus (3) ist

$$\sigma(n) = \sum_{\alpha_1=0}^{a_1} \ldots \sum_{\alpha_k=0}^{a_k} p_1^{\alpha_1} \cdot \ldots \cdot p_k^{\alpha_k} = \prod_{\kappa=1}^{k} \sum_{\alpha_\kappa=0}^{a_\kappa} p_\kappa^{\alpha_\kappa}$$

klar und dies kann wie vorher bei τ in die äquivalente Form

$$(4) \qquad \sigma(n) = \prod_{\kappa=1}^{k} \sigma(p_\kappa^{a_\kappa}) \qquad (\text{bzw. } \sigma(n) = \prod_{p} \sigma(p^{\nu_p(n)}))$$

gesetzt werden, welche ersichtlich auch für $n = 1$ zutrifft.

Bemerkung. Die soeben eingeführte *Teilersummenfunktion* σ und die *Teileranzahlfunktion* τ sind erste Beispiele sogenannter zahlentheoretischer Funktionen, welche in § 4 intensiver studiert werden sollen.

8. Vollkommene Zahlen. In der Zahlenmystik des PYTHAGORAS (um 550 v.Chr.) spielten natürliche Zahlen n, deren von n verschiedene natürliche Teiler sich zu n addieren, eine ausgezeichnete Rolle. PYTHAGORAS und seine Schule nannten derartige Zahlen vollkommen. Der christliche Theologe und Philosoph AUGUSTINUS (354–430) begründete die Erschaffung der Welt in sechs Tagen damit, daß Gott die Vollkommenheit seines Werkes auch durch die Vollkommenheit der Zahl 6 zum Ausdruck bringen wollte.

Ausgedrückt mit der in 7 eingeführten Funktion σ heißt $n \in \mathbb{N}$ also genau dann *vollkommen* (oder *perfekt*), wenn $\sigma(n) = 2n$ gilt. Über gerade vollkommene Zahlen gibt abschließende Auskunft der folgende

Satz. *Bei $n \in \mathbb{N}$ und $2|n$ sind äquivalent:*
(i) $n = 2^{k-1}(2^k - 1)$ *mit ganzem $k \geq 2$ und $2^k - 1 \in \mathbb{P}$.*
(ii)   *n ist vollkommen.*

Beweis. Sei n wie in (i) gegeben und $M_k := 2^k - 1$ gesetzt. Wegen 7(4) und $M_k \in \mathbb{P} \setminus \{2\}$ ist

$$\sigma(n) = \sigma(2^{k-1})\sigma(M_k) = \Big(\sum_{\kappa=0}^{k-1} 2^\kappa\Big)(1 + M_k) = (2^k - 1)2^k = 2n,$$

also ist n vollkommen.

Um die Umkehrung einzusehen, macht man zweckmäßig den Ansatz

(1) $n = 2^{k-1}m$

mit ungeradem $m \in \mathbb{N}$ und ganzem $k \geq 2$; wegen $2|n$ ist hier $k = 1$ unmöglich. Mittels 7(4) folgt aus (1) und der Voraussetzung (ii)

$$2^k m = 2n = \sigma(n) = \sigma(2^{k-1})\sigma(m) = (2^k - 1)\sigma(m).$$

Nun denkt man sich in der letztendlich interessierenden Gleichung

(2) $2^k m = (2^k - 1)\sigma(m)$

für die Zahl rechts die kanonische Primfaktorzerlegung hingeschrieben: Da diese eindeutig ist und da $2 \nmid (2^k - 1)$ gilt (d.h. $2^k - 1$ ungerade ist), muß die volle, in der linken Seite von (2) stehende Zweierpotenz 2^k Teiler von $\sigma(m)$ sein. Mit geeignetem $\ell \in \mathbb{N}$ hat man somit

(3) $\sigma(m) = 2^k \ell$, $m = (2^k - 1)\ell$.

Wäre $\ell > 1$, so hätte m mindestens $1, \ell, (2^k - 1)\ell$ als verschiedene positive Teiler, was zu

$$\sigma(m) \geq 1 + \ell + (2^k - 1)\ell > 2^k \ell$$

führen würde entgegen der ersten Gleichung in (3). Dort ist also $\ell = 1$ und daher $\sigma(m) = m + 1$, weshalb m Primzahl sein muß; die zweite Gleichung von (3) zeigt schließlich $2^k - 1 \in \mathbb{P}$. $\square$

Die einfachere Implikation (i) $\Rightarrow$ (ii) des eben bewiesenen Satzes geht auf EUKLID (*Elemente IX*, § 36) zurück, während (ii) $\Rightarrow$ (i) erst 1747, rund zweitausend Jahre später, von L. EULER (Opera Omnia Ser. 1, V, 353–365) hinzugefügt werden konnte.

Die kleinsten geraden vollkommenen Zahlen sind die seit dem Altertum bekannten 6, 28, 496, 8128; in der Terminologie des EUKLID–EULERschen Satzes rühren diese her von $k = 2, 3, 5, 7$, die ihrerseits Primzahlen sind. Nach obigem Satz ist die Frage nach geraden vollkommenen Zahlen äquivalent mit derjenigen, für welche ganzen $k \geq 2$ die Zahl $M_k = 2^k - 1$ Primzahl ist. Eine hierfür notwendige Bedingung entnimmt man folgender

Proposition. *Für $k \in \mathbb{N}$ gilt: Ist $2^k - 1$ Primzahl, so auch k.*

Beweis. Man geht aus von folgender, bei $m \in \mathbb{N}$ gültigen Gleichung in zwei Unbestimmten

$$(4) \qquad X^m - Y^m = (X - Y) \sum_{j=0}^{m-1} X^j Y^{m-1-j}.$$

Ist jetzt $k \in \mathbb{N}$ zusammengesetzt, etwa $k = \ell m$ mit $\ell, m \in \mathbb{N} \setminus \{1\}$, so ersetzt man X bzw. Y in (4) durch 2^ℓ bzw. 1 und erhält

$$M_k = M_\ell \sum_{j=0}^{m-1} 2^{j\ell},$$

also $M_\ell | M_k$, aber $M_\ell \neq 1, M_k$ wegen $\ell \neq 1, k$. Damit ist M_k als zusammengesetzt erkannt. $\qquad\qquad\qquad\qquad\qquad\qquad\qquad\qquad\qquad\qquad\qquad\qquad\qquad\qquad\quad\square$

Andererseits gibt es sehr viele Primzahlen k, für die $2^k - 1$ zusammengesetzt ist; derzeit sind genau 44 Primzahlen der Form $2^k - 1$ bekannt (vgl. hierzu 3.2.12). Nach dem EUKLID–EULERschen Satz kennt man heute also genau 44 gerade vollkommene Zahlen.

Man wird sich nun fragen, was man über ungerade vollkommene Zahlen weiß. In der Tat ist zur Zeit keine einzige bekannt und man *vermutet*, daß solche Zahlen nicht existieren. Das beste, was man in dieser Richtung bisher hat beweisen können, ist folgendes Resultat von P. HAGIS JR. (1980, angekündigt 1975) bzw. E.Z. CHEIN (1979): Jede ungerade vollkommene Zahl hat in ihrer kanonischen Primfaktorzerlegung mindestens *acht* verschiedene Primzahlen.

Bemerkungen. 1) Aus (4) möge der Leser $(2^{2^n} + 1) | (2^{2^n m} + 1)$ für $m, n \in \mathbb{N}_0$, $2 \nmid m$ folgern und daraus: Ist $2^k + 1$ Primzahl für ein $k \in \mathbb{N}$, so ist k eine Potenz von 2. Dies macht klar, wieso man Primzahlen der Form $2^k + 1$ sogleich in der speziellen Form $2^{2^n} + 1$ sucht, vgl. 2.1.2 und 3.2.11.

2) Der in diesem Abschnitt vermittelte Einblick in die Problematik der vollkommenen Zahlen zeigt, wie rasch man in der Zahlentheorie zu offenen Fragestellungen vorstoßen kann, um deren Lösung sich Mathematiker seit vielen Generationen bemühen. Dieser direkte, oft durch keinerlei Begriffsapparat erschwerte Zugang zu noch ungelösten Problemen macht einen der Reize aus, den die Zahlentheorie immer wieder auf mathematische Laien wie auf erfahrene Mathematiker auszuüben vermag.

9. Irrationalität. Im letzten Paragraphen von Buch X seiner *Elemente* gab EUKLID einen Beweis für die Irrationalität von $\sqrt{2}$, den man üblicherweise im schulischen Mathematikunterricht kennenlernt und der von der Aussage des Fundamentalsatzes abhängt. Hier wird dieses Irrationalitätsresultat weitgehend verallgemeinert zu folgendem, auf GAUSS zurückgehenden

Satz. *Jede rationale Nullstelle eines Polynoms $X^n + c_{n-1}X^{n-1} + \ldots + c_0 \in \mathbb{Z}[X]$ ist ganz.*

Beweis. Es wird angenommen, das mit $f(X)$ bezeichnete Polynom im Satz habe eine Nullstelle $x \in \mathbb{Q} \setminus \mathbb{Z}$. Dieses x hat eine Darstellung

$$(1) \qquad\qquad x = \frac{a}{b}$$

mit geeigneten $a, b \in \mathbb{Z}$, die wegen $x \notin \mathbb{Z}$ den Bedingungen $a \neq 0$, $b > 1$ genügen. Unter allen derartigen Darstellungen von x sei (1) diejenige mit kleinstem b. Die Voraussetzung $f(\frac{a}{b}) = 0$ ist äquivalent mit

$$(2) \qquad\qquad a^n = -b \sum_{j=0}^{n-1} c_j a^j b^{n-1-j},$$

wobei die Summe rechts eine ganze Zahl ist. Aufgrund des Fundamentalsatzes kann nun gesagt werden: Wegen $b > 1$ existiert eine in b aufgehende Primzahl p, die nach (2) in a^n aufgehen muß, wegen $n \geq 1$ also auch in a. Damit sind dann $a' := \frac{a}{p}$ und $b' := \frac{b}{p}$ ganz und genügen $x = \frac{a'}{b'}$ ebenso wie $a' \neq 0$, $b' > 1$; wegen $b' < b$ widerspricht dies aber der Minimalbedingung bei der Wahl von a, b in (1). $\qquad\square$

Korollar. *Für $m, n \in \mathbb{N}$ ist die positive reelle Zahl $\sqrt[n]{m}$ entweder ganz oder irrational. Insbesondere ist $\sqrt{m}$ irrational, wenn m keine Quadratzahl ist. Noch spezieller ist $\sqrt{p_1 \cdot \ldots \cdot p_k}$ irrational, wenn die $k \geq 1$ Primzahlen $p_1, \ldots, p_k$ paarweise verschieden sind.*

Beweis. Für die erste Aussage wendet man den Satz an auf das Polynom $X^n - m$. Für die zweite beachtet man, daß aus der angenommenen Ganzheit von $\sqrt{m}$, also $\sqrt{m} = \ell$ mit einem $\ell \in \mathbb{N}$, die Gleichheit $m = \ell^2$ folgt, welche m als Quadratzahl ausweist. $\qquad\square$

Bemerkung. Wie man leicht sieht, sind bei $x \in \mathbb{R}$ die beiden Aussagen "x ist irrational" und "die Zahlen $1, x$ sind über $\mathbb{Q}$ linear unabhängig" gleichbedeutend. Ein Resultat betreffend die lineare Unabhängigkeit mehrerer reeller Zahlen über $\mathbb{Q}$, in dessen Beweis ebenfalls wesentlich der Fundamentalsatz eingeht, ist folgendes: *Die reellen Zahlen $\log p$, wo p sämtliche Primzahlen durchläuft, sind* *über* $\mathbb{Q}$ *linear unabhängig.* Daher ist nach EUKLIDs Satz 4 die Dimension von $\mathbb{R}$, aufgefaßt als Vektorraum über $\mathbb{Q}$, nicht endlich.

10. Anmerkung zum Eindeutigkeitsbeweis. Beim Nachweis des Fundamentalsatzes in 5 fällt auf, daß der Existenzbeweis für die Produktzerlegung deutlich leichter fällt als der Eindeutigkeitsbeweis und lediglich auf die multiplikative Struktur der natürlichen Zahlen sowie auf den Begriff der Primzahl zurückgreift. Daß *jeder Eindeutigkeitsbeweis im Fundamentalsatz* darüber hinaus *auch die additive Struktur der natürlichen Zahlen* irgendwie *ausnützen muß* – in 5 geschah dies durch 5(1) und davor –, wird durch folgendes, im Prinzip auf D. HILBERT zurückgehende Beispiel klar.

Man betrachtet die Teilmenge $H := \{3j + 1 : j \in \mathbb{N}_0\}$ von $\mathbb{N}$ und nennt deren Elemente vorübergehend *H-Zahlen*. Offenbar ist das Produkt zweier *H*-Zahlen wieder eine *H*-Zahl und so ist *H* eine Unterhalbgruppe der multiplikativen Halbgruppe $\mathbb{N}$.

Weiter bezeichnet man eine *H*-Zahl $n \neq 1$ als *H-Primzahl*, wenn 1 und n die einzigen *in H* gelegenen natürlichen Teiler von n sind. Die Folge der *H*-Primzahlen beginnt demnach mit

(1) $4, 7, 10, 13, 19, 22, 25, \ldots$.

Genauso wie in 5 zeigt man induktiv leicht, daß jede von 1 verschiedene *H*-Zahl mindestens eine multiplikative Zerlegung in *H*-Primzahlen besitzt. Die einzige kleine Schwierigkeit dabei könnte in dieser Überlegung liegen: Gilt $m, n \in H$ und $m|n$, so ist $\frac{n}{m} \in H$. Die Situation hinsichtlich der bloßen *Existenz* einer multiplikativen Zerlegung ist hier also völlig analog zu dem in 5 behandelten klassischen Fall.

Wenn dort die *Eindeutigkeit* alleine aus der multiplikativen Struktur der natürlichen Zahlen und dem Begriff der Primzahl beweisbar wäre, müßte sich dieser Beweis auf die *H*-Zahlen übertragen lassen. Nun gibt es aber *H*-Zahlen, die *verschiedene* Zerlegungen in *H*-Primzahlen besitzen. Ein Beispiel dafür bietet die *H*-Zahl 100, die sowohl als $4 \cdot 25$ wie als $10 \cdot 10$ geschrieben werden kann, wobei 4, 10, 25 tatsächlich *H*-Primzahlen sind, vgl. (1). Hinsichtlich der Addition zeigen natürliche bzw. *H*-Zahlen ja auch ein ganz unterschiedliches Verhalten: Für $m, n \in \mathbb{N}$ ist $m + n \in \mathbb{N}$ und $m - n \in \mathbb{N}$, letzteres falls $m > n$; aber weder Summe noch Differenz zweier *H*-Zahlen ist wieder *H*-Zahl.

Bemerkung. R.D. JAMES und I. NIVEN (Proc. Amer. Math. Soc. 5, 834–838 (1954)) haben sämtliche multiplikativen Unterhalbgruppen des Typs $H_{k,\ell} := \{kj + \ell : j \in \mathbb{N}_0\}$ von $\mathbb{N}$ bestimmt, in denen die multiplikative Zerlegung in "$H_{k,\ell}$-Primzahlen" eindeutig ist.

§ 2. Größter gemeinsamer Teiler, kleinstes gemeinsames Vielfaches

1. Größter gemeinsamer Teiler (ggT). Hier seien $n_1, \ldots, n_k$ stets ganze Zahlen. Gefragt wird nach allen ganzen $d \neq 0$ mit $d|n_1, \ldots, d|n_k$, mit anderen Worten, nach den gemeinsamen Teilern aller $n_1, \ldots, n_k$. Ist d ein derartiger gemeinsamer Teiler, so hat $-d$ nach Satz 1.2(ii) dieselbe Eigenschaft, weshalb in Zukunft die Beschränkung auf positive gemeinsame Teiler ausreicht, zu denen übrigens die Eins nach Satz 1.2(iii) immer gehört. Weiter kann künftig vorausgesetzt werden, daß nicht alle $n_1, \ldots, n_k$ Null sind; andernfalls liegt nach Satz 1.2(i) die triviale Situation vor, wo jede von Null verschiedene ganze Zahl gemeinsamer Teiler der $n_1, \ldots, n_k$ ist. Nach Satz 1.2(iv) ist dann klar, daß jeder positive gemeinsame Teiler d von $n_1, \ldots, n_k$ der folgenden Ungleichung genügt

$$(1) \qquad d \leq \mathrm{Min}\{|n_i| : i = 1, \ldots, k \text{ mit } n_i \neq 0\}.$$

Aufgrund dieser Vorbemerkungen ist ersichtlich, daß bei ganzen, nicht sämtlich verschwindenden $n_1, \ldots, n_k$ die Menge aller positiven gemeinsamen Teiler nicht leer und (wegen (1)) endlich ist. Daher besitzt sie ein größtes, im weiteren als $(n_1, \ldots, n_k)$ notiertes Element, das herkunftsgemäß als *größter gemeinsamer Teiler* (kurz: *ggT*; engl.: *gcd* für greatest common divisor) der $n_1, \ldots, n_k$ bezeichnet wird. Man benützt traditionell für den ggT die Schreibweise mit runden Klammern, wenn Verwechslungen mit anderen Verwendungen dieser Klammern nicht zu befürchten sind, etwa mit der üblichen Notation von k-Tupeln wie z.B. in der Summationsbedingung von 1.7(3). Sollten sich beide Verwendungen im Text einmal zu nahe kommen, so wird der ggT deutlicher als $\mathrm{ggT}(n_1, \ldots, n_k)$ bezeichnet.

Grundsätzlich kann man den ggT von $n_1, \ldots, n_k$, nicht alle Null, effektiv berechnen, indem man für jeden (der endlich vielen) positiven Teiler der Zahl rechts in (1) prüft, ob er sämtliche n_i teilt. Von den gemeinsamen Teilern ist dann das Maximum zu nehmen. Doch ist dies Vorgehen weder elegant noch numerisch schnell, wenn die $|n_i|$ groß sind. Ein viel besseres Verfahren zur Berechnung des ggT wird später in 9 vorgestellt.

Bemerkungen. 1) Bei $n_1 \in \mathbb{Z} \setminus \{0\}$ ist $(n_1) = |n_1|$; dies ergibt Kombination von (i), (ii) und (iv) aus Satz 1.2. Daher ist der Fall $k = 1$ des ggT im weiteren zwar nicht auszuschließen, aber auch nicht sonderlich interessant.

2) Sind $n_1, n_2, \ldots$ unendlich viele ganze, nicht sämtlich verschwindende Zahlen, so kann deren ggT wörtlich wie oben definiert werden.

2. Divisionsalgorithmus. In 3 sollen zwei Charakterisierungen des ggT gezeigt werden. Dabei erweist sich das Verfahren der *Division mit Rest* als überaus hilfreich, das auch bezeichnet wird als

Divisionsalgorithmus. *Zu jedem Paar (n,m) ganzer Zahlen mit $m > 0$ existiert genau ein Paar (a,b) ganzer Zahlen, so daß gilt*

(1) $n = am + b$ und $0 \leq b < m$.

Beweis. Es werde die Menge aller nichtnegativen ganzen Zahlen der Form $n - xm$ mit ganzem x betrachtet. Wegen $n + |n|m \in \mathbb{N}_0$ ist diese Menge nicht leer und enthält somit nach dem in 1.1 formulierten Prinzip ein kleinstes Element $b := n - am$ mit geeignetem ganzem a. Da $n - (a+1)m < 0$ ist, hat man insgesamt $0 \leq b < m$ wie behauptet. Ist (a',b') ein Paar mit denselben Eigenschaften wie (a,b), so gilt wegen (1) die Gleichung $(a - a')m + (b - b') = 0$. Wäre hier $b' \neq b$, so wäre $m \leq |b - b'|$ entgegen $0 \leq b, b' < m$. Also ist $b' = b$ und damit $a' = a$ wegen $m \neq 0$.   □

Das a bzw. b aus (1) nennt man bisweilen *Quotient* bzw. *Rest* bei der Division von n durch m. Das oben bewiesene Resultat bleibt wörtlich unter der Voraussetzung $m \neq 0$ (statt $m > 0$) erhalten, wenn man $0 \leq b < |m|$ in (1) schreibt. Hat ein Paar (m,n) ganzer Zahlen mit $m \neq 0$ die spezielle Eigenschaft, daß der Divisionsrest b in (1) verschwindet, so wurde diese Situation zu Anfang von 1.2 mit der Redeweise beschrieben, n sei durch m teilbar. Der Divisionsalgorithmus ist für die Zahlentheorie ein sehr wichtiges Hilfsmittel, das auch später in diesem Buch immer wieder zum Zuge kommt (vgl. etwa in 2.1.4).

3. Zwei Charakterisierungen des ggT. Die erste Charakterisierung ist besonders von theoretischem Interesse und wird sich z.B. in 4 und 6 als wichtig erweisen, aber auch schon beim Beweis der zweiten Charakterisierung. Mit letzterer lassen sich viele Aussagen über den ggT sehr bequem zeigen (vgl. etwa 5); ebenfalls ist sie von großer Bedeutung für die Ausdehnung des ggT–Begriffs auf allgemeinere Ringe.

Satz A. *Für ganze $n_1, \ldots, n_k$, nicht alle Null, gilt*

$$(n_1, \ldots, n_k) = \mathrm{Min}\{\sum_{i=1}^{k} n_i x_i : x_1, \ldots, x_k \in \mathbb{Z}, \sum_{i=1}^{k} n_i x_i > 0\}.$$

Beweis. Wegen $\sum_{i=1}^{k} n_i^2 > 0$ ist hier die Menge $L := \{\ldots\}$ nicht leer und hat so nach dem in 1.1 formulierten Prinzip ein kleinstes Element, welches d' genannt werden möge. Daher gibt es ganze $x_1, \ldots, x_k$, die

$$(1) \qquad \sum_{i=1}^{k} n_i x_i = d'$$

genügen. Ist $d := (n_1, \ldots, n_k)$, so gilt $d|d'$ wegen (1) und der induktiv auf k Summanden ausgedehnten Regel (ix) aus Satz 1.2. Nach (iv) desselben Satzes hat man somit $d \le d'$ und zum Beweis von Satz A braucht man jetzt noch $d' \le d$.

Bei festem $j \in \{1, \ldots, k\}$ wendet man dazu den Divisionsalgorithmus 2 an auf das Paar (n_j, d'). Danach existieren ganze a_j, b_j mit

$$(2) \qquad n_j = a_j d' + b_j \quad \text{und} \quad 0 \le b_j < d',$$

vgl. 2(1), was wegen (1) unmittelbar zu

$$(3) \qquad b_j = n_j - a_j d' = n_j(1 - a_j x_j) + \sum_{\substack{i=1 \\ i \ne j}}^{k} n_i(-a_j x_i) =: \sum_{i=1}^{k} n_i y_{ij}$$

mit ganzen y_{ij} führt. Wäre $b_j > 0$ für ein j, so wäre wegen (3) für dieses j die Summe $\sum_{i=1}^{k} n_i y_{ij}$ in L gelegen, also mindestens gleich d' entgegen $b_j < d'$, vgl. (2). Der erzielte Widerspruch zeigt $b_j = 0$ für $j = 1, \ldots, k$, also $d'|n_1, \ldots, d'|n_k$ wegen (2). Nach Definition von d ist schließlich $d' \le d$ wie gewünscht.   □

Die Beweismethode dieses Satzes liefert lediglich die *Existenz* ganzer $x_1, \ldots, x_k$, die (vgl. (1)) der Bedingung $(n_1, \ldots, n_k) = n_1 x_1 + \ldots + n_k x_k$ genügen, jedoch kein *effektives Verfahren* zur Bestimmung solcher $x_1, \ldots, x_k$, vgl. Ende von 1. Erst in 9 wird ein Verfahren präsentiert, das effektiv (und schnell) ist.

Satz B. *Für ganze $n_1, \ldots, n_k$, nicht alle Null, und ganzes $d > 0$ sind folgende Aussagen gleichwertig:*

(i)   *d ist der ggT von $n_1, \ldots, n_k$.*

(ii)   *$d|n_1, \ldots, d|n_k$ und aus $d' \in \mathbb{N}$, $d'|n_1, \ldots, d'|n_k$ folgt $d'|d$.*

Beweis. Sei zunächst (i) erfüllt, also $d = (n_1, \ldots, n_k)$, was jedenfalls $d|n_1, \ldots, d|n_k$ impliziert. Ist nun weiter $d' \in \mathbb{N}$ ein gemeinsamer Teiler von $n_1, \ldots, n_k$, so gilt nach Satz A, vgl. (1), auch die Teilbarkeitsbedingung $d'|d$ aus (ii). Hat umgekehrt d die Eigenschaften aus (ii), so ist nach Satz 1.2(iv) die Ungleichung $d' \le d$ erfüllt, weshalb d der *größte* gemeinsame Teiler der $n_1, \ldots, n_k$ ist.   □

Bemerkung. Der ggT ganzer $n_1, \ldots, n_k$, nicht alle Null, läßt sich nach Satz B beschreiben als *derjenige positive Teiler aller* $n_1, \ldots, n_k$, *der von jedem anderen derartigen Teiler geteilt wird.* Offenbar hängt diese Charakterisierung des ggT nur vom Teilbarkeitsbegriff, nicht aber von der Ordnung in $\mathbb{Z}$ (vgl. 1.1) ab. Dieser Umstand ist von Bedeutung, wenn man den Begriff des ggT in allgemeineren Ringen einführen will, in denen zwar keine Ordnungsrelation, wohl aber ein Teilbarkeitsbegriff erklärt werden kann (vgl. 5.2). In 1 wurde bewußt der ggT für $\mathbb{Z}$ in der Weise definiert, wie dieser Begriff historisch gewachsen ist und wie seine verbale Umschreibung den mathematischen Inhalt am unmittelbarsten erkennen läßt.

4. Idealtheoretische Deutung des ggT. Sind $m_1, \ldots, m_\ell$ irgendwelche ganze Zahlen, so schreibt man $m_1\mathbb{Z} + \ldots + m_\ell\mathbb{Z}$ für die Menge aller ganzen Zahlen der Form $\sum_{j=1}^{\ell} m_j x_j$, wobei der Vektor $(x_1, \ldots, x_\ell)$ ganz $\mathbb{Z}^\ell$ durchläuft. In der Sprechweise der Algebra ist $m_1\mathbb{Z} + \ldots + m_\ell\mathbb{Z}$ ein *Ideal*, genauer das von $m_1, \ldots, m_\ell$ erzeugte Ideal in $\mathbb{Z}$. In dieser Terminologie läßt sich der ggT wie folgt interpretieren (vgl. hierzu auch die Bemerkung 1 zu 5.6):

Satz. *Das von ganzen* $n_1, \ldots, n_k$, *nicht alle Null, erzeugte Ideal* $n_1\mathbb{Z} + \ldots + n_k\mathbb{Z}$ *in* $\mathbb{Z}$ *stimmt überein mit dem Ideal* $(n_1, \ldots, n_k)\mathbb{Z}$ *in* $\mathbb{Z}$.

Beweis. Man setzt $J := n_1\mathbb{Z} + \ldots + n_k\mathbb{Z}$ und $d := (n_1, \ldots, n_k)$. Ist $n \in J$, so gilt $n = \sum_{i=1}^{k} n_i x_i$ mit gewissen ganzen x_i und daher hat man $d|n$ nach Satz 1.2(ix), also $n \in d\mathbb{Z}$ und es bleibt noch die Inklusion $d\mathbb{Z} \subset J$ zu zeigen. Nach Satz 3A ist $d = \sum_{i=1}^{k} n_i x_i'$ bei geeigneter Wahl ganzer x_i'; für jedes ganze x ist also $dx \in J$, was die gewünschte Inklusion beinhaltet.   □

5. Rechenregeln. Die folgenden Regeln (i) bis (v) ergeben sich unmittelbar aus der Definition des ggT, gegebenenfalls mit dessen Charakterisierung in Satz 3B; dies möge dem Leser überlassen bleiben.

Proposition. *Seien* $n_1, \ldots, n_k$ *ganze, nicht sämtlich verschwindende Zahlen und* d *ihr ggT.*

(i)   *Für jede Permutation* π *der Indizes* $1, \ldots, k$ *ist* $(n_{\pi(1)}, \ldots, n_{\pi(k)}) = d$.

(ii)   *Bei* $k \geq 2$ *und* $n_k = 0$ *ist* $(n_1, \ldots, n_{k-1}) = d$.

(iii)   *Bei* $k \geq 2$ *und* $n_{k-1} = n_k$ *ist* $(n_1, \ldots, n_{k-1}) = d$.

(iv)   *Es gilt* $(n_1, \ldots, n_{k-1}, -n_k) = d$.

(v)   Bei beliebigen ganzen $x_1, \ldots, x_{k-1}$ ist $(n_1, \ldots, n_{k-1}, n_k + \sum\limits_{i=1}^{k-1} n_i x_i) = d$.

(vi)   Für jedes ganze $\ell \neq 0$ ist $(\ell n_1, \ldots, \ell n_k) = |\ell| d$.

(vii)   Es gilt $(\frac{n_1}{d}, \ldots, \frac{n_k}{d}) = 1$.

(viii)   Ist $k \geq 2$ und sind $n_1, \ldots, n_{k-1}$ nicht alle Null, so gilt

$$((n_1, \ldots, n_{k-1}), n_k) = d.$$

Beweis. Zu (vi): Aus $d|n_1, \ldots, d|n_k$ folgt $\ell d|\ell n_1, \ldots, \ell d|\ell n_k$, also $\ell d|e$, wenn man $e := (\ell n_1, \ldots, \ell n_k)$ schreibt und Satz 3B ausnützt. Somit ist insbesondere $\frac{e}{\ell}$ ganz. Die Definition von e impliziert $e|\ell n_1, \ldots, e|\ell n_k$, was mit $\frac{e}{\ell}|n_1, \ldots, \frac{e}{\ell}|n_k$ äquivalent ist. Erneut Satz 3B ergibt dann $\frac{e}{\ell}|d$, also das für (vi) noch benötigte $e|\ell d$. Übrigens kann diese Regel genauso bequem mittels Satz 3A verifiziert werden.

Zu (vii): Die Zahlen $\frac{n_i}{d}$ sind für $i = 1, \ldots, k$ nach Voraussetzung ganz und nicht alle Null; f sei ihr ggT. Nach (vi) ist dann $df = (d\frac{n_1}{d}, \ldots, d\frac{n_k}{d})$; da dies gleich d ist, folgt $f = 1$.

Zu (viii): Sei $g := (n_1, \ldots, n_{k-1})$ und $h := (g, n_k)$. Wegen $h|g$, $h|n_k$ ist $h|n_i$ für $i = 1, \ldots, k$ und also $h|d$ nach Satz 3B. Nach demselben Ergebnis folgt aus $d|g$, $d|n_k$ auch $d|h$, insgesamt $h = d$ wie in (viii) behauptet.   □

Die Regeln (i) bis (v) besagen, daß sich der ggT von endlich vielen ganzen Zahlen nicht ändert, wenn man ihre Reihenfolge beliebig modifiziert, wenn man Nullen bzw. gleiche Zahlen wegläßt oder hinzunimmt, wenn man sie durch ihre Absolutbeträge ersetzt oder wenn man zu einer Zahl eine beliebige Linearkombination der übrigen Zahlen mit ganzen Koeffizienten addiert.

Regel (viii) reduziert das Problem der Bestimmung des ggT von k (≥ 2) ganzen Zahlen auf dasjenige, den ggT von zwei Zahlen zu ermitteln, die nicht beide Null sind.

6. Teilerfremdheit. Ganze Zahlen $n_1, \ldots, n_k$, nicht alle Null, heißen *teilerfremd*, wenn ihr ggT gleich Eins ist, d.h. wenn $(n_1, \ldots, n_k) = 1$ gilt; eine solche Situation lag z.B. in Proposition 5(vii) vor. Man muß diesen Begriff jedoch sorgsam unterscheiden von folgendem: Ist $k \geq 2$, so heißen die ganzen Zahlen $n_1, \ldots, n_k$, von denen höchstens eine verschwindet, *paarweise teilerfremd*, wenn $(n_i, n_j) = 1$ für alle $i, j \in \{1, ..., k\}$ mit $i \neq j$ gilt. Offenbar besagt "teilerfremd" und "paarweise teilerfremd" für $k = 2$ dasselbe; für $k \geq 3$ ist die zweite Eigenschaft stärker als die erste. So sind z.B. die drei Zahlen 6, 10, 15 zwar teilerfremd, jedoch nicht paarweise teilerfremd.

Satz.   Seien m, m_1, m_2, n, n_1, n_2 ganz und $mm_1m_2 \neq 0$.

(i)   Ist m Teiler von n_1n_2 und sind m, n_1 teilerfremd, so ist m Teiler von n_2.

(ii)   Sind m_1, m_2 teilerfremd und gehen beide in n auf, so geht auch ihr Produkt m_1m_2 in n auf.

(iii) Sind m, n_1, n_2 teilerfremd, so gilt $(n_1, m)(n_2, m) = (n_1n_2, m)$.

Beweis. Zu (i): Wegen $(m, n_1) = 1$ existieren ganze x, y mit $mx + n_1y = 1$, was zu $mn_2x + n_1n_2y = n_2$ führt. Wegen $m|n_1n_2$ geht hier m in der linken Seite auf, also auch in n_2.

Zu (ii): Nach Voraussetzung ist $m_2|n$, was wegen $m_1|n$ genauso gut als $m_2|m_1 \cdot \frac{n}{m_1}$ geschrieben werden darf. Diese letzte Teilbarkeitsaussage und die Voraussetzung $(m_1, m_2) = 1$ bedingen $m_2|\frac{n}{m_1}$, wenn man (i) ausnützt. Das letztere ist mit $m_1m_2|n$ äquivalent.

Zu (iii): Sei $d_i := (n_i, m)$ für $i = 1, 2$ und $d := (n_1n_2, m)$. Mit gewissen ganzen x_i, y_i ist $d_i := n_ix_i + my_i$ für $i = 1, 2$, also

$$d_1d_2 = n_1n_2(x_1x_2) + m(n_1x_1y_2 + n_2x_2y_1 + my_1y_2),$$

was $d|d_1d_2$ liefert. Da $d_i|d$ für $i = 1, 2$ unmittelbar klar ist, folgt $d_1d_2|d$ aus (ii), sobald $(d_1, d_2) = 1$ eingesehen ist. Aus $d' := (d_1, d_2)$ ergibt sich tatsächlich $d'|m$, $d'|n_1$, $d'|n_2$, also $d'|(m, n_1, n_2)$, weshalb $d' = 1$ sein muß.   □

Als für die Anwendungen wichtigster Spezialfall von (iii) dieses Satzes (vgl. etwa die Beweise der Sätze 2.1.8 bzw. 2.3.4) sei noch gesondert herausgestellt das schon von EUKLID (*Elemente* VII, § 24) explizit formulierte

Korollar.   Sind $m \neq 0$, n_1, n_2 ganz und sind m, n_i teilerfremd für $i = 1, 2$, so sind auch m, n_1n_2 teilerfremd.

Bemerkungen. 1) In (ii) des obigen Satzes bräuchte man die Teilerfremdheit von m_1, m_2 selbstverständlich nur bei $n \neq 0$ vorauszusetzen. Ein direktes Analogon zu (ii) für $k \geq 3$ teilerfremde Zahlen $m_1, \ldots, m_k$ ist nicht zu erwarten: Die teilerfremden Zahlen 6, 10, 15, nicht aber ihr Produkt, teilen die Zahl 30.

2) Sind oben in (iii) insbesondere n_1, n_2 teilerfremd, so gilt die dortige Gleichung und n_1, n_2 verschwinden nicht beide. Bei $n_1 = 0$, $n_2 = 0$ gilt jene Gleichung genau für $m = \pm 1$; trivialerweise gilt sie auch für $m = 0$, wenn man (ohne Teilerfremdheitsvoraussetzung) dann $n_1n_2 \neq 0$ verlangt.

7.   Charakterisierung der Primzahlen. Eine solche kann nun leicht aus Satz 6(i) gewonnen werden, wenn man noch folgenden Hilfssatz beachtet, dessen Beweis dem Leser überlassen bleibt.

Lemma. *Für Primzahlen p und ganze n sind die Bedingungen $(p, n) = 1$ bzw. $p \nmid n$ äquivalent.*

Nun zum eigentlichen Anliegen dieses Abschnitts.

Satz. *Für ganzes $m \geq 2$ sind folgende Aussagen gleichbedeutend:*

(i) m ist Primzahl.

(ii) Aus $m | n_1 n_2$ mit ganzen n_1, n_2 folgt $m | n_1$ oder $m | n_2$.

Beweis. Sei zuerst $m \in \mathbb{P}$, weiter $m | n_1 n_2$ mit ganzen n_1, n_2 und $m \nmid n_1$. Nach obigem Lemma ist die letzte Bedingung mit $(m, n_1) = 1$ äquivalent, weshalb $m | n_2$ nach Satz 6(i) gelten muß. Ist umgekehrt $\tau(m) \geq 3$ mit dem τ aus 1.3, also m zusammengesetzt, so ist $m = n_1 n_2$ mit natürlichen, von 1 und m verschiedenen n_1, n_2, weshalb weder $m | n_1$ noch $m | n_2$ gelten kann. Somit trifft die Aussage (ii) hier nicht zu. $\qquad\square$

Bemerkungen. 1) Die "interessante" Implikation (i) $\Rightarrow$ (ii) dieses Satzes findet sich bei EUKLID (*Elemente* VII, § 30) formuliert.

2) Die in 1.10 kurz diskutierten H-Primzahlen haben die Eigenschaft (ii) des obigen Satzes nicht: Zwar wird das Produkt der beiden H-Zahlen 4 und 25 von der H-Primzahl 10 geteilt, jedoch keine der beiden H-Zahlen selbst.

8. Nochmals: Eindeutigkeit im Fundamentalsatz. Wie bei dem in 1.5 geführten Eindeutigkeitsbeweis nach ZERMELO sei $n > 1$ die kleinste natürliche Zahl mit nicht eindeutiger Produktzerlegung in Primzahlen. Mit gewissen Primzahlen p_ρ, q_σ hat man also

$$(1) \qquad n = p_1 \cdot \ldots \cdot p_r \quad \text{und} \quad n = q_1 \cdot \ldots \cdot q_s.$$

Nun ist $p_r | n$ und somit $p_r | q_1 \cdot \ldots \cdot q_s$ nach (1). Wegen (i) $\Rightarrow$ (ii) von Satz 7 ist $p_r | q_1 \cdot \ldots \cdot q_{s-1}$ oder $p_r | q_s$. Induktiv führt dies zu $p_r | q_\sigma$ für mindestens ein $\sigma \in \{1, \ldots, s\}$ und o.B.d.A. sei etwa $p_r | q_s$, was sofort $p_r = q_s$ bedeutet. Die natürliche Zahl $\frac{n}{p_r}$, die kleiner als n ist, hätte dann aber nach (1) die beiden verschiedenen Primfaktorzerlegungen $p_1 \cdot \ldots \cdot p_{s-1}$ und $q_1 \cdot \ldots \cdot q_{s-1}$, was der Wahl von n widerspricht.

Daß auch dieser Eindeutigkeitsbeweis für den Fundamentalsatz der Arithmetik die additive Struktur von $\mathbb{N}$ ausnützt (vgl. 1.10), wird klar, wenn man überlegt, daß die verwendete Implikation (i) $\Rightarrow$ (ii) in Satz 7 via Satz 3A letztlich auf den Divisionsalgorithmus 2 zurückgreift.

9. Euklidischer Algorithmus und ggT. Wie bereits in 1 und 3 angekündigt, soll nun ein effektives Verfahren zur Berechnung des ggT *zweier* ganzer Zahlen angegeben werden, die nicht beide Null sind. Wie am Ende von 5 (implizit) festgestellt, ist man damit in der Lage, den ggT von $k\,(\geq 2)$ ganzen Zahlen effektiv zu berechnen.

In leichter Abwandlung der bisherigen Bezeichungsweise seien r_0, r_1 die beiden ganzen Zahlen, deren ggT zu bestimmen ist. Nach (i) und (iv) der Proposition 5 darf o.B.d.A. $r_1 > 0$ vorausgesetzt werden.

Auf r_0, r_1 wird nun der Divisionsalgorithmus 2 angewandt und es ergibt sich nach 2(1)

$$r_0 = a_0 r_1 + r_2 \quad \text{und} \quad 0 \leq r_2 < r_1$$

mit ganzen a_0, r_2. Ist $r_2 = 0$, so stoppt man das Verfahren; ist $r_2 > 0$, so wendet man den Divisionsalgorithmus erneut an, jetzt auf r_1, r_2: Mit ganzen a_1, r_3 ist

$$r_1 = a_1 r_2 + r_3 \quad \text{und} \quad 0 \leq r_3 < r_2.$$

Auf diese Weise kann man fortfahren. Da die Folge $r_1, r_2, \ldots$ natürlicher Zahlen, die bei den wiederholten Anwendungen des Divisionsalgorithmus als Reste auftreten, streng monoton fällt, muß nach endlich vielen, etwa j Schritten der Rest 0 erscheinen. Dann endet das Verfahren und man hat insgesamt folgende Gleichungen erhalten:

$$(1) \qquad \begin{cases} r_0 &=& a_0 r_1 + r_2 \\ r_1 &=& a_1 r_2 + r_3 \\ &\vdots& \\ r_{j-1} &=& a_{j-1} r_j + r_{j+1} \\ r_j &=& a_j r_{j+1}. \end{cases}$$

Dabei sind alle a_i, r_i ganz und die r_i genügen überdies

$$(2) \qquad r_1 > r_2 > \ldots > r_j > r_{j+1} > 0.$$

Da mit (1)

$$(3) \qquad \frac{r_i}{r_{i+1}} = a_i + \frac{r_{i+2}}{r_{i+1}} \; (i = 0, \ldots, j-1, \text{ falls } j \geq 1), \; \frac{r_j}{r_{j+1}} = a_j$$

äquivalent ist, ist a_i für $i = 0, \ldots, j$ die größte ganze, $\frac{r_i}{r_{i+1}}$ nicht übertreffende Zahl; dazu hat man (2) zu beachten. Nach der zuletzt gegebenen Interpretation der a_i kann somit auf die Ungleichungen $a_1 \geq 1, \ldots, a_{j-1} \geq 1, a_j \geq 2$ geschlossen werden, falls $j \geq 1$ ist.

Satz. *Wendet man auf die ganzen Zahlen r_0, r_1 mit $r_1 > 0$ in der bei (1) beschriebenen Weise sukzessive den Divisionsalgorithmus an, so ist $(r_0, r_1) = r_{j+1}$.*

Beweis. Definiert man $d := (r_0, r_1)$, so folgt $d|r_2$ aus der ersten, dann $d|r_3$ aus der zweiten usw., schließlich $d|r_{j+1}$ aus der vorletzten Gleichung in (1). Andererseits folgt $r_{j+1}|r_j$ aus der letzten, $r_{j+1}|r_{j-1}$ aus der vorletzten usw., endlich $r_{j+1}|r_1$ aus der zweiten und $r_{j+1}|r_0$ aus der ersten Gleichung (1). Nach Satz 3B gilt dann $r_{j+1}|d$, was zusammen mit $d|r_{j+1}$ die Behauptung beweist. □

Bemerkungen. 1) Die wiederholte Anwendung des Divisionsalgorithmus zur Gewinnung der Gleichungen (1) bezeichnet man als *euklidischen Algorithmus*. In der Tat findet sich das Verfahren völlig allgemein beschrieben bei EUKLID (*Elemente* VII, § 2).

2) Ein numerisches Beispiel zum euklidischen Algorithmus wird in 3.4 vorgeführt anläßlich einer geringfügig weitergehenden Aufgabenstellung als sie hier mit der bloßen Ermittlung des ggT zweier ganzer Zahlen vorliegt.

10. Regelmäßiger Kettenbruch rationaler Zahlen. Sofort an dieser Stelle soll die Gelegenheit ergriffen werden, um aus dem System 9(1) für eine beliebige rationale Zahl $\frac{r_0}{r_1}$ mit ganzen r_0, r_1 und $r_1 > 0$ eine spezielle Darstellung zu gewinnen, die sich bereits hier aufdrängt und an die später in 5.3.1 angeknüpft wird. Dazu werden für eine Folge $X_0, X_1, \ldots$ von Unbestimmten die Symbole $[X_0; X_1, \ldots, X_i]$, $i = 0, 1, \ldots$ rekursiv definiert durch die Festsetzungen

$$(1) \qquad\qquad [X_0] := X_0$$

bzw.

$$(2) \qquad [X_0; X_1, \ldots, X_i] := \left[X_0; X_1, \ldots, X_{i-2}, X_{i-1} + \frac{1}{X_i}\right]$$

für $i \geq 1$. Sind nun r_0, r_1 wie oben und die $a_0, \ldots, a_j$ dem System 9(1) entnommen, so wird

$$(3) \qquad \frac{r_0}{r_1} = \left[a_0; a_1, \ldots, a_{i-1}, \frac{r_i}{r_{i+1}}\right] \qquad \text{für } i = 0, \ldots, j$$

behauptet. Nach (1) ist dies für $i = 0$ richtig. Ist $j > 0$ und (3) für ein ganzes i mit $0 \leq i < j$ bewiesen, so liefern (2), (3) und die $(i+1)$-te Gleichung 9(3)

$$\frac{r_0}{r_1} = \left[a_0; a_1, \ldots, a_{i-1}, a_i + \frac{r_{i+2}}{r_{i+1}}\right] = \left[a_0; a_1, \ldots, a_{i-1}, a_i, \frac{r_{i+1}}{r_{i+2}}\right]$$

und dies ist (3) für $i + 1$ statt i. Wendet man (3) für $i = j$ an und beachtet die letzte Gleichung in 9(3), so erhält man für die rationale Zahl $\frac{r_0}{r_1}$ die Darstellung

$$(4) \qquad\qquad \frac{r_0}{r_1} = [a_0; a_1, \ldots, a_j].$$

Man sagt, man habe in (4) die rationale Zahl $\frac{r_0}{r_1}$ in einen *endlichen regelmäßigen* (oder *regulären*) *Kettenbruch* entwickelt. Die im Kettenbruch rechts in (4) auftretenden a_i heißen *Elemente* (oder auch *Teilnenner*) des Kettenbruchs. Die Feststellungen über die a_i im Anschluß an 9(3) zeigen: Bei $j \geq 1$ sind $a_1, \ldots, a_j$ natürliche Zahlen und überdies ist $a_j \geq 2$; die ganze Zahl a_0 kann auch Null oder negativ ausfallen. Um an dieses unterschiedliche Verhalten von a_0 und den a_i mit $i \geq 1$ zu erinnern, trennt man a_0 von den übrigen Elementen durch einen Strichpunkt ab.

Bemerkung. Vorwiegend in der älteren Literatur wurde der Kettenbruch rechts in (4) folgendermaßen expliziter notiert:

$$a_0 + \cfrac{1}{a_1 + \cfrac{1}{a_2 + \cfrac{1}{\ddots \cfrac{1}{a_{j-1} + \cfrac{1}{a_j}}}}}$$

Dies erklärt zwar die Bezeichnung "Kettenbruch"sehr gut, hat aber gegenüber der von O.PERRON [19], S. 27 eingeführten einzeiligen Notation $[a_0; a_1, \ldots, a_j]$ den evidenten Nachteil viel größeren Platzverbrauchs.

11. Kleinstes gemeinsames Vielfaches (kgV).

Hier wird noch ein Begriff besprochen, der aus dem Schulunterricht im Zusammenhang mit der Auffindung des Hauptnenners mehrerer, in gekürzter Form vorliegender rationaler Zahlen geläufig ist.

Es seien $n_1, \ldots, n_k$ stets ganze Zahlen, von denen *keine* Null ist. Man interessiert sich für die gemeinsamen Vielfachen aller n_i, also für alle ganzen m mit $n_1 | m, \ldots, n_k | m$. Trivialerweise sind 0 und $\prod_{i=1}^{k} n_i$ solche gemeinsame Vielfache. Ist m gemeinsames Vielfaches, so auch $-m$, weshalb man sich weiterhin auf positive gemeinsame Vielfache beschränken kann.

Aufgrund dieser Vorbemerkung ist klar, daß die Menge der positiven gemeinsamen Vielfachen von $n_1, \ldots, n_k$ nicht leer ist; $\prod_{i=1}^{k} |n_i|$ gehört ja dazu. Diese Menge besitzt daher ein kleinstes Element, das herkunftsgemäß als *kleinstes gemeinsames Vielfaches* (kurz *kgV*; engl. *lcm* für least common multiple) der $n_1, \ldots, n_k$ bezeichnet wird. Ohne Verwechslungen mit anderen Verwendungen eckiger Klammern (wie z.B. in 10) zu riskieren, kann hier der Gepflogenheit gefolgt werden, das kgV von $n_1, \ldots, n_k$ als $[n_1, \ldots, n_k]$ zu notieren; gelegentlich wird dafür deutlicher $kgV(n_1, \ldots, n_k)$ geschrieben.

Für ganzes $n_1 \neq 0$ ist $[n_1] = |n_1|$ sofort zu sehen, weshalb der Fall $k = 1$ hier wie in 1 beim ggT uninteressant ist.

Das kgV kann in analoger Weise charakterisiert werden wie dies durch Satz 3B für den ggT erledigt wurde:

Satz. *Für ganze, nicht verschwindende $n_1, \ldots, n_k$ und natürliches m sind folgende Aussagen gleichwertig:*

(i)   *m ist das kgV von $n_1, \ldots, n_k$.*

(ii)   *$n_1 | m, \ldots, n_k | m$ und aus $m' \in \mathbb{N}$, $n_1 | m', \ldots, n_k | m'$ folgt $m | m'$.*

Beweis. Sei erst (i) erfüllt, also $m = [n_1, \ldots, n_k]$, was $n_1 | m, \ldots, n_k | m$ impliziert. Sei weiterhin $m' \in \mathbb{N}$ ein gemeinsames Vielfaches von $n_1, \ldots, n_k$. Wendet man auf m', m den Divisionsalgorithmus 2 an, so hat man mit ganzen a, b die Gleichung $m' = am + b$ sowie $0 \leq b < m$. Wegen $n_i | m$ und $n_i | m'$ ist $n_i | b$ für $i = 1, \ldots, k$, weshalb b nach Definition von m Null sein muß. Das zeigt $m | m'$. Die Umkehrung (ii) $\Rightarrow$ (i) ist trivial einzusehen, da aus $m | m'$ sofort $m \leq m'$ folgt. □

Das *kgV* ganzer $n_1, \ldots, n_k$, alle nicht Null, läßt sich somit beschreiben als *dasjenige positive Vielfache aller $n_1, \ldots, n_k$, das jedes andere derartige Vielfache teilt*. Der restliche Teil der Bemerkung in 3 zur (zweiten) Charakterisierung des ggT gilt hier wörtlich auch für das kgV.

Einige einfache Rechenregeln für das kgV können vom Leser selbst, eventuell gestützt auf die im Satz gegebene Charakterisierung, bewiesen werden; sie seien hier zusammengefaßt als

Proposition. *Seien $n_1, \ldots, n_k$ ganze, nichtverschwindende Zahlen und m ihr kgV.*

(i')   *Für jede Permutation π der Indizes $1, \ldots, k$ ist $[n_{\pi(1)}, \ldots, n_{\pi(k)}] = m$.*

(ii')   *Bei $k \geq 2$ und $n_k = 1$ ist $[n_1, \ldots, n_{k-1}] = m$.*

(iii') *Bei $k \geq 2$ und $n_{k-1} = n_k$ ist $[n_1, \ldots, n_{k-1}] = m$.*

(iv')   Es gilt $[n_1, \ldots, n_{k-1}, -n_k] = m$.
(vi')   Für jedes ganze $l \neq 0$ ist $[\ell n_1, \ldots, \ell n_k] = |\ell| m$.
($viii'$) Bei $k \geq 2$ ist $[[n_1, \ldots, n_{k-1}], n_k] = m$.

Hier entspricht die Numerierung offenbar derjenigen für die analogen Regeln über den ggT in 5.

Sind nun n_i für $i = 1, \ldots, k$ natürliche Zahlen mit der kanonischen Primfaktorzerlegung $n_i = \prod_p p^{\nu_p(n_i)}$, vgl. 1.6(2), so bestätigt der Leser leicht die Richtigkeit von

$$[n_1, \ldots, n_k] = \prod_p p^{\operatorname{Max}(\nu_p(n_1), \ldots, \nu_p(n_k))}.$$

Eine analoge Formel gilt übrigens für den ggT $(n_1, \ldots, n_k)$ mit Min statt Max in den Exponenten rechts.

Schließlich sei dem Leser der Beweis der folgenden idealtheoretischen Deutung des kgV überlassen:

Für ganze, nichtverschwindende $n_1, \ldots, n_k$ stimmt der Durchschnitt der Ideale $n_1 \mathbb{Z}, \ldots, n_k \mathbb{Z}$ in $\mathbb{Z}$ überein mit dem Ideal $[n_1, \ldots, n_k] \mathbb{Z}$ in $\mathbb{Z}$.

12. Zusammenhang zwischen ggT und kgV. Der Leser hat bemerkt, daß die Erörterungen über das kgV in 11 weitgehend parallel zu denjenigen über den ggT verliefen. Es ist daher an der Zeit, den Zusammenhang zwischen beiden Begriffen aufzudecken. Hierzu dient folgender

Satz A. Sind $n_1, \ldots, n_k, n_1', \ldots, n_k'$ und n ganze, von Null verschiedene Zahlen mit $n_i n_i' = n$ für $i = 1, \ldots, k$, so gilt

(1) $[n_1, \ldots, n_k](n_1', \ldots, n_k') = |n|$.

Insbesondere hat man für beliebige ganze, von Null verschiedene Zahlen n_1, n_2

(2) $[n_1, n_2](n_1, n_2) = |n_1 n_2|$.

Beweis. Mit $d := (n_1', \ldots, n_k')$ folgt $n_i \frac{n_i'}{d} = \frac{n}{d}$ für $i = 1, \ldots, k$ nach Voraussetzung, weshalb die ganze Zahl $\frac{n}{d}$ gemeinsames Vielfaches von $n_1, \ldots, n_k$ ist; nach Satz 11 geht also $m := [n_1, \ldots, n_k]$ in $\frac{n}{d}$ auf und für (1) ist lediglich noch $n | md$ einzusehen. Dazu definiert man ganze $m_1, \ldots, m_k$ durch $m_i := \frac{m}{n_i}$, was mit $n m_i = n_i' m$ für $i = 1, \ldots, k$ gleichwertig ist. Nach Proposition 5(vi) ist $|n|(m_1, \ldots, m_k) = m(n_1', \ldots, n_k') = md$, was tatsächlich $n | md$ beinhaltet. Damit ist (1) gezeigt.

Um (2) nachzuweisen, hat man (1) anzuwenden mit $n_1' := n_2$, $n_2' := n_1$ und $n := n_1 n_2$. $\square$

Formel (2) führt das kgV *zweier* ganzer, von Null verschiedener Zahlen vollständig auf den ggT dieser Zahlen zurück. In Verbindung mit Proposition 11(viii′) ist damit die Bestimmung von $[n_1, \ldots, n_k]$ ganz allgemein auf die Berechnung größter gemeinsamer Teiler von *zwei* ganzen Zahlen reduziert.

Einen ähnlich einfachen Zusammenhang zwischen ggT und kgV von $n_1, \ldots, n_k$ wie im Falle $k = 2$ in Gestalt von Formel (2) hat man für $k \geq 3$ nicht. Der Leser kann aber für von Null verschiedene ganze n_1, n_2, n_3 durch geeignete Spezialisierung aus (1) gewinnen

$$(n_1, n_2, n_3)[n_1 n_2, n_2 n_3, n_3 n_1] = |n_1 n_2 n_3| = [n_1, n_2, n_3](n_1 n_2, n_2 n_3, n_3 n_1).$$

Anläßlich der Definition des kgV in 11 wurde implizit festgestellt, daß stets $[n_1, \ldots, n_k] \leq |n_1 \cdot \ldots \cdot n_k|$ gilt. Abschließend soll charakterisiert werden, wann genau in dieser Ungleichung das Gleichheitszeichen eintritt.

Satz B. *Für $k \geq 2$ ganze, von Null verschiedene Zahlen $n_1, \ldots, n_k$ sind folgende Aussagen äquivalent:*

(i)   *$n_1, \ldots, n_k$ sind paarweise teilerfremd.*

(ii)   *Es gilt $[n_1, \ldots, n_k] = |n_1 \cdot \ldots \cdot n_k|$.*

Beweis. Man setze $n := n_1 \cdot \ldots \cdot n_k$ und $n_i' := \frac{n}{n_i}$ für $i = 1, \ldots, k$. Formel (1) von Satz A zeigt die Äquivalenz von (ii) mit $(n_1', \ldots, n_k') = 1$, was sich als zu (i) gleichwertig erweisen muß. Diese letzte Äquivalenz ist aber deswegen gegeben, weil aufgrund der obigen Definition $n_i' = n_1 \cdot \ldots \cdot n_{i-1} \cdot n_{i+1} \cdot \ldots \cdot n_k$ für jede Primzahl p gilt: p geht in allen $n_1', \ldots, n_k'$ auf genau dann, wenn es in mindestens zweien der $n_1, \ldots, n_k$ aufgeht. □

§ 3.   Lineare diophantische Gleichungen

1. Warum "diophantisch"? Im letzten Paragraphen wurde verschiedentlich die Tragweite des Satzes 2.3A deutlich, der hier aus einem etwas anderen Blickwinkel betrachtet werden soll. Sind nämlich $a_1, \ldots, a_k$ ganze teilerfremde (nicht sämtlich verschwindende) Zahlen, so beinhaltet der angesprochene Satz die Existenz ganzer $x_1, \ldots, x_k$ mit

$$(1) \qquad\qquad a_1 x_1 + \ldots + a_k x_k = 1.$$

Oder etwas anders gewandt: Die Gleichung

$$(2) \qquad\qquad a_1 X_1 + \ldots + a_k X_k = 1$$

in den Unbestimmten $X_1, \ldots, X_k$ mit ganzen teilerfremden Koeffizienten $a_1, \ldots$
$\ldots, a_k$ ist in ganzen Zahlen lösbar, d.h. es gibt *mindestens ein* der Gleichung
(1) genügendes $(x_1, \ldots, x_k) \in \mathbb{Z}^k$.

Wenn man die *Lösbarkeit* einer unbestimmten Gleichung wie (2) erst einmal
gesichert hat, wird man sich als nächstes fragen, *wieviele Lösungen* die betrachtete Gleichung hat, d.h. wieviele (1) genügende $(x_1, \ldots, x_k) \in \mathbb{Z}^k$ es gibt. Und
schließlich wird man sich noch weitergehend für die *Struktur der Menge aller
Lösungen* interessieren.

Fragestellungen der hier angedeuteten Art werden, historisch belegt, seit über
zweieinhalb Jahrtausenden behandelt. So hat bereits PYTHAGORAS bemerkt,
die Gleichung $3^2 + 4^2 = 5^2$ impliziere die geometrische Tatsache, daß jedes
ebene Dreieck mit dem Seitenlängenverhältnis $3 : 4 : 5$ rechtwinklig ist. Deshalb
suchte er nach anderen Quadratzahlen, die wie 5^2 Summe zweier Quadratzahlen
sind, d.h. er suchte weitere Lösungen in natürlichen Zahlen der Gleichung

$$(3) \qquad\qquad X_1^2 + X_2^2 = X_3^2.$$

Tatsächlich schreibt man PYTHAGORAS die Entdeckung zu, daß jedes Tripel
$(m, \frac{1}{2}(m^2 - 1), \frac{1}{2}(m^2 + 1))$ mit ungeradem ganzem $m \geq 3$ eine Lösung von (3)
in natürlichen Zahlen ist. Die Lösungen $(8, 15, 17)$ und $(12, 35, 37)$ von (3)
belegen aber, daß in der Lösungsschar des PYTHAGORAS keineswegs sämtliche
Lösungen von (3) in natürlichen Zahlen enthalten sind. Wie die Gesamtheit
aller derartigen Lösungen von (3) aussieht, hat EUKLID (*Elemente X*, §§ 28, 29)
beschrieben; der Leser findet dies Resultat in 4.2.1–2.

PYTHAGORAS hat mit seiner Entdeckung der unendlich vielen Lösungen von (3)
eine Entwicklung eingeleitet, die erst einige Jahrhunderte später durch DIO-
PHANT (um 250 n. Chr. ?) einen vorläufigen Höhepunkt und Abschluß er-
reichte. DIOPHANT lebte im ägyptischen Alexandria, jahrhundertelang dem
wissenschaftlichen Zentrum der antiken Welt. Seine Lebensdaten sind recht unsi-
cher und schwanken zwischen 100 v. Chr. und 350 n. Chr. Diese Grenzen ergeben
sich indirekt einerseits aus Erwähnungen älterer Mathematiker in DIOPHANTs
Arithmetika ($A\rho\iota\vartheta\mu\eta\tau\iota\kappa\acute{\alpha}$), andererseits durch Zitierungen dieses Werks in der
späteren Literatur.

Die *Arithmetika* gilt als erste große, ausschließlich zahlentheoretischen Problemen gewidmete Abhandlung, deren Einfluß auf die Entwicklung der Zahlentheorie kaum zu überschätzen ist. Dabei haben von den überlieferten Teilen dieses
Werks diejenigen Untersuchungen DIOPHANTs bis heute die stärksten Impulse
gegeben, die sich mit unbestimmten Gleichungen des Typs

$$(4) \qquad\qquad P(X_1, \ldots, X_k) = 0, \qquad P \in \mathbb{Z}[X_1, \ldots, X_k]$$

wie (2) oder (3) befaßten. Aus zahlreichen Beispielen solcher Gleichungen bis
zum Gesamtgrad vier von P, die in der *Arithmetika* explizit vorgeführt wur-

den, ließen sich sehr allgemeine Methoden zur Gewinnung der Lösungen in ganzen (oder wie bei DIOPHANT meistens in positiven) rationalen Zahlen herauspräparieren. Zwei der DIOPHANTschen Methoden werden später in 4.2.3–4 vorgestellt; 4.2.5–8 vermitteln einen Eindruck vom Nachwirken DIOPHANTs bis in die Neuzeit.

DIOPHANT zu Ehren bezeichnet man jede unbestimmte Gleichung des Typs (4), für die man arithmetisch charakterisierte Lösungen $(x_1, \ldots, x_k)$ (also $(x_1, \ldots, x_k)$ aus $\mathbb{Z}^k$ oder aus $\mathbb{Q}^k$ oder ähnlich) sucht, als *diophantische Gleichung*, genauer als *polynomiale* diophantische Gleichung. Den Zusatz "polynomial" fügt man bei Gleichungen der Form (4) an, seit auch unbestimmte Gleichungen verstärkt behandelt werden, die nicht von der Form (4) sind. Weiter heißen die speziellen polynomialen Gleichungen des Typs (2) *lineare* diophantische Gleichungen, natürlich auch bei Ersetzung der Eins rechts in (2) durch irgendeine feste ganze Zahl.

Bemerkung. Von den dreizehn Büchern der *Arithmetika* schienen bis vor etwa dreißig Jahren lediglich sechs erhalten, sämtliche wie das Original in griechischer Sprache. Selbstverständlich wurden Übersetzungen und Kommentierungen seit DIOPHANT auch in zahlreichen anderen Sprachen herausgegeben. Als deutsche Übersetzung sei genannt

CZWALINA, A.: *Arithmetik des Diophantos aus Alexandria*, Vandenhoeck–Ruprecht, Göttingen, 1952.

Als ausgezeichnete Kommentierung von DIOPHANTs Werk und der Weiterentwicklung seiner Methoden kann dem Leser empfohlen werden

BASMAKOVA, I.G.: *Diophant und diophantische Gleichungen*, Birkhäuser, Basel–Stuttgart, 1974.

Vor rund dreißig Jahren sind vier weitere Bücher der *Arithmetika* aufgetaucht und zwar in arabischer Sprache. In ihrem Titel wiesen sie sich als Bücher IV bis VII[*] aus:

SESIANO, J.: *Books IV to VII of Diophantus' Arithmetica: In the Arabic Translation Attributed to Quṣṭâ Ibn Lûqâ*, Springer, New York, 1982.

2. Lösbarkeitsbedingung. Die Ergebnisse der vorangegangenen Paragraphen erlauben in diesem eine vollständige Behandlung der 1(2) verallgemeinernden linearen diophantischen Gleichung

$$(1) \qquad a_1 X_1 + \ldots + a_k X_k = c$$

---

[*] Im vorliegenden Buch ist die *ältere* Numerierung von I bis VI bei Zitaten der zuerst bekannten DIOPHANT–Bücher beibehalten.

mit ganzen $a_1, \ldots, a_k, c$. Sind hier alle a_i Null, so ist (1) für $c \neq 0$ unlösbar; ist aber auch noch $c = 0$, so ist jedes $(x_1, \ldots, x_k) \in \mathbb{Z}^k$ Lösung von (1). Seien in (1) also künftig nicht alle a_i Null; dann liefert der folgende Satz eine notwendige und hinreichende Bedingung für die Lösbarkeit von (1).

Satz. *Für ganze $a_1, \ldots, a_k, c$, nicht alle a_i gleich Null, ist die diophantische Gleichung (1) genau dann lösbar, wenn der ggT der $a_1, \ldots, a_k$ in c aufgeht.*

Beweis. Ist (1) lösbar, so gibt es ganze $x_1, \ldots, x_k$ mit

$$(2) \qquad\qquad a_1 x_1 + \ldots + a_k x_k = c.$$

Nach Satz 1.2(ix) wird dann c von $d := (a_1, \ldots, a_k)$ geteilt. Umgekehrt folgt aus Satz 2.3A die Existenz ganzer $y_1, \ldots, y_k$ mit

$$(3) \qquad\qquad a_1 y_1 + \ldots + a_k y_k = d.$$

Geht man nun von der Voraussetzung $d|c$ aus, so gilt $c = qd$ mit ganzem q; man setzt $x_i := q y_i$ für $i = 1, \ldots, k$ und sieht nach Multiplikation von (3) mit q, daß (2) für den Vektor $(x_1, \ldots, x_k)$ zutrifft, dieser also (1) löst. $\square$

Zur weiteren Behandlung der Gleichung (1) kann vorausgesetzt werden, daß die Lösbarkeitsbedingung $(a_1, \ldots, a_k)|c$ des obigen Satzes erfüllt ist und daß o.B.d.A. $a_1 \cdot \ldots \cdot a_k \neq 0$ gilt. Im Fall $k = 1$ ist die ganze Zahl $\frac{c}{a_1}$ offenbar die einzige Lösung von (1) und so kann man ab sofort noch $k \geq 2$ verlangen. Die weitere Diskussion von (1) vollzieht sich nun so, daß in 3 und 4 der Fall $k = 2$ komplett erledigt wird. In 5 wird dann bewiesen, daß sich der Fall von mehr als zwei Unbestimmten in (1) auf den schon behandelten mit genau zwei Unbestimmten zurückführen läßt.

3. Der Fall zweier Unbestimmten wird weiter reduziert durch folgenden

Satz. *Seien a, b, c ganze Zahlen mit $ab \neq 0$, der ggT d von a, b teile c und für die ganzen Zahlen x_0, y_0 gelte*

$$(1) \qquad\qquad a x_0 + b y_0 = d.$$

Dann hat die lineare diophantische Gleichung

$$(2) \qquad\qquad aX + bY = c$$

genau die ganzzahligen Lösungen

(3)
$$\left(\frac{cx_0 + bt}{d}, \frac{cy_0 - at}{d} \right)$$

mit ganzem t.

Bemerkung. Unter den gemachten, völlig natürlichen Voraussetzungen über a, b, c sind damit alle Lösungen von (2) bekannt genau dann, wenn man ganze x_0, y_0 gefunden hat, die (1) genügen. Das letztgenannte Problem wird in 4 vollständig gelöst.

Beweis. Mühelos prüft man zunächst, daß jedes in (3) genannte Paar (wegen $d|a, b, c$) ganzer Zahlen mit Rücksicht auf (1) die Gleichung (2) löst.

Ist nun umgekehrt $(x, y) \in \mathbb{Z}^2$ irgendeine Lösung von (2), so erhält man

(4)
$$\frac{a}{d}(x - x_1) = -\frac{b}{d}(y - y_1),$$

wenn man die ganzen Zahlen x_1 bzw. y_1 durch $\frac{c}{d}x_0$ bzw. $\frac{c}{d}y_0$ definiert und wieder (1) berücksichtigt. Nach Proposition 2.5(vii) sind $\frac{a}{d}$, $\frac{b}{d}$ teilerfremd; wegen Satz 2.6(i) muß $\frac{b}{d}$ in $x - x_1$ aufgehen, d.h. es gibt ein ganzes t mit $x - x_1 = \frac{b}{d}t$ und nach (4) ist dann $y - y_1 = -\frac{a}{d}t$. Nach Definition von x_1, y_1 sind die zuletzt erhaltenen Gleichungen äquivalent mit $x = \frac{cx_0+bt}{d}$, $y = \frac{cy_0-at}{d}$.   □

4. Spezielle Lösung, numerisches Beispiel. Das in 3 offen gebliebene Problem des effektiven Auffindens ganzer x_0, y_0, die 3(1) erfüllen, wird ganz explizit erledigt durch die

Proposition. *Seien a, b von Null verschiedene ganze Zahlen und d ihr ggT. Wendet man den euklidischen Algorithmus 2.9(1) an mit den Startwerten $r_0 := |a|$, $r_1 := |b|$, entnimmt man j und die $a_0, \ldots, a_{j-1}$ aus 2.9(1) und definiert damit rekursiv*

(1) $p_0 := 0, \quad q_0 := 1, \quad p_{i+1} := q_i, \quad q_{i+1} := p_i - a_{j-1-i} \cdot q_i \quad (0 \le i < j),$

so gilt

(2)
$$|a|p_j + |b|q_j = d,$$

d.h. $x_0 := p_j \operatorname{sgn} a$, $y_0 := q_j \operatorname{sgn} b$ genügen 3(1).

Beweis. Für die $r_0, \ldots, r_{j+1}$ aus 2.9(1) sind die Gleichungen

(3) $r_{j-i}p_i + r_{j+1-i}q_i = r_{j+1} \quad (i = 0, \ldots, j)$

wegen (1) induktiv sofort klar. Da $r_{j+1} = d$ nach Satz 2.9 mit Rücksicht auf Proposition 2.5(iv) gilt, ist (3) im Spezialfall $i = j$ mit (2) identisch.   □

Korollar. Sind a, b, d wie in Satz 3, so können ganze, der Gleichung 3(1) genügende x_0, y_0 mittels euklidischem Algorithmus bestimmt werden.

Beispiel. Es soll die Gleichung

(4) $9973X - 2137Y = 1$

untersucht werden, die nach Satz 2 genau dann lösbar ist, wenn die Koeffizienten 9973 und 2137 links in (4) teilerfremd sind. Um ihre Teilerfremdheit zu prüfen, wendet man den euklidischen Algorithmus 2.9(1) an, der hier wie folgt abläuft:

$$
\begin{aligned}
9973 &= 4 \cdot 2137 + 1425 \\
2137 &= 1 \cdot 1425 + 712 \\
1425 &= 2 \cdot 712 + 1 \\
712 &= 712 \cdot 1
\end{aligned}
$$

(5)

Die Koeffizienten links in (4) sind damit als teilerfremd erkannt (es sind sogar beides Primzahlen) und so hat (4) unendlich viele Lösungen, die man 3(3) entnehmen kann, sobald man eine spezielle Lösung (x_0, y_0) von (4) kennt. Dazu hat man laut obiger Proposition die $j, a_0, \ldots, a_{j-1}$ aus 2.9(1) im Spezialfall (5) festzustellen: Hier ist $j = 3$, $a_0 = 4$, $a_1 = 1$, $a_2 = 2$ (und $a_3 = 712$), was gemäß (1) zu $p_1 = 1$, $p_2 = -2$, $p_3 = 3$ bzw. $q_1 = -2$, $q_2 = 3$, $q_3 = -14$ führt. Also ist das Paar $(x_0, y_0) = (3, 14)$ eine spezielle Lösung von (4), was nach Satz 3 die allgemeine Lösung $(3 + 2137t, 14 + 9973t)$, $t \in \mathbb{Z}$, hat.

Bemerkungen. 1) Gemäß 2.10 hat sich hier ganz nebenbei der regelmäßige Kettenbruch der rationalen Zahlen $\frac{9973}{2137}$ zu $[4; 1, 2, 712]$ ergeben oder ausgeschrieben

$$
\frac{9973}{2137} = 4 + \cfrac{1}{1 + \cfrac{1}{2 + \cfrac{1}{712}}}
$$

2) Selbstverständlich gibt es Situationen, wo man zur Lösung einer Gleichung des Typs 3(2) nicht erst den euklidischen Algorithmus benützen wird, sondern wo genaues Hinsehen schon weiterhilft. So sieht man z.B. der Gleichung $7X + 10Y = 1$ unmittelbar *eine* Lösung $(3, -2)$ an, weshalb ihre allgemeine Lösung mit $(3 + 10t, -2 - 7t)$, $t \in \mathbb{Z}$, bereits hingeschrieben werden kann.

3) Merkwürdigerweise findet sich die vollständige Behandlung der Gleichung 3(2) *schriftlich* erst bei den indischen Astronomen ARYABHATA und BRAHMAGUPTA (zwischen 500 und 600), deren Methode auf dem euklidischen Algorithmus basiert. Dies verwundert umso mehr, als z.B. die großen griechischen Mathematiker der Antike von EUKLID bis DIOPHANT viel schwierigere Gleichungen höheren Grades komplett lösen konnten, vgl. etwa 4.2.1 und 4.3.1.

5. Reduktion des allgemeinen Falls. Bei ganzen $a_1, \ldots, a_k, c$ wird hier die Gleichung 2(1), also

$$(1) \qquad a_1 X_1 + \ldots + a_k X_k = c$$

im Fall $k \geq 3$ diskutiert unter den am Ende von 2 genannten Voraussetzungen $a_1 \cdot \ldots \cdot a_k \neq 0$, $\mathrm{ggT}(a_1, \ldots, a_k) | c$. Dazu wird mit $a := \mathrm{ggT}(a_{k-1}, a_k)$ neben (1) das folgende System von zwei linearen diophantischen Gleichungen in den $k+1$ Unbestimmten $X_1, \ldots, X_k, Y$ betrachtet:

$$(2) \qquad \begin{aligned} a_1 X_1 + \ldots + a_{k-2} X_{k-2} + aY &= c, \\ a_{k-1} X_{k-1} + a_k X_k - aY &= 0. \end{aligned}$$

Sei nun $\mathbf{x} := (x_1, \ldots, x_k) \in \mathbb{Z}^k$ eine Lösung von (1) und es werde y definiert durch $y := \frac{1}{a}(a_{k-1} x_{k-1} + a_k x_k)$. Nach Definition von a ist auch y ganz und ersichtlich löst der Vektor $(\mathbf{x}, y) := (x_1, \ldots, x_k, y) \in \mathbb{Z}^{k+1}$ das System (2). Klar ist auch, daß die durch $\mathbf{x} \mapsto (\mathbf{x}, y)$ definierte Abbildung der Lösungsmenge von (1) in die von (2) injektiv und surjektiv, also bijektiv ist. Damit kann man sicher sein, *alle* Lösungen $\mathbf{x} \in \mathbb{Z}^k$ von (1) zu erhalten, wenn man alle Lösungen $(\mathbf{x}, y) \in \mathbb{Z}^{k+1}$ von (2) kennt.

Dabei ist zu beachten, daß wiederholte Anwendung von Proposition 2.5(viii) zu $\mathrm{ggT}(a_1, \ldots, a_{k-2}, a) = \mathrm{ggT}(a_1, \ldots, a_k)$ führt, weshalb die oben vorausgesetzte Lösbarkeitsbedingung für (1) mit $\mathrm{ggT}(a_1, \ldots, a_{k-2}, a) | c$, also mit der nach Satz 2 notwendigen und hinreichenden Lösbarkeitsbedingung für die erste Gleichung in (2) äquivalent ist.

Die Lösungen $(\mathbf{x}, y)$ von (2) bekommt man jetzt so: Die Induktionsvoraussetzung garantiert, daß man die erste Gleichung in (2) vollständig lösen kann. Von jeder solchen Lösung $(x_1, \ldots, x_{k-2}, y)$ nimmt man die letzte Komponente y und behandelt damit via 3 und 4 die Gleichung

$$(3) \qquad a_{k-1} X_{k-1} + a_k X_k = ay.$$

6. Struktur der Lösungsgesamtheit. Die in 5 vorgenommene Reduktion gestattet nun eine vollständige Beschreibung der Lösungen von 5(1).

Satz. *Seien $a_1, \ldots, a_k$ ganze, von Null verschiedene Zahlen, deren ggT die ganze Zahl c teilt. Dann hat die Lösungsmenge der diophantischen Gleichung 5(1) die Form $\mathbf{p} + \mathbb{Z}\mathbf{q}_1 + \ldots + \mathbb{Z}\mathbf{q}_{k-1}$, wobei sämtliche $\mathbf{q}_i \in \mathbb{Z}^k$ nur von $a_1, \ldots, a_k$ abhängen, während $\mathbf{p} \in \mathbb{Z}^k$ außerdem von c abhängt und (genau) bei $c = 0$*

als Nullvektor wählbar ist. Überdies ist der Rang der aus den Zeilenvektoren $\mathbf{q}_1, \ldots, \mathbf{q}_{k-1}$ *gebildeten Matrix maximal, also gleich* $k-1$.

Beweis. (Induktion über k). Für $k = 1$ ist die Aussage des Satzes trivial und für $k = 2$ entnimmt man sie aus Satz 3. Sei nun $k \geq 3$ und gezeigt, daß die Lösungsmenge linearer diophantischer Gleichungen in $k-1$ Unbestimmten, insbesondere also der ersten Gleichung in 5(2) die Form $\mathbf{p}^* + \mathbb{Z}\mathbf{q}_1^* + \ldots + \mathbb{Z}\mathbf{q}_{k-2}^*$ hat, wobei die $\mathbf{p}^*, \mathbf{q}_1^*, \ldots, \mathbf{q}_{k-2}^* \in \mathbb{Z}^{k-1}$ die übrigen im Satz behaupteten Eigenschaften bereits aufweisen mögen. Mit $\mathbf{p}^* = (p_1^*, \ldots, p_{k-1}^*)$ und $\mathbf{q}_i^* = (q_{i1}^*, \ldots, q_{i,k-1}^*)$ für $i = 1, \ldots, k-2$ gilt für die allgemeine Lösung $(x_1, \ldots, x_{k-2}, y)$ der ersten Gleichung in 5(2) somit

$$(1) \qquad x_j = p_j^* + \sum_{i=1}^{k-2} q_{ij}^* t_i \quad (j = 1, \ldots, k-2), \quad y = p_{k-1}^* + \sum_{i=1}^{k-2} q_{i,k-1}^* t_i.$$

Nach Induktionsvoraussetzung hängen alle hier vorkommenden q_{ij}^* nur von $a_1, \ldots, a_{k-2}$ und $a = \mathrm{ggT}(a_{k-1}, a_k)$, also nur von $a_1, \ldots, a_k$ ab, bei $c = 0$ kann $p_j^* = 0$ für $j = 1, \ldots, k-1$ gewählt werden und es ist Rang $(q_{ij}^*)_{1 \leq i \leq k-2, 1 \leq j \leq k-1} = k-2$.

Für jedes feste y aus (1) hat man jetzt die Gleichung 5(3) anzusehen. Nach Satz 3 ist die allgemeine Lösung (x_{k-1}, x_k) von 5(3) von der Form

$$(2) \qquad x_{k-1} = x_0 y + \frac{a_k}{a} t_{k-1}, \quad x_k = y_0 y - \frac{a_{k-1}}{a} t_{k-1},$$

wobei t_{k-1} ganz $\mathbb{Z}$ durchläuft und die x_0, y_0 alleine von a_{k-1}, a_k abhängen, der Gleichung $a_{k-1} x_0 + a_k y_0 = a$ genügen und daher nicht beide verschwinden. Substituiert man in (2) noch für y aus (1), so findet man nach der Überlegung aus 5 die allgemeine Lösung $\mathbf{x} = (x_1, \ldots, x_k)$ von 5(1) in der Form $\mathbf{p} + \mathbf{q}_1 t_1 + \ldots + \mathbf{q}_{k-1} t_{k-1}$, $(t_1, \ldots, t_{k-1}) \in \mathbb{Z}^{k-1}$, mit

$$(3) \quad \begin{cases} \mathbf{q}_i := (q_{i1}^*, \ldots, q_{i,k-2}^*, x_0 q_{i,k-1}^*, y_0 q_{i,k-1}^*) & \text{für } i = 1, \ldots, k-2, \\[2mm] \mathbf{q}_{k-1} := (0, \ldots, 0, \frac{a_k}{a}, -\frac{a_{k-1}}{a}), \quad \mathbf{p} := (p_1^*, \ldots, p_{k-2}^*, x_0 p_{k-1}^*, y_0 p_{k-1}^*). \end{cases}$$

Hieraus sind die Behauptungen des Satzes über die $\mathbf{p}, \mathbf{q}_1, \ldots, \mathbf{q}_{k-1}$ aufgrund der oben erwähnten Induktionsvoraussetzung und der Eigenschaften von x_0, y_0 evident bis auf die Rangaussage. Für gewisse ganze $\tau_1, \ldots, \tau_{k-1}$ sei $\sum_{i=1}^{k-1} \tau_i \mathbf{q}_i = \mathbf{0}$, d.h. $\sum_{i=1}^{k-2} \tau_i q_{ij}^* = 0$ für $j = 1, \ldots, k-2$ sowie

$$x_0 \sum_{i=1}^{k-2} \tau_i q_{i,k-1}^* + \tau_{k-1} \frac{a_k}{a} = 0, \quad y_0 \sum_{i=1}^{k-2} \tau_i q_{i,k-1}^* - \tau_{k-1} \frac{a_{k-1}}{a} = 0,$$

was äquivalent ist mit

$$\sum_{i=1}^{k-2} \tau_i q_{i,k-1}^* = 0, \quad \tau_{k-1} = 0.$$

Aus $\sum_{i=1}^{k-2} \tau_i \mathbf{q}_i^* = \mathbf{0}$ folgt $\tau_1 = 0, \dots, \tau_{k-2} = 0$ nach Induktionsvoraussetzung, womit auch die Rangaussage bewiesen ist.

Die Aussage des "genau" im Satz ist trivial: Ist $\mathbf{p}$ als Nullvektor wählbar, so muß dieser offenbar 5(1) lösen, d.h. es muß $c = 0$ sein. □

Schließlich sei noch als Kurzfassung des Satzes formuliert

Korollar. *Unter den Voraussetzungen des Satzes bildet die Lösungsmenge von 5(1) einen $(k-1)$-dimensionalen freien $\mathbb{Z}$-Modul, der genau für $c = 0$ sogar ein $\mathbb{Z}$-Modul ist.*

§ 4. Zahlentheoretische Funktionen

1. Einige Definitionen. Jede Abbildung $f : \mathbb{N} \to \mathbb{C}$ bezeichnet man als *zahlentheoretische Funktion.* In der Sprache der Analysis ist dies nichts anderes als eine komplexwertige Folge, also ein Element aus $\mathbb{C}^{\mathbb{N}}$; nur schreibt man in der Zahlentheorie traditionell $f(n)$ statt f_n für die Folgenglieder. Außerdem wird hier $\mathbb{C}^{\mathbb{N}}$ mit Z abgekürzt.

Als Beispiele zahlentheoretischer Funktionen, die bisher schon in natürlicher Weise im Rahmen der Teilbarkeitstheorie auftraten, seien genannt: Die Teileranzahlfunktion τ (in 1.3 und 1.7), die Teilersummenfunktion σ (in 1.7) und für jede feste Primzahl p die Vielfachheit ν_p (in 1.6). In diesem Paragraphen werden folgende weiteren zahlentheoretischen Funktionen immer wieder vorkommen:

a) Die durch $\mathbf{0}(n) := 0$ für alle natürlichen n definierte Funktion $\mathbf{0}$;

b) die durch $\varepsilon(1) := 1$ und $\varepsilon(n) := 0$ für alle ganzen $n \geq 2$ definierte Funktion ε;

c) die mit ι abgekürzte Identität auf $\mathbb{N}$ und schließlich für jedes reelle α die durch $\iota_\alpha(n) := n^\alpha$ für alle $n \in \mathbb{N}$ definierten Funktionen ι_α; es ist insbesondere $\iota_1 = \iota$ und $\iota_0(n) = 1$ für alle $n \in \mathbb{N}$.

2. Multiplikative und additive Funktionen. Aufgrund der großen Allgemeinheit des Begriffs einer zahlentheoretischen Funktion ist plausibel, daß man im Rahmen der Zahlentheorie nicht an all diesen Funktionen gleichermaßen interessiert ist. Eine für die Zahlentheorie besonders wichtige Teilmenge von Z, hier mit M abgekürzt, besteht aus den multiplikativen Funktionen.

Dabei heißt $f \in Z$ *multiplikativ*, wenn

$$(1) \qquad f(n_1 n_2) = f(n_1) f(n_2) \quad \text{für alle teilerfremden } n_1, n_2 \in \mathbb{N}$$

gilt; trifft (1) für alle $n_1, n_2 \in \mathbb{N}$ ohne die Einschränkung "teilerfremd" zu, so heißt f *streng multiplikativ*.

Beispiele streng multiplikativer Funktionen sind $\mathbf{0}$, ε und sämtliche ι_α mit $\alpha \in \mathbb{R}$; daß weder τ noch σ streng multiplikativ sind, ist Spezialfall einer Feststellung in 10. Dagegen sind τ und σ beide multiplikativ, wie man 1.7(2) bzw. 1.7(4) in Verbindung mit (ii) der nächsten Proposition entnimmt. Die Multiplikativität von τ, σ wird sich nochmals in 10 ergeben.

Proposition.

(i)   *Für jedes $f \in M \setminus \{\mathbf{0}\}$ gilt $f(1) = 1$.*

(ii)   *Für $f \in Z$ gilt die Äquivalenz*

$$f \in M \Longleftrightarrow f(n) = \prod_p f\left(p^{\nu_p(n)}\right) \qquad \text{für alle } n \in \mathbb{N}.$$

Beweis. Zu (i): Wegen $f(1) = f(1 \cdot 1) = f(1)^2$ gemäß (1) ist entweder $f(1) = 1$ oder $f(1) = 0$. Die zweite Alternative würde $f(n) = f(n \cdot 1) = f(n)f(1) = 0$ (erneut nach (1)) für alle $n \in \mathbb{N}$ implizieren, also $f = \mathbf{0}$.

Zu (ii): Ist $f \in M$, so folgt die behauptete Zerlegung von $f(n)$, indem man (1) endlich oft auf die Produktzerlegung $\prod_p p^{\nu_p(n)}$ von n anwendet und $f(1) = 1$ bei $f \neq \mathbf{0}$ beachtet, welch letzteres o.B.d.A. vorausgesetzt werden darf. Die Implikation "$\Longleftarrow$" ist trivial. $\square$

Teil (ii) der Proposition deckt einen Grund für die Bedeutung der *multiplikativen zahlentheoretischen Funktionen* auf: Sie *sind durch ihre Werte an den sämtlichen Primzahlpotenzen bereits vollständig festgelegt.*

Bemerkung. Gelegentlich sind auch sogenannte additive $f \in Z$ in der Zahlentheorie von Bedeutung. Dabei heißt $f \in Z$ *additiv*, wenn $f(n_1 n_2) = f(n_1) + f(n_2)$ für alle teilerfremden $n_1, n_2 \in \mathbb{N}$ gilt; trifft dies ohne die Einschränkung "teilerfremd" zu, so heißt f *streng additiv*.

Hier seien noch einige Kleinigkeiten über additive Funktionen zusammengestellt, die sich der Leser selbst überlegen möge: Für jede Primzahl p ist ν_p streng additiv. Die durch $\omega(n) := \#\{p \in \mathbb{P} : p|n\}$ definierte Funktion ω ist additiv, jedoch nicht streng additiv. Ist $f : \mathbb{N} \to \mathbb{R}_+$ (streng) multiplikativ, so ist offenbar die Zusammensetzung $\log \circ f$ (streng) additiv. Für additives $f \in Z$ gilt stets $f(1) = 0$.

3. Produktdarstellung unendlicher Reihen. Dieser und der folgende Abschnitt stellen Hilfsmittel bereit, die vor allem in Kap. 7 zur genaueren Untersuchung der Primzahlverteilung unabdingbar sein werden. Sie werden aber auch schon in 5 und 12 mit Erfolg angewandt.

Satz. *Ist $f \in Z$ multiplikativ und $\sum_{n=1}^{\infty} f(n)$ absolut konvergent, so gilt*

$$(1) \qquad \sum_{n=1}^{\infty} f(n) = \prod_{p} \sum_{\nu=0}^{\infty} f(p^{\nu}).$$

Oft nützlich ist noch folgendes Ergebnis, bei dem die Voraussetzungen leicht abgewandelt sind, dessen Beweis aber bis zu einem gewissen Punkt demjenigen des Satzes folgt.

Proposition. *Ist $f \in Z$ reellwertig, nichtnegativ und multiplikativ und konvergiert $\sum_{\nu \geq 0} f(p^{\nu})$ für jede Primzahl p, so gilt für alle reellen x*

$$(2) \qquad \sum_{n \leq x} f(n) \leq \prod_{p \leq x} \sum_{\nu=0}^{\infty} f(p^{\nu}).$$

Beweise. O.B.d.A. sei $f \neq 0$. Für reelles $x < 2$ ist (2) trivial wegen $f(1) = 1$ und der Konvention über leere Summen bzw. Produkte. Sei ab jetzt $x \geq 2$ und seien $p_1, \ldots, p_k$ genau die verschiedenen, x nicht übersteigenden Primzahlen. Dann ist

$$(3) \qquad \prod_{p \leq x} \sum_{\nu \geq 0} f(p^{\nu}) = \prod_{\kappa=1}^{k} \sum_{a_\kappa=0}^{\infty} f\left(p_\kappa^{a_\kappa}\right) = \sum_{(a_1, \ldots, a_k) \in \mathbb{N}_0^k} f\left(p_1^{a_1} \cdot \ldots \cdot p_k^{a_k}\right),$$

wobei zuletzt die absolute Konvergenz der Reihen $\sum f(p^{\nu})$ und die Multiplikativität von f ausgenützt wurde. Nach dem Fundamentalsatz der Arithmetik in 1.5 kommen rechts in (3) unter den $p_1^{a_1} \cdot \ldots \cdot p_k^{a_k}$ alle natürlichen $n \leq x$ vor. Daraus folgt bereits (2); man braucht hierzu nur die Nichtnegativität aller f-Werte auszunützen.

Um den Satz einzusehen, startet man erneut mit (3) und bemerkt, daß dort die Summe rechts die Form

$$(4) \qquad \sum_{n=1}^{\infty} f(n) - {\sum}' f(n)$$

hat. Dabei bedeutet $\sum'$, daß die Summation genau über die $n \in \mathbb{N}$ zu erstrecken ist, die von mindestens einer Primzahl, die größer als x ist, geteilt werden; erst recht sind also diese n größer als x. Gibt man sich nun ein $\varepsilon \in \mathbb{R}_+$ beliebig vor, so gilt bei geeignetem $x_0(\varepsilon)$ nach Voraussetzung die Ungleichung $\sum' |f(n)| < \varepsilon$ für alle $x > x_0(\varepsilon)$. Kombination von (3) und (4) liefert (1). $\qquad\square$

Bemerkung. Die Gleichung (1) ist nichts anderes als ein analytisches Äquivalent zum Fundamentalsatz der Arithmetik. Offenbar machen beide Beweise *keinen* Gebrauch von EUKLIDs Satz 1.4; man beachte, daß die Summe $\sum'$ in (4) leer wäre, wenn es oberhalb x keine Primzahl mehr gäbe.

4. Riemannsche Zetafunktion. Bei $n \in \mathbb{N}$ und $s \in \mathbb{C}$ definiert man wie üblich die komplexe Zahl n^{-s} durch $\exp(-s \log n)$, wobei $\log$ den reellen Logarithmus und (im weiteren) Re s den Realteil von s bedeutet.

Satz. *Ist g eine beschränkte multiplikative zahlentheoretische Funktion, so definiert die Reihe*

$$(1) \qquad \sum_{n=1}^{\infty} g(n) n^{-s}$$

in Re $s > 1$ *eine holomorphe Funktion G mit der Produktentwicklung*

$$(2) \qquad G(s) = \prod_p \sum_{\nu=0}^{\infty} g(p^\nu) p^{-\nu s} \qquad \text{in Re } s > 1.$$

Beweis. Die durch $f(n) := g(n) n^{-s}$ für $n \in \mathbb{N}$ definierte Funktion $f \in Z$ ist wegen $g \in M$ multiplikativ. Wegen der Beschränktheit von g konvergiert die Reihe (1) in Re $s > 1$ absolut (man beachte $|n^{-s}| = n^{-\mathrm{Re}\, s}$) und kompakt gleichmäßig, definiert daher dort eine holomorphe Funktion G. Formel (2) folgt direkt aus 3(1). $\qquad\square$

Von besonderer Bedeutung ist der Spezialfall $g = \iota_0$ des vorstehenden Satzes. Hier setzt man

(3)
$$\zeta(s) := \sum_{n=1}^{\infty} n^{-s} \qquad \text{für Re } s > 1$$

und hat nach (2) für dieselben $s \in \mathbb{C}$ die Produktformel

(4)
$$\zeta(s) = \prod_p (1 - p^{-s})^{-1}.$$

Dabei ist lediglich $\sum_{\nu \geq 0} p^{-\nu s}$ für jede Primzahl p als geometrische Reihe aufsummiert worden.

Die hier eingeführte, in der Halbebene Re $s > 1$ holomorphe und (wegen (4)) nullstellenfreie Funktion ζ heißt RIEMANNsche Zetafunktion. Sie spielt beim Studium der Primzahlverteilung eine überragende Rolle (vgl. 7.3.1); daß sie mit den Primzahlen engstens zu tun hat, ist aus ihrer Produktdarstellung (4) evident.

5. Zweimal Euklids Satz über die Existenz unendlich vieler Primzahlen.

Eine mehr amüsante Beweisvariante. Für jedes ganze $s \geq 2$ ist jeder Faktor rechts in 4(4) rational. Unter der Annahme, es gäbe nur endlich viele Primzahlen, wäre dann das Produkt rechts in 4(4) rational, also auch $\zeta(s)$. Nun ist aber die Irrationalität (sogar Transzendenz) von $\zeta(2t)$ für alle $t \in \mathbb{N}$ wohlbekannt: Z.B. ist $\zeta(2) = \sum n^{-2} = \frac{1}{6}\pi^2$, allgemeiner $\zeta(2t) = r_t \pi^{2t}$ mit gewissen $r_t \in \mathbb{Q}_+$ und so folgt EUKLIDs Satz aus der Irrationalität von π^{2t} für alle $t \in \mathbb{N}$, vgl. 6.3.2.   □

Für die zweite Variante wird ein Teil des folgenden Hilfssatzes über die Partialsummen der harmonischen Reihe benötigt.

Lemma. *Für alle natürlichen n gelten die Ungleichungen*

$$\log(n+1) < \sum_{m=1}^{n} \frac{1}{m} \leq 1 + \log n.$$

Beweis. Durch Vergleich der Summe mit $\int_1^{n+1} \frac{dt}{t}$ bzw. $\int_1^{n} \frac{dt}{t}$.   □

Eine seriöse Beweisvariante. Ohne ein so unangemessen starkes Hilfsmittel wie z.B. die Irrationalität von π^2 für EUKLIDs Satz anzuwenden, wird nun Proposition 3 ausgenützt: Man nimmt dort $f := \iota_{-1}$ und erhält unter Berücksichtigung der linken Hälfte des obigen Lemmas

$$(1) \qquad \log x < \log([x] + 1) < \sum_{n \le x} \frac{1}{n} \le \prod_{p \le x} (1 - \frac{1}{p})^{-1}$$

für alle reellen $x > 0$. Da hier die linke Seite beliebig groß werden kann, muß dies auch für das Produkt rechts gelten, d.h. dieses kann nicht von einer Stelle an konstant sein. $\qquad\qquad\qquad\qquad\qquad\qquad\qquad\qquad\qquad\qquad\qquad\qquad\quad$ □

Bemerkungen. 1) In der ersten Variante hätte man auch $s = 3$ nehmen können; die Irrationalität von $\zeta(3)$ wurde von R. APERY (Astérisque *61*, 11–13 (1979)) bewiesen. Bei $\zeta(5), \zeta(7), \zeta(9), \dots$ ist das Problem der Irrationalität noch offen; allerdings ist in den letzten Jahren, angestoßen durch T. RIVOAL (C. R. Acad. Sci. Paris Sér. I Math. *331*, 267–279 (2000)), neue "Bewegung" in diese Fragestellung gekommen.

2) Bei der ersten Variante ergibt sich die rein *qualitative* Aussage der Unendlichkeit der Menge $\mathbb{P}$ durch Betrachtung der Funktion ζ an *einer* einzigen geeignet gewählten Stelle. Es ist plausibel, daß Informationen über $\zeta(s)$ auf einer *reichhaltigeren* Menge von Punkten s der komplexen Ebene zu genaueren *quantitativen* Aussagen über das Anwachsen der in 1.4 definierten Anzahlfunktion $\pi(x) := \#\{p \in \mathbb{P} : p \le x\}$ bei $x \to \infty$ führen wird. Dies wird sich in § 3 von Kap. 7 tatsächlich bestätigen.

3) *Eine* derartige quantitative Aussage über $\pi(x)$ läßt sich übrigens aus der zweiten Variante gewinnen: Beachtet man, daß $p \ge 2$ für alle $p \in \mathbb{P}$ gilt, so ist das Produkt rechts in (1) höchstens gleich $2^{\pi(x)}$, so daß (1) unmittelbar zu $\pi(x) > \frac{\log \log x}{\log 2}$ für alle reellen $x > 1$ führt. Verglichen etwa mit der in 7.2.3 angegebenen Abschätzung (4) ist dies allerdings ein sehr schwaches Ergebnis.

4) Beachtet man die vom Leser zu verifizierende, für alle reellen $t \in [0, \frac{1}{2}]$ gültige Ungleichung $(1 - t)^{-1} \le 4^t$, so folgt aus (1) noch $\frac{\log \log x}{\log 4} < \sum_{p \le x} \frac{1}{p}$ für alle $x > 1$. Insbesondere divergieren also $\prod_p (1 - p^{-1})^{-1}$ und $\sum_p \frac{1}{p}$, was bereits EULER bekannt war, vgl. 14.

6. Faltung. In den Abschnitten 6 bis 11 werden die zahlentheoretischen Funktionen von einem relativ abstrakten, strukturellen Gesichtspunkt aus betrachtet. Dabei werden die Teilerfunktionen τ und σ in allgemeinere Zusammenhänge eingeordnet, bei deren Studium man einigen weiteren klassischen zahlentheoretischen Funktionen begegnen wird.

Für $f, g \in Z$ und $\kappa \in \mathbb{C}$ definiert man neue zahlentheoretische Funktionen $f + g$ bzw. $\kappa \cdot f$ punktweise durch die Festsetzungen

$$(f + g)(n) := f(n) + g(n) \quad \text{bzw.} \quad (\kappa \cdot f)(n) := \kappa f(n)$$

für alle $n \in \mathbb{N}$. Klar ist, daß $\langle Z, + \rangle$ eine abelsche Gruppe bildet, die durch die oben definierte skalare Multiplikation $\cdot$ zu einem $\mathbb{C}$-Vektorraum wird.

Eine weitere Verknüpfung in Z, die in der Zahlentheorie von größter Bedeutung ist, wird nun folgendermaßen definiert: Bei $f, g \in Z$ sei

$$(1) \qquad (f * g)(n) := \sum_{d \mid n} f(\frac{n}{d}) g(d) \qquad \text{für alle } n \in \mathbb{N};$$

dabei bedeutet die Bedingung $d \mid n$ stets, daß über *alle* positiven Teiler d von n zu summieren ist, also 1 und n eingeschlossen. Die durch (1) eingeführte zahlentheoretische Funktion $f * g$ heißt die *Faltung von f mit g*.

Man beachte sogleich, daß sich die Summe rechts in (1) in die symmetrische Form

$$(2) \qquad \sum_{\substack{(c,d) \in \mathbb{N}^2 \\ cd = n}} f(c) g(d)$$

setzen läßt. Damit gestalten sich manche Rechnungen mit der Faltung zweier Funktionen bequemer; z.B. ist (iii) der folgenden Proposition dann evident.

Proposition. *Für beliebige $f, g, h \in Z$ gilt*
(i) $(f * g) * h = f * (g * h)$,
(ii) $f * \varepsilon = f$,
(iii) $f * g = g * f$.

Beweis. Für (i) arbeitet man bei $n \in \mathbb{N}$ die Summe

$$\Sigma(n) := \sum_{\substack{(b,c,d) \in \mathbb{N}^3 \\ bcd = n}} f(b) g(c) h(d)$$

unter Beachtung von (1) und (2) zunächst folgendermaßen um

$$\Sigma(n) = \sum_{\substack{(a,d) \in \mathbb{N}^2 \\ ad = n}} h(d) \sum_{\substack{(b,c) \in \mathbb{N}^2 \\ bc = a}} f(b) g(c) = \sum_{\substack{(a,d) \in \mathbb{N}^2 \\ ad = n}} (f * g)(a) h(d)$$

$$= ((f * g) * h)(n).$$

Offensichtlich kann man genauso gut $\Sigma(n) = (f * (g * h))(n)$ erhalten, was (i) beweist.

Zu (ii): Berechnet man $(f * \varepsilon)(n)$ gemäß (1), so bleibt in der dortigen Summe wegen $\varepsilon(d) = 0$ für $d > 1$ alleine der Summand $f(n)\varepsilon(1) = f(n)$ zurück.   □

Regel (i) macht Klammersetzung bei Faltung von beliebig (aber endlich) vielen zahlentheoretischen Funktionen überflüssig. Regel (iii) erlaubt es, von der Faltung von f und g zu sprechen. Insgesamt beinhaltet die Proposition, daß $\langle Z, * \rangle$ eine *kommutative Halbgruppe* bildet; die Rolle des neutralen Elements spielt ε.

Bezüglich der *beiden* oben eingeführten Verknüpfungen $+$ und $*$ gilt nun der

Satz. $\langle Z, +, * \rangle$ *ist ein Integritätsring.*

Beweis. Nach den anfänglichen Feststellungen über $\langle Z, + \rangle$ und wegen der Proposition ist nur noch Distributivgesetz und Nullteilerfreiheit zu prüfen, wobei das erstere dem Leser überlassen sei. Für die Nullteilerfreiheit ist $f * g \neq 0$ bei $f, g \in Z \setminus \{0\}$ zu zeigen.

Seien c_0 bzw. d_0 aus $\mathbb{N}$ jeweils kleinstmöglich gewählt mit $f(c_0) \neq 0$, $g(d_0) \neq 0$; dann ist $(f * g)(c_0 d_0) = f(c_0) g(d_0) \neq 0$, also $f * g \neq 0$. Für $n = c_0 d_0$ reduziert sich die Summe (1) nämlich auf $f(c_0) g(d_0)$, weil $g(d) = 0$ für $d < d_0$ und $f\left(\frac{c_0 d_0}{d}\right) = 0$ für $d > d_0$ gilt (beachte hier $\frac{c_0 d_0}{d} < c_0$). $\square$

7. Inverse bezüglich Faltung. Während sich $\langle Z, * \rangle$ in 6 als kommutative Halbgruppe herausstellte, klärt der nächste Satz, genau wann ein $f \in Z$ bezüglich $*$ eine Inverse hat.

Satz. *Für $f \in Z$ sind folgende Aussagen äquivalent:*
(i) $f(1) \neq 0$.
(ii)   *Es gibt ein $g \in Z$ mit $f * g = \varepsilon$.*

Bemerkung. Für g wie in (ii) gilt $g(1) = \frac{1}{f(1)}$, also $g(1) \neq 0$.

Beweis. Sei zunächst $f(1) \neq 0$; dann wird *ein* g wie in (ii) punktweise folgendermaßen rekursiv konstruiert. Man setzt erst $g(1) := \frac{1}{f(1)}$ und hat damit $(f * g)(1) = 1 \, (= \varepsilon(1))$. Ist dann $n > 1$ und $g(d)$ schon für $d = 1, \ldots, n-1$ definiert, so setzt man

$$g(n) := -\frac{1}{f(1)} \sum_{\substack{d \mid n \\ d \neq n}} f\left(\frac{n}{d}\right) g(d);$$

nach 6(1) ist dies ja mit $(f * g)(n) = 0 \, (= \varepsilon(n))$ äquivalent.

Ist andererseits (ii) vorausgesetzt, so ist nach 6(1) insbesondere $f(1) g(1) = 1$, also $f(1) \neq 0$. $\square$

Genügt $f \in Z$ der Bedingung $f(1) \neq 0$ und haben $g, h \in Z$ die Eigenschaft $f * g = \varepsilon$, $f * h = \varepsilon$, so ist $g = g * \varepsilon = (g * f) * h = \varepsilon * h = h$ nach Proposition 6. Somit existiert zu jedem $f \in Z$ mit $f(1) \neq 0$ bezüglich $*$ genau eine *Inverse* in Z, die üblicherweise mit $\breve{f}$ bezeichnet wird und für die $\breve{f}(1) = \frac{1}{f(1)} \neq 0$ gilt.

Der obige Satz legt die Einführung folgender Abkürzung nahe:

$$Z_1 := \{ f \in Z : f(1) \neq 0 \}.$$

Offenbar ist Z_1 bezüglich $*$ abgeschlossen; man hat ja nur $(f * g)(1) = f(1)g(1) \neq 0$ für $f, g \in Z_1$ zu beachten. Diese Beobachtung in Verbindung mit Proposition 6 und obigem Satz führt unmittelbar zum

Korollar. $\langle Z_1, * \rangle$ *ist eine abelsche Gruppe.*

8. Die Gruppe der multiplikativen Funktionen. Vorausgeschickt sei hier das einfache

Lemma. *Für teilerfremde $n_1, n_2 \in \mathbb{N}$ gelte $d | n_1 n_2$ mit einem $d \in \mathbb{N}$. Dann gibt es ein eindeutig bestimmtes Paar (d_1, d_2) natürlicher Zahlen mit $d_1 d_2 = d$, $d_1 | n_1$, $d_2 | n_2$, wobei außerdem d_1, d_2 zueinander teilerfremd sind ebenso wie $\frac{n_1}{d_1}$, $\frac{n_2}{d_2}$.*

Beweis. Nach Lemma 1.7 ist $\nu_p(d) \leq \nu_p(n_1 n_2)$ für alle $p \in \mathbb{P}$, insbesondere $\nu_p(d) = 0$ für $p \nmid n_1 n_2$. Bei $p | n_1 n_2$ ist nach Satz 2.7 genau ein $\nu_p(n_i)$ Null und man hat entweder $\nu_p(d) \leq \nu_p(n_1)$, $\nu_p(n_2) = 0$ oder $\nu_p(d) \leq \nu_p(n_2)$, $\nu_p(n_1) = 0$, also

$$d = \prod_{p | n_1 n_2} p^{\nu_p(d)} = \prod_{p | n_1} p^{\nu_p(d)} \cdot \prod_{p | n_2} p^{\nu_p(d)} =: d_1 \cdot d_2.$$

Aus der Definition ist $d_i | n_i$ für $i = 1, 2$ klar. Haben d_1', d_2' dieselben Eigenschaften wie d_1, d_2 im Lemma, so folgt aus $d_1 d_2 = d_1' d_2'$ wegen der Teilerfremdheit von d_1, d_2' und wegen Satz 2.6(i) die Bedingung $d_1 | d_1'$, also $d_1' = \delta d_1$, $d_2 = \delta d_2'$ mit ganzem $\delta > 0$. Wegen der Teilerfremdheit von n_1, n_2 muß $\delta = 1$ gelten. □

Proposition. *Die Menge M der multiplikativen zahlentheoretischen Funktionen ist bezüglich Faltung abgeschlossen, ebenso die Menge $M \setminus \{0\}$.*

Beweis. Seien $f, g \in M$ und $n_1, n_2 \in \mathbb{N}$ zueinander teilerfremd. Dann ist nach 6(1), dem vorangestellten Lemma und der vorausgesetzten Multiplikativität von f, g

$$(f * g)(n_1 n_2) = \sum_{d \mid n_1 n_2} f\left(\frac{n_1 n_2}{d}\right) g(d) = \sum_{\substack{(d_1, d_2) \in \mathbb{N}^2 \\ d_1 \mid n_1, \, d_2 \mid n_2}} f\left(\frac{n_1 n_2}{d_1 d_2}\right) g(d_1 d_2)$$

$$= \sum_{d_1 \mid n_1} \sum_{d_2 \mid n_2} f\left(\frac{n_1}{d_1}\right) g(d_1) f\left(\frac{n_2}{d_2}\right) g(d_2) = \prod_{j=1}^{2} \sum_{d_j \mid n_j} f\left(\frac{n_j}{d_j}\right) g(d_j)$$

$$= \prod_{j=1}^{2} (f * g)(n_j),$$

was $f * g \in M$ beweist. Sind insbesondere $f, g \in M \setminus \{\mathbf{0}\}$, so ist $f(1) = 1$, $g(1) = 1$ nach Proposition 2(i) und somit $(f * g)(1) = f(1)g(1) = 1$, also hat man $f * g \in M \setminus \{\mathbf{0}\}$. $\square$

Wie soeben schon festgestellt, gilt $f(1) = 1$ für $f \in M \setminus \{\mathbf{0}\}$, insbesondere also $f \in Z_1$. Nun wird über die Teilmenge $M \setminus \{\mathbf{0}\}$ von Z_1 behauptet der

Satz. $\langle M \setminus \{\mathbf{0}\}, * \rangle$ *ist eine Untergruppe der Gruppe* $\langle Z_1, * \rangle$.

Beweis. Wegen Korollar 7 und obiger Proposition bleibt nur noch zu zeigen, daß $M \setminus \{\mathbf{0}\}$ zu jedem Element f auch die Inverse $\check{f}$ enthält. Klar ist zunächst $f \in Z_1$ und also hat f nach 7 in Z_1 die Inverse $\check{f}$, die als in M enthalten erkannt werden muß. Dazu definiert man $g \in Z$ vermöge

$$(1) \qquad\qquad g(n) := \prod_{p \mid n} \check{f}\left(p^{\nu_p(n)}\right).$$

Offenbar ist $g(1) = 1$ und $g \in M$, also $g \in M \setminus \{\mathbf{0}\}$ und somit $f * g \in M \setminus \{\mathbf{0}\}$ nach obiger Proposition. Wenn $f * g = \varepsilon$ nachgewiesen ist, folgt $\check{f} = g$ aus $f * \check{f} = \varepsilon$ und somit $\check{f} \in M \setminus \{\mathbf{0}\}$ wie gewünscht. Für $f * g = \varepsilon$ reicht nach der Anmerkung am Ende von 2 der Nachweis, daß die beiden multiplikativen Funktionen $f * g$ und ε auf den Primzahlpotenzen übereinstimmen. Tatsächlich ist für alle $j \in \mathbb{N}_0$, $p \in \mathbb{P}$ nach (1)

$$(f * g)(p^j) = \sum_{i=0}^{j} f(p^{j-i}) g(p^i) = \sum_{i=0}^{j} f(p^{j-i}) \check{f}(p^i) = \varepsilon(p^j). \qquad \square$$

Ist $f \in Z$ und ι_0 gemäß 1 definiert, so heißt $Sf := \iota_0 * f$ die *summatorische Funktion* von f. Wegen $\iota_0(d) = 1$ für alle $d \in \mathbb{N}$ ist also nach 6(1)

$$(Sf)(n) = \sum_{d \mid n} f(d) \qquad \text{für alle } n \in \mathbb{N},$$

was die Bezeichnungsweise verständlich macht. Damit ergeben die bisherigen Schlußweisen noch folgendes

Korollar. *Für $f \in Z$ gilt die Äquivalenz*

$$f \in M \iff Sf \in M.$$

Beweis. Ist $f \in M$, so folgt aus $\iota_0 \in M$ (vgl. 2) und obiger Proposition $Sf = \iota_0 * f \in M$. Wegen $\iota_0 \in M \setminus \{0\}$ und dem Satz ist $\check{\iota}_0 \in M \setminus \{0\}$; setzt man jetzt $Sf \in M$ voraus, so ist $f = \check{\iota}_0 * (\iota_0 * f) = \check{\iota}_0 * Sf \in M$, wieder nach der Proposition.   □

Bemerkung. Bei $f \in Z$ gilt offenbar auch $f \in M \setminus \{0\} \Leftrightarrow Sf \in M \setminus \{0\}$.

9. Möbiussche Müfunktion. Die im Beweis von Korollar 8 aufgetretene Funktion $\check{\iota}_0$ ist in der Zahlentheorie sehr wichtig; man bezeichnet sie üblicherweise mit μ und nennt sie die MÖBIUSsche *Müfunktion*. Ihre wichtigsten Eigenschaften seien zusammengestellt als

Satz. *Über die MÖBIUSsche Funktion μ hat man folgende Aussagen:*

(i)   *μ ist multiplikativ.*

(ii)   *Für jede Prinzahl p und jedes ganze $j \geq 2$ ist $\mu(p) = -1$, $\mu(p^j) = 0$.*

(iii)   *Es ist $\sum\limits_{d|n} \mu(d) = \begin{cases} 1 & \text{für } n = 1, \\ 0 & \text{für alle ganzen } n > 1. \end{cases}$*

(iv)   *Ist f eine zahlentheoretische Funktion und F ihre summatorische Funktion, so gilt für alle natürlichen n*

$$f(n) = \sum_{d|n} \mu(\frac{n}{d}) F(d).$$

Beweis. Im Beweis von Korollar 8 wurde $\mu := \check{\iota}_0 \in M \setminus \{0\}$ erledigt, weshalb (i) gilt. Nach Proposition 2(i) ist insbesondere $\mu(1) = 1$.

Zu (ii): Wegen $\varepsilon = \mu * \iota_0$ und den Definitionen von ε bzw. ι_0 ist mit 6(1)

(1) $\sum\limits_{i=0}^{j} \mu(p^i) = \varepsilon(p^j) = 0$

für alle $j \in \mathbb{N}$, $p \in \mathbb{P}$. Wegen $\mu(1) = 1$ ist $\mu(p) = -1$, wenn man (1) mit $j = 1$ anwendet. Damit folgt $\sum_{i=2}^{j} \mu(p^i) = 0$ für $j = 2, 3, \ldots$ aus (1), was zu $\mu(p^j) = 0$ für die eben genannten j führt. (iii) ist eine ausführliche Version der Gleichung $\iota_0 * \mu = \varepsilon$.

Zu (iv): Da F für Sf steht, ist $F = \iota_0 * f$ nach Definition von Sf, also $\mu * F = (\mu * \iota_0) * f = \varepsilon * f = f$. Die Formel in (iv) besagt dasselbe wie $\mu * F = f$. $\qquad \square$

Bemerkungen. 1) Kombination von (i) und (ii) des Satzes zeigt $\mu(\mathbb{N}) = \{-1, 0, 1\}$.

2) Eine ganze Zahl n heißt *quadratfrei*, wenn $p^2 \nmid n$ für alle Primzahlen p gilt. Danach ist 1 quadratfrei, 0 jedoch nicht. Der Leser möge sich für $n \in \mathbb{N}$ die folgenden Äquivalenzen überlegen:

$$n \text{ ist quadratfrei} \quad \Leftrightarrow \quad (\mu(n))^2 = 1 \quad \Leftrightarrow \quad \mu(n) \neq 0.$$

3) Die Formel in (iv) heißt MÖBIUSsche *Umkehrformel*. In ihr ist einer der Gründe für die zahlentheoretische Bedeutung der μ-Funktion zu sehen: Durch die Umkehrformel gelingt die Rückgewinnung der ursprünglichen Funktion aus ihrer summatorischen Funktion.

4) Nach Bemerkung 1 gilt mit $M(x) := \sum_{n \leq x} \mu(n)$ trivialerweise die Ungleichung $|M(x)| < x$ für alle reellen $x > 1$. In einem Brief vom 11. Juli 1885 an C. HERMITE kündigte T.J. STIELTJES an, er habe einen Beweis dafür, daß $|M(x)| x^{-1/2}$ bei $x \to \infty$ beschränkt bleibt; in Klammern fügte er an, man könne wohl 1 als Schranke nehmen. Da er keinen Beweis für seine Behauptungen veröffentlichte, diese aber für die Untersuchungen der analytischen Eigenschaften der RIEMANNschen Zetafunktion aus 4 weitreichende Konsequenzen gehabt hätten, beschäftigten sich Ende des vorigen Jahrhunderts viele Mathematiker mit der Funktion $M(x)$. Insbesondere veröffentlichte F. MERTENS (Sitz.–Ber. Akad. Wiss. Wien IIa *106*, 761–830 (1897)) eine Tabelle der Werte $\mu(n)$, $M(n)$ für $n = 1, \ldots, 10000$, aufgrund deren er schloß, die Ungleichung

$$(2) \qquad\qquad |M(x)| < x^{1/2} \quad \text{für } x > 1$$

sei "sehr wahrscheinlich". Diese als MERTENSsche *Vermutung* in die Literatur eingegangene Behauptung wurde von A.M. ODLYZKO und H.J.J. TE RIELE (J. Reine Angew. Math. *357*, 138–160 (1985)) widerlegt. Ihr indirekter Beweis liefert allerdings kein x_0, für das (2) falsch ist; sie erwarten solche x_0 nicht unterhalb 10^{20}. J. PINTZ (Astérisque *147/148*, 325–333 (1987)) hat die Existenz solcher x_0 unterhalb $\exp(3, 21 \cdot 10^{64})$ bewiesen.

10. Weitere spezielle multiplikative Funktionen. Ist ι_α bei reellem α wie in 1 definiert, so setzt man nun $\sigma_\alpha := \iota_0 * \iota_\alpha$ oder ausführlicher

$$(1) \qquad \sigma_\alpha(n) := \sum_{d|n} d^\alpha \qquad \text{für } n \in \mathbb{N}.$$

Wegen $\iota_0, \iota_\alpha \in M \setminus \{\mathbf{0}\}$ gilt $\sigma_\alpha \in M \setminus \{\mathbf{0}\}$ nach Proposition 8. Wegen $(\sigma_\alpha(2))^2 = (1+2^\alpha)^2 = 1+2^{\alpha+1}+4^\alpha \neq 1+2^\alpha+4^\alpha = \sigma_\alpha(4)$ ist kein σ_α *streng* multiplikativ. Wie die folgende Formel lehrt, gehen σ_α und $\sigma_{-\alpha}$ in einfacher Weise auseinander hervor:

$$\sigma_{-\alpha}(n) = \sum_{d|n} d^{-\alpha} = n^{-\alpha} \sum_{d|n} \left(\frac{n}{d}\right)^\alpha = n^{-\alpha}(\iota_\alpha * \iota_0)(n) = n^{-\alpha}\sigma_\alpha(n).$$

Insbesondere ist $\sigma_0(n) = \#\{d \in \mathbb{N} : d|n\} = \tau(n)$ für alle $n \in \mathbb{N}$, wenn man (1) mit $\alpha = 0$ und die Definition von τ in 1.3 anwendet. Weiter ist $\sigma_1(n) = \sum_{d|n} d = \sigma(n)$ nach (1) und der Definition von σ in 1.7. *Die Funktionen σ_α verallgemeinern also die früheren τ, σ.*

Weiter definiert man bei beliebigem reellem α die zahlentheoretische Funktion ψ_α implizit durch die Forderung $S\psi_\alpha = \iota_\alpha$, d.h.

$$(2) \qquad \iota_0 * \psi_\alpha = \iota_\alpha.$$

Nach Definition der MÖBIUS–Funktion ist dies mit

$$(3) \qquad \psi_\alpha = \mu * \iota_\alpha$$

äquivalent; insbesondere ist $\psi_0 = \varepsilon$. Wegen $\mu, \iota_\alpha \in M \setminus \{\mathbf{0}\}$ ist auch $\psi_\alpha \in M \setminus \{\mathbf{0}\}$ für jedes α. *Streng* multiplikativ ist ψ_α genau dann, wenn $\alpha = 0$ ist. Ausführlicher als in (2) bzw. (3) hat man

$$(4) \qquad \sum_{d|n} \psi_\alpha(d) = n^\alpha \qquad \text{bzw.} \qquad \psi_\alpha(n) = \sum_{d|n} \mu\left(\frac{n}{d}\right) d^\alpha$$

für alle $n \in \mathbb{N}$. Die Bedeutung der speziellen ψ_α mit $\alpha \in \mathbb{N}$ wird in 11 vollständig aufgeklärt.

Bemerkung. Multiplikative zahlentheoretische Funktionen treten bei ganz unterschiedlichen Fragestellungen in natürlicher Weise auf. So z.B. ψ_1 ($= \varphi_1 =: \varphi$, vgl. 11) in 2.3.4ff ebenso wie in Kap. 2, § 5 und Kap. 3, § 1, weiterhin ρ_f in 2.4.2ff, δ, Δ und σ_u in 4.1.8.

11. Eulers Phifunktion und Verallgemeinerungen. Bei festem $\alpha \in \mathbb{N}$ wird für alle natürlichen n gesetzt

(1) $\varphi_\alpha(n) := \#\{(\ell_1, \ldots, \ell_\alpha) \in \{1, \ldots, n\}^\alpha : \ \mathrm{ggT}(\ell_1, \ldots, \ell_\alpha, n) = 1\}.$

Insbesondere ist $\varphi_1(n)$ die Anzahl der natürlichen, n nicht übersteigenden Zahlen, die zu n teilerfremd sind; üblicherweise schreibt man kürzer $\varphi := \varphi_1$ und bezeichnet dies als EULERsche Phifunktion. Die allgemeinen φ_α aus (1) scheinen erstmals von C. JORDAN eingeführt worden zu sein.

Über den Zusammenhang der φ_α mit den ψ_α aus 10(3) gibt Auskunft folgende

Proposition. *Es ist $\varphi_\alpha = \psi_\alpha$ für alle natürlichen α.*

Beweis. Bei $n \in \mathbb{N}$ ist trivialerweise stets $\mathrm{ggT}(\ell_1, \ldots, \ell_\alpha, n) | n$. Es werde nun ein beliebiges $d \in \mathbb{N}$ mit $d|n$ festgehalten. Hat der Vektor

(2) $(\ell_1, \ldots, \ell_\alpha) \in \{1, \ldots, n\}^\alpha$ die Eigenschaft $\mathrm{ggT}(\ell_1, \ldots, \ell_\alpha, n) = d$

und definiert man ganze ℓ_i' durch $\ell_i' := \frac{1}{d}\ell_i$ für $i = 1, \ldots, \alpha$, so hat der Vektor

(3) $(\ell_1', \ldots, \ell_\alpha') \in \{1, \ldots, \frac{n}{d}\}^\alpha$ die Eigenschaft $\mathrm{ggT}(\ell_1', \ldots, \ell_\alpha', \frac{n}{d}) = 1,$

vgl. Proposition 2.5(vii). Gilt umgekehrt (3) für einen Vektor $(\ell_1', \ldots, \ell_\alpha')$ und setzt man $\ell_i := d\ell_i'$ für $i = 1, \ldots, \alpha$, so genügt der Vektor $(\ell_1, \ldots, \ell_\alpha)$ den Bedingungen (2). Die Anzahl der α–Tupel, die bei (3) gezählt werden, ist $\varphi_\alpha\left(\frac{n}{d}\right)$ und daher ist $\sum_{d|n} \varphi_\alpha\left(\frac{n}{d}\right)$ die Anzahl aller $(\ell_1, \ldots, \ell_\alpha) \in \{1, \ldots, n\}^\alpha$, also n^α. Man hat also $\varphi_\alpha * \iota_0 = \iota_\alpha$ gefunden, woraus mit 10(2) die Behauptung folgt. $\square$

Die wichtigsten Eigenschaften der φ_α seien zusammengestellt als

Satz. *Für alle JORDANschen Verallgemeinerungen φ_α, $\alpha = 1, 2, \ldots$, der EULERschen Funktion $\varphi = \varphi_1$ hat man folgende Aussagen:*
(i)   *φ_α ist multiplikativ.*
(ii)   *Für jede Primzahl p und jedes natürliche j ist $\varphi_\alpha(p^j) = p^{(j-1)\alpha}(p^\alpha - 1)$.*
(iii)   *Es ist $\sum_{d|n} \varphi_\alpha(d) = n^\alpha$ für alle natürlichen n.*
(iv)   *Es ist $\sum_{d|n} \mu\left(\frac{n}{d}\right) d^\alpha = \varphi_\alpha(n)$ für alle natürlichen n.*

Beweis. Durch Kombination der Proposition und der Resultate in 10 folgen sämtliche vier Aussagen. Für (ii), (iii) und (iv) hat man insbesondere 10(4) auszunützen, wobei man (ii) so einsieht:

$$\varphi_\alpha(p^j) = \psi_\alpha(p^j) = \sum_{i=0}^{j} \mu(p^{j-i})p^{i\alpha} = p^{j\alpha} - p^{(j-1)\alpha}. \qquad \square$$

Einige weitere Eigenschaften der φ_α sind bisweilen von Nutzen und hier zusammengefaßt.

Korollar. *Über die φ_α des obigen Satzes hat man:*

(i)   *Für alle natürlichen n gilt $\varphi_\alpha(n) = n^\alpha \prod_{p|n}(1 - p^{-\alpha})$.*

(ii)   *Für alle natürlichen n gilt $1 \le \varphi_\alpha(n) \le n^\alpha$.*

(iii)   *Es gilt die Äquivalenz $\varphi_\alpha(n) = n^\alpha - 1 \Leftrightarrow n \in \mathbb{P}$.*

(iv)   *Es gelten die Äquivalenzen*

$$2 \nmid \varphi_\alpha(n) \Leftrightarrow n \in \{1, 2\} \Leftrightarrow \varphi_\alpha(n) \text{ ist } 1 \text{ oder } 2^\alpha - 1.$$

Beweis. Kombination von (i) und (ii) des Satzes liefert (i), was dann auch (ii) sowie die Implikation $\Leftarrow$ von (iii) nach sich zieht. Sei umgekehrt $\varphi_\alpha(n) = n^\alpha - 1$; wegen $\varphi_\alpha(1) = 1$ ist sicher $n > 1$. Wäre n zusammengesetzt und etwa p eine in n aufgehende Primzahl, so würden mindestens die beiden verschiedenen α–Tupel $(p, \ldots, p)$ und $(n, \ldots, n)$ bei (1) nicht gezählt, so daß $\varphi_\alpha(n) \le n^\alpha - 2$ wäre.

Zu (iv): Sei $2 \nmid \varphi_\alpha(n)$. Ist $n = 2^j$, so $j \in \{0, 1\}$ wegen (ii) des Satzes; würde n von einer ungeraden Primzahl p geteilt, so wäre $(p^\alpha - 1)|\varphi_\alpha(n)$ wegen (i) und (ii) des Satzes, also $\varphi_\alpha(n)$ gerade. Insgesamt ist $n \in \{1, 2\}$. Der Rest ist trivial einzusehen. □

Ein weiterer *Beweis des* EUKLID*schen Satzes* 1.4. Es werde $\mathbb{P}$ endlich, etwa $\mathbb{P} = \{p_1, \ldots, p_r\}$ angenommen. Bildet man $n := p_1 \cdot \ldots \cdot p_r$, so gilt $n > 2$ wegen $2, 3 \in \mathbb{P}$. Andererseits ist für jedes $m \in \{2, \ldots, n\}$ das in 1.3 eingeführte $p(m)$ eine Primzahl, d.h. aus $\{p_1, \ldots, p_r\}$, und so sind m, n nicht teilerfremd. Deswegen ist $\varphi(n) = 1$, was nach (iv) des Korollars zu $n \le 2$ äquivalent ist. Der erhaltene Widerspruch beweist EUKLIDs Satz aufs neue. □

12. Eine Aussage "im Mittel". Um den nächsten Satz ebenso wie asymptotische Aussagen an späteren Stellen bequem formulieren zu können, wird nun eine abkürzende Schreibweise eingeführt.

Sind f, g reellwertige Funktionen einer Variablen, die für alle genügend großen reellen Argumentwerte definiert sind und ist überdies g positiv, so schreibt man

(i) $f(x) = O(g(x))$ bei $x \to \infty$, falls $\frac{f(x)}{g(x)}$ bei diesem Grenzübergang beschränkt bleibt;

(ii) $f(x) = o(g(x))$ bei $x \to \infty$, falls $\lim\limits_{x \to \infty} \frac{f(x)}{g(x)}$ existiert und Null ist;

(iii) $f(x) \sim g(x)$ bei $x \to \infty$, falls $\lim\limits_{x \to \infty} \frac{f(x)}{g(x)}$ existiert und Eins ist.

Man liest (i) bzw. (ii) als "$f(x)$ ist *groß–oh* bzw. *klein–oh* von $g(x)$", (iii) als "$f(x)$ ist *asymptotisch gleich* $g(x)$". Klar ist, daß sowohl (ii) als auch (iii) einzeln (i) implizieren. Weiter ist evident, daß $\sim$ auf der Menge der für alle großen

Argumente definierten, positivwertigen Funktionen eine Äquivalenzrelation definiert; daher sagt man auch "$f(x)$ und $g(x)$ sind asymptotisch gleich". Die Notationen (i) und (ii) gehen auf P. BACHMANN und E. LANDAU zurück, (iii) scheint systematisch zuerst von G.H. HARDY und J.E. LITTLEWOOD benutzt worden zu sein.

Satz. *Es gilt* $\sum_{n \leq x} \varphi(n) = 3\pi^{-2}x^2 + O(x \log x)$ *bei* $x \to \infty$.

Beweis. Wegen 10(4) und Proposition 11, jeweils mit $\alpha = 1$ angewandt, gilt für $N := [x]$

$$\Phi(N) := \sum_{n=1}^{N} \varphi(n) = \sum_{n=1}^{N} \sum_{\substack{(c,d)\in\mathbb{N}^2 \\ cd=n}} \mu(c)d = \sum_{\substack{(c,d)\in\mathbb{N}^2 \\ cd \leq N}} \mu(c)d$$

$$(1) \qquad = \sum_{c=1}^{N} \mu(c) \sum_{d=1}^{[\frac{N}{c}]} d = \frac{1}{2} \sum_{c=1}^{N} \mu(c) \left[\frac{N}{c}\right]\left(\left[\frac{N}{c}\right]+1\right)$$

$$= \frac{1}{2} \sum_{c=1}^{N} \mu(c) \left(\frac{N}{c}-\vartheta\right)\left(\frac{N}{c}+1-\vartheta\right) =: \frac{1}{2} N^2 \sum_{c=1}^{N} \frac{\mu(c)}{c^2} + R(N).$$

Dabei sind die rationalen Zahlen $\vartheta := \frac{N}{c} - [\frac{N}{c}]$ zwar von N und c abhängig, aber stets aus dem Intervall $[0, 1[$. Wegen $|\mu(c)| \leq 1$, $|1-2\vartheta| \leq 1$, $|\vartheta(1-\vartheta)| \leq \frac{1}{4}$ für alle $c, N \in \mathbb{N}$ mit $c \leq N$ hat man für das "Restglied" $R(N)$

$$2|R(N)| = |N \sum_{c=1}^{N} \frac{\mu(c)}{c}(1-2\vartheta) - \sum_{c=1}^{N} \mu(c)\vartheta(1-\vartheta)| \leq N \sum_{c=1}^{N} \frac{1}{c} + \frac{1}{4}N.$$

Damit führt die rechte Hälfte von Lemma 5 zu

$$(2) \qquad\qquad\qquad |R(N)| \leq \frac{1}{2}N \log N + \frac{5}{8} N.$$

Aus der Gleichungskette (1) folgt

$$(3) \qquad \Phi(N) - \frac{1}{2}N^2 \sum_{c=1}^{\infty} \frac{\mu(c)}{c^2} = R(N) - \frac{1}{2}N^2 \sum_{c>N} \frac{\mu(c)}{c^2}.$$

Um die unendliche Reihe links in (3) auszuwerten, wendet man Satz 4 an mit $g := \mu$ (vgl. auch Bemerkung 1 in 9) und erhält für ihren Wert

$$\prod_{p}(1-p^{-2}) = \frac{1}{\zeta(2)} = 6\pi^{-2},$$

wobei man noch Satz 9(ii) ebenso wie 4(4) beachtet hat. Für die Summe rechts in (3) gilt

$$(4) \qquad |\sum_{c>N} \frac{\mu(c)}{c^2}| < \sum_{c>N} \frac{1}{c^2} < \sum_{c>N} \left(\frac{1}{c-1} - \frac{1}{c}\right) = \frac{1}{N}.$$

Nach Definition von N ist $\Phi(N)$ genau die Summe im Satz und aus (3) folgt mittels (2) und (4)

$$|\sum_{n \le x} \varphi(n) - 3\pi^{-2} x^2| \le 3\pi^{-2}|x^2 - N^2| + \frac{1}{2} N \log N + \frac{9}{8} N$$

$$\le \left(6\pi^{-2} + \frac{9}{8}\right) x + \frac{1}{2} x \log x,$$

wenn man $N = [x]$, also $0 \le x - N < 1$ beachtet. Die letzte Ungleichungskette gibt nach der BACHMANN–LANDAUschen Konvention (i) den Satz.   □

Bemerkung. Der Satz besagt offenbar, daß die Werte von φ, über einen "langen" Anfangsabschnitt $\{1, 2, \ldots, N\}$ der natürlichen Zahlen gemittelt, in der Größenordnung $3\pi^{-2}N$ liegen. Mit der hier gegebenen Genauigkeit $O(x \log x)$ des Restglieds wurde er zuerst bewiesen von MERTENS (J. Reine Angew. Math. 77, 289– 291 (1874)).

Selbstverständlich wurden auch andere zahlentheoretische Funktionen in analoger Weise auf ihre Größenordnung "im Mittel" untersucht, worauf hier jedoch nicht eingegangen werden kann.

13. Wahrscheinlichkeit für Teilerfremdheit. Als Folgerung aus Satz 12 sei noch abgeleitet das

Korollar. *Die Wahrscheinlichkeit dafür, daß zwei zufällig gewählte natürliche Zahlen zueinander teilerfremd sind, beträgt $6\pi^{-2} = 0,6079\ldots$.*

Beweis. Für das in 12(1) eingeführte Φ gilt nach Definition von φ in 11(1)

$$\Phi(N) = \sum_{n=1}^{N} \sum_{\substack{d=1 \\ (d,n)=1}}^{n} 1 = \#\{(d,n) \in \mathbb{N}^2 : d \le n \le N, \text{ ggT}(d,n) = 1\}$$

$$= \frac{1}{2}(1 + \#\{(d,n) \in \mathbb{N}^2 : d, n \le N, \text{ ggT}(d,n) = 1\}).$$

Mit Satz 12 folgt hieraus

$$\frac{\#\{(d,n) \in \mathbb{N}^2 : d, n \le N, \ \mathrm{ggT}(d,n) = 1\}}{\#\{(d,n) \in \mathbb{N}^2 : d, n \le N\}} \longrightarrow 6\pi^{-2}$$

bei $N \to \infty$; im Nenner links steht ja genau N^2. $\square$

Bemerkung. Die Aussage des Korollars wurde gefunden von E. CESARO (Mathesis *1*, 184 (1881)) und 1883 von J.J. SYLVESTER (Collected Papers III, 672–676; IV, 84–87). Jedoch scheint sie schon 1849, wenn auch auf etwas anderem Wege, von P.G.L. DIRICHLET (Werke II, 51-66) entdeckt worden zu sein.

14. Historische Anmerkungen. B. RIEMANN schlug 1859 in seiner berühmt gewordenen Arbeit *Ueber die Anzahl der Primzahlen unter einer gegebenen Größe* (Werke, 136–144) vor, das genaue Verhalten der in 1.4 eingeführten Funktion $\pi(x)$ für große x durch Untersuchung der analytischen Eigenschaften der komplexen Funktion ζ in 4(3) zu studieren. Dieser Vorschlag erwies sich in der Folgezeit als überaus fruchtbar und führte 1896 zum Beweis des *Primzahlsatzes* $\pi(x) \sim \frac{x}{\log x}$, in dem Kap. 7 gipfeln wird. RIEMANN zu Ehren trägt die Funktion 4(3) seinen Namen.

Doch die Geschichte der Zetafunktion begann rund 125 Jahre vor RIEMANN. Sowohl P. MENGOLI (*Novae quadraturae arithmeticae*, Bologna, 1650) als auch J. WALLIS (*Arithmetica infinitorum*, Oxford, 1655) hatten das Problem gestellt, den Wert der Reihe $\sum_{n \ge 1} n^{-2}$ (also $\zeta(2)$) zu berechnen. G.W. LEIBNIZ ebenso wie die älteren BERNOULLI–Brüder konnten ab 1670 nur Näherungswerte angeben, die später von D. BERNOULLI und C. GOLDBACH (1728), J. STIRLING (1730) und EULER (1731) sukzessive verbessert wurden. 1734 gelang dann EULER der Nachweis von $\zeta(2) = \frac{\pi^2}{6}$, allgemeiner von $\zeta(2t) = (-1)^{t-1} \frac{2^{2t-1}}{(2t)!} B_{2t} \pi^{2t}$ für alle $t \in \mathbb{N}$ mit den in 4.2.8 einzuführenden (rationalen) BERNOULLI–Zahlen B_k (vgl. 5).

Auf EULER (1737) geht auch die Entdeckung des Produkts 4(4) für $\zeta(s)$ zurück; daher nennt man heute Produktentwicklungen des Typs 4(2) für Reihen der Form 4(1) EULER–Produkte. Allerdings beschränkte sich EULER auf reelle s. Interessant ist, daß er 4(4) noch für $s = 1$ anwandte und daraus auf die Divergenz von $\prod_p (1 - p^{-1})^{-1}$ und $\sum_p p^{-1}$ schloß, vgl. Bemerkung 4 in 5.

Ohne die Schreibweise $\varphi(n)$ zu benutzen, führte EULER (Opera Omnia Ser. 1, II, 531–555) im Zusammenhang mit seiner Verallgemeinerung 2.3.4 des Satzes 2.3.3 von P. FERMAT die Anzahl der zu $n \in \mathbb{N}$ teilerfremden natürlichen Zahlen ein, vgl. 11(1) für $\alpha = 1$. Später notierte er diese Anzahl als πn; das Symbol φ

geht auf GAUSS (*Disquisitiones Arithmeticae*, Art. 38) zurück, der φn schrieb. EULER selbst hatte die Eigenschaften (i) und (ii) in Satz 11 bzw. (i) in Korollar 11 für die φ–Funktion entdeckt. Die Aussage (iii) von Satz 11 wurde für $\alpha = 1$ von GAUSS (a.a.O., Art. 39) bewiesen, während (iv) desselben Satzes 1856 von E. BETTI gefunden wurde, nachdem 1831 die Funktion μ aus 9 von A.F. MÖBIUS (Werke IV, 591–613) definiert und systematisch untersucht worden war.

Die in 6 bis 11 gegebene Einführung der zahlentheoretischen Funktionen scheint auf Originalarbeiten von E.T. BELL ab 1915 zurückzugehen, die er in seinem Buch *Algebraic Arithmetic* (AMS Coll. Publ. VII, New York, 1927) unter sehr allgemeinen, vereinheitlichenden Gesichtspunkten dargestellt hat.

§ 5. Teilbarkeit in Integritätsringen

Für die in 1 bis 3 zu gebenden Definitionen genügt es, R lediglich als *kommutativen Ring mit* vom Nullelement 0 verschiedenem *Einselement* 1 vorauszusetzen. In 4 bis 7 sei R überdies nullteilerfrei, also *Integritätsring*.

1. Teiler, Einheiten, Assoziiertheit. Sind $m, n \in R$, $m \neq 0$, so heißt (in Verallgemeinerung von 1.2) n durch m *teilbar*, wenn es ein $q \in R$ mit $n = mq$ gibt. (Bei nullteilerfreiem R kann es höchstens ein derartiges q geben.) Ist n durch m teilbar, so notiert man dies als $m|n$ (die Negation als $m{\nmid}n$) und sagt, m sei ein *Teiler* von n; wie in 1.2 sind auch hier Teiler generell von Null verschieden.

Weiter heißt jeder Teiler $\varepsilon \in R \setminus \{0\}$ von 1 eine *Einheit*; die Menge aller Einheiten von R wird mit $E(R)$ bezeichnet und $1 \in E(R)$ ist klar. Man hat nun folgende

Proposition.

(i)   *Zu jedem $\varepsilon \in E(R)$ existiert genau ein $\varepsilon' \in E(R)$ mit $\varepsilon\varepsilon' = 1$.*

(ii) *Es ist $\langle E(R), \cdot \rangle$ eine abelsche Gruppe.*

Die Gruppe in (ii) heißt *Einheitengruppe* von R.

Beweis. Zu (i): Wegen $\varepsilon|1$ existiert ein $\varepsilon' \in R$ mit $\varepsilon\varepsilon' = 1$; ersichtlich ist $\varepsilon' \neq 0$ und $\varepsilon'|1$, also $\varepsilon' \in E(R)$. Hat ε'' dieselben Eigenschaften wie ε', so folgt aus $\varepsilon\varepsilon'' = \varepsilon\varepsilon'$ sofort $\varepsilon'' = \varepsilon'$.

Zu (ii) reicht es nach (i), die Abgeschlossenheit von $E(R)$ bezüglich der Multiplikation zu zeigen: Bei $\varepsilon_1, \varepsilon_2 \in E(R)$ existieren $\varepsilon_1', \varepsilon_2' \in E(R)$ mit $\varepsilon_1\varepsilon_1' = 1 = \varepsilon_2\varepsilon_2'$, weswegen auch $(\varepsilon_1\varepsilon_2)(\varepsilon_1'\varepsilon_2') = 1$ gilt, was $\varepsilon_1\varepsilon_2 \neq 0$ und $(\varepsilon_1\varepsilon_2)|1$, also $\varepsilon_1\varepsilon_2 \in E(R)$ beinhaltet. $\square$

Bemerkung. Aus Satz 1.2 gewinne der Leser $E(\mathbb{Z}) = \{-1, 1\}$. Eine weitere Einheitengruppe ist in Bemerkung 3 zu 2.1.8 zu berechnen.

Sind $m, n \in R$, so heißt m *assoziiert zu* n, wenn es ein $\varepsilon \in E(R)$ mit $\varepsilon m = n$ gibt. Ist m assoziiert zu n, so schreibt man $m \sim n$; die Negation hiervon wird als $m \nsim n$ notiert. Man erkennt mit der Proposition unmittelbar, daß die Relation $\sim$ auf R eine Äquivalenzrelation definiert; daher wird man bei $m \sim n$ einfacher sagen, m und n seien (zueinander) assoziiert.

Klar ist, daß eine der Äquivalenzklassen von R bezüglich $\sim$ alleine aus dem Nullelement 0 von R besteht und daß eine weitere mit $E(R)$ übereinstimmt. Hat man irgend zwei Elemente m, n aus einer von $\{0\}$ verschiedenen Klasse, so teilen sich diese gegenseitig, d.h.

$$(1) \qquad\qquad m \sim n \implies m|n, \ n|m.$$

Bei nullteilerfreiem R gilt in (1) auch die umgekehrte Implikation. Speziell sind $\{-n, n\}$, $n = 1, 2, \ldots$, genau die von $\{0\}$ verschiedenen Äquivalenzklassen von $\mathbb{Z}$.

Offenbar ist Teilbarkeit eine Eigenschaft, die sich jeweils auf ganze Äquivalenzklassen bezüglich $\sim$ bezieht, d.h. $m|n$ für $m, n \in R$, $m \neq 0$ ist gleichwertig mit $m'|n'$ für alle $m', n' \in R$, $m' \neq 0$, $m' \sim m$, $n' \sim n$. Um den nichttrivialen Teil dieser Behauptung zu beweisen, stützt man sich auf (i) in der Proposition. In $\mathbb{Z}$ bedeutet dies: Zur Untersuchung der Teilbarkeit von ganzen Zahlen darf man sich auf deren Absolutbeträge beschränken; vgl. Bemerkung 2 zu 1.2.

2. Die Begriffe ggT und kgV. Seien $n_1, \ldots, n_k \in R$ nicht alle Null; $d \in R \backslash \{0\}$ heißt *ein ggT* von $n_1, \ldots, n_k$ genau dann, wenn gilt: $d|n_1, \ldots, d|n_k$ und aus $d' \in R \backslash \{0\}$, $d'|n_1, \ldots, d'|n_k$ folgt $d'|d$.

Es mögen jetzt $n_1, \ldots, n_k \in R$, nicht alle Null, einen ggT $d \in R \backslash \{0\}$ besitzen. Nach Proposition 1(i) ist dann jedes $d^* \in R \backslash \{0\}$ mit $d^* \sim d$ ein ggT von $n_1, \ldots, n_k$. Ist andererseits $d^* \in R \backslash \{0\}$ ein weiterer ggT von $n_1, \ldots, n_k$, so gelten nach Definition eines ggT

$$(1) \qquad\qquad d^*|d \quad \text{und} \quad d|d^*.$$

a) Ist insbesondere $d \in E(R)$, so folgt $d^* \in E(R)$ aus (1) und man kann sagen: Haben $n_1, \ldots, n_k \in R$, nicht alle Null, überhaupt einen ggT und ist dieser eine Einheit, so ist die Menge aller ggT von $n_1, \ldots, n_k$ gleich $E(R)$; genau in diesem Falle nennt man $n_1, \ldots, n_k$ zueinander *teilerfremd*.

b) Wie nach 1(1) festgestellt, folgt bei nullteilerfreiem R aus (1) die Assoziiertheit von d, d^*. Ist also R ein Integritätsring und sind $n_1, \ldots, n_k \in R$ nicht alle Null, so ist ihr ggT, falls er überhaupt existiert, bis auf Assoziiertheit eindeutig bestimmt. Dann wird die Äquivalenzklasse unter $\sim$ aller ggT von $n_1, \ldots, n_k$ mit $(n_1, \ldots, n_k)$ bezeichnet. Dies ist auch im Falle a) sinnvoll, wo man selbstverständlich $(n_1, \ldots, n_k) = E(R)$ hat.

Der Begriff eines ggT ist hier in einer Weise eingeführt worden, wie dies durch den Charakterisierungssatz 2.3B in Verbindung mit der dortigen Bemerkung nahegelegt war. Analog läßt man sich nun von Satz 2.11 leiten, um in R ein kgV zu definieren.

Seien $n_1, \ldots, n_k \in R \setminus \{0\}$; $m \in R \setminus \{0\}$ heißt *ein kgV* von $n_1, \ldots, n_k$ genau dann, wenn gilt: $n_1 | m, \ldots, n_k | m$ und aus $m' \in R \setminus \{0\}$, $n_1 | m', \ldots, n_k | m'$ folgt $m | m'$.

Überträgt der Leser die obigen Betrachtungen zum ggT–Begriff bis hin zu (1) und die in b) daran anschließenden auf den kgV–Begriff, so wird er feststellen: Ist R ein Integritätsring und sind $n_1, \ldots, n_k \in R \setminus \{0\}$, so ist ihr kgV, falls es überhaupt existiert, bis auf Assoziiertheit eindeutig bestimmt; dann wird die Äquivalenzklasse unter $\sim$ aller kgV von $n_1, \ldots, n_k$ mit $[n_1, \ldots, n_k]$ bezeichnet.

Bemerkung. In 6.11 wird sich zeigen, daß nicht in jedem Integritätsring zu vorgegebenen Elementen ein ggT oder ein kgV existiert.

3. Unzerlegbare Elemente, Primelemente. Bei $m, n \in R$, $m \neq 0$ heißt m *echter Teiler* von n, falls m Teiler von n ist, der weder Einheit noch zu n assoziiert ist. Speziell ist $m \in \mathbb{Z} \setminus \{0\}$ echter Teiler von $n \in \mathbb{Z}$ genau dann, wenn $m | n$, $m \neq \pm 1$, $m \neq \pm n$ gilt.

Sei nun $n \in R$ weder Null noch Einheit; n heißt *unzerlegbar* (oder *irreduzibel*), wenn es keine echten Teiler hat, und andernfalls *zerlegbar* (oder *reduzibel*).

Danach sind die unzerlegbaren Elemente von $\mathbb{Z}$ genau diejenigen Elemente aus $\mathbb{Z} \setminus \{-1, 0, 1\}$ der Form p oder $-p$ mit $p \in \mathbb{P}$.

Sei erneut $n \in R$ weder Null noch Einheit; n heißt *Primelement* genau dann, wenn aus $n | n_1 n_2$, $n_1, n_2 \in R$ stets $n | n_1$ oder $n | n_2$ folgt.

Nach dem Charakterisierungssatz 2.7 sind die Primelemente von $\mathbb{Z}$ nichts anderes als die unzerlegbaren Elemente von $\mathbb{Z}$. Die Tatsache, daß die beiden zuletzt eingeführten Begriffe im Ring $\mathbb{Z}$ zusammenfallen, beruht auf einer speziellen Eigenschaft desselben, vgl. Satz 5A, Satz 6 und die Bemerkung 1 in 6.

Stets jedoch hat man die nachfolgende Implikation.

Satz.   *In Integritätsringen ist jedes Primelement unzerlegbar.*

Beweis. Ist R ein Integritätsring und $n \in R$ ein Primelement, so ist $n \neq 0$ und $n \notin E(R)$. Sei $n_1 \in R \setminus \{0\}$ ein beliebiger Teiler von n; mit geeignetem $n_2 \in R \setminus \{0\}$ ist also

$$(1) \qquad\qquad\qquad\qquad n = n_1 n_2.$$

Da n Primelement ist, folgt $n|n_1$ oder $n|n_2$ aus (1). Bei $n|n_1$ folgt aus $n_1|n$ die Assoziiertheit von n_1 und n (vgl. nach 1(1)), bei $n|n_2$ folgt aus $n_2|n$ analog $n_2 \sim n$ und somit $n_1 \in E(R)$ wegen (1). Jedenfalls ist n_1 Einheit oder zu n assoziiert und so hat n keine echten Teiler, ist also unzerlegbar. $\square$

In Satz 5A wird eine große, $\mathbb{Z}$ umfassende Klasse von Integritätsringen angegeben, in denen die Umkehrung der Satzaussage ebenfalls gilt. Andererseits findet sich in 6.11 ein Ring, in dem nicht jedes unzerlegbare Element auch Primelement ist.

Für die Untersuchungen in 4 wird noch ein Hilfssatz bereitgestellt, dessen Beweis sich am zweiten Beweis für die Eindeutigkeitsaussage des Fundamentalsatzes der Arithmetik orientiert, vgl. 2.8.

Lemma.   *Gilt für $r \geq 1$ Primelemente $p_1, \ldots, p_r$, für $s \geq 1$ unzerlegbare Elemente $q_1, \ldots, q_s$ und für eine Einheit ε eines Integritätsrings die Gleichung*

$$(2) \qquad\qquad p_1 \cdot \ldots \cdot p_r = \varepsilon q_1 \cdot \ldots \cdot q_s,$$

so ist $r = s$ und es gibt eine Permutation π der Zahlen $1, \ldots, r$ mit $q_{\pi(\rho)} \sim p_\rho$ für $\rho = 1, \ldots, r$.

Bemerkung. Unter den Voraussetzungen des Lemmas erweisen sich also auch die q's als Primelemente.

Beweis durch Induktion über $\mathrm{Min}(r, s)$. Sei erst $\mathrm{Min}(r, s) = 1$. Ist $r = 1$, so geht die linke Seite p_1 von (2) in einem der $q_1, \ldots, q_s$ auf, da p_1 als Primelement die Einheit ε nicht teilen kann; nach Kürzen in Gleichung (2) durch p_1 würde bei $s \geq 2$ rechts ein q_σ zurückbleiben, welches dann das Einselement des Integritätsrings R teilen müßte entgegen $q_\sigma \notin E(R)$. So ist $s = 1$ und (2) beinhaltet $p_1 \sim q_1$. Bei $s = 1$ besagt (2) soviel wie $q_1 = \varepsilon' p_1 \cdot \ldots \cdot p_r$ mit $\varepsilon' := \varepsilon^{-1} \in E(R)$; bei $r \geq 2$

hätte q_1 z.B. den echten Teiler p_1, was der Unzerlegbarkeit von q_1 widerspricht. So ist $r = 1$ und wieder $p_1 \sim q_1$, was den Induktionsbeginn erledigt.

Sei nun $\mathrm{Min}(r, s) \geq 2$ und die Behauptung für $\mathrm{Min}(r, s) - 1 = \mathrm{Min}(r - 1, s - 1)$ bewiesen. Aus (2) folgt $p_r | q_t$ für ein $t \in \{1, \ldots, s\}$, da p_r Primelement ist. Andererseits hat q_t als unzerlegbares Element keine echten Teiler und so muß $q_t \sim p_r$ sein, d.h. $q_t = \varepsilon_1 p_r$ mit einem $\varepsilon_1 \in E(R)$. Danach ist (2) äquivalent zu

$$(3) \qquad\qquad p_1 \cdot \ldots \cdot p_{r-1} = \varepsilon' q_1' \cdot \ldots \cdot q_{s-1}'$$

mit $\varepsilon' := \varepsilon \varepsilon_1 \in E(R)$ und unzerlegbaren $q_\sigma' := q_\sigma$, $(\sigma = 1, \ldots, t-1)$, $q_\sigma' := q_{\sigma+1}$, $(\sigma = t, \ldots, s - 1)$. Auf (3) ist nun die Induktionsvoraussetzung anwendbar. $\square$

4. Faktorielle Ringe. Ein Integritätsring heißt *faktorieller Ring*, wenn sich jedes seiner von Null und den Einheiten verschiedenen Elemente als Produkt endlich vieler Primelemente darstellen läßt.

In einem faktoriellen Ring ist die geforderte Produktdarstellung der Elemente nach Lemma 3 in Verbindung mit Satz 3 automatisch eindeutig bis auf die Reihenfolge der Faktoren und bis auf Assoziiertheit. In dem durch Lemma 3 völlig präzisierten Sinne wird im folgenden gesagt, eine Produktdarstellung sei *im wesentlichen eindeutig*. Damit kann behauptet werden der

Satz. *Für Integritätsringe R sind folgende Aussagen äquivalent:*

(i)   *R ist faktorieller Ring.*

(ii)   *Jedes von Null und den Einheiten verschiedene Element von R läßt sich im wesentlichen eindeutig als Produkt endlich vieler irreduzibler Elemente darstellen.*

Beweis. (i) $\Rightarrow$ (ii) folgt unmittelbar aus der Definition eines faktoriellen Rings sowie aus Lemma 3 und Satz 3. Für (ii) $\Rightarrow$ (i) braucht lediglich eingesehen zu werden, daß unter der Voraussetzung (ii) jedes unzerlegbare Element von R bereits Primelement ist. Sei $n \in R$ unzerlegbar und es gelte $n | n_1 n_2$ mit $n_1, n_2 \in R$, o.B.d.A. beide von Null und Einheiten verschieden. Wegen (ii) lassen sich beide n_i im wesentlichen eindeutig als Produkte endlich vieler unzerlegbarer Elemente $q_{1,i}, \ldots, q_{s(i),i}$ darstellen und das Produkt dieser $s(1) + s(2)$ Elemente q ist eine Darstellung von $n_1 n_2$, die ihrerseits im wesentlichen eindeutig ist. Weil n ein unzerlegbarer Teiler von $n_1 n_2$ ist, muß es zu einem der obigen q's assoziiert sein und somit in einem der beiden n_i aufgehen, womit n als Primelement erkannt ist. $\square$

Bemerkungen. 1) Oft bezeichnet man einen faktoriellen Ring auch als ZPE–*Ring* (Ring mit Zerlegung in Primelemente eindeutig). Man beachte, daß faktorielle Ringe direkt dadurch *definiert* sind, daß in ihnen ein Analogon zum Fundamentalsatz 1.5 verlangt wird.

2) In faktoriellen Ringen haben endlich viele Elemente (unter den üblichen Voraussetzungen über ihr Nichtverschwinden) stets einen ggT und ein kgV.

3) E.D. CASHWELL und C.J. EVERETT (Pacific J. Math. 9, 975–985 (1959)) haben bewiesen, daß der in Satz 4.6 untersuchte Integritätsring der zahlentheoretischen Funktionen faktoriell ist.

5. Hauptidealringe. Bekanntlich heißt eine nichtleere Teilmenge J eines kommutativen Rings R ein *Ideal in R*, falls gilt:

(i) $\langle J, + \rangle$ ist Untergruppe von $\langle R, + \rangle$,

(ii) $JR \subset J$, wobei $JR := \{n \cdot x : n \in J,\ x \in R\}$.

$\{0\}$ bzw. R sind offenbar Ideale in R, das *Null*– bzw. *Einheitsideal in R*. Sind $n_1, \ldots, n_k \in R$ fest vorgegeben, so ist auch die Teilmenge

$$n_1 R + \ldots + n_k R := \left\{ \sum_{i=1}^{k} n_i x_i : (x_1, \ldots, x_k) \in R^k \right\}$$

von R ein Ideal in R, *das von $n_1, \ldots, n_k$ erzeugte Ideal*, vgl. 2.4. Ein Ideal in R, das von einem einzigen Element von R erzeugt wird, heißt *Hauptideal*. Ein Integritätsring, in dem jedes Ideal schon Hauptideal ist, heißt *Hauptidealring*. Bevor nun die wichtigsten Ergebnisse über Teilbarkeit in Hauptidealringen vorgestellt werden, wird noch ein einfacher Hilfssatz bereitgestellt.

Lemma. *Für Elemente a, b eines Integritätsrings R gilt*

(i) $a \sim b \Leftrightarrow aR = bR$;

bei $b \neq 0$ gelten außerdem

(ii)   *b ist Teiler von a $\Leftrightarrow aR \subset bR$,*

(iii)   *b ist echter Teiler von a $\Leftrightarrow aR \underset{\neq}{\subset} bR \underset{\neq}{\subset} R$.*

Beweis. Zu (ii): $b|a$ besagt $a = bq$ mit geeignetem $q \in R$; ist nun $x \in aR$, so auch $x \in bR$, also $aR \subset bR$. Gilt nun diese Mengeninklusion, so ist $a \in bR$, d.h. $a = bq$ mit einem $q \in R$, also $b|a$.

Zu (i) darf o.B.d.A. $a \neq 0$, $b \neq 0$ vorausgesetzt werden (sonst gilt die Äquivalenz trivialerweise). Im Anschluß an 1(1) wurde $a \sim b \Leftrightarrow a|b, b|a$ festgestellt und nach (ii) sind letztere Teilbarkeitsbedingungen mit $aR \supset bR$, $aR \subset bR$, also $aR = bR$ äquivalent.

Kombination von (i) und (ii) liefert (iii) sofort.   □

Satz A. *In Hauptidealringen ist jedes unzerlegbare Element auch Primelement.*

Beweis. Sei R Hauptidealring und sei $n \in R$ ein unzerlegbarer Teiler von $n_1 n_2$ mit $n_1, n_2 \in R$. Man betrachte das Ideal

$$(1) \qquad\qquad J := nR + n_1 R$$

in R. Weil R Hauptidealring ist, wird J von einem $d \in R$ erzeugt, was $J = dR$ bedeutet; wegen $0 \neq n \in J$ ist $d \neq 0$. Aus (1) folgt $dR \supset nR$, also $d|n$ nach (ii) im Lemma. Wegen seiner Unzerlegbarkeit hat n keinen echten Teiler, was zu $d \sim n$ oder $d \sim 1$ ($\Leftrightarrow d \in E(R)$) führt. Im ersten Fall ist $nR = dR \supset n_1 R$ wegen (1), also $n|n_1$ nach dem Lemma. Im zweiten Fall ist $R = nR + n_1 R$ und daher hat man $1 = nx + n_1 y$ bei geeigneter Wahl von $x, y \in R$, also $n_2 = n(n_2 x) + (n_1 n_2)y$, was wegen $n|n_1 n_2$ zu $n|n_2$ führt. Somit ist n als Primelement erkannt.   □

Satz B. *In einem Hauptidealring läßt sich jedes von Null und den Einheiten verschiedene Element als Produkt endlich vieler unzerlegbarer Elemente darstellen.*

Beweis. Ist R der betrachtete Hauptidealring, so sei M die Menge aller $m \in R \setminus \{0\}$, $m \notin E(R)$, so daß für alle $k \in \mathbb{N}$ und für alle k-Tupel $(r_1, \dots, r_k)$ unzerlegbarer Elemente von R die Ungleichung $r_1 \cdot \ldots \cdot r_k \neq m$ gilt. Die Behauptung des Satzes ist offenbar mit $M = \emptyset$ gleichbedeutend.

Nimmt man jetzt $M \neq \emptyset$ an, so gelingt die rekursive Konstruktion einer geeigneten Folge $(m_i) \in M^{\mathbb{N}_0}$: Man setzt $m_0 \in M$ beliebig fest. Ist dann $i \geq 0$ und $m_i \in M$ bereits fixiert, so muß m_i einen echten Teiler (etwa m_i') haben, weil es sonst schon selbst unzerlegbar wäre und daher M nicht angehören könnte. Mit geeignetem $m_i'' \in R$ ist also $m_i = m_i' m_i''$ und daher $m_i'' \neq 0$, $m_i'' \notin E(R)$, $m_i'' \nsim m_i$, weshalb auch m_i'' echter Teiler von m_i sein muß. Sicher ist nun $m_i' \in M$ oder $m_i'' \in M$, weil andernfalls $m_i' m_i'' = m \notin M$ wäre. Man wählt m_{i+1} beliebig in $\{m_i', m_i''\} \cap M$.

Nach (iii) im Lemma und nach Konstruktion der Folge (m_i) gelten die Mengeninklusionen

$$(2) \qquad\qquad \{0\} \neq m_0 R \underset{\neq}{\subset} m_1 R \underset{\neq}{\subset} \dots \underset{\neq}{\subset} m_i R \underset{\neq}{\subset} \dots,$$

wobei noch $m_0 \neq 0$ beachtet ist. Definiert man schließlich

$$(3) \qquad\qquad J := \bigcup_{i \in \mathbb{N}_0} m_i R,$$

so ist $\emptyset \neq J \subset R$ klar und es wird behauptet, daß J ein Ideal in R ist.

Dazu hat man (i), (ii) der Definition nachzuweisen: Sind $m, n \in J$, so gibt es $i, j \in \mathbb{N}_0$ mit $m \in m_i R$, $n \in m_j R$ wegen (3); setzt man o.B.d.A. $i \leq j$ voraus, so ist auch $m \in m_j R$ nach (2), also $m + n \in m_j R$ und somit $m + n \in J$ nach (3), was (i) beweist. Ist $n \in J$, $x \in R$, so folgt aus $n \in m_j R$ sofort $nx \in m_j R$, also $nx \in J$ mit (3), was auch (ii) beweist.

Da R Hauptidealring ist, ist das Ideal J aus (3) ein Hauptideal, weshalb man $J = mR$ bei geeignetem $m \in J \setminus \{0\}$ hat. Wegen (3) gibt es ein $i_0 \in \mathbb{N}_0$ mit $m \in m_{i_0} R$, also mit $m_{i_0} | m$ oder äquivalent $(J =) mR \subset m_{i_0} R$ nach (ii) im Lemma. Andererseits beinhaltet (3) die Inklusion $m_i R \subset J$ für alle $i \in \mathbb{N}_0$ und damit wegen (2)

$$J \subset m_{i_0} R \underset{\neq}{\subset} m_{i_0+1} R \subset J.$$

Der hier erzielte Widerspruch zeigt die Unhaltbarkeit der Annahme $M \neq \emptyset$. $\square$

Kombination der Sätze A und B ergibt unter Berücksichtigung der Definition eines faktoriellen Rings in 4 unmittelbar den

Satz C. *Jeder Hauptidealring ist faktorieller Ring.*

6. Euklidische Ringe. Wie kann man einem Integritätsring ansehen, ob er Hauptidealring ist? Um eine einigermaßen befriedigende Antwort auf diese Frage geben zu können, sei folgende Definition vorausgeschickt.

Ein Integritätsring R heißt *euklidischer Ring*, wenn in R ein "Divisionsalgorithmus" und eine Abbildung $G : R \setminus \{0\} \to \mathbb{N}$ mit folgenden Eigenschaften existiert: Zu jedem Paar $(n, m) \in R^2$ mit $m \neq 0$ gibt es ein Paar $(a, b) \in R^2$, so daß gilt

$$(1) \qquad n = am + b \quad \text{mit entweder} \quad b = 0 \quad \text{oder} \quad G(b) < G(m).$$

Die Abbildung G heißt *Gradfunktion* (oder *euklidische Normfunktion*).

Über euklidische Ringe hat man folgenden wichtigen Satz, der eine Antwort auf die eingangs gestellte Frage gibt.

Satz. *Jeder euklidische Ring ist Hauptidealring (und somit faktorieller Ring).*

Beweis. Sei R euklidischer Ring und J ein beliebiges Ideal in R, welches o.B.d.A. nicht das Nullideal $\{0\}$ ist. Offenbar ist $\{G(x) : x \in J, x \neq 0\}$ eine nichtleere Teilmenge von $\mathbb{N}$, die somit ein kleinstes Element besitzt. Es werde $m \in J$, $m \neq 0$ mit minimalem G–Wert fixiert. Ist $n \in J$ beliebig, so existieren Elemente $a, b \in R$, die den Bedingungen (1) genügen; dabei ist sogar $b \in J$ wegen $m, n \in J$, wenn man noch beide definierende Eigenschaften eines Ideals ausnützt. Bei $b \neq 0$ wäre b wegen der letzten Bedingung in (1) ein Element von $J \setminus \{0\}$ mit *kleinerem* G–Wert als m, was nicht geht. So ist $b = 0$, also $n = am$ oder $n \in mR$, was $J \subset mR$ bedeutet. Da $mR \subset J$ aus $m \in J$ folgt, ist $J = mR$ bewiesen und somit J als Hauptideal erkannt. □

Bemerkungen. 1) Wie in 2.2 nachgewiesen, ist $\mathbb{Z}$ ein euklidischer Ring; als Gradfunktion ist die durch $G(x) := |x|$ für $x \in \mathbb{Z} \setminus \{0\}$ festgelegte geeignet. Nach dem hier gezeigten Satz ist $\mathbb{Z}$ auch Hauptidealring, weswegen Satz 2.4 so formuliert werden kann: Das von $n_1, \ldots, n_k \in \mathbb{Z}$, nicht alle Null, erzeugte Ideal in $\mathbb{Z}$ ist identisch mit dem von $\mathrm{ggT}(n_1, \ldots, n_k)$ erzeugten Hauptideal.

2) In euklidischen Ringen kann *ein* ggT zweier Elemente, die nicht beide Null sind, analog wie in 2.9 durch mehrfache Anwendung des in (1) geforderten Divisionsalgorithmus ermittelt werden.

7. Polynome. Hier sei R Integritätsring und k eine natürliche Zahl. Eine formale k-fache Summe

$$(1) \qquad f := \sum_{\mathbf{i} \in \mathbb{N}_0^k} a(i_1, \ldots, i_k) X_1^{i_1} \cdot \ldots \cdot X_k^{i_k}$$

mit allen $a(\mathbf{i}) := a(i_1, \ldots, i_k) \in R$, von denen *höchstens endlich viele* von Null verschieden sind, heißt *Polynom* in den k Unbestimmten $X_1, \ldots, X_k$ über R, die $a(\mathbf{i})$ heißen die *Koeffizienten* von f.

Die Menge aller Polynome (1) über R wird als $R[X_1, \ldots, X_k]$ notiert. Ist f wie in (1) und

$$(2) \qquad g := \sum_{\mathbf{i} \in \mathbb{N}_0^k} b(i_1, \ldots, i_k) X_1^{i_1} \cdot \ldots \cdot X_k^{i_k} \in R[X_1, \ldots, X_k],$$

so heißt f *gleich* g (in Zeichen $f = g$), falls $a(\mathbf{i}) = b(\mathbf{i})$ für alle $\mathbf{i} \in \mathbb{N}_0^k$ gilt. Ist nicht f gleich g, so schreibt man $f \neq g$.

Das Polynom f aus (1) heißt *nichtkonstant*, wenn $a(\mathbf{i}) \neq 0$ für mindestens ein $\mathbf{i} \in \mathbb{N}_0^k \setminus \{\mathbf{0}\}$, andernfalls *konstant*; sind insbesondere alle $a(\mathbf{i})$ Null, so heißt f das *Nullpolynom*, welches als 0 notiert wird. Bei $f \neq 0$ heißt

(3) $$\partial(f) := \mathrm{Max}\{i_1 + \ldots + i_k : \mathbf{i} \in \mathbb{N}_0^k,\ a(\mathbf{i}) \neq 0\}$$

der *Gesamtgrad von f* und

(4) $$\partial_\kappa(f) := \mathrm{Max}\{i_\kappa : \mathbf{i} \in \mathbb{N}_0^k,\ a(\mathbf{i}) \neq 0\}$$

der *Grad von f in X_κ*, $\kappa = 1, \ldots, k$.

Hat man insbesondere ein Polynom $f \neq 0$ in *einer* Unbestimmten (die man X ohne Index schreibt), so fallen (3) und (4) zusammen und man spricht nur vom *Grad von f* und schreibt

$$f = \sum_{i=0}^{\partial(f)} a_i X^i.$$

Dabei heißt $a_{\partial(f)} \neq 0$ der *Leitkoeffizient* (oder *höchste Koeffizient*) von f; ist dieser insbesondere gleich 1, so heißt f *normiert*.

Zu $f, g \in R[X_1, \ldots, X_k]$ wie in (1), (2) werden nun zwei neue formale k–fache Summen definiert gemäß

(5) $$f + g := \sum_{\mathbf{i} \in \mathbb{N}_0^k} c(i_1, \ldots, i_k) X_1^{i_1} \cdot \ldots \cdot X_k^{i_k} \text{ mit } c(\mathbf{i}) := a(\mathbf{i}) + b(\mathbf{i})$$

bzw.

(6) $$f \cdot g := \sum_{\mathbf{i} \in \mathbb{N}_0^k} d(i_1, \ldots, i_k) X_1^{i_1} \cdot \ldots \cdot X_k^{i_k} \text{ mit } d(\mathbf{i}) := \sum_{\substack{\mathbf{j}, \mathbf{l} \in \mathbb{N}_0^k \\ \mathbf{j} + \mathbf{l} = \mathbf{i}}} a(\mathbf{j}) b(\mathbf{l}),$$

jeweils für alle $\mathbf{i} \in \mathbb{N}_0^k$. Nach Voraussetzung gibt es ein $I \in \mathbb{N}_0$, so daß die $a(\mathbf{i})$, $b(\mathbf{i})$ für alle $\mathbf{i} \in \mathbb{N}_0^k$ mit $i_1 + \ldots + i_k > I$ Null sind. Für dieselben $\mathbf{i}$ ist dann $c(\mathbf{i})$ Null und hieraus folgt insbesondere

(7) $$\partial(f + g) \leq \mathrm{Max}(\partial(f), \partial(g))$$

für alle $f, g \in R[X_1, \ldots, X_k] \setminus \{0\}$ mit $f + g \neq 0$. Weiter ist auch $d(\mathbf{i})$ Null für die $\mathbf{i}$ mit $i_1 + \ldots + i_k > 2I$; denn für diese gilt in jedem Summanden $a(\mathbf{j}) b(\mathbf{l})$ ganz rechts in (6) eine der Bedingungen $j_1 + \ldots + j_k > I$ oder $l_1 + \ldots + l_k > I$. Daher sind $f + g$, $f \cdot g \in R[X_1, \ldots, X_k]$; sie heißen *Summe* bzw. *Produkt* von f und g. Man rechnet nun elementar nach, daß $R[X_1, \ldots, X_k]$ bezüglich der hier definierten Addition (die Inverse zu f wird $-f$ geschrieben) und Multiplikation einen kommutativen Ring mit Einselement (der Eins von R) bildet; dieser heißt der *Polynomring* in k Unbestimmten über R.

Bisher hat man die Nullteilerfreiheit von R noch nicht ausgenützt; dies wird nun nötig, wenn man noch die Nullteilerfreiheit des Polynomrings $R[X_1, \ldots, X_k]$ haben möchte für folgenden

Satz. *Für jedes $k \in \mathbb{N}$ ist der Polynomring in k Unbestimmten über einem Integritätsring selbst wieder ein Integritätsring.*

Beweis. Man definiert zunächst in $\mathbb{N}_0^k$ eine Relation $\preceq$, indem man für $\mathbf{i}, \mathbf{i}' \in \mathbb{N}_0^k$ schreibt $\mathbf{i} \preceq \mathbf{i}'$ (und sagt, $\mathbf{i}$ kommt nicht nach $\mathbf{i}'$), falls aus $i_1 = i_1', \dots, i_{\kappa-1} = i_{\kappa-1}'$, $i_\kappa \neq i_\kappa'$ für ein $\kappa \in \{1, \dots, k\}$ folgt $i_\kappa < i_\kappa'$. Weiter schreibt man $\mathbf{i} \prec \mathbf{i}'$ ($\mathbf{i}$ kommt vor $\mathbf{i}'$), falls $\mathbf{i} \preceq \mathbf{i}'$, $\mathbf{i} \neq \mathbf{i}'$ gilt. Man sieht leicht, daß $\preceq$ bzw. $\prec$ eine Ordnung bzw. strikte Ordnung sind, deren Linearität und deren Monotonie bezüglich der Addition (in $\mathbb{N}_0^k$) sofort klar ist.

Sei nun f bzw. g aus $R[X_1, \dots, X_k] \setminus \{0\}$ und sei $\mathbf{J} = (J_1, \dots, J_k)$ bzw. $\mathbf{L} = (L_1, \dots, L_k)$ das bezüglich der eingeführten Ordnung letzte $\mathbf{j}$ bzw. $\mathbf{l}$ aus $\mathbb{N}_0^k$ mit $a(\mathbf{j}) \neq 0$ bzw. $b(\mathbf{l}) \neq 0$. Nach (6) ist

$$(8) \qquad d(\mathbf{J} + \mathbf{L}) = \sum_{\substack{\mathbf{j}, \mathbf{l} \in \mathbb{N}_0^k \\ \mathbf{j} + \mathbf{l} = \mathbf{J} + \mathbf{L}}} a(\mathbf{j}) b(\mathbf{l}) = a(\mathbf{J}) b(\mathbf{L}) \neq 0,$$

also $f \cdot g \neq 0$. Dabei ist folgendes beachtet: In der Summe in (8) brauchen nur solche $\mathbf{j}$, $\mathbf{l}$ berücksichtigt zu werden, für die $\mathbf{j} \preceq \mathbf{J}$ und $\mathbf{l} \preceq \mathbf{L}$ gilt; ist jedoch $\mathbf{j} \prec \mathbf{J}$, $\mathbf{l} \preceq \mathbf{L}$ oder $\mathbf{j} \preceq \mathbf{J}$, $\mathbf{l} \prec \mathbf{L}$, so ist $\mathbf{j} + \mathbf{l} \prec \mathbf{J} + \mathbf{l} \preceq \mathbf{J} + \mathbf{L}$, also $\mathbf{j} + \mathbf{l} \prec \mathbf{J} + \mathbf{L}$ im ersten Fall und die letzte Beziehung folgt auch im zweiten. Daher war in (8) alleine der Summand mit $\mathbf{j} = \mathbf{J}$, $\mathbf{l} = \mathbf{L}$ zu berücksichtigen. $\qquad \square$

Aus diesem Beweis ergibt sich als Korollar der

Grad–Satz. *Ist R Integritätsring, so gilt für $f, g \in R[X] \setminus \{0\}$ erstens $f \cdot g \in R[X] \setminus \{0\}$ und zweitens $\partial(f \cdot g) = \partial(f) + \partial(g)$.*

Man beachte, daß die Ordnung $\preceq$ in $\mathbb{N}_0^k$ (die sogenannte *lexikographische Ordnung*) für $k = 1$ nichts anderes ist als die in 1.1 eingeführte Ordnung $\leq$ in $\mathbb{N}_0$.

Bemerkung. Der Leser weise $E(R[X]) = E(R)$ für Integritätsringe R nach ebenso wie $E(K) = K^\times$ für Körper K.

8. Polynome über Körpern. Für Körper K ist $K[X]$ nach Satz 7 Integritätsring und in diesem hat man folgenden

Divisionsalgorithmus. *Ist K Körper, so gibt es zu jedem Paar (f, g) mit $f, g \in K[X]$, $g \neq 0$ genau ein Paar (q, r) mit $q, r \in K[X]$, so daß $f = qg + r$ und entweder $r = 0$ oder $\partial(r) < \partial(g)$ gilt.*

Beweis. Ist entweder $f = 0$ oder $\partial(f) < \partial(g)$, so leisten offenbar $q := 0$, $r := f$ und nur diese das Gewünschte. Sei jetzt $(n :=) \partial(f) \geq \partial(g) (=: m)$ und $f = \sum_{i=0}^{n} a_i X^i$, $g = \sum_{j=0}^{m} b_j X^j$ mit $a_n b_m \neq 0$.

Wenn dann ein Paar (q, r) den Bedingungen des Satzes genügt, ist $q \neq 0$ und $\partial(q) = n - m$, und mit $q = \sum_{\ell=0}^{n-m} c_\ell X^\ell$ ist

$$(1) \qquad r = f - qg = \sum_{i=0}^{n} \left(a_i - \sum_{j=\mathrm{Max}(0, i+m-n)}^{\mathrm{Min}(m,i)} b_j c_{i-j} \right) X^i$$

sowie

$$(2) \qquad a_i = \sum_{j=\mathrm{Max}(0, i+m-n)}^{m} b_j c_{i-j} \qquad \text{für } i = m, \ldots, n.$$

Betrachtet man andererseits (2) als lineares inhomogenes System von $n - m + 1$ Gleichungen für die $n - m + 1$ Unbekannten $c_0, \ldots, c_{n-m}$, so ist dieses eindeutig lösbar, da die Elemente in der Hauptdiagonalen seiner quadratischen Koeffizientenmatrix ersichtlich alle gleich b_m ($\neq 0$) sind. Bildet man dann q mit den gefundenen c_ℓ wie oben und definiert damit $r := f - qg$, so folgt mit (2) aus der rechten Seite von (1), daß entweder $r = 0$ oder $\partial(r) < m = \partial(g)$ gilt. $\qquad \square$

Für den späteren Gebrauch wird hieraus noch abgeleitet das

Abspaltungslemma. *Ist K Körper, $f \in K[X]$ und ist $c \in K$ Nullstelle von f, so gilt $f(X) = (X - c)q(X)$ mit eindeutig bestimmtem $q \in K[X]$; ist hier $f \neq 0$, so auch $q \neq 0$ und $\partial(f) = 1 + \partial(q)$.*

Beweis. Nach dem Divisionsalgorithmus ist $f(X) = (X - c)q(X) + r(X)$ mit konstantem Polynom r, wobei $r(X) = r(c) = f(c) = 0$ ist. $\qquad \square$

Nun kann man behaupten den

Satz. *Für Integritätsringe R sind folgende Aussagen äquivalent:*

(i) R ist Körper.

(ii) $R[X]$ ist euklidischer Ring.

(iii) $R[X]$ ist Hauptidealring.

Beweis. Ist (i) erfüllt, so definiert man $G(f) := 2^{\partial(f)}$ für $f \in R[X] \setminus \{0\}$ und hat damit in G eine Gradfunktion, für die 6(1) gilt; damit trifft (ii) zu. Die

Implikation (ii) ⇒ (iii) entnimmt man Satz 6, während der Nachweis von (iii) ⇒ (i) in diesem Buch nicht geführt werden soll. □

9. Polynomringe über faktoriellen Ringen. Da $\mathbb{Z}$ kein Körper ist, beinhaltet die hier nicht bewiesene Implikation (iii) ⇒ (i) von Satz 8 den folgenden

Satz A. *Der Polynomring $\mathbb{Z}[X]$ ist kein Hauptidealring.*

Hierfür soll ein von Satz 8 unabhängiger direkter *Beweis* gegeben werden. Man betrachtet das von den Polynomen 2 und X erzeugte Ideal J in $\mathbb{Z}[X]$. Wäre J Hauptideal, so müßte es von einem $d \in J \setminus \{0\}$ erzeugt werden, was $d|2$ (nach dem Grad-Satz 7 also die Konstanz von d), $d|X$ und die Existenz von $f, g \in \mathbb{Z}[X]$ mit

$$(1) \qquad\qquad d = 2f(X) + Xg(X)$$

nach sich zöge. Wegen $d|X$ bliebe nur $d \in \{-1, 1\}$, aber andererseits folgt $d = 2f(0)$ aus (1), was $2|d$ bedeutet. □

Schließlich soll ohne Beweis noch folgendes Ergebnis mitgeteilt werden, das im Falle $R = \mathbb{Z}$ auf GAUSS (Konsequenz des Satzes in *Disquisitiones Arithmeticae*, Art. 42) zurückgeht und das man allgemein in der Algebra zeigt.

Satz B. *Für Integritätsringe R gilt: R ist faktorieller Ring genau dann, wenn $R[X]$ faktorieller Ring ist.*

Bemerkungen. 1) Da $\mathbb{Z}$ faktorieller Ring ist, trifft dies auch für $\mathbb{Z}[X]$ zu. Insbesondere ist $\mathbb{Z}[X]$ nach den Sätzen A, B ein Beispiel für einen faktoriellen Ring, der *kein* Hauptidealring ist; Satz 5C ist also nicht umkehrbar.

2) Da $\mathbb{Z}$ faktoriell ist, ist $\mathbb{Z}[X_1]$ faktoriell, also $\mathbb{Z}[X_1, X_2]$ usw. Allgemein ist der *ganzzahlige* Polynomring $\mathbb{Z}[X_1, \dots, X_k]$ faktorieller Ring für alle natürlichen k.

§ 6.   Algebraische Zahlkörper, insbesondere quadratische

1. Algebraische Zahlen, Minimalpolynom. Sei $K|L$ irgendeine Körpererweiterung. Man nennt $\alpha \in K$ algebraisch über L, wenn es ein $f \in L[X] \setminus \{0\}$ gibt mit $f(\alpha) = 0$; andernfalls heißt α transzendent über L. Ist speziell $L = \mathbb{Q}$ und $\alpha \in \mathbb{C}$, so läßt man den Zusatz "über $\mathbb{Q}$" meist weg: Man sagt in diesem Fall also,

α sei *algebraisch* (bzw. *transzendent*), wenn es ein (bzw. kein) $f \in \mathbb{Q}[X] \setminus \{0\}$ gibt mit $f(\alpha) = 0$; im ersten Fall ist $\partial(f) \in \mathbb{N}$ klar. Selbstverständlich kann f hier bei Bedarf als ganzzahliges Polynom vorausgesetzt werden.

Sei jetzt $\alpha \in \mathbb{C}$ algebraisch und $\delta \in \mathbb{N}$ minimal gewählt, so daß es ein $f \in \mathbb{Q}[X] \setminus \{0\}$ mit $f(\alpha) = 0$, $\partial(f) = \delta$ gibt. Hat g dieselben Eigenschaften wie f, so gilt nach dem Divisionsalgorithmus 5.8: Es ist $f = qg + r$ mit $q, r \in \mathbb{Q}[X]$ und entweder $r = 0$ oder $\partial(r) < \partial(g) = \delta$. Wegen $f(\alpha) = 0 = g(\alpha)$ ist $r(\alpha) = 0$ und nach Definition von δ ist $r = 0$, also $f = qg$, wobei $q \in \mathbb{Q}^\times$ nach dem Grad–Satz 5.7 gelten muß. *Es gibt also genau ein normiertes Polynom f_α kleinsten positiven Grades mit rationalen Koeffizienten, welches α annulliert;* dies f_α heißt das *Minimalpolynom von α.* Ebenso existiert genau ein α annullierendes Polynom P_α desselben Grades wie f_α mit teilerfremden ganzen Koeffizienten und positivem Leitkoeffizienten; dieses P_α werde hier das *ganzzahlige Minimalpolynom* von α genannt. Offenbar ist P_α gleich f_α mal dem Leitkoeffizienten von P_α. Der gemeinsame Grad von f_α und P_α heißt der *Grad von α,* in Zeichen: $\partial(\alpha)$.

Satz. *Das Minimalpolynom einer algebraischen Zahl ist (in $\mathbb{Q}[X]$) irreduzibel.*

Bemerkung. Das Minimalpolynom f_α ist Element des nach Satz 5.8 euklidischen Rings $\mathbb{Q}[X]$ und dort ist klar, was unter irreduziblen (oder unzerlegbaren) und Primelementen dieses Rings zu verstehen ist; nach Satz 5.5A besagen beide Begriffe hier dasselbe. Der Zusatz "in $\mathbb{Q}[X]$" ist der Deutlichkeit halber beigefügt; in umfassenderen Polynomringen kann f_α sehr wohl zerlegbar sein.

Beweis. Wegen $\partial(f_\alpha) \in \mathbb{N}$ und der Bemerkung zu 5.7 ist f_α keine Einheit von $\mathbb{Q}[X]$. Wäre f_α zerlegbar, so gäbe es echte Teiler $g, h \in \mathbb{Q}[X] \setminus \{0\}$ von f_α mit $f_\alpha = g \cdot h$ und $0 < \partial(g)$, $\partial(h) < \partial(f_\alpha)$; wegen $g(\alpha)h(\alpha) = f_\alpha(\alpha) = 0$ wäre $g(\alpha) = 0$ oder $h(\alpha) = 0$, was nicht sein kann. $\square$

2. Konjugierte. Vorab wird bereitgestellt folgendes

Lemma.

(i)   Ist α Nullstelle eines $g \in \mathbb{Q}[X] \setminus \{0\}$, so wird g vom Minimalpolynom f_α von α geteilt.

(ii)   Ist α Nullstelle eines irreduziblen $g \in \mathbb{Q}[X]$, so sind f_α und g zueinander assoziiert.

(iii) *Irreduzible Polynome aus $\mathbb{Q}[X]$ mit einer gemeinsamen Nullstelle sind stets zueinander assoziiert.*

Beweis. (i) Nach Voraussetzung ist α algebraisch und nach dem Divisionsalgorithmus 5.8 existieren $q, r \in \mathbb{Q}[X]$, so daß gilt $g = q f_\alpha + r$ mit $r = 0$ oder $\partial(r) < \partial(f_\alpha)$. Wegen $0 = g(\alpha) = r(\alpha)$ muß $r = 0$ sein, also $g = q f_\alpha$.

(ii) Ist g irreduzibel, so ist $g \neq 0$ und dann $q \neq 0$ wegen $g = q f_\alpha$, weshalb $q \in \mathbb{Q}^\times$ gelten muß, d.h. $g \sim f_\alpha$ nach der Bemerkung zu 5.7.

(iii) Sind $g_1, g_2 \in \mathbb{Q}[X]$ irreduzibel und ist $\alpha \in \mathbb{C}$ eine gemeinsame Nullstelle, so gilt $g_i \sim f_\alpha$ für $i = 1, 2$ nach (ii); die Transitivität der Relation $\sim$ liefert die Behauptung. $\square$

Ist jetzt α eine algebraische Zahl und $\delta := \partial(\alpha)$ $(= \partial(f_\alpha))$, so hat f_α in $\mathbb{C}$ genau δ Nullstellen $\alpha_1 := \alpha, \alpha_2, \dots, \alpha_\delta$; dies ist Inhalt des Fundamentalsatzes der Algebra. Als erste Folgerung aus dem Lemma wird benötigt

Korollar. *Sei α algebraisch, f_α sein Minimalpolynom und $\alpha_2, \dots, \alpha_\delta$ (falls $\delta := \partial(\alpha) \geq 2$) dessen weitere Nullstellen. Dann ist f_α das Minimalpolynom jedes $\alpha_2, \dots, \alpha_\delta$ und somit $\partial(\alpha_j) = \partial(\alpha)$ für $j = 2, \dots, \delta$.*

Beweis. Sei $g_j \in \mathbb{Q}[X]$ das Minimalpolynom von α_j für $j = 2, \dots, \delta$; nach Satz 1 sind g_j und f_α irreduzibel. Da beide α_j als Nullstelle haben, ist $g_j = q_j f_\alpha$ mit einem $q_j \in \mathbb{Q}^\times$ nach (iii) im Lemma. Weil aber beide Polynome normiert sind, ist $q_j = 1$, also $g_j = f_\alpha$ für $j = 2, \dots, \delta$. $\square$

Über die Nullstellen des Minimalpolynoms einer algebraischen Zahl gibt nun Auskunft der folgende

Satz. *Die Nullstellen des Minimalpolynoms einer algebraischen Zahl sind sämtliche einfach.*

Beweis. Sind $\alpha_1 := \alpha, \alpha_2, \dots, \alpha_\delta$ wie im Korollar und käme etwa β mehrfach unter den α's vor, so wäre $\delta \geq 2$ und β Nullstelle von f_α ebenso wie von dessen Ableitung $f_\alpha' \in \mathbb{Q}[X] \setminus \{0\}$. Nach dem Korollar ist $f_\beta = f_\alpha$ und nach (i) des Lemmas wird f_β' von f_β geteilt, was aus Gradgründen nicht geht. $\square$

Die paarweise verschiedenen Nullstellen $\alpha_1 := \alpha, \alpha_2, \dots, \alpha_\delta$ einer algebraischen Zahl α des Grades $\delta := \partial(\alpha)$ heißen die *Konjugierten* von α (bezüglich $\mathbb{Q}$).

3. Algebraische Zahlkörper. Die Menge aller komplexen algebraischen Zahlen wird mit $\overline{\mathbb{Q}}$ bezeichnet. Mit Hilfe des Satzes über symmetrische Funktionen beweist man in der Algebra leicht, daß aus $\alpha, \beta \in \overline{\mathbb{Q}}$ folgt $\alpha + \beta$, $\alpha \cdot \beta \in \overline{\mathbb{Q}}$. Trivialerweise gilt bei $\beta \in \overline{\mathbb{Q}}$ auch $-\beta, \frac{1}{\beta} \in \overline{\mathbb{Q}}$, letzteres bei $\beta \neq 0$, so daß sich insgesamt $\overline{\mathbb{Q}}$ als Körper mit $\mathbb{Q} \subset \overline{\mathbb{Q}} \subset \mathbb{C}$ erweist. $\overline{\mathbb{Q}}$ heißt der *algebraische Abschluß* von $\mathbb{Q}$ *in* $\mathbb{C}$.

Gewisse Zwischenkörper von $\mathbb{Q}$ und $\overline{\mathbb{Q}}$ werden vor allem in Kap. 6 benötigt und zwar diejenigen Körper K, die über $\mathbb{Q}$, als Vektorräume aufgefaßt, endliche Dimension haben. Genau diese Körper K bezeichnet man als *algebraische Zahlkörper*; ihre Dimension über $\mathbb{Q}$ schreibt man als $[K : \mathbb{Q}]$ und bezeichnet sie als *Grad* von K.

Man beachte aber, daß $\overline{\mathbb{Q}}$ über $\mathbb{Q}$ *nicht* von endlicher Dimension ist.

4. Normen. Sei α algebraisch und $f_\alpha \in \mathbb{Q}[X]$ sein Minimalpolynom. Sind $\alpha_1 := \alpha, \alpha_2, \ldots, \alpha_\delta$ mit $\delta := \partial(\alpha)$ die Konjugierten von α, so folgt aus $f_\alpha(X) = (X - \alpha_1) \cdot \ldots \cdot (X - \alpha_\delta)$ sofort

$$(1) \qquad \prod_{j=1}^{\delta} \alpha_j = (-1)^\delta f_\alpha(0).$$

Das Produkt links in (1) heißt die *Norm von* α (in Zeichen: $N(\alpha)$), über die folgendes notiert werden kann.

Proposition. *Die Norm einer algebraischen Zahl ist eine rationale Zahl, welche genau dann Null ist, wenn die algebraische Zahl Null ist.*

Beweis. Ist α die algebraische Zahl, so ist aus (1) die Rationalität von $N(\alpha)$ klar. Bei $N(\alpha) = 0$ ist $f_\alpha(0) = 0$ und so wird $f_\alpha(X)$ von X geteilt, was $f_\alpha(X) = X$ wegen der Unzerlegbarkeit und der Normiertheit von f_α nach sich zieht; daher ist $\alpha = 0$.   □

Es wird nun ein weiterer Normbegriff entwickelt, der mit dem obigen eng zusammenhängt, der aber eine zusätzliche Eigenschaft hat, die für manche Zwecke sehr nützlich ist.

Sei K ein algebraischer Zahlkörper mit $\kappa := [K : \mathbb{Q}]$. Nach dem aus der Algebra bekannten Satz vom primitiven Element existiert ein $\vartheta \in K$ mit $\partial(\vartheta) = \kappa$, so daß sich jedes $\alpha \in K$ eindeutig darstellen läßt als $\alpha = a_0 + a_1 \vartheta + \ldots a_{\kappa-1} \vartheta^{\kappa-1}$ mit

$$(2) \qquad A := a_0 + a_1 X + \ldots + a_{\kappa-1} X^{\kappa-1} \in \mathbb{Q}[X].$$

Sind $\vartheta_1 := \vartheta, \vartheta_2, \ldots, \vartheta_\kappa$ die verschiedenen Konjugierten von ϑ bezüglich $\mathbb{Q}$, so sei σ_ι für $\iota = 1, \ldots, \kappa$ der $\mathbb{Q}$–Isomorphismus von $K = \mathbb{Q}(\vartheta)$ auf den konjugierten Körper $\mathbb{Q}(\vartheta_\iota)$ mit der Zusatzeigenschaft $\sigma_\iota(\vartheta) = \vartheta_\iota$.

Sei nun $\alpha \in K$ und $f_\alpha, \delta, \alpha_1, \ldots, \alpha_\delta$ wie zu Anfang dieses Abschnitts. Wegen $\alpha = A(\vartheta)$ mit A wie in (2) kommen alle komplexen Zahlen $A(\vartheta_\iota) = \sigma_\iota(A(\vartheta)) = \sigma_\iota(\alpha)$, $\iota = 1, \ldots, \kappa$, unter den $\alpha_1, \ldots, \alpha_\delta$ vor. Nach dem Satz über symmetrische Funktionen ist

$$(3) \qquad \prod_{\iota=1}^{\kappa}(X - A(\vartheta_\iota)) \in \mathbb{Q}[X].$$

Sei $h_1(X) \cdot \ldots \cdot h_t(X)$ eine Zerlegung des Polynoms in (3) mit irreduziblen $h_\tau \in \mathbb{Q}[X]$. Dann hat jedes h_τ eine Nullstelle α_j und nach Lemma 2(ii) in Verbindung mit Korollar 2 ist h_τ zu f_α assoziiert. Wegen der Normiertheit von f_α ist somit

$$(4) \qquad \prod_{\iota=1}^{\kappa}(X - A(\vartheta_\iota)) = f_\alpha(X)^t,$$

was zu $\kappa = t \cdot \partial(\alpha) \; (= t \cdot \delta)$ führt. Nun beachtet man, daß sich aus (1) und (4)

$$(5) \qquad \prod_{\iota=1}^{\kappa} A(\vartheta_\iota) = \Big(\prod_{j=1}^{\partial(\alpha)} \alpha_j\Big)^{\kappa/\partial(\alpha)} = (-1)^\kappa f_\alpha(0)^{\kappa/\partial(\alpha)}$$

ergibt. Aus (5) ist ersichtlich, daß das Produkt links bei festem algebraischem Zahlkörper K alleine vom Element $\alpha \in K$ abhängt, nicht jedoch von dem gewählten erzeugenden Element ϑ der Erweiterung $K|\mathbb{Q}$.

Die Zahl in (5) heißt *Norm von α bezüglich des Körpers K*, geschrieben als $N_{K|\mathbb{Q}}(\alpha)$. Kombination von (1) und (5) liefert unmittelbar den folgenden Zusammenhang zwischen beiden Normen

$$(6) \qquad N_{K|\mathbb{Q}}(\alpha) = N(\alpha)^{[K:\mathbb{Q}]/\partial(\alpha)},$$

was insbesondere $N_{\mathbb{Q}(\alpha)|\mathbb{Q}}(\alpha) = N(\alpha)$ beinhaltet. Nun hat man den

Satz. *Für algebraische Zahlkörper K und $\alpha, \beta \in K$ gilt:*
(i) $N_{K|\mathbb{Q}}(\alpha)$ ist rational; $N_{K|\mathbb{Q}}(\alpha) = 0 \Leftrightarrow \alpha = 0$.
(ii) $N_{K|\mathbb{Q}}(\alpha \cdot \beta) = N_{K|\mathbb{Q}}(\alpha) \cdot N_{K|\mathbb{Q}}(\beta)$.

Beweis. Während sich (i) sofort aus der Proposition in Verbindung mit (6) ergibt, sieht man (ii) so: Seien

$$B := b_0 + \ldots + b_{\kappa-1} X^{\kappa-1} \quad \text{bzw.} \quad C := c_0 + \ldots + c_{\kappa-1} X^{\kappa-1}$$

aus $\mathbb{Q}[X]$, so daß $\beta = B(\vartheta)$ bzw. $\alpha\beta = C(\vartheta)$ die zu $\alpha = A(\vartheta)$ analogen Darstellungen seien. Nach Definition von $N_{K|\mathbb{Q}}$ ist dann

$$N_{K|\mathbb{Q}}(\alpha\beta) = \prod_{\iota=1}^{\kappa} C(\vartheta_\iota) = \prod_{\iota=1}^{\kappa} (A(\vartheta_\iota) \cdot B(\vartheta_\iota)) = N_{K|\mathbb{Q}}(\alpha) \cdot N_{K|\mathbb{Q}}(\beta). \qquad \square$$

Bemerkung. Die in (ii) zum Ausdruck kommende Multiplikativität von $N_{K|\mathbb{Q}}$ ist für manche Anwendungen (vgl. etwa 9) eine vorteilhafte Eigenschaft, die die zuerst eingeführte Norm N nicht besitzt.

5. Ganzheit. Eine algebraische Zahl α heißt *ganz*, wenn $f_\alpha \in \mathbb{Z}[X]$ gilt. Der Deutlichkeit halber sagt man hier auch, α sei *ganzalgebraisch*; in diesem Zusammenhang nennt man die Elemente von $\mathbb{Z}$ *ganzrational*. In dieser neuen Terminologie kann Satz 1.9 so ausgesprochen werden: Jede ganzalgebraische Zahl, die rational ist, ist ganzrational. Offenbar fallen genau dann, wenn α ganzalgebraisch ist, Minimalpolynom f_α und ganzzahliges Minimalpolynom P_α zusammen, vgl. 1.

Erneut mit Hilfe des Satzes über symmetrische Funktionen beweist man, daß mit α und β auch $\alpha + \beta$ und $\alpha \cdot \beta$ ganzalgebraisch sind. Danach ist für jeden Zwischenkörper K von $\mathbb{Q}$ und $\overline{\mathbb{Q}}$, gleichgültig ob von endlichem Grad über $\mathbb{Q}$ oder nicht, klar, daß

$$O_K := \{\alpha \in K : f_\alpha \in \mathbb{Z}[X]\}$$

Integritätsring ist. Dieser heißt *Ganzheitsring* von K.

Satz.

(i)   *Für ganzalgebraische α ist $N(\alpha)$ ganzrational; dabei ist $N(\alpha) = 0$ genau für $\alpha = 0$.*

Ist K ein algebraischer Zahlkörper, so gilt für $\alpha \in O_K$:

(ii)   *Es ist $N_{K|\mathbb{Q}}(\alpha)$ ganzrational und überdies gleich Null genau für $\alpha = 0$.*

(iii)   *Genau dann ist α Einheit in O_K, wenn $N_{K|\mathbb{Q}}(\alpha)$ und $N(\alpha)$ gleich 1 oder -1 sind.*

Beweis. Zu (i) und (ii): Für ganzes α sind $f_\alpha(0)$ und damit nach 4(1) auch $N(\alpha)$ ganzrational; ist außerdem $\alpha \in O_K$, so ist $N_{K|\mathbb{Q}}(\alpha)$ ganzrational nach 4(6). Die Zusatzaussagen über das Verschwinden von $N(\alpha)$ bzw. $N_{K|\mathbb{Q}}(\alpha)$ entnimmt man Proposition 4 bzw. Satz 4(i).

Zu (iii): Bei $\alpha \in E(O_K)$ existiert $\alpha' \in O_K$ mit $\alpha\alpha' = 1$, woraus man mit Satz 4(ii) erhält $N_{K|\mathbb{Q}}(\alpha)N_{K|\mathbb{Q}}(\alpha') = N_{K|\mathbb{Q}}(1) = 1$. Unter Beachtung von (ii) heißt dies $N_{K|\mathbb{Q}}(\alpha) \in \{-1, 1\}$ und wegen 4(6) auch $N(\alpha) \in \{-1, 1\}$, wobei man noch berücksichtigt hat, daß $N(\alpha)$ nach (i) ganzrational ist. Ist umgekehrt $N(\alpha) = \pm 1$, so ist dies nach 4(1) mit $\pm\alpha_2 \cdot \ldots \cdot \alpha_\delta = \frac{1}{\alpha}$ gleichbedeutend, wenn wie früher $\delta = \partial(\alpha)$ ist und $\alpha_2, \ldots, \alpha_\delta$ die von α_1 verschiedenen Konjugierten von $\alpha_1 := \alpha$ bezeichnen. Nach Korollar 2 haben $\alpha_2, \ldots, \alpha_\delta$ das Minimalpolynom f_α und sind somit genauso wie ihr Produkt ganzalgebraisch und so ist $\frac{1}{\alpha}$ ganzalgebraisch und in K. Also ist $\frac{1}{\alpha} \in O_K$ und α als Einheit in O_K erkannt. $\qquad\square$

Bemerkung. Jeder Transzendenzbeweis verwendet in dieser oder jener Form folgende Konsequenz aus Teil (i) des Satzes: *Die Norm einer nichtverschwindenden ganzen algebraischen Zahl ist absolut nicht kleiner als Eins.* Man vergleiche etwa den Beweis von Lemma 6.4.2.

6. Quadratische Zahlkörper. Dies sind genau die algebraischen Zahlkörper K mit $[K : \mathbb{Q}] = 2$. Ist überdies $K \subset \mathbb{R}$, so heißt K *reell–quadratisch*, andernfalls *imaginär–quadratisch*. Ist α aus einem reell–quadratischen (bzw. imaginär–quadratischen) Zahlkörper, jedoch nicht rational, so nennt man α eine *reell–* (bzw. *imaginär–*) *quadratische Irrationalität* (oder *Irrationalzahl*).

Wie sehen nun die Elemente eines quadratischen Zahlkörpers K aus?

Sei $\alpha \in K \setminus \mathbb{Q}$ (also $\partial(\alpha) = 2$) und $P_\alpha := rX^2 + sX + t$ sein ganzzahliges Minimalpolynom; insbesondere ist $r > 0$. Wegen $r\alpha^2 + s\alpha + t = 0$ ist $\alpha = \left(-s \pm \sqrt{s^2 - 4rt}\right)/(2r)$, wo $s^2 - 4rt$ wegen $\alpha \notin \mathbb{Q}$ keine Quadratzahl ist. Man kann nun in eindeutiger Weise eine quadratfreie (vgl. Bemerkung 2 zu 4.9) Zahl $d \in \mathbb{Z} \setminus \{1\}$ und eine Zahl $u \in \mathbb{Z} \setminus \{0\}$ finden, so daß

(1) $$s^2 - 4rt = du^2$$

gilt, womit dann

(2) $$\alpha = \frac{1}{2r}(-s \pm u\sqrt{d})$$

mit $r, s, u \in \mathbb{Z}$, $ru \neq 0$ entsteht. Dabei ist α reell– bzw. imaginär–quadratisch genau dann, wenn d positiv bzw. negativ ist.

Ist α wie oben gewählt, so bilden $1, \alpha$ eine Basis von K über $\mathbb{Q}$. Nach den Überlegungen von soeben stellen auch $1, \sqrt{d}$ eine derartige Basis dar; d ist ein Charakteristikum von K und man schreibt $K = \mathbb{Q}(\sqrt{d})$.

7. Deren Ganzheitsring. Wie sieht nun der Ganzheitsring $O_d := O_{\mathbb{Q}(\sqrt{d})}$ des Körpers $\mathbb{Q}(\sqrt{d})$ bei quadratfreiem $d \in \mathbb{Z} \setminus \{1\}$ aus? Die vollständige Antwort gibt folgender

Satz. *Ist $d \neq 1$ ganzrational und quadratfrei, so sind die Zahlen $\frac{x+y\sqrt{d}}{z}$ mit teilerfremden ganzrationalen $z > 0, x, y$ des quadratischen Zahlkörpers $\mathbb{Q}(\sqrt{d})$ genau dann ganz, wenn entweder $z = 1$ oder $z = 2$, $2 \nmid xy$, $4 \mid (d-1)$ gilt.*

Beweis. Ist $\alpha \in \mathbb{Q}(\sqrt{d}) \setminus \mathbb{Q}$ und P_α sein ganzzahliges Minimalpolynom wie in 6, so ist die Ganzheit von α definitionsgemäß mit $r = 1$ äquivalent, nach 6(2) also mit $\alpha = \frac{1}{2}(-s \pm u\sqrt{d})$, wobei überdies

(1) $$4 \mid (s^2 - du^2)$$

wegen 6(1) gelten muß. Für $4 \mid (d-2)$ und $4 \mid (d-3)$ erweist sich (1) mit $2 \mid s$, $2 \mid u$ äquivalent, weshalb α dann von der Form $x + y\sqrt{d}$ mit ganzrationalen x, y ist. Ist $4 \mid (d-1)$, so ist (1) mit $4 \mid (s^2 - u^2)$ und dies mit $2 \mid (s-u)$ äquivalent; sind dann s, u beide gerade, so hat α dieselbe Form wie soeben. Oder aber es sind s, u beide ungerade; dann ist α von der Form $\frac{1}{2}(x + y\sqrt{d})$ mit $2 \nmid xy$.

Ist $\alpha \in \mathbb{Q} \cap O_d$, so ist $\alpha \in \mathbb{Z}$ nach Satz 1.9 (vgl. auch Anfang von 5); dann ist α von der im Satz angegebenen Form, man kann dort $x := \alpha$, $y := 0$, $z := 1$ wählen.   □

Bemerkung. Bei $z = 2$ und ungeraden x, y ist $\frac{1}{2}(x+y\sqrt{d}) = \frac{1}{2}(x-y) + \frac{1}{2}y(1+\sqrt{d})$, wobei $\frac{1}{2}(x - y) \in \mathbb{Z}$ ist. Demnach ist

(2) $$O_d = \begin{cases} \mathbb{Z} + \mathbb{Z}\frac{1+\sqrt{d}}{2}, & \text{falls } 4 \mid (d-1) \\ \mathbb{Z} + \mathbb{Z}\sqrt{d}, & \text{falls } 4 \mid (d-2) \text{ oder } 4 \mid (d-3). \end{cases}$$

Wegen der Quadratfreiheit von d kann der fehlende Fall $4 \mid d$ selbstverständlich nicht auftreten. Man kann übrigens aus (2) leicht ablesen, daß O_d ein Integritätsring ist; hier kommt man ohne den Satz über symmetrische Funktionen aus (vgl. vor Satz 5).

8. Einheiten quadratischer Zahlringe.
Hierüber gibt abschließende Auskunft folgender

Satz A. *Ist $d \neq 1$ ganzrational und quadratfrei, so ist ε Einheit in O_d genau dann, wenn mit ganzrationalen x, y gilt: $\varepsilon = \frac{1}{2}(x+y\sqrt{d})$, $2 \mid (x-y)$, $x^2 - dy^2 = 4$ oder $x^2 - dy^2 = -4$, falls $4 \mid (d-1)$ bzw. $\varepsilon = x + y\sqrt{d}$, $x^2 - dy^2 = 1$ oder $x^2 - dy^2 = -1$, falls $4 \nmid (d-1)$.*

Beweis. Nach Satz 5(iii) gilt $\varepsilon \in E(O_d)$ genau dann, wenn $N_{\mathbb{Q}(\sqrt{d})|\mathbb{Q}}(\varepsilon) = \pm 1$ ist. Nach Definition im Anschluß an 4(5) ist diese Norm gleich $\frac{1}{2}(x + y\sqrt{d}) \cdot \frac{1}{2}(x - y\sqrt{d}) = \frac{1}{4}(x^2 - dy^2)$ im ersten bzw. gleich $(x+y\sqrt{d}) \cdot (x - y\sqrt{d}) = x^2 - dy^2$ im zweiten Fall, woraus alle Behauptungen folgen.   □

Mit dieser Charakterisierung der Einheiten eines quadratischen Zahlrings O_d kann nun leicht bewiesen werden

Satz B. *Ist $d \in \mathbb{Z}$ negativ und quadratfrei, so hat der Ganzheitsring des imaginär–quadratischen Zahlkörpers $\mathbb{Q}(\sqrt{d})$ stets genau die beiden Einheiten 1 und -1; zu diesen treten im Fall $d = -1$ noch i und $-i$, im Fall $d = -3$ noch die vier Zahlen $\frac{1}{2}(\pm 1 \pm \sqrt{-3})$ als Einheiten hinzu.*

Beweis. Daß bei $d < 0$ der Ausdruck $x^2 - dy^2$ aus Satz A weder -4 noch -1 sein kann, ist klar. Bei $d < -3$ und quadratfrei ist $x^2 - dy^2 = 4$ bzw. $x^2 - dy^2 = 1$ offenbar gleichbedeutend damit, daß (x, y) gleich $(\pm 2, 0)$ bzw. $(\pm 1, 0)$ ist, was den ersten Teil der Behauptung liefert. Bei $d = -3$ hat man $x^2 + 3y^2 = 4$ zu beachten und dies ist äquivalent mit $(x, y) = (\pm 2, 0), (\pm 1, \pm 1)$, was zu den angegebenen sechs Einheiten führt. In den Fällen $d = -1, -2$ schließlich hat man $x^2 - dy^2 = 1$ zu betrachten, was bei $d = -2$ mit $(x, y) = (\pm 1, 0)$ und bei $d = -1$ mit $(x, y) = (\pm 1, 0), (0, \pm 1)$ äquivalent ist. $\qquad\square$

Das Problem der Bestimmung aller Einheiten im Ganzheitsring reell–quadratischer Zahlkörper kann erst in 4.3.6 behandelt werden. Dort wird sich zeigen, daß im reell–quadratischen Fall stets unendlich viele Einheiten existieren, ganz im Gegensatz zum imaginär–quadratischen Fall.

9. Euklidische quadratische Zahlringe. Die imaginär–quadratischen Zahlkörper $\mathbb{Q}(\sqrt{d})$, deren Ganzheitsringe euklidisch im Sinne von 5.6 sind, sind sämtliche bekannt. Man entnimmt sie folgendem

Satz. *Ist d eine der Zahlen $-11, -7, -3, -2, -1, 2, 3, 5, 13$, so ist der Ganzheitsring von $\mathbb{Q}(\sqrt{d})$ euklidisch.*

Beweis. Offenbar muß man die Bedingung 5.6(1) für einen euklidischen Ring sichern. Sei $d \in \mathbb{Z} \setminus \{1\}$ quadratfrei und $\eta := \frac{1}{2}(1 + \sqrt{d})$ bei $4 | (d - 1)$ bzw. $\eta := \sqrt{d}$ bei $4 \nmid (d - 1)$ gesetzt. Sind $\nu, \mu \in O_d$, $\mu \neq 0$, so gilt mit gewissen $a, b \in \mathbb{Q}$ die Gleichung $\frac{\nu}{\mu} = a + b\eta$. Mit eindeutig bestimmten $B \in \mathbb{Z}$ und $t \in\,]-\frac{1}{2}, \frac{1}{2}] \cap \mathbb{Q}$ hat man $b = B + t$. Analog schreibt man $a = A + s$ mit $A \in \mathbb{Z}$, $s \in \mathbb{Q}$, wobei man jetzt allerdings nach $4 | (d - 1)$ bzw. $4 \nmid (d - 1)$ unterscheidet: Im ersten Fall sorgt man für $s \in\,]-\frac{1}{2}(1 + t), \frac{1}{2}(1 - t)]$, im zweiten für $s \in\,]-\frac{1}{2}, \frac{1}{2}]$. In jedem Falle setzt man $\alpha := A + B\eta \in O_d$ und erhält $\frac{\nu}{\mu} = \alpha + (s + t\eta)$ und hier ist das folgende β aus O_d

(1) $$\beta := \nu - \alpha\mu = \mu(s + t\eta).$$

Als Abbildung $G : O_d \setminus \{0\} \to \mathbb{N}$ im Sinne von 5.6 wählt man die durch $\gamma \mapsto |N_{\mathbb{Q}(\sqrt{d})|\mathbb{Q}}(\gamma)|$ gegebene, man beachte hierzu Satz 5(ii). Nach Satz 4(ii) folgt aus
(1)
$$G(\beta) = G(\mu)|N_{\mathbb{Q}(\sqrt{d})|\mathbb{Q}}(s + t\eta)| =: G(\mu)|\Delta|,$$

wo man nur noch nachzuweisen hat, daß $|\Delta| < 1$ für die genannten d gilt. Wegen

(2) $\qquad \Delta = N_{\mathbb{Q}(\sqrt{d})|\mathbb{Q}}(s + t\eta) = (s + t\eta) \cdot \begin{cases} (s + t - t\eta) & \text{für } 4|(d - 1) \\ (s - t\eta) & \text{für } 4\nmid(d - 1) \end{cases}$

kann gesagt werden:

Ist $4|(d - 1)$ und $-12 < d < 16$, so gilt wegen (2) und $\eta = \frac{1}{2}(1 + \sqrt{d})$ nach leichter Rechnung

$$-1 = -\frac{16}{4} \cdot \frac{1}{4} < (s + \frac{t}{2})^2 - \frac{d}{4}t^2 = \Delta < \frac{1}{4} + \frac{12}{4} \cdot \frac{1}{4} = 1.$$

Die quadratfreien $d \neq 1$, die den beiden Bedingungen nach (2) genügen, sind genau diese: $-11, -7, -3, 5, 13$.

Ist $4\nmid(d - 1)$ und $-3 < d < 4$, so gilt mit (2) und $\eta = \sqrt{d}$

$$-1 = -4 \cdot \frac{1}{4} < s^2 - dt^2 = \Delta < \frac{1}{4} + 3 \cdot \frac{1}{4} = 1;$$

die quadratfreien d, die jetzt beiden genannten Bedingungen genügen, sind genau diese: $-2, -1, 2, 3$. $\square$

Bemerkung. Über die neun im Satz genannten d hinaus ist der Ganzheitsring von $\mathbb{Q}(\sqrt{d})$ noch genau dann euklidisch *bezüglich der Norm* (vgl. obigen Beweis), wenn d eine der folgenden zwölf Zahlen ist

(3) $\qquad\qquad$ 6, 7, 11, 17, 19, 21, 29, 33, 37, 41, 57, 73.

Dieses Ergebnis wurde schrittweise von mehreren Mathematikern gesichert. Man vergleiche etwa H. CHATLAND und H. DAVENPORT (Canad. J. Math. **2**, 289 - 296 (1950)), beachte aber E.S. BARNES und H.P.F. SWINNERTON–DYER (Acta Math. **87**, 259–323 (1952)), die nachwiesen, daß der Ganzheitsring von $\mathbb{Q}(\sqrt{97})$ jedenfalls nicht bezüglich der Norm euklidisch ist, wie dies früher behauptet worden war. Über reell-quadratische Zahlkörper, deren Ganzheitsringe euklidisch bezüglich einer *beliebigen* Gradfunktion im Sinne von 5.6 sind, liegen bisher keine ähnlich abschließende Resultate vor.

Nach Satz 5.6 ist der Ganzheitsring O_d von $\mathbb{Q}(\sqrt{d})$ für die einundzwanzig d–Werte im Satz bzw. in (3) erst recht Hauptidealring. Die Frage, für welche negativen quadratfreien d der Ring O_d Hauptidealring ist, geht auf GAUSS (*Disquisitiones Arithmeticae*, Art. 303) zurück, der folgende neun angab

$$(4) \qquad\qquad -1, -2, -3, -7, -11, -19, -43, -67, -163.$$

A.a.O. schrieb GAUSS*) "nullum dubium esse videtur, quin series adscriptae revera abruptae sint" und fuhr später fort "demonstrationes autem *rigorosae* harum observationum perdifficiles esse videntur." Tatsächlich lieferte erst H.M. STARK (Michigan Math. J. *14*, 1–27 (1967)) einen vollständigen Beweis dafür, daß der Ganzheitsring imaginär–quadratischer Zahlkörper $\mathbb{Q}(\sqrt{d})$ genau dann Hauptidealring ist, wenn d eine der neun in (4) angegebenen Zahlen ist.

10. Primzahlen als Summe zweier Quadrate. Wenn wie üblich $i :=$ $\sqrt{-1}$ gesetzt ist, besagt Satz 9 insbesondere, daß der Ganzheitsring $\mathbb{Z} + \mathbb{Z}i$ von $\mathbb{Q}(i)$ euklidisch ist. Diese Tatsache soll nun angewandt werden zum Nachweis folgender

Proposition. *Ist eine Primzahl als Summe zweier Quadratzahlen darstellbar, so ist diese Darstellung bis auf die Reihenfolge der Summanden eindeutig.*

Beweis. Sei p eine Primzahl und $x^2 + y^2 = p = x_1^2 + y_1^2$ mit ganzrationalen x, y, x_1, y_1; die letzte Gleichung ist mit

$$(1) \qquad\qquad (x + yi)(x - yi) = p = (x_1 + y_1 i)(x_1 - y_1 i)$$

äquivalent. Alle vier Klammerausdrücke müssen hier Primelemente in $\mathbb{Z} + \mathbb{Z}i$ sein. Sicher ist nämlich keiner Null oder eine Einheit, letzteres wegen Satz 8B: Gilt etwa $x + yi = \alpha \cdot \beta$ mit $\alpha, \beta \in \mathbb{Z} + \mathbb{Z}i$, so folgt aus $\alpha \cdot \beta \cdot (x - yi) = p$ wegen Satz 4(ii)

$$N_{\mathbb{Q}(i)|\mathbb{Q}}(\alpha) \cdot N_{\mathbb{Q}(i)|\mathbb{Q}}(\beta) \cdot (x^2 + y^2) = p^2,$$

also $N_{...}(\alpha) \cdot N_{...}(\beta) = p$, weshalb hier genau einer der Faktoren 1 ist; nach Satz 5(iii) ist genau eines der α, β Einheit.

Da die Primelementzerlegung in $\mathbb{Z} + \mathbb{Z}i$ im wesentlichen eindeutig ist, folgt aus (1) entweder $x + yi = \varepsilon(x_1 + y_1 i)$, $x_1 - y_1 i = \varepsilon(x - yi)$ oder $x + yi = \varepsilon_1(x_1 - y_1 i)$, $x_1 + y_1 i = \varepsilon_1(x - yi)$ mit Einheiten $\varepsilon, \varepsilon_1$, die nach Satz 8B gleich einer der Zahlen 1, -1, i, $-i$ sein müssen. Ist z.B. $\varepsilon = -i$, so heißt dies $x + yi = -i(x_1 + y_1 i) = y_1 - i x_1$, also $(x, y) = (y_1, -x_1)$; völlig analog können die restlichen Fälle diskutiert werden. $\qquad\square$

---

*) ("Es scheint außer Zweifel, daß die angegebenen Folgen tatsächlich abbrechen." "Aber *strenge* Beweise dieser Feststellungen dürften äußerst schwierig sein.")

Bemerkungen. 1) Die hier angeschnittene Problematik wird in 3.3.4 und 4.1.1–2 vertieft. Insbesondere wird in 4.1.1 vollständig geklärt, welche Primzahlen tatsächlich als Summe zweier Quadratzahlen darstellbar sind.

2) Der hier betrachtete Ring $\mathbb{Z} + \mathbb{Z}i$, bisweilen auch $\mathbb{Z}[i]$ notiert, heißt GAUSS-*scher Zahlring.* In der Tat hat ihn zuerst GAUSS 1807 untersucht und zur Lösung arithmetischer Probleme benutzt. Seine diesbezüglichen Ergebnisse hat er jedoch erst 1831 publiziert (Werke II, S. 93ff., S. 169ff.). Mit dem Schritt, zur Behandlung von Aufgaben im Ganzrationalen umfassendere Ringe wie den obigen heranzuziehen, hat GAUSS auch als Wegbereiter der algebraischen Zahlentheorie zu gelten.

11. Dedekinds Beispiel. R. DEDEKIND (Gesammelte mathematische Werke III, 278–281) hat gezeigt, daß der Ganzheitsring $\mathbb{Z} + \mathbb{Z}\sqrt{-5}$ des imaginär-quadratischen Zahlkörpers $\mathbb{Q}(\sqrt{-5})$ nicht faktoriell ist. Dieser Ring wird kurz mit $\mathbb{D}$ bezeichnet; nach Satz 8B hat er nur die beiden Einheiten 1 und -1.

Proposition.

(i)   Ist $\beta \in \mathbb{D}$ (echter) Teiler von $\alpha \in \mathbb{D}$, so ist $N_{\mathbb{Q}(\sqrt{-5})|\mathbb{Q}}(\beta)$ (echter) Teiler von $N_{\mathbb{Q}(\sqrt{-5})|\mathbb{Q}}(\alpha)$ in $\mathbb{Z}$.

(ii)   Haben $\alpha, \beta \in \mathbb{D}$ dieselbe Norm bezüglich $\mathbb{Q}(\sqrt{-5})$ und ist $\alpha \neq \pm\beta$, so gilt $\alpha \nmid \beta$, $\beta \nmid \alpha$.

(iii)   Die Norm bezüglich $\mathbb{Q}(\sqrt{-5})$ jedes Elements von $\mathbb{D}$ läßt bei Division durch 5 einen der Reste 0, 1 oder 4.

Beweis. (i) Ist $\alpha = \beta\gamma$ mit einem $\gamma \in \mathbb{D}$, so folgt die Behauptung aus Satz 4(ii); man muß nur noch beachten, daß nach Satz 5(iii) Einheiten von $\mathbb{D}$ dadurch charakterisiert sind, daß ihre Norm bezüglich $\mathbb{Q}(\sqrt{-5})$ gleich 1 ist.

(ii) Unter den gemachten Voraussetzungen ist zunächst $\alpha\beta \neq 0$. Haben nun α, β gleiche Normen und gilt etwa $\beta|\alpha$, also $\alpha = \beta\gamma$ mit $\gamma \in \mathbb{D}$, so muß γ bezüglich $\mathbb{Q}(\sqrt{-5})$ Norm 1 haben, also Einheit sein; dann gilt $\alpha = \beta$ oder $\alpha = -\beta$.

(iii) Hat $\alpha \in \mathbb{D}$ die Form $x + y\sqrt{-5}$ mit $x, y \in \mathbb{Z}$, so ist $N_{\mathbb{Q}(\sqrt{-5})|\mathbb{Q}}(\alpha) = x^2 + 5y^2$; da x^2 bei Division durch 5 nur die Reste 0, 1 oder 4 lassen kann, ist die Behauptung klar.   □

Nun wird behauptet, daß *die Elemente* $3, 2+\sqrt{-5}, 2-\sqrt{-5}$ von $\mathbb{D}$ *unzerlegbar* sind. Jeder echte Teiler eines dieser drei Elemente (deren Normen bezüglich $\mathbb{Q}(\sqrt{-5})$ sämtliche 9 sind), müßte nach (i) die Norm 3 haben, was (iii) widerspricht. Nach (ii) ist außerdem klar, daß keines der drei Elemente in einem der beiden anderen aufgehen kann. Wegen

$$3 \cdot 3 = 9 = (2 + \sqrt{-5}) \cdot (2 - \sqrt{-5})$$

hat also $9 \in \mathbb{D}$ zwei wesentlich verschiedene Produktzerlegungen in unzerlegbare Elemente. Nach Satz 5.4 ist $\mathbb{D}$ *kein faktorieller Ring*. Wegen $(2 + \sqrt{-5}) | 3 \cdot 3$, aber $(2 + \sqrt{-5}) \nmid 3$ ist $2 + \sqrt{-5}$ *kein Primelement* (*obwohl unzerlegbar*, vgl. Satz 5.3).

Weiter haben die Zahlen 9 *und* $3(2 + \sqrt{-5})$ *weder einen ggT noch ein kgV*.

Man setzt $\sigma := 3$, $\tau := 2 + \sqrt{-5}$. Wäre $\delta \in \mathbb{D}$ ein ggT von 3σ und 3τ (die beide Norm 81 haben), so müßte nach (i) die Norm von δ in 81 aufgehen. Da andererseits σ und τ (beide von der Norm 9) gemeinsame Teiler von 3σ und 3τ sind und somit auch δ teilen, muß die Norm von δ mit Rücksicht auf (iii) gleich 9 oder 81 sein. Im ersten Fall sind die Normen von δ, σ, τ gleich; wegen $\sigma | \delta$, $\tau | \delta$ und (ii) ist $\sigma = \pm\delta$, $\tau = \pm\delta$, also $\sigma = \pm\tau$, was offenbar falsch ist. Im zweiten Fall sind die Normen von δ, 3σ, 3τ gleich; wegen $\delta | 3\sigma$, $\delta | 3\tau$ und (ii) ist $\delta = \pm 3\sigma$, $\delta = \pm 3\tau$ und man erhält denselben Widerspruch wie im ersten Fall.

Zum gleichen Widerspruch führt auch die Annahme, 3σ und 3τ hätten ein $\mu \in \mathbb{D}$ als kgV; hier hat man lediglich davon Gebrauch zu machen, daß 9σ und 9τ gemeinsame Vielfache von 3σ, 3τ sind. Die Ausführung der Einzelheiten kann dem Leser als Übung überlassen bleiben.

Kapitel 2.   Kongruenzen

Wie sich in Kap. 1 gezeigt hat, ist der Teilbarkeitsbegriff für die Zahlentheorie fundamental. Die dort begonnenen Untersuchungen über Teilbarkeit ganzer Zahlen werden jetzt fortgesetzt, allerdings aus einem anderen Blickwinkel und unter Verwendung des neuen Begriffs der Kongruenz.

Obwohl ihrer ursprünglichen Definition nach eine Aussage über Teilbarkeit ganzer Zahlen, ist eine Kongruenzaussage mehr als nur eine nützliche Formulierung. Ihr Wert liegt hauptsächlich darin, daß man mit Kongruenzen bequem formal operieren kann, genauer gesagt, daß man mit ihnen weitgehend wie mit Gleichungen rechnen kann.

Historisch wurde die Bedeutung des Kongruenzbegriffs für die Zahlentheorie zuerst von GAUSS voll erkannt, der ihn ganz an den Anfang seiner *Disquisitiones Arithmeticae* stellte. Daran anschließend hat er eine sehr weitgehende und reichhaltige Theorie der Kongruenzen entwickelt, die sofort allgemein akzeptiert und zu einem bleibenden Bestandteil der Zahlentheorie wurde. Die wichtigsten Sätze dieser Theorie kommen in Kap. 2 (und im größten Teil von Kap. 3) zur Darstellung.

Einerseits werden dabei sehr viel ältere, klassische Teilbarkeitsergebnisse nach dem GAUSSschen Vorgang in der neuen Kongruenzensprache viel einfacher formuliert und bewiesen. Hierher gehört der in § 2 zu besprechende, vor mindestens eineinhalb Jahrtausenden in China und Indien in speziellen Varianten bekannte chinesische Restsatz. Auch die in § 3 darzustellenden zentralen Sätze von FERMAT, EULER und WILSON sind hier zu nennen. Diese finden z.B. bei Primzahltests Anwendung, in neuerer Zeit in der Theorie der geheimen Nachrichtenübermittlung.

Andererseits werden in Kap. 2 Resultate diskutiert, die zuerst von GAUSS selbst entdeckt worden sind und die sich (in neuerer Terminologie) vorwiegend mit der Struktur der primen Restklassengruppen auseinandersetzen. Genau wann diese zyklisch sind, wird in § 5 vollständig geklärt. Dort wird auch der Spezialfall eines allgemeineren gruppentheoretischen Satzes bewiesen, wonach prime

Restklassengruppen stets isomorph dem direkten Produkt geeigneter zyklischer Gruppen von Primzahlpotenzordnung sind.

§ 1. Lineare Kongruenzen

1. Definition der Kongruenz, elementare Eigenschaften. Seien $m \neq 0$, a, b ganze Zahlen. Man nennt *a kongruent (zu) b modulo m* genau dann, wenn $m|(a - b)$ gilt; man schreibt dies als

$$a \equiv b \pmod{m}.$$

Aus Satz 1.1.2(i), (ii), (ix) folgt insbesondere
r) $a \equiv a \pmod{m}$,
s) $a \equiv b \pmod{m} \;\Rightarrow\; b \equiv a \pmod{m}$,
t) $a \equiv b \pmod{m}$, $\; b \equiv c \pmod{m} \;\Rightarrow\; a \equiv c \pmod{m}$.

Hieraus sieht man bereits, daß die Relation *kongruent modulo m* eine Äquivalenzrelation auf $\mathbb{Z}$ ist. Damit zerlegt sie $\mathbb{Z}$ in disjunkte Klassen, die sogenannten *Restklassen modulo m*. Insbesondere kann man wegen der Symmetrieregel s) einfachere Sprechweisen einführen, etwa "a und b sind modulo m kongruent" oder ähnlich; im Fall $m \!\not| (a-b)$ sagt man, a und b seien modulo m inkongruent, und schreibt $a \not\equiv b \pmod{m}$.

Aus der gegebenen Kongruenzdefinition folgen einige leichte Rechenregeln, die nachfolgend zusammengestellt seien.

Satz. *Sind a, b, c, d und $m \neq 0$ ganz, so gilt*
(i) $a \equiv b \pmod{m}$, $\; c \equiv d \pmod{m} \;\Rightarrow\; a + c \equiv b + d \pmod{m}$;
(ii) $a \equiv b \pmod{m}$, $\; c \equiv d \pmod{m} \;\Rightarrow\; ac \equiv bd \pmod{m}$;
(iii) $a \equiv b \pmod{m} \;\Rightarrow\; a^i \equiv b^i \pmod{m}$ *für alle $i \in \mathbb{N}_0$*;
(iv) $a \equiv b \pmod{m}$, $\; f \in \mathbb{Z}[X] \;\Rightarrow\; f(a) \equiv f(b) \pmod{m}$.

Sind überdies alle $m_1, \ldots, m_k$ ganz und von Null verschieden und ist $m := \mathrm{kgV}(m_1, \ldots, m_k)$, so gilt
(v) $a \equiv b \pmod{m_\kappa}$ *für* $\kappa = 1, \ldots, k \;\Leftrightarrow\; a \equiv b \pmod{m}$.

Beweis. Indem man Satz 1.1.2(ix) mit $n_1 := a - b$, $n_2 := c - d$, $\ell_1 := 1$, $\ell_2 := 1$ anwendet, erhält man (i). Erneut nach (ix) jenes Satzes folgt aus $m|(a-b)$ bzw. $m|(c-d)$ die Gültigkeit von $m|(ac - bc)$ bzw. $m|(bc - bd)$, also $m|(ac - bd)$. Unter Zuhilfenahme von (ii) gewinnt man (iii) durch vollständige Induktion nach i; (iv) folgt aus den drei ersten, schon bewiesenen Regeln unmittelbar. Für (v) überlegt man, daß $m_\kappa|(a - b)$ für $\kappa = 1, \ldots, k$ nach dem Charakterisierungssatz 1.2.11 für das kgV bereits $m|(a - b)$ nach sich zieht; ist umgekehrt diese Teilbarkeitsbedingung erfüllt, so folgt aus $m_\kappa|m$ mittels Satz 1.1.2(vii) die Gültigkeit von $m_\kappa|(a - b)$ für $\kappa = 1, \ldots, k$. $\qquad\square$

Bemerkung. Die Kongruenzschreibweise wird hier zur bequemen Notation von
Teilbarkeitsaussagen eingeführt. Dementsprechend folgten die im obigen Satz
zusammengestellten Rechenregeln für Kongruenzen leicht aus den in Satz 1.1.2
aufgeführten Regeln für den Umgang mit Teilbarkeitsbeziehungen. Wie obiger
Satz belegt, kann man mit Kongruenzen *weitgehend* so rechnen (d.h. addieren,
subtrahieren und multiplizieren), wie man dies von Gleichungen her gewöhnt ist.
Wegen dieser starken Analogie hat GAUSS das Zeichen $\equiv$ für *kongruent* in Anlehnung an das übliche Gleichheitszeichen gewählt, vgl. hierzu auch die historischen
Bemerkungen in 9. Diese große formale Ähnlichkeit mit den Gleichungen macht
die Kongruenz zu einem überaus vorteilhaften technischen Hilfsmittel, das sich
im folgenden noch oft bewähren wird, dessen Wirksamkeit sogleich im nächsten
Abschnitt – vor der weiteren Entwicklung der allgemeinen Theorie – an einem
Beispiel demonstriert werden soll.

2. Fermat–Zahlen. Darunter versteht man die Zahlen

$$F_n := 2^{2^n} + 1, \qquad n = 0, 1, \ldots.$$

Die fünf kleinsten sind 3, 5, 17, 257, 65537 und dies sind jeweils Primzahlen.
FERMAT sprach 1640 in einem Brief an B. FRENICLE DE BESSY die Vermutung
aus, daß auch die weiteren F_n Primzahlen seien. Er räumte aber ein, keinen
Beweis für seine Behauptung zu besitzen, die wenig später von M. MERSENNE
übernommen wurde. In einer Korrespondenz mit EULER während der Jahre
1729/30 lenkte GOLDBACH dessen Aufmerksamkeit auf FERMATs erwähnte Vermutung, die 1732 von EULER (Opera Omnia Ser. 1, II, 1–5) widerlegt werden
konnte. EULER zeigte, daß F_5 zusammengesetzt ist, genauer, daß es von der
Primzahl 641 geteilt wird. Ohne Taschenrechner, dafür mit dem Hilfsmittel der
Kongruenzen, geht dies wie folgt:

Indem man zunächst Satz 1(iv) mit $f := (X - 1)^4$ anwendet, folgt aus $5 \cdot 2^7 = 641 - 1$

$$5^4 \cdot 2^{28} = (641 - 1)^4 \equiv (-1)^4 = 1 \pmod{641}.$$

Andererseits ergibt sich aus $641 = 2^4 + 5^4$ die Kongruenz $5^4 \equiv -2^4 \pmod{641}$
und diese in die vorher erhaltene eingetragen führt zu

$$1 - F_5 = -2^4 \cdot 2^{28} \equiv 1 \pmod{641},$$

was $641 | F_5$ besagt. Tatsächlich hat EULER mit $F_5 = 641 \cdot 6700417$ sogar die
Primfaktorzerlegung von F_5 gefunden.

Der Leser wird sich mit Recht fragen, wieso man gerade darauf kommt, die
Teilbarkeit von F_5 durch 641 für möglich zu halten (und dann zu beweisen);
dies wird durch Satz 3.2.11 erklärt werden.

In der Literatur finden sich mittlerweile eine ganze Reihe notwendiger und hin-reichender Bedingungen dafür, daß F_n Primzahl ist. Allerdings ist bis heute noch keine Primzahl F_n mit $n \geq 5$ gefunden worden; man vergleiche hierzu auch die in 3.2.11 mitgeteilten Resultate.

Interessant ist aber, daß man die FERMAT–Zahlen für einen weiteren Beweis des EUKLIDschen Satzes 1.1.4 benützen kann, der ebenfalls nur auf die Primzahlde-finition und auf einige der Regeln aus Satz 1.1.2 zurückgreift. EUKLIDs Satz ist eine direkte Konsequenz aus folgendem

Satz. *Für voneinander verschiedene ganze, nichtnegative m und n sind F_m und F_n zueinander teilerfremd.*

Beweis. Man definiert $G_n := 2^{2^n} - 1 = F_n - 2$ für $n = 0, 1, \ldots$ und sieht sofort $F_n G_n = G_{n+1}$ für dieselben n, was induktiv zu

$$(1) \qquad G_n \prod_{\nu=n}^{m-1} F_\nu = G_m \qquad \text{für } 0 \leq n \leq m$$

führt. Sei jetzt d eine natürliche, F_m und F_n teilende Zahl und o.B.d.A. sei $n < m$. Nach (1) wird G_m von d geteilt und wegen $F_m - G_m = 2$ muß dann d in 2 aufgehen. Wegen der Ungeradheit aller FERMAT–Zahlen muß $d = 1$ gelten. ☐

Bemerkung. Die FERMAT–Zahlen spielen z.B. auch in der Algebra eine gewisse Rolle, und zwar bei der Frage nach der Konstruierbarkeit des regulären h–Ecks bei gegebenem Umkreisradius allein mittels Zirkel und Lineal. GAUSS (*Dis-quisitiones Arithmeticae*, Artt. 335–366) hat gezeigt, daß diese Konstruktion unter den genannten Nebenbedingungen genau dann durchführbar ist, wenn h die Form $2^{n_0} F_{n_1} \cdot \ldots \cdot F_{n_r}$ hat mit $n_0, \ldots, n_r \in \mathbb{N}_0$ und paarweise verschiede-nen $n_1, \ldots, n_r$, so daß sämtliche FERMAT–Zahlen F_{n_ρ} Primzahlen sind; dabei ist $r = 0$ erlaubt. Einige historische Anmerkungen zu dieser GAUSSschen Ent-deckung folgen in 9.

3. Kürzungsregel. Regel (ii) von Satz 1 beinhaltet insbesondere: Wenn $a \equiv b \pmod{m}$ gilt, so auch $ac \equiv bc \pmod{m}$ bei beliebigem ganzem c. Daß die umgekehrte Schlußweise nicht immer richtig zu sein braucht, belegt folgendes Beispiel: Es ist zwar $9 \cdot 5 = 45 \equiv 15 = 3 \cdot 5 \pmod{10}$, aber nicht $9 \equiv 3 \pmod{10}$. Wieviel in dieser Richtung tatsächlich noch gesichert werden kann, entnimmt man folgender

Kürzungsregel. *Für ganze $m \neq 0$, a, b, c gilt die Äquivalenz*

$$ac \equiv bc \pmod{m} \quad \Leftrightarrow \quad a \equiv b \pmod{\frac{m}{(c,m)}}.$$

Beweis. Setzt man $c' := c/(c,m)$, $m' := m/(c,m)$, so sind c', m' nach Proposition 1.2.5(vii) teilerfremd. Wegen $ac \equiv bc \pmod{m} \Leftrightarrow m|(a-b)c \Leftrightarrow m'|(a-b)c'$ folgt dann $m'|(a-b)$ ($\Leftrightarrow a \equiv b \pmod{m'}$) aus der letzten Teilbarkeitsbedingung, wenn man Satz 1.2.6(i) investiert. Die umgekehrte Implikation der Kürzungsregel ist wegen $m|(c,m) \cdot (a-b) \Rightarrow m|c(a-b)$ trivial.   □

Besonders herausgestellt sei noch der Fall der Kürzungsregel, wo m Primzahl ist.

Korollar. *Ist p eine Primzahl, so gilt für ganze a, b, c mit $p \nmid c$*

$$ac \equiv bc \pmod{p} \quad \Leftrightarrow \quad a \equiv b \pmod{p}.$$

4. Vollständige Restsysteme. Nach Satz 1.1.2(ii) sind die beiden Kongruenzen $a \equiv b \pmod{m}$ und $a \equiv b \pmod{-m}$ gleichbedeutend. Daher darf o.B.d.A. *im folgenden stets der Modul m als natürliche Zahl vorausgesetzt* werden. (Da zwei beliebige ganze Zahlen nach Satz 1.1.2(iii) modulo 1 stets kongruent sind, kann bei Bedarf noch o.B.d.A. $m \geq 2$ angenommen werden.)

Als nächstes soll eine äquivalente Formulierung des Kongruenzbegriffs gegeben werden. Sei für ganze n_1, n_2

$$(1) \qquad\qquad\qquad\qquad n_1 \equiv n_2 \pmod{m}.$$

Nach dem Divisionsalgorithmus 1.2.2 gibt es ganze a_1, b_1, a_2, b_2, so daß

$$n_i = a_i m + b_i \quad \text{mit} \quad 0 \leq b_i < m \quad \text{für} \quad i = 1, 2$$

gilt. Wegen (1) bedeutet dies $m|(b_1 - b_2)$; wegen $|b_1 - b_2| < m$ und Satz 1.1.2(iv) muß $b_1 = b_2$ sein. Man hat also die

Proposition. *Sind die ganzen Zahlen n_1, n_2 modulo m kongruent, so lassen sie bei Division durch m (gemäß dem in 1.2.2 beschriebenen Algorithmus) dieselben Reste. Die Umkehrung gilt ebenfalls.*

Damit ist offenbar jede ganze Zahl zu genau einer Zahl der Menge

$$S_m := \{0, 1, \ldots, m-1\}$$

modulo m kongruent. Diesen Sachverhalt bringt man zum Ausdruck, indem man sagt, S_m sei *das kleinste nichtnegative Restsystem modulo m.*

Allgemeiner heißt jede Menge von m ganzen Zahlen, die paarweise inkongruent modulo m sind, ein *vollständiges Restsystem modulo m*. Nach der in 1 gegebenen Erklärung ist ein solches System nichts anderes als ein vollständiges Repräsentantensystem der Restklassen modulo m. Neben S_m ist ein anderes spezielles vollständiges Restsystem modulo m bisweilen im Gebrauch, das sogenannte *absolut kleinste Restsystem modulo m*, das ist die Menge S_m^* der ganzen Zahlen, die größer als $-\frac{1}{2}m$, aber kleiner oder gleich $\frac{1}{2}m$ sind. Z.B. ist danach $S_5^* = \{-2, -1, 0, 1, 2\}$ und $S_6^* = \{-2, -1, 0, 1, 2, 3\}$.

5. Lineare Kongruenzen. Sind a, c und $m > 0$ ganze Zahlen, so bezeichnet man

$$(1) \qquad aX \equiv c \pmod{m}$$

als *lineare Kongruenz* (in *einer* Unbestimmten X). Genügt ein ganzes x der Bedingung $ax \equiv c \pmod{m}$, so sagt man, x löse (1). Jedes ganze, zu x modulo m kongruente x^* löst (1) ebenfalls; doch sind x, x^* im Sinne des Kongruenzenrechnens als nicht wesentlich voneinander verschiedene Lösungen anzusehen. Die Eigenschaft, (1) zu lösen oder nicht, ist also eine Eigenschaft, die einer ganzen Restklasse modulo m zukommt. Dementsprechend definiert man als *Lösungsanzahl von* (1) *modulo m* die Anzahl der modulo m inkongruenten ganzen x, die (1) lösen; dies ist nichts anderes als die Anzahl der in einem festen vollständigen Restsystem modulo m enthaltenen Lösungen von (1).

Im folgenden Satz wird die Lösungsanzahl von (1) modulo m bestimmt.

Satz. *Die Kongruenz (1) ist lösbar genau dann, wenn $(a, m) \mid c$ gilt; in diesem Falle ist die Lösungsanzahl von (1) modulo m gleich (a, m). Sind insbesondere a, m teilerfremd, so ist (1) modulo m eindeutig lösbar.*

Beweis. Ist (1) lösbar, so gibt es ganze x, y, so daß $ax + my = c$ gilt, woraus $(a, m) \mid c$ nach Satz 1.3.2 folgt. Sei nun umgekehrt diese Teilbarkeitsbedingung erfüllt. Mit $a' := a/(a, m)$, $c' := c/(a, m)$ und $m' := m/(a, m)$ sind a',

m' nach Proposition 1.2.5(vii) zueinander teilerfremd und somit gilt nach der Kürzungsregel bei ganzem x

$$(2) \qquad\qquad ax \equiv c \pmod{m} \quad \Leftrightarrow \quad a'x \equiv c' \pmod{m'}.$$

Durchläuft nun x ein vollständiges Restsystem modulo m', so tut dies auch das Produkt $a'x$; denn dies sind ebenfalls m' ganze Zahlen, die modulo m' inkongruent sind: $a'x_1 \equiv a'x_2 \pmod{m'}$ impliziert ja $x_1 \equiv x_2 \pmod{m'}$, erneut nach der Kürzungsregel. Daher ist die Kongruenz rechts in (2) modulo m' eindeutig lösbar und *die in $S_{m'}$* (vgl. 4) gelegene Lösung heiße x_0. Nun bestimmt man, genau welche der Zahlen $x_0 + tm'$, $t \in \mathbb{Z}$, in S_m liegen. Offenbar sind dies exakt die folgenden:

$$x_0, x_0 + m', \ldots, x_0 + ((a,m) - 1)m'.$$

Nach (2) genügen diese (1), womit der Satz bewiesen ist. $\square$

Bemerkung. Ist a ganz und *zum Modul m teilerfremd*, so ist insbesondere die Kongruenz $aX \equiv 1 \pmod{m}$ eindeutig modulo m lösbar. Jedes ganze a' mit $aa' \equiv 1 \pmod{m}$ gehört daher einer festen, durch a bestimmten Restklasse modulo m an und kann daher als *die Inverse von a modulo m* bezeichnet werden; offenbar ist jedes solche a' zu m teilerfremd. Auch $a'X \equiv 1 \pmod{m}$ ist eindeutig modulo m lösbar und jede ganze Lösung liegt in derselben Restklasse modulo m wie das ursprüngliche a. Zwei ganze Zahlen, a, a' heißen *zueinander reziprok modulo m*, falls $aa' \equiv 1 \pmod{m}$ gilt.

6. Bruchschreibweise. Wie in Satz 5 gesehen, hat die Kongruenz 5(1) *bei teilerfremden a, m* genau eine Lösung modulo m, die man manchmal in der üblichen Form eines Bruchs, also $\frac{c}{a}$, aufschreibt. Damit werden aber nun *nicht* rationale Zahlen oder gar Kongruenzen zwischen solchen eingeführt, sondern man muß sich – vor allem am Anfang – die Interpretation dieser symbolischen Schreibweise genau vor Augen halten.

Wenn man dies tut, besteht der gewonnene Vorteil der Schreibweise darin, daß man mit ihrer Hilfe sehr bequem rechnen kann. Dies werde etwa an der Kongruenz $8X \equiv -1 \pmod{13}$ verdeutlicht, deren Lösung als $\frac{-1}{8}$ symbolisch hingeschrieben werden kann. Will man nun wissen, für welches $r \in S_{13}$ das Symbol $\frac{-1}{8}$ steht, geht man etwa so vor:

$$\frac{-1}{8} \equiv \frac{2 \cdot 13 - 1}{8 - 13} = -5 \pmod{13}.$$

$\frac{-1}{8}$ ist also modulo 13 als 8 zu interpretieren. Wie hier die Durchführung der Rechnung zeigt, kann man also im "Zähler" und "Nenner" beliebige Vielfache des Moduls (hier 13) addieren oder subtrahieren. Dies sieht man sofort ein, wenn man auf die Bedeutung des Symbols $\frac{-1}{8}$ zurückgeht. Danach ist $-5r \equiv 8r \equiv -1 \equiv 25 \pmod{13}$ und in $-5r \equiv 25 \pmod{13}$ darf nach der Kürzungsregel durch -5 gekürzt werden, was zu $r \equiv -5 \pmod{13}$ führt.

Obwohl dies aus dem bisher Gesagten bereits klar ist, sei nochmals ausdrücklich darauf hingewiesen, daß einem "Bruch" wie $\frac{-1}{8}$ keine *absolute* Bedeutung zukommt, sondern daß er stets *relativ* zu einem ganz bestimmten (zum "Nenner" teilerfremden) Modul interpretiert werden muß. So ist $\frac{-1}{8}$ z.B. modulo 11 als 4 zu interpretieren.

Bemerkung. Am Ende von 1 wurde angemerkt, daß man mit Kongruenzen weitgehend wie mit Gleichungen rechnen kann, da man Kongruenzen (nach demselben Modul) zueinander addieren, voneinander subtrahieren und miteinander multiplizieren kann. Nun kann man noch hinzufügen, daß man auch Divisionen wie gewohnt durchführen kann, vorausgesetzt der Divisor ist zum Modul teilerfremd. Ist der Modul insbesondere eine Primzahl, so nimmt die soeben formulierte Ausnahmebedingung eine besonders einfache Form an: Bei Primzahlmoduln dürfen auch Divisionen wie gewohnt ausgeführt werden, vorausgesetzt, der Divisor ist nicht kongruent Null nach dem Modul.

7. Restklassenring. In diesem und dem folgenden Abschnitt werden die bisherigen Entwicklungen über Kongruenzen vom algebraischen Standpunkt aus betrachtet. Ist m eine natürliche Zahl, so definiert man die (von m abhängige) Abbildung ψ von $\mathbb{Z}$ in die Menge der Restklassen modulo m dadurch, daß man jedem $a \in \mathbb{Z}$ diejenige Restklasse $\psi(a)$ zuordnet, der a angehört. Danach ist $a \equiv a' \pmod{m} \Leftrightarrow \psi(a) = \psi(a')$ klar; nach den Feststellungen in 4 hat $\psi(\mathbb{Z})$ genau m Elemente. In der Menge $\psi(\mathbb{Z})$ aller Restklassen modulo m definiert man sodann zwei Verknüpfungen $+$ und $\cdot$ durch folgende Vorschriften:

$$(1) \qquad \psi(a) + \psi(b) := \psi(a+b) \quad \text{bzw.} \quad \psi(a) \cdot \psi(b) := \psi(ab)$$

für alle $a, b \in \mathbb{Z}$; dabei deutet das $+$ in $a + b$ auf die gewöhnliche Addition in $\mathbb{Z}$ hin. Daß diese Definitionen sinnvoll sind, ist eine leichte Konsequenz aus Satz 1(i), (ii). Da die Abbildung ψ des Integritätsrings $\mathbb{Z}$ auf $(\psi(\mathbb{Z}), +, \cdot)$ nach (1) ein Homomorphismus ist, ist $(\psi(\mathbb{Z}), +, \cdot)$ ein kommutativer Ring, der *Restklassenring modulo m* heißt. Sein Null– bzw. Einselement ist $\psi(0)$ bzw. $\psi(1)$; genau dann ist $\psi(0) \neq \psi(1)$, wenn $m \geq 2$ ist. Man hat nun folgenden

Satz. *Der Restklassenring modulo m ist genau dann ein Körper, wenn m Primzahl ist.*

Beweis. Der Fall $m = 1$ ist vorab behandelt; sei jetzt $m \geq 2$. Ist m zusammengesetzt, also $m = m_1 m_2$ mit ganzen m_1, m_2, die größer als 1 sind, so ist $\psi(0) = \psi(m) = \psi(m_1) \cdot \psi(m_2)$ nach (1). Wegen $0 < m_1, m_2 < m$ ist weder $\psi(m_1)$ noch $\psi(m_2)$ gleich dem Nullelement des Restklassenrings modulo m und also hat dieser Nullteiler. Ist jedoch m eine Primzahl, so sind nach (1) die Gleichungen $\psi(0) = \psi(m_1) \cdot \psi(m_2)$ und $\psi(0) = \psi(m_1 m_2)$ miteinander äquivalent und die letztere besagt $m | m_1 m_2$. Da m Primzahl ist, führt dies mit dem Charakterisierungs–Satz 1.2.7 zu $m | m_i$ für eines der $i = 1, 2$ und so ist $\psi(m_i) = \psi(0)$ für das entsprechende i. Der Restklassenring modulo m ist also für Primzahlen nullteilerfrei, insgesamt also ein Integritätsring; da dieser endlich ist, ist er nach einem einfachen Ergebnis der Algebra ein Körper.   □

Man schreibt den Restklassenring modulo m als $\mathbb{Z}_m$ oder als $\mathbb{Z}/m\mathbb{Z}$. Die letztere Notation erinnert besser daran, daß der hier diskutierte Restklassenring modulo m Spezialfall einer aus der Algebra wohlbekannten Begriffsbildung ist, nämlich des Restklassenrings R/J eines kommutativen Rings R (hier $\mathbb{Z}$) nach einem Ideal $J \subset R$ (hier dem Hauptideal $m\mathbb{Z}$).

8. Prime Restklassengruppe. Ist a eine ganze, zu m teilerfremde Zahl, so sind für alle ganzen t auch m und $a + tm$ zueinander teilerfremd nach Proposition 1.2.5(v). Die Eigenschaft einer ganzen Zahl, zum Modul m teilerfremd zu sein, kommt also sogleich der ganzen Restklasse modulo m zu, in der die Zahl liegt. Eine Restklasse modulo m, deren jedes Element zu m teilerfremd ist, heißt eine *prime* (oder auch *teilerfremde*) *Restklasse modulo m*.

Um sämtliche verschiedenen primen Restklassen modulo m zu bestimmen, braucht man nur aus einem vollständigen Restsystem modulo m genau die zu m teilerfremden Zahlen herauszusuchen; diese müssen schon alle verschiedenen primen Restklassen modulo m repräsentieren. Bedient man sich dabei am bequemsten des kleinsten nichtnegativen Restsystems S_m modulo m aus 4, so enthält dieses nach der Definition der EULERschen Funktion φ in 1.4.11 genau $\varphi(m)$ zu m teilerfremde Zahlen; damit gibt es genau $\varphi(m)$ verschiedene prime Restklassen modulo m. Diese können von jedem System von $\varphi(m)$ paarweise modulo m inkongruenten, zu m teilerfremden ganzen Zahlen repräsentiert werden; jedes solche System heißt ein *primes Restsystem modulo m*. Z.B. bildet $\{1, 5, 7, 11\}$ ein primes Restsystem modulo 12.

Satz. *Die Menge der primen Restklassen modulo m bildet bezüglich der in 7 erklärten Verknüpfung · eine abelsche Gruppe, die sogenannte prime Restklassengruppe $\mathbb{Z}_m^*$ modulo m.*

Beweis. Sind a, b ganz und zu m teilerfremd, so ist nach Korollar 1.2.6 auch ab zu m teilerfremd. Anders gesagt: Sind $\psi(a)$, $\psi(b)$ prime Restklassen modulo m, so ist nach der zweiten Definition von 7(1) auch $\psi(a) \cdot \psi(b)$ eine prime Restklasse modulo m. Daher ist die im Satz genannte Menge gegenüber · abgeschlossen; außerdem gelten bezüglich dieser Verknüpfung Assoziativ– und Kommutativgesetz nach dem Beweis in 7. Sind weiter a, c ganz und zu m teilerfremd, so ist die nach Satz 5 modulo m eindeutig bestimmte Lösung von 5(1) ebenfalls zu m teilerfremd. Dies ist gleichbedeutend damit, daß die Gleichung

$$(1) \qquad\qquad \psi(a) \cdot Y = \psi(c)$$

unter den genannten Bedingungen eine eindeutige Lösung hat, die wieder eine prime Restklasse modulo m ist, was den Satz beweist. $\qquad\square$

Bemerkungen. 1) Wie gesehen ist die Ordnung der Gruppe $\mathbb{Z}_m^*$ gleich $\varphi(m)$. Im Falle eines Primzahlmoduls p ist diese Gruppe nichts anderes als $\mathbb{Z}_p^\times$, die multiplikative Gruppe des Körpers $\mathbb{Z}_p$.

2) Jetzt kann auch die in der Bemerkung zu 5 vereinbarte Redeweise, *jedes dortige $a' \in \mathbb{Z}$ als die* Inverse von a modulo m zu bezeichnen, voll akzeptiert werden: Gemeint ist damit jedes Element derjenigen primen Restklasse modulo m, die zu $\psi(a)$ in $\mathbb{Z}_m^*$ bezüglich · invers ist. Man beachte, daß $\psi(1)$ ersichtlich das Einselement der Gruppe $\mathbb{Z}_m^*$ ist.

3) Der Leser möge zur Übung nachweisen, daß $\mathbb{Z}_m^*$ genau die Einheitengruppe $E(\mathbb{Z}_m)$ des Restklassenrings $\mathbb{Z}_m$ modulo m ist, falls $m \geq 2$ gilt.

4) Es hat sich weitgehend eingebürgert, die Restklasse modulo m, der $a \in \mathbb{Z}$ angehört, mit $\bar{a}$ (anstelle von $\psi(a)$) zu notieren; $\bar{0}, \bar{1}, \ldots, \overline{m-1}$ sind also sämtliche verschiedenen Restklassen modulo m.

9. Historische Anmerkungen. GAUSS beginnt seine *Disquisitiones Arithmeticae* mit der Erklärung "Si numerus a numerorum b, c differentiam metitur, b et c secundum a congrui dicuntur, sin minus *incongrui*: ipsum a *modulum* appellamus." In Art. 2 fährt er dann fort "numerorum congruentiam hoc signo, $\equiv$, in postero denotabimus, modulum ubi opus erit in clausulis adiungentes." In der Fußnote zu Art. 2 fügt er schließlich an: "Hoc signum propter magnam analogiam quae inter aequalitatem atque congruentiam invenitur adoptavimus."*)

Nach dieser Festlegung der Terminologie entwickelte GAUSS a.a.O. sofort sehr weitgehend seine Theorie der Kongruenzen, die bald zu einem überaus wichtigen und bleibenden Bestandteil der Zahlentheorie werden sollte. Abgesehen vom Kongruenzenbegriff der Geometrie wurde hier, historisch erstmalig, rein formal mit einer Äquivalenzrelation operiert.

Es soll jedoch nicht unerwähnt bleiben, daß sich der zahlentheoretische Begriff der Kongruenz – eben so bezeichnet – vor GAUSS bereits ab 1730 in Briefen findet, die GOLDBACH an EULER geschrieben hat. GOLDBACH verwendet anstelle von $\equiv$ das Symbol π; allerdings blieb bei ihm im Vergleich zu GAUSS der Kongruenzkalkül noch ganz in den Anfängen stecken.

Noch einige Worte zu der in der Bemerkung zu 2 angeschnittenen Frage nach der geometrischen Konstruierbarkeit des regulären h–Ecks. Explizite *geometrische* Konstruktionsverfahren des regelmäßigen h–Ecks für $h = 3, 5, 15$ (und damit auch für Vielfache, die Potenzen von 2 sind) waren bereits den Griechen wohlbekannt; Beschreibungen finden sich z.B. bei EUKLID (*Elemente* IV, §§ 2, 11, 16). GAUSS führte a.a.O. seinen Konstruierbarkeitsbeweis rein *algebraisch*. In Art. 354 gab er exemplarisch sämtliche (quadratischen) Gleichungen an, die für das regelmäßige 17–Eck nacheinander in geometrische Konstruktionen zu übersetzen blieben. Dieselbe Arbeit leisteten für das reguläre 257–Eck F.J. RICHELOT (J. Reine Angew. Math. **9**, 1–26 (1832)) bzw. J. HERMES für das reguläre 65537–Eck. Das in zehn Jahren entstandene, aber nie publizierte Werk von HERMES ist schwerer zugänglich und mit einem Hauch des Ungewöhnlichen behaftet: Das etwa 10000 handgeschriebene Seiten umfassende Manuskript wurde als Dissertation 1894 der Universität Königsberg in einem Koffer übergeben, der beide Weltkriege überstand und heute an der Universität Göttingen verwahrt wird.

§ 2.   Simultane lineare Kongruenzen

1. Reduktion des Problems. Sind für $\kappa = 1, \ldots, k$ die Zahlen a_κ^*, c_κ^* und $m_\kappa^* > 0$ ganz, so wird nun in Verallgemeinerung von 1.5(1) ein System von k

---

*) ("Wenn die Zahl a in der Differenz der Zahlen b, c aufgeht, heißen b und c nach a *kongruent*, andernfalls *inkongruent*; a selbst nennen wir den *Modul*." — "Die Kongruenz von Zahlen notieren wir im folgenden mit dem Symbol $\equiv$; wenn nötig, fügen wir den Modul in Klammern an." — "Dieses Zeichen haben wir wegen der großen Ähnlichkeit gewählt, die zwischen Gleichung und Kongruenz besteht.")

linearen Kongruenzen in einer Unbestimmten X betrachtet:

$$(1) \qquad a_1^* X \equiv c_1^* \ (\mathrm{mod} \ m_1^*), \ldots, a_k^* X \equiv c_k^* \ (\mathrm{mod} \ m_k^*).$$

Man interessiert sich dafür, ob es ganze x gibt, die *gleichzeitig* alle k linearen Kongruenzen in (1) lösen; daher spricht man bei (1) von einem System *simultaner linearer Kongruenzen*. Nach Satz 1.5 ist das System (1) sicher dann unlösbar, wenn $(a_\kappa^*, m_\kappa^*) \nmid c_\kappa^*$ für mindestens eines der κ gilt. Im weiteren sei daher $(a_\kappa^*, m_\kappa^*) \mid c_\kappa^*$ für $\kappa = 1, \ldots, k$ vorausgesetzt.

Schreibt man dann $d_\kappa^* := (a_\kappa^*, m_\kappa^*)$, $a_\kappa := a_\kappa^*/d_\kappa^*$, $c_\kappa := c_\kappa^*/d_\kappa^*$, $m_\kappa := m_\kappa^*/d_\kappa^*$ für $\kappa = 1, \ldots, k$, so ist das System (1) nach der Kürzungsregel 1.3 äquivalent mit dem neuen System

$$(2) \qquad a_1 X \equiv c_1 \ (\mathrm{mod} \ m_1), \ldots, a_k X \equiv c_k \ (\mathrm{mod} \ m_k).$$

Dies bedeutet: Ein ganzes x löst (1) genau dann, wenn es (2) löst. Im System (2) gilt $(a_\kappa, m_\kappa) = 1$ für $\kappa = 1, \ldots, k$.

Ist nun $a_\kappa' \in \mathbb{Z}$ im Sinne der Bemerkung zu 1.5 die Inverse von a_κ modulo m_κ, so geht die κ–te Kongruenz in (2) durch Multiplikation mit a_κ' über in die äquivalente Kongruenz $X \equiv a_\kappa' c_\kappa \ (\mathrm{mod} \ m_\kappa)$ und dies alles für $\kappa = 1, \ldots, k$. Demnach ist das System (2) gleichwertig mit folgendem neuen System

$$(3) \qquad X \equiv c_1' \ (\mathrm{mod} \ m_1), \ldots, X \equiv c_k' \ (\mathrm{mod} \ m_k)$$

wobei $c_\kappa' := a_\kappa' c_\kappa$ für $\kappa = 1, \ldots, k$ gesetzt wurde.

Die Äquivalenz der Systeme (2) und (3) gilt bei beliebigen $m_1, \ldots, m_k \in \mathbb{N}$, nur daß in (2) für $\kappa = 1, \ldots, k$ die Bedingung $(a_\kappa, m_\kappa) = 1$ verlangt ist. In 2 werden beide Systeme vollständig behandelt unter der für viele Anwendungen ausreichenden Zusatzvoraussetzung, daß die Moduln $m_1, \ldots, m_k$ paarweise teilerfremd sind.

2. Paarweise teilerfremde Moduln. Hauptziel ist hier ein Ergebnis, für das sich in der Literatur eingebürgert hat die Bezeichnung

Chinesischer Restsatz. *Die natürlichen Zahlen $m_1, \ldots, m_k$ seien paarweise teilerfremd und m sei ihr kgV. Sind für $\kappa = 1, \ldots, k$ die c_κ' ganz, so hat das System 1(3) modulo m genau eine Lösung.*

Beweis. Es werde $n_\kappa := m/m_\kappa$ gesetzt; nach Satz 1.2.12B ist n_κ das Produkt der $m_1, \ldots, m_{\kappa-1}, m_{\kappa+1}, \ldots, m_k$. Hätte n_κ mit m_κ einen Primfaktor p gemeinsam, so müßte p in einem m_λ mit $\lambda \neq \kappa$ aufgehen, entgegen der paarweisen

Teilerfremdheit der $m_1, \ldots, m_k$. Somit ist $(m_\kappa, n_\kappa) = 1$ für $\kappa = 1, \ldots, k$; im Sinne der Bemerkung zu 1.5 sei n'_κ die Inverse von n_κ modulo m_κ, womit die ganze Zahl

$$(1) \qquad\qquad x := \sum_{\kappa=1}^{k} c'_\kappa n_\kappa n'_\kappa$$

gebildet werde. Für jedes feste λ ist damit

$$x \equiv c'_\lambda + \sum_{\substack{\kappa=1 \\ \kappa \neq \lambda}}^{k} c'_\kappa n_\kappa n'_\kappa \equiv c'_\lambda \pmod{m_\lambda}$$

weil $m_\lambda | n_\kappa$ für jedes von λ verschiedene κ. Die Zahl x löst also das System 1(3).

Sei y irgendeine ganze, 1(3) genügende Zahl. Dann gilt $m_\kappa | (x - y)$ für $\kappa = 1, \ldots, k$, somit auch $m | (x - y)$ nach dem Charakterisierungs–Satz 1.2.11 für das kgV, was $y \equiv x \pmod{m}$ bedeutet. $\qquad\qquad\square$

Korollar. *Sind die m_κ und m wie im chinesichen Restsatz, sind die a_κ, c_κ ganz und gilt $(a_\kappa, m_\kappa) = 1$ für $\kappa = 1, \ldots, k$, so hat das System 1(2) modulo m genau eine Lösung.*

Beweis. Unter den gemachten Voraussetzungen ist 1(2), wie in 1 gesehen, äquivalent zu 1(3), angewandt mit $c'_\kappa := a'_\kappa c_\kappa$, wobei a'_κ die Inverse von a_κ modulo m_κ bedeutet. Auf dieses System 1(3) wendet man den chinesischen Restsatz an. $\quad\square$

Bemerkung. Unter den Voraussetzungen des chinesischen Restsatzes bedeutet nach Satz 1.2.12B kgV der m_κ bzw. Produkt der m_κ dasselbe.

3. Anwendungen, numerische Beispiele. Vom *chinesischen* Restsatz spricht man, da Fragestellungen, die auf Probleme des Typs 1(3) hinauslaufen, schriftlich überliefert scheinbar erstmals im *Suan–ching*[*] des Chinesen SUN–TSU auftauchten. Er stellt dort u.a. folgende Aufgabe: "Wir haben eine gewisse Anzahl von Dingen, wissen aber nicht genau wieviele. Wenn wir sie zu je drei zählen, bleiben zwei übrig. Wenn wir sie zu je fünf zählen, bleiben drei übrig. Wenn wir sie zu je sieben zählen, bleiben zwei übrig. Wieviele Dinge sind es?" Offenbar läuft dies auf das simultane Kongruenzensystem

$$X \equiv 2 \pmod 3, \quad X \equiv 3 \pmod 5, \quad X \equiv 2 \pmod 7$$

---

[*] (*Handbuch der Arithmetik*)

vom Typ 1(3) mit paarweise teilerfremden Moduln hinaus, deren kgV hier 105 ist. Die n_1, n_2, n_3 bzw. ihre modulo m_1, m_2, m_3 Inversen n_1', n_2', n_3' aus dem Beweis des chinesischen Restsatzes sind hier 35, 21, 15 bzw. -1, 1, 1 (die letzteren natürlich nur modulo 3, 5, 7 eindeutig). Nach 2(1) ist $2 \cdot 35 \cdot (-1) + 3 \cdot 21 \cdot 1 + 2 \cdot 15 \cdot 1 = 23$ *die* modulo 105 eindeutige Lösung von Sun–Tsus Aufgabe.

Als zweite Anwendung simultaner linearer Kongruenzen soll die (gewöhnliche) lineare Kongruenz 1.5(1) unter der Bedingung $(a, m) = 1$ nochmals besprochen werden. Nach Satz 1.5 weiß man zwar, daß 1.5(1) modulo m eindeutig lösbar ist. Jedoch ist für das tatsächliche Auffinden der Lösung durch die in 1.6 erläuterte Bruchschreibweise nicht unbedingt viel gewonnen, vor allem dann nicht, wenn der Modul m und eventuell auch noch a und c "groß" sind. Hat m die kanonische Primfaktorzerlegung $p_1^{b_1} \cdot \ldots \cdot p_k^{b_k}$, so ist 1.5(1) nach Satz 1.1(v) äquivalent zum System

(1) $$aX \equiv c \pmod{p_1^{b_1}}, \ldots, aX \equiv c \pmod{p_k^{b_k}}$$

wobei $(a, p_\kappa^{b_k}) = 1$ für $\kappa = 1, \ldots, k$ gilt. Dieses System vom Typ 1(2) ist nach dem Korollar zum chinesischen Restsatz modulo m eindeutig lösbar.

Ist nun ein "großer" Modul m aus "vielen kleineren" Primzahlpotenzen $p_\kappa^{b_k}$ zusammengesetzt, so *kann* es ratsam sein, die modulo m eindeutige Lösung von 1.5(1) durch Lösen von (1) zu ermitteln.

Als Beispiel sei etwa die absolut kleinste Zahl gesucht, die die Kongruenz

$$883X \equiv -103 \pmod{2275}$$

löst. Wegen $2275 = 5^2 \cdot 7 \cdot 13$ lautet (1) hier

$$883X \equiv -103 \pmod{25}, \quad 883X \equiv -103 \pmod{7}, \quad 883X \equiv -103 \pmod{13}$$

oder äquivalent

$$8X \equiv -3 \pmod{25}, \quad X \equiv 2 \pmod{7}, \quad -X \equiv 1 \pmod{13}.$$

Dies ist nochmals gleichwertig mit

$$X \equiv 9 \pmod{25}, \quad X \equiv 2 \pmod{7}, \quad X \equiv -1 \pmod{13},$$

einem System vom Typ 1(3) mit paarweise teilerfremden Moduln. Die n_κ und n_κ' im Beweis des chinesischen Restsatzes ergeben sich hier zu 91, 325, 175 bzw. 11, -2, 11 und daher löst $9 \cdot 91 \cdot 11 + 2 \cdot 325 \cdot (-2) + (-1) \cdot 175 \cdot 11 = 5784$ das letzte Kongruenzensystem. Da die Lösung modulo 2275 eindeutig ist (883 ist Primzahl), ist -1041 die gesuchte Zahl.

Ein ähnliches Beispiel mit demselben Modul ist

$$3X \equiv 11 \pmod{2275}.$$

Hier könnte man natürlich analog wie soeben verfahren; nur führt in diesem Fall trotz des "großen" Moduls die Bruchschreibweise aus 1.6 ungleich schneller zum Ziel: Die Lösung modulo 2275 ist $\frac{11}{3} \equiv \frac{11+2275}{3} = 762$.

Es kommt also keinesfalls nur auf den Modul m an, sondern auch auf a und c, wie man die Lösung von 1.5(1) am besten anpackt.

4. Restklassenring als direkte Summe. Sind $G_1, \ldots, G_k$ (multiplikativ geschriebene) Gruppen mit den Einselementen $e_1, \ldots, e_k$, so führt man im kartesischen Produkt $G := G_1 \times \ldots \times G_k$ eine (multiplikativ geschriebene) Verknüpfung $\cdot$ dadurch ein, daß man zwei Elementen $(g_1, \ldots, g_k)$, $(g'_1, \ldots, g'_k)$ von G das Element $(g_1 g'_1, \ldots, g_k g'_k)$ von G zuordnet. Offenbar ist $(G, \cdot)$ eine Gruppe, das *direkte Produkt* von $G_1, \ldots, G_k$. Das Einselement der neuen Gruppe ist $(e_1, \ldots, e_k)$; sie ist jedenfalls dann abelsch, wenn alle G_κ abelsch sind.

Sind nun $R_1, \ldots, R_k$ Ringe, so betrachte man diese momentan als additive Gruppen und konstruiere daraus, wie soeben beschrieben, deren direkte Summe, welche R genannt werde; R ist bezüglich der eingeführten (komponentenweisen) Addition eine abelsche Gruppe. In R definiert man weiter eine (komponentenweise) Multiplikation, indem man zwei Elementen $(r_1, \ldots, r_k)$, $(r'_1, \ldots, r'_k)$ von R das Element $(r_1 r'_1, \ldots, r_k r'_k)$ von R zuordnet. Bezüglich der erklärten Addition und Multiplikation erweist sich R als Ring; dieser wird als die *direkte Summe der Ringe* $R_1, \ldots, R_k$ bezeichnet, symbolisch $R = R_1 \oplus \ldots \oplus R_k$.

Mit dem chinesischen Restsatz wird nun über die Struktur von $\mathbb{Z}_m$ bewiesen der

Satz. *Sei $m \geq 2$ ganz und seien die $m_1, \ldots, m_k \in \mathbb{N}$ paarweise teilerfremd mit $m_1 \cdot \ldots \cdot m_k = m$. Dann ist der Restklassenring modulo m isomorph zur direkten Summe der Restklassenringe modulo m_κ $(\kappa = 1, \ldots, k)$.*

Beweis. Es werde $R := \mathbb{Z}_{m_1} \oplus \ldots \oplus \mathbb{Z}_{m_k}$ gesetzt. Definiert man die Abbildungen $\psi_\kappa : \mathbb{Z} \to \mathbb{Z}_{m_\kappa}$ für $\kappa = 1, \ldots, k$ analog zum Beginn von 1.7, so führt man nun $\Psi : \mathbb{Z} \to R$ ein durch $\Psi(a) := (\psi_1(a), \ldots, \psi_k(a))$. Die Surjektivität von Ψ ergibt sich aus dem chinesischen Restsatz: Denn sind $a_1, \ldots, a_k \in \mathbb{Z}$ beliebig vorgegeben, so ist das Kongruenzensystem $X \equiv a_1 \pmod{m_1}, \ldots, X \equiv a_k \pmod{m_k}$ vom Typ 1(3) lösbar. Nach 1.7(1) erweist sich weiter Ψ als Ringhomomorphismus, dessen Kern noch zu bestimmen bleibt. Ersichtlich ist $a \in$ Kern Ψ gleichbedeutend mit $a \equiv 0 \pmod{m_\kappa}$ für $\kappa = 1, \ldots, k$ und dieses mit $a \in m\mathbb{Z}$. Der Kern von

Ψ ist also das Ideal $m\mathbb{Z}$ in $\mathbb{Z}$ und nach einem aus der Algebra wohlbekannten Homomorphiesatz für Ringe sind R und $\mathbb{Z}/m\mathbb{Z} = \mathbb{Z}_m$ isomorph. $\square$

5. Prime Restklassengruppe als direktes Produkt. Hauptziel ist hier folgender Satz, der es gestattet, die Struktur der primen Restklassengruppe modulo m vollständig aufzudecken.

Satz. *Sind $m, m_1, \ldots, m_k$ wie in Satz 4, so ist die prime Restklassengruppe modulo m isomorph zum direkten Produkt der primen Restklassengruppen modulo m_κ $(\kappa = 1, \ldots, k)$.*

Dem Beweis wird vorausgeschickt das

Lemma. *Ist R die direkte Summe der kommutativen Ringe R_κ mit Einselement 1_κ für $\kappa = 1, \ldots, k$, so ist die Einheitengruppe von R das direkte Produkt der Einheitengruppen aller R_κ.*

Beweis. Ein $(r_1, \ldots, r_k) \in R$ gehört dann zur Einheitengruppe $E(R)$ von R, wenn es ein $(s_1, \ldots, s_k) \in R$ gibt mit $r_\kappa s_\kappa = 1_\kappa$ für $\kappa = 1, \ldots, k$; dies ist mit $r_\kappa \in E(R_\kappa)$ für $\kappa = 1, \ldots, k$ äquivalent und beweist

$$E(R) = E(R_1) \times \ldots \times E(R_k). \qquad \square$$

Beweis des Satzes. Sei $R := \mathbb{Z}_{m_1} \oplus \ldots \oplus \mathbb{Z}_{m_k}$ und $\chi : R \to \mathbb{Z}_m$ ein Isomorphismus gemäß Satz 4. Nun wird $\chi(r) \in \mathbb{Z}_m^*$ für jedes $r \in E(R)$ überlegt: Zu $r := (r_1, \ldots, r_k) \in E(R)$ gibt es ein $s := (s_1, \ldots, s_k) \in R$ mit $r_\kappa s_\kappa = 1_\kappa$, weshalb $\chi(rs) = \chi(1_1, \ldots, 1_k) = \bar{1}$ ist, letzteres wegen der Isomorphieeigenschaft von χ ($\bar{1}$ ist die Restklasse modulo m, in der 1 liegt; vgl. Bemerkung 4 zu 1.8). Damit ist $\chi(r) \in \mathbb{Z}_m^*$ klar und die eingeschränkte Abbildung $\chi|_{E(R)}$ von $E(R)$ auf $\mathbb{Z}_m^*$ behält die Isomorphieeigenschaft. Nach dem Lemma in Verbindung mit Bemerkung 3 zu 1.8 ist $E(R) = \mathbb{Z}_{m_1}^* \times \ldots \times \mathbb{Z}_{m_k}^*$. $\square$

Wendet man den letzten Satz mit $k = 2$ an, so erhält man die bereits in Satz 1.4.11(i) festgestellte Multiplikativität der EULERschen Funktion φ erneut:

Korollar. *Sind $m_1, m_2 \in \mathbb{N}$ zueinander teilerfremd, so gilt $\varphi(m_1 m_2) = \varphi(m_1)\varphi(m_2)$.*

Bemerkung. Ist $\prod_{\kappa=1}^{k} p_\kappa^{\alpha_\kappa}$ die kanonische Zerlegung eines ganzen $m \geq 2$, so gilt nach dem hier gezeigten Satz

$$\mathbb{Z}_m^* \simeq \mathbb{Z}_{p_1^{\alpha_1}}^* \times \ldots \times \mathbb{Z}_{p_k^{\alpha_k}}^*.$$

Die Struktur von $\mathbb{Z}_m^*$ ist also vollständig bekannt, wenn die Struktur der $\mathbb{Z}_{p^\alpha}^*$ bekannt ist; dies letztere Problem wird in 5.5 und 5.6 abschließend behandelt.

6. Historische Bemerkungen. Der zu Anfang von 3 erwähnte SUN–TSU muß zwischen 200 und 470 gelebt haben. In seinem *Handbuch* gibt er übrigens auch allgemeine Regeln zur Behandlung simultaner Kongruenzen (so die nach–GAUSSsche Terminologie) an. Der chinesische Mönch und Astronom I–HSING (682–727) dehnte diese Regeln weiter auf den Fall aus, wo die Moduln $m_1, \ldots, m_k$ des Systems 1(3) nicht mehr notwendig paarweise teilerfremd sind. Die chinesische Lösungsmethode — von K. MAHLER (Math. Nachr. *18*, 120–122 (1958)) in moderner Schreibweise erläutert — ist gänzlich von derjenigen verschieden, die hier zum Beweis des Restsatzes verwendet wurde.

Obiger Beweis des chinesischen Restsatzes, dessen Name inzwischen verständlich geworden ist, geht auf GAUSS (*Disquisitiones Arithmeticae*, Artt. 32–36) zurück; ohne Benützung der Kongruenzenschreibweise hatte EULER simultane Probleme des Typs 1(3) schon früher auf demselben Wege gelöst.

Ganz interessant ist vielleicht noch, daß auch in Indien spätestens im 6. Jahrhundert vor allem Astronomen, besonders die schon in 1.3.4 erwähnten ARYABHATA und BRAHMAGUPTA, simultane lineare Kongruenzen zu behandeln hatten. Die indische Methode dafür beruhte wesentlich auf dem euklidischen Algorithmus.

Daß in China, Indien und im Mittelalter dann im byzantinischen Raum vor allem Astronomen simultane Kongruenzen zu lösen hatten, hat folgenden Grund: Zahlreiche Kalenderprobleme und Fragestellungen im Zusammenhang mit den Umlaufbahnen von Planeten und anderen Himmelskörpern führen mathematisch (manchmal allerdings nur annähernd) auf Systeme des Typs 1(3).

§ 3. Die Sätze von Fermat, Euler und Wilson

1. Dirichlets Schubfachprinzip. Zunächst wird eine ganz einfache Tatsache explizit erwähnt, die in der Mathematik, insbesondere in der Zahlentheorie (auch in diesem Buch mehrfach), mit großem Erfolg angewandt werden kann.

Satz. *Sind M, N nicht leere Mengen, ist überdies N endlich und $f : M \to N$ eine Abbildung, so gilt: Ist $\#N < \#M$, so ist f nicht injektiv.*

Beweis. Zunächst ist $f(M)$ in N enthalten und somit endlich. Ist f injektiv, so gibt es zu jedem $n \in N$ höchstens ein $m \in M$ mit $f(m) = n$. Also ist $\#N \geq \#M$. □

Der hier festgestellte Sachverhalt wird üblicherweise äquivalent, jedoch in bildlicher Sprache formuliert als

Dirichletsches Schubfachprinzip. *Bei einer Verteilung von mehr als* n *Dingen auf* n *Schubfächer liegen in mindestens einem Fach mindestens zwei Dinge.*

2. Kongruenzverhalten von Potenzen. Im weiteren sei m eine feste natürliche Zahl. Für ganzes a werde die Folge $(a^i)_{i=0,1,...}$ betrachtet und man interessiert sich dafür, welche Reste die Glieder $a^0, a^1, \ldots$ dieser Folge bei Division durch m lassen. Da es nach 1.1 und 1.4 genau m verschiedene Restklassen modulo m gibt, ist nach DIRICHLETs Schubfachprinzip klar, daß es unter den $m + 1$ Zahlen $a^0, \ldots, a^m$ zwei geben muß, die modulo m zueinander kongruent sind. Es bezeichne h den kleinsten Exponenten, zu dem es ein $k > h$ gibt, so daß

$$(1) \qquad\qquad a^k \equiv a^h \pmod{m}$$

gilt. Aus den vorigen Betrachtungen ist bereits $0 \le h < m$ klar; selbstverständlich hängt h von a (und von m) ab. Bestimmt man nun noch k größer als h und minimal, so daß (1) zutrifft, so hat man weiter $0 \le h < k \le m$, wobei auch k von a (und m) abhängt.

Wegen Satz 1.1(iii) ist klar, daß sich bei $a_1 \equiv a_2 \pmod{m}$ die beiden Folgen $(a_1^i)_{i \in \mathbb{N}_0}$ bzw. $(a_2^i)_{i \in \mathbb{N}_0}$ modulo m nicht unterscheiden. Demnach sind *die Zahlen h und k Invarianten der ganzen Restklasse modulo m, der das speziell betrachtete a angehört.*

Sind h und k wie oben fixiert, so folgt aus Satz 1.1(ii) unmittelbar, daß $a^{i+(k-h)} \equiv a^i \pmod{m}$ genau für die $i \ge h$ gelten muß. Man sagt in diesem Zusammenhang, die Folge $(a^i)_{i \in \mathbb{N}_0}$ sei *modulo m periodisch* mit der *Periodenlänge $k - h$* und der *Vorperiodenlänge h;* bei $h = 0$ heißt die Folge *modulo m reinperiodisch.*

Satz. *Für ganze $m > 0$ und a gilt:* $(a^i)_{i \in \mathbb{N}_0}$ *ist modulo m reinperiodisch genau dann, wenn m, a teilerfremd sind.*

Beweis. Bei $h = 0$ folgt aus (1) unmittelbar $(a, m) = 1$. Ist umgekehrt $(a, m) = 1$ und wird $h > 0$ angenommen, so folgt aus (1) mit der Kürzungsregel 1.3 die Kongruenz $a^{k-1} \equiv a^{h-1} \pmod{m}$, was der Definition von h widerspricht. $\square$

Genau dann, wenn $(a, m) = 1$ ist, kann auch a^i modulo m eindeutig für negative ganze i definiert werden als die Lösung der Kongruenz $a^{-i}X \equiv 1 \pmod{m}$. In diesem Fall kann sogar die zweifach unendliche Folge $\ldots, a^{-2}, a^{-1}, a^0, a^1, a^2, \ldots$ modulo m betrachtet werden. Wie man leicht nachweist, gilt für sie $a^{i+k} \equiv a^i$ (mod m) bei beliebigem ganzem i.

Wie das unterschiedliche Verhalten der Folge (a^i) modulo m erwarten läßt, je nachdem, ob a und m teilerfremd sind oder nicht, wird man sich im weiteren besonders für den Fall $(a, m) = 1$ interessieren. Hier bekommt die charakteristische Zahl k zunächst einen Namen: Bei teilerfremden a und m heißt die kleinste natürliche Zahl k, für die $a^k \equiv 1$ (mod m) gilt, die *Ordnung von a modulo m*, in Zeichen $\mathrm{ord}_m a$. (In der älteren Literatur nannte man dies k manchmal den *Exponenten*, zu dem a modulo m gehört.)

3. Der "kleine" Fermatsche Satz. Zunächst wird der Spezialfall betrachtet, wo m Primzahl ist; dazu dient folgendes

Lemma. *Ist p eine Primzahl, so geht p in den Binomialkoeffizienten $\binom{p}{j}$ für $j = 1, \ldots, p - 1$ auf.*

Beweis. Wegen $j! \binom{p}{j} = p \cdot \ldots \cdot (p - j + 1)$ geht p in $j! \binom{p}{j}$ auf, aber nicht in $j!$.$\square$

Satz von Fermat. *Sei p eine Primzahl. Dann gilt*

(1) $$a^p \equiv a \pmod{p}$$

für jedes ganze a; für jedes ganze nicht durch p teilbare a gilt

(2) $$a^{p-1} \equiv 1 \pmod{p}.$$

Beweis. Bei $p \nmid a$ folgt (2) mit der Kürzungsregel 1.3 aus (1). Nun ist (1) für $a = 0$ richtig. Sei für ein $a \geq 0$ die Kongruenz (1) schon eingesehen; damit und aufgrund des Lemmas ist

$$(a + 1)^p = \sum_{j=0}^{p} \binom{p}{j} a^j \equiv a^p + 1 \equiv a + 1 \pmod{p}.$$

Insbesondere ist also (1) auf dem vollständigen Restsystem S_p modulo p bewiesen und somit für alle ganzen a. $\square$

Bemerkungen. 1) Bereits um 500 v. Chr. scheinen chinesische Mathematiker gewußt zu haben, daß $2^p - 2$ für jede Primzahl p durch p teilbar ist. In einem Brief vom 18. Oktober 1640 an FRENICLE DE BESSY teilte FERMAT ohne Beweis das obige Resultat mit. Es ist üblich geworden, dieses als "kleinen" FERMATschen Satz zu zitieren, da man den Terminus "FERMATscher Satz" einer anderen Behauptung FERMATs vorbehalten möchte, auf die in 4.2.7 eingegangen wird.

2) Der erste publizierte Beweis für (1) findet sich in einem nachgelassenen Manuskript von LEIBNIZ. Der oben geführte Beweis variiert den Ansatz von LEIBNIZ, der für natürliche a im wesentlichen so schloß: Für a Unbestimmte $X_1, \ldots, X_a$ liefert der Polynomiallehrsatz

$$(3) \qquad (X_1 + \ldots + X_a)^p = \sum_{j_1 + \ldots + j_a = p} \frac{p!}{j_1! \ldots j_a!} X_1^{j_1} \cdot \ldots \cdot X_a^{j_a}$$

wobei rechts über alle a–Tupel $(j_1, \ldots, j_a)$ ganzer, nichtnegativer Zahlen der Summe p zu summieren ist. Setzt man in (3) für $X_1, \ldots, X_a$ jeweils 1 ein, so erscheint links a^p. Die Summanden rechts sind 1 für die a verschiedenen a–Tupel, bei denen genau ein j_α gleich p ist (und die restlichen daher verschwinden); für alle anderen a–Tupel ist die ganze Zahl $\frac{p!}{j_1! \ldots j_a!}$ durch p teilbar. Somit erscheint rechts eine natürliche, zu a modulo p kongruente Zahl.

4. Der Eulersche Satz. Ein zweiter, wesentlich anderer Ansatz zum Nachweis von 3(2) geht auf J. IVORY (New Ser. Math. Repository *1*, 6–8 (1806)) zurück, der den Vorteil besitzt, daß man mit ihm eine zu 3(2) analoge Formel bekommen kann, wenn der Modul nicht mehr notwendig Primzahl ist. Diese Verallgemeinerung der FERMATschen Kongruenz hat EULER (Opera Omnia Ser. 1, II, 531–555) entdeckt:

Satz von Euler. *Für natürliche m und ganze, zu m teilerfremde a gilt*
$$a^{\varphi(m)} \equiv 1 \pmod{m}.$$
Dabei bezeichnet φ die EULER*sche Phi–Funktion aus 1.4.11.*

Beweis. Man setze $s := \varphi(m)$ und fixiere $\{g_1, \ldots, g_s\}$ als primes Restsystem modulo m. Wegen $(a, m) = 1$ ist auch $(ag_\sigma, m) = 1$ für $\sigma = 1, \ldots, s$ nach Korollar 1.2.6; weiter ist $ag_\sigma \not\equiv ag_{\sigma'} \pmod{m}$ für $\sigma \neq \sigma'$ nach der Kürzungsregel 1.3. Damit ist $\{ag_1, \ldots, ag_s\}$ ebenfalls ein primes Restsystem modulo m und so gibt es zu jedem Element des einen Restsystems genau ein modulo m kongruentes Element im anderen Restsystem. Also muß

$$(ag_1) \cdot \ldots \cdot (ag_s) \equiv g_1 \cdot \ldots \cdot g_s \pmod{m}$$

sein, woraus man wegen $(g_1 \cdot \ldots \cdot g_s, m) = 1$ EULERs Kongruenz erhält. □

Offenbar enthält der EULERsche Satz den "kleinen" FERMATschen in der Form
3(2). Den ersteren bezeichnet man auch oft als "Satz von FERMAT–EULER"
oder "Satz von EULER–FERMAT", je nachdem, ob man die Anciennität der
Entdeckung oder die größere Allgemeinheit der Aussage vornean stellen will.

Eine erste Folgerung aus dem für die Zahlentheorie überaus wichtigen FERMAT–
EULERschen Satz ist das

Korollar. *Seien $m > 0$ und a ganz und zueinander teilerfremd. Ist $a^\ell \equiv$
$1 \pmod{m}$ für natürliches ℓ, so ist ℓ ein Vielfaches von $\mathrm{ord}_m a$; insbesondere
wird $\varphi(m)$ von $\mathrm{ord}_m a$ geteilt.*

Beweis. Ist nämlich $k := \mathrm{ord}_m a$, so dividiere man ℓ mit Rest durch k, etwa
$\ell = qk + r,\ 0 \le r < k$. Dann ist nach Definition von $\mathrm{ord}_m a$ am Ende von 2

$$1 \equiv a^\ell = (a^k)^q a^r \equiv a^r \pmod{m}$$

woraus $r = 0$ wegen der Minimaleigenschaft von k folgt. Der FERMAT-EULER-
sche Satz erledigt den Sonderfall $\ell = \varphi(m)$. $\qquad\qquad\square$

Bemerkung. Aus den Betrachtungen in 2 hatte sich $0 < \mathrm{ord}_m a \le m$ bei $(a, m) =$
1 ergeben; das Korollar verbessert dies auf $0 < \mathrm{ord}_m a \le \varphi(m)$. Es gibt unendlich
viele m, für die bei geeignetem a mit $(a, m) = 1$ tatsächlich $\mathrm{ord}_m a = \varphi(m)$ gilt;
genau mit dieser Problematik wird sich § 5 befassen.

5. Numerische Anwendungen. Bei der ersten Aufgabe zeigt sich, wie stark
der FERMAT–EULERsche Satz in gewissen Situationen das praktische Rechnen
vereinfachen kann. Man interessiert sich für die drei letzten Ziffern der Dezimaldarstellung von 9^{9^9}: Zunächst ist $9^{400} = 9^{\varphi(1000)} \equiv 1 \pmod{1000}$ und

$$9^9 = (80 + 1)^4 \cdot 9 \equiv (4 \cdot 80 + 1) \cdot 9 \equiv -79 \cdot 9 \equiv 89 \pmod{400}.$$

Daher ist modulo 1000

$$9^{9^9} \equiv 9^{89} = (10 - 1)^{89} \equiv -\binom{89}{2} \cdot 100 + 89 \cdot 10 - 1 \equiv 400 - 110 - 1 = 289$$

und somit endet die Dezimaldarstellung von 9^{9^9} mit den Ziffern 2, 8, 9.

Bei der zweiten Aufgabe geht es um die lineare Kongruenz

1.5(1) $aX \equiv c \pmod{m}.$

Im Fall $(a, m) = 1$ *eine* natürliche Zahl k mit $a^k \equiv 1 \pmod{m}$ zu kennen, ist von (im allgemeinen theoretischer) Bedeutung für die Lösung von 1.5(1). Denn dann braucht man 1.5(1) nur mit a^{k-1} zu multiplizieren und findet $a^{k-1}c$ als *die* Lösung modulo m. EULERs Satz garantiert somit $a^{\varphi(m)-1}c$ als die Lösung von 1.5(1).

Nimmt man sich daraufhin etwa die in 2.3 behandelte Kongruenz $883X \equiv -103 \pmod{2275}$ nochmals vor, so stellt man fest, daß

$$\varphi(2275) = \varphi(25)\varphi(7)\varphi(13) = 20 \cdot 6 \cdot 12 = 1440$$

beachtlich groß ist und nicht viel gewonnen scheint, wenn man $-883^{1439} \cdot 103$ als die Lösung modulo 2275 notiert. Da sich aufgrund des nachfolgenden Lemmas jedoch $\mathrm{ord}_{2275}883 = 20$ ergibt, kann die Lösung der vorgelegten Kongruenz modulo 2275 auch in der Form $-883^{19} \cdot 103$ aufgeschrieben werden. Nun können die 883^{2^j}, $j = 0, \ldots, 4$, rasch durch sukzessives Quadrieren zu $883, -636, -454, -909, 456$ ermittelt werden, was wegen der Darstellung $2^0 + 2^1 + 2^4$ des Exponenten 19 die Lösung modulo 2275 als $-103 \cdot 883 \cdot (-636) \cdot 456 \equiv -1041$ liefert, wie schon in 2.3 gesehen.

Lemma. *Seien $m_1, \ldots, m_r \in \mathbb{N}$ paarweise teilerfremd und $m := m_1 \cdot \ldots \cdot m_r$. Dann gilt für jedes ganze, zu m teilerfremde a*

$$\mathrm{ord}_m a = \mathrm{kgV}(\mathrm{ord}_{m_1} a, \ldots, \mathrm{ord}_{m_r} a).$$

Beweis. Setzt man $k := \mathrm{ord}_m a$ und $k_\rho := \mathrm{ord}_{m_\rho} a$ für $\rho = 1, \ldots, r$, so gilt: $a^k \equiv 1 \pmod{m} \Rightarrow a^k \equiv 1 \pmod{m_\rho}$ für alle ρ, also $k_\rho | k$ für alle ρ nach Korollar 4, also $K | k$ mit $K := \mathrm{kgV}(k_1, \ldots, k_r)$. Andererseits ist $a^{k_\rho} \equiv 1 \pmod{m_\rho}$ für alle ρ, also $a^K \equiv 1 \pmod{m_\rho}$ für dieselben ρ, was nach Satz 1.1(v) zu $a^K \equiv 1 \pmod{m}$ führt. Korollar 4 liefert $k | K$ und damit die Behauptung. $\square$

Wegen $\mathrm{ord}_{25}883 = 20$, $\mathrm{ord}_7 883 = 1$, $\mathrm{ord}_{13}883 = 2$ ist also $\mathrm{ord}_{2275}883 = 20$, wie oben vorweggenommen wurde.

Bemerkung. Das hier gezeigte Lemma kommt z.B. auch in 5.1.7 zur Anwendung.

6. Zusammengesetzt oder Primzahl? In diesem Abschnitt soll kurz darauf eingegangen werden, wie man mit Hilfe des "kleinen" FERMATschen Satzes entscheiden kann, ob eine vorgelegte ganze Zahl $m > 1$ zusammengesetzt oder Primzahl ist. Zunächst erhält man aus dem FERMATschen Satz durch Kontraposition die

Proposition A. *Zu natürlichem m gebe es ein ganzes a mit $a^m \not\equiv a \pmod{m}$. Dann ist m zusammengesetzt.*

Tatsächlich ist a^m modulo m sehr schnell berechenbar: Wie in 5 bildet man dazu für $j = 0, 1, \ldots$ die Potenzen a^{2^j} modulo m durch wiederholtes Quadrieren; die dabei anfallenden Reste multipliziert man modulo m, wie es die dyadische Entwicklung von m (vgl. 5.1.1) verlangt. Auf diese Weise hat G.A. PAXSON (Math. Comp. *15*, 420 (1961)) gezeigt, daß die FERMAT–Zahl F_{13} wegen $3^{F_{13}} \not\equiv 3 \pmod{F_{13}}$ zusammengesetzt ist (vgl. 3.2.11).

Die Umkehrung von Proposition A gilt jedoch nicht, so daß man auf *diesem* Wege noch kein Primzahlkriterium erhält; man hat nämlich die (hier nicht zu beweisende)

Proposition B. *Es gibt zusammengesetzte ganze $m > 1$ mit $a^m \equiv a \pmod{m}$ für alle ganzen a.*

Beispiele für solche m sind $561 = 3 \cdot 11 \cdot 17$ und $1729 = 7 \cdot 13 \cdot 19$. Derartige m heißen CARMICHAEL–*Zahlen*; die Vermutung, daß es davon unendlich viele gibt, wurde von W. R. ALFORD, A. GRANVILLE und C. POMERANCE (Ann. Math. (2) *139*, 703–722 (1994)) bewiesen.

Das "richtige" Gegenstück zum "kleinen" FERMATschen Satz hat E. LUCAS (*Théorie des Nombres*, 1891) gefunden:

Proposition C. *Sei $m \geq 2$ ganz und es gebe ein ganzes, zu m teilerfremdes a mit $\mathrm{ord}_m a = m - 1$. Dann ist m Primzahl.*

Beweis. Nach Korollar 4 ist $(m - 1)|\varphi(m)$, was zu $m - 1 \leq \varphi(m)$ führt. Wegen $m \geq 2$ ist andererseits $\varphi(m) \leq m - 1$, also $\varphi(m) = m - 1$, weshalb m Primzahl sein muß. $\qquad\qquad\square$

Bemerkung. Die Aussage von Proposition C ist für die Praxis allerdings nicht sehr geeignet, denn bei großem m ist dieser Primzahltest vom algorithmischen Standpunkt aus viel zu langsam. In letzter Zeit sind eine ganze Reihe (auch algorithmisch schneller) Primzahltests entwickelt worden, wobei die Mehrzahl ganz wesentlich vom FERMAT–EULERschen Satz abhängt. Hier ist vor allem die Methode von L.M. ADLEMAN, C. POMERANCE und R. RUMELY (Ann. Math. (2) *117*, 173–206 (1983)) zu nennen, die von H. COHEN und H.W. LENSTRA JR. (Math. Comp. *42*, 297–330 (1984)) weiter verbessert wurde. Computerprogramme, die auf dieser Methode basieren, testen Zahlen mit 100 Dezimalstellen in Sekundenschnelle auf Zusammengesetztheit. Einen sehr guten Überblick über die wichtigsten Primzahltests bis zum neuesten Stand erhält der interessierte Leser z.B. durch J.D. DIXON (Amer. Math. Monthly *91*, 333–352 (1984)), aber auch in den Monographien von E. KRANAKIS (*Primality and Cryptography*, Teubner, Stuttgart, and Wiley, Chichester etc., 1986), D.M. BRESSOUD (*Factorization and Primality Testing*, Springer, New York etc., 1989) oder R. CRANDALL und C. POMERANCE (*Prime Numbers. A Computational Perspective*, Springer, New York etc., 2001 (2nd Ed. 2005)).

7. Fermat–Euler und geheime Nachrichtenübermittlung. Wie zuletzt erwähnt, hat man neuerdings überaus schnelle Methoden zur Entscheidung, ob eine vorgelegte natürliche Zahl m mit "vielen" Dezimalstellen Primzahl ist oder nicht. Erweist sich m als zusammengesetzt, so stellt sich das nächste Problem, seine kanonische Primfaktorzerlegung zu ermitteln. Die besten heute bekannten Algorithmen zur Herstellung dieser Zerlegung sind "sehr viel langsamer" als die oben genannten besten Primzahltests. Ist m etwa Produkt zweier verschiedener Primzahlen mit je 100 Dezimalstellen, so muß man für die effektive Faktorzerlegung eine Rechenzeit in der Größenordnung von 10^9 Jahren einplanen, selbst wenn man den derzeit (1987) besten Algorithmus und die schnellsten Computer verwendet. Diesen krassen Gegensatz zwischen schnellen Primzahltests und langsamer Faktorisierung nutzten R. RIVEST, A. SHAMIR und L.M. ADLEMAN, (Comm. ACM *21*, 120–128 (1978)), um eine einfache und elegante Methode der geheimen Nachrichtenübermittlung zu entwickeln, die im folgenden kurz beschrieben werden soll. Bemerkenswert ist, daß bei dieser Methode jeder Teilnehmer am genannten Übermittlungssystem seinen Chiffrierschlüssel (*fast* vollständig) öffentlich zugänglich macht.

Zunächst wählt sich jeder Teilnehmer des Systems zwei verschiedene Primzahlen p, q mit 100 Dezimalstellen; es stehen mehr als 10^{97} solcher Primzahlen zur Verfügung. Die schnellen Primzahltests gestatten jedem Teilnehmer eine rasche Abwicklung seiner individuellen Suche. Sodann bildet er $m := pq$ und wählt des weiteren eine (nicht zu kleine) natürliche Zahl e unterhalb m, die zu $\varphi(m) = (p-1)(q-1)$ teilerfremd ist. Wegen $(e, \varphi(m)) = 1$ kann er ganze x, y mit $ex + \varphi(m)y = 1$ nach Korollar 1.3.4 mit Hilfe des euklidischen Algorithmus bestimmen, von denen er nach Satz 1.3.3 außerdem $x, -y \in \mathbb{N}$ verlangen kann. Während er seine Zahlen p, q, $\varphi(m)$, x, y geheim hält, läßt der Teilnehmer im öffentlichen Verzeichnis des Nachrichtenübermittlungssystems (man denke etwa an ein Telefonbuch) seine charakteristischen Zahlen m und e abdrucken.

Will nun ein Teilnehmer des Systems einem anderen eine Nachricht geheim übermitteln, so schlägt er die Zahlen m, e des Empfängers im Verzeichnis nach. Sodann übersetzt der Absender seine in Buchstaben geschriebene Nachricht in

Zahlen gemäß $A = 01$, $B = 02$, ..., $Z = 26$. Die so entstehende Ziffernfolge wird in Blöcke $\beta_1, \ldots, \beta_n$ geeigneter, aber gleicher Länge zerlegt, wobei am Ende gegebenenfalls irgendwie aufgefüllt wird. Nun wird γ_j gemäß $\beta_j^e \equiv \gamma_j \pmod{m}$ für $j = 1, \ldots, n$ gebildet und der Absender schickt die Folge der Blöcke $\gamma_1, \ldots, \gamma_n$ über das System an den Empfänger.

Dieser entschlüsselt die ankommende Blockfolge $\gamma_1, \ldots, \gamma_n$ leicht, indem er mittels des nur ihm bekannten x

$$(1) \qquad \gamma_j^x \equiv \beta_j^{ex} = \beta_j^{1-\varphi(m)y} = \beta_j \left(\beta_j^{p-1} \right)^{(q-1)|y|} \pmod{m}$$

für $j = 1, \ldots, n$ bildet. Wird β_j von p geteilt, so auch γ_j und es gilt $\gamma_j^x \equiv \beta_j \pmod{p}$. Bei $p \nmid \beta_j$ gilt $\beta_j^{p-1} \equiv 1 \pmod{p}$ nach dem FERMATschen Satz; (1) führt dann auch in diesem Fall zu $\gamma_j^x \equiv \beta_j \pmod{p}$. Ersetzung von p durch q ergibt schließlich $\gamma_j^x \equiv \beta_j \pmod{m}$ für $j = 1, \ldots, n$ und nach dieser Ermittlung der dechiffrierten Blöcke $\beta_1, \ldots, \beta_n$ kann der Empfänger die Buchstabenfolge lesen.

Ein von Absender und Empfänger verschiedener Teilnehmer des Systems, den die übermittelte Nachricht unbefugt interessiert, kennt zwar m, e und die Blockfolge $\gamma_1, \ldots, \gamma_n$; zur Entschlüsselung benötigt er aber ersichtlich x, an das er nur über eine der drei Zahlen p, q, $\varphi(m)$ herankommen kann. Die Berechnung einer dieser drei Zahlen läuft jedoch auf die Faktorisierung von m hinaus, welches 199 oder 200 Dezimalstellen hat und somit nach den Eingangsbemerkungen beim derzeitigen Stand der Dinge nicht in vernünftiger Zeit in seine beiden Primfaktoren zu zerlegen ist.

Bemerkung. Dem Leser, der in die hier angeschnittene Problematik weiter eindringen will, kann zum Selbststudium das bereits auf Seite 101 zitierte Buch von KRANAKIS ebenso empfohlen werden wie diejenigen von D.E.R. DENNING (*Cryptography and Data Security*, Addison–Wesley, Reading/Mass. etc., 1982) und von N. KOBLITZ (*A Course in Number Theory and Cryptography*, Springer, New York etc., 1987).

8. Satz von Wilson. *Eine ganze Zahl $m > 1$ ist Primzahl genau dann, wenn die Kongruenz $(m-1)! \equiv -1 \pmod{m}$ besteht.*

Beweis. Ist m zusammengesetzt, so geht die kleinste, m teilende Primzahl in $(m-1)!$ und in m auf und so kann die fragliche Kongruenz nicht gelten.

Sei nun $p := m$ eine Primzahl; weil die behauptete Kongruenz für $p = 2$ erfüllt ist, darf p künftig als ungerade vorausgesetzt werden. Da die Kongruenz $a^2 \equiv 1 \pmod{p}$ für ganzes a genau dann gilt, wenn entweder $a \equiv 1 \pmod{p}$ oder

$a \equiv -1 \pmod{p}$ zutrifft, kann man bei $p \geq 5$ die Menge der Zahlen $2, 3, \ldots, p-2$ in $\frac{1}{2}(p-3)$ Paare zueinander modulo p reziproker Partner zerlegen, so daß

$$(1) \qquad\qquad 2 \cdot 3 \cdot \ldots \cdot (p-2) \equiv 1 \pmod{p}$$

gilt. Nach der Konvention über leere Produkte hat man (1) auch für $p = 3$ und Multiplikation von (1) mit $p - 1$ liefert die behauptete Kongruenz.   □

Bemerkung. Manuskripte von LEIBNIZ zeigen, daß dieser den WILSONschen Satz bereits vor 1683 gekannt haben muß. Publiziert wurde das Resultat offenbar zuerst von E. WARING (*Meditationes Algebraicae*, Cambridge, 1770), der es seinem Schüler J. WILSON zuschrieb. Erst J.L. LAGRANGE (Oeuvres III, 423–438) scheint dann 1771 wirklich einen *Beweis* für den WILSONschen Satz gefunden zu haben. Der angegebene Beweis geht auf GAUSS (*Disquisitiones Arithmeticae*, Art. 77) zurück.

9. Anwendung auf eine quadratische Kongruenz. Der Satz von WILSON liefert ersichtlich eine notwendige und hinreichende Bedingung dafür, daß eine ganze Zahl $m > 1$ Primzahl ist. Er ist vor allem für *theoretische* Untersuchungen von Bedeutung; eine erste Anwendung ist folgender

Satz. *Sei p eine Primzahl. Die quadratische Kongruenz*

$$(1) \qquad\qquad X^2 \equiv -1 \pmod{p}$$

ist lösbar genau dann, wenn $p \not\equiv 3 \pmod 4$ ist. Insbesondere hat (1) bei $p = 2$ die eindeutige Lösung 1 modulo 2; bei $p \equiv 1 \pmod 4$ hat (1) genau die modulo p verschiedenen Lösungen $(\frac{p-1}{2})!$ und $-(\frac{p-1}{2})!$.

Beweis. Bei $p = 2$ wird (1) offenbar durch jede ungerade, aber keine gerade Zahl gelöst. Ist $p \equiv 1 \pmod 4$, so wird

$$(2) \qquad\qquad \left(\frac{p-1}{2}\right)!^2 \equiv -1 \pmod{p}$$

behauptet, was dann die Lösbarkeit von (1) zeigt. Modulo p ist nämlich nach WILSONs Satz

$$-1 \equiv (p-1)! = \left(\frac{p-1}{2}\right)! \prod_{j=1}^{(p-1)/2} (p-j) \equiv (-1)^{(p-1)/2} \left(\frac{p-1}{2}\right)!^2 = \left(\frac{p-1}{2}\right)!^2$$

wenn man zuletzt $p \equiv 1 \pmod 4$ berücksichtigt.

Wird umgekehrt (1) von einem ganzen x bei ungerader Primzahl p gelöst, so gilt nach dem "kleinen" FERMATschen Satz

$$1 \equiv x^{p-1} = (x^2)^{(p-1)/2} \equiv (-1)^{(p-1)/2} \pmod{p}.$$

Wegen $p \geq 3$ muß hier die Zahl rechts gleich 1 sein, was $p \equiv 1 \pmod 4$ nach sich zieht. $\qquad\square$

Bemerkung. In (1) tritt erstmals eine polynomiale, nicht lineare Kongruenz auf; solche Kongruenzen werden ausführlich in § 4 behandelt.

§ 4. Polynomiale Kongruenzen

1. Problemstellung. Sei m eine natürliche Zahl. In einer gegenüber 1.5 leicht abgewandelten Schreibweise wurde dort das Polynom $f := a_0 + a_1 X \in \mathbb{Z}[X]$ betrachtet und nach Bedingungen an a_0, a_1 (d.h. also an f) und m gefragt, unter denen es ganze x gibt, die der Kongruenz $f(x) \equiv 0 \pmod m$ genügen. Im Falle der Existenz solcher x wurde in Satz 1.5 außerdem die Anzahl der modulo m inkongruenten derartigen x bestimmt.

Diese Fragestellung wird nun deutlich verallgemeinert, indem man beliebige Polynome $f \in \mathbb{Z}[X]$ zuläßt. Jedes ganze x mit $f(x) \equiv 0 \pmod m$ heißt eine *Wurzel von f modulo m*. Nach Satz 1.1(iv) ist unmittelbar klar, daß mit x auch jedes ganze x' eine Wurzel von f modulo m ist, welches in derselben Restklasse modulo m liegt wie x. Daher versteht man genau wie in 1.5 unter der *Lösungsanzahl von*

$$(1) \qquad\qquad f(X) \equiv 0 \pmod m$$

modulo m die Anzahl der modulo m inkongruenten ganzen x, die (1) lösen; in Zeichen $\rho_f(m)$. Klar ist danach $\rho_f(m) \leq m$ für alle $m \in \mathbb{N}$ ebenso wie $\rho_f(1) = 1$, gleichgültig wie $f \in \mathbb{Z}[X]$ gewählt ist.

2. Reduktion auf Primzahlpotenzmoduln. Im folgenden Satz wird das Problem der Lösung von 1(1) reduziert auf das Problem der Lösung der k polynomialen Kongruenzen

$$(1) \qquad\qquad f(X) \equiv 0 \pmod{p_\kappa^{a_\kappa}}$$

für $\kappa = 1, \ldots, k$, wenn $\prod_{\kappa=1}^{k} p_\kappa^{a_\kappa}$ die kanonische Primfaktorzerlegung von m ist.

Satz. *Sei $m = \prod_{\kappa=1}^{k} p_\kappa^{a_\kappa} \geq 2$ wie soeben und $f \in \mathbb{Z}[X]$. Man erhält alle Wurzeln $x_1, \ldots, x_t$ ($t := \rho_f(m)$) von f modulo m, indem man zuerst für $\kappa = 1, \ldots, k$ alle Wurzeln $x_1^{(\kappa)}, \ldots, x_{t_\kappa}^{(\kappa)}$ ($t_\kappa := \rho_f(p_\kappa^{a_\kappa})$) von f modulo $p_\kappa^{a_\kappa}$ bestimmt und anschließend für jedes dann mögliche k–Tupel $(x_{\tau_1}^{(1)}, \ldots, x_{\tau_k}^{(k)})$ das simultane System*

$$(2) \qquad\qquad X \equiv x_{\tau_\kappa}^{(\kappa)} \pmod{p_\kappa^{a_\kappa}} \quad \text{für } \kappa = 1, \ldots, k$$

mittels chinesischem Restsatz löst. Insbesondere gilt $\rho_f(m) = \prod_{\kappa=1}^{k} \rho_f(p_\kappa^{a_\kappa})$, d.h. die zahlentheoretische Funktion ρ_f ist multiplikativ.

Beweis. Ist x_τ eine Lösung von 1(1), so löst x_τ auch (1) für jedes $\kappa = 1, \ldots, k$. Deswegen existiert ein eindeutig bestimmtes k–Tupel $(x_{\tau_1}^{(1)}, \ldots, x_{\tau_k}^{(k)})$ mit $1 \leq \tau_\kappa \leq t_\kappa$ für $\kappa = 1, \ldots, k$, so daß x_τ das simultane System (2) löst.

Geht man umgekehrt von einem k–Tupel $(x_{\tau_1}^{(1)}, \ldots, x_{\tau_k}^{(k)})$ aus, so ist das simultane System (2) vom Typ 2.1(3) und also nach dem chinesischen Restsatz 2.2 modulo m eindeutig lösbar. Ist x diese Lösung, so muß x für jedes $\kappa = 1, \ldots, k$ die Kongruenz (1) lösen, da ja $x_{\tau_\kappa}^{(\kappa)}$ die dem Index κ entsprechende Kongruenz (1) löst. Also löst x auch 1(1) und man hat $x \equiv x_\tau \pmod{m}$ für genau ein τ mit $1 \leq \tau \leq t$. $\qquad\square$

Bemerkung. Der Beweis lehrte insbesondere die Gleichwertigkeit von $t = 0$ und $t_\kappa = 0$ für mindestens ein κ, d.h. die Äquivalenz von Unlösbarkeit von 1(1) und von (1) für wenigstens ein κ. Die Idee, 1(1) auf (1) zu reduzieren, findet sich übrigens bereits in 2.3, vgl. dort Formel (1).

3. Überlegungen zur weiteren Reduktion. In 4 wird das in 2 angefallene Problem der Lösung von 2(1) auf dasjenige zurückgeführt, die Kongruenz $f(X) \equiv 0 \pmod{p_\kappa}$ zu lösen. Diese Reduktion wird durch folgende Betrachtungen vorbereitet.

Sei p eine Primzahl und $a \geq 2$ ganz. Seien $y_1, \ldots, y_s$ bzw. $z_1, \ldots, z_t$ genau die inkongruenten Wurzeln von $f \in \mathbb{Z}[X]$ modulo p^{a-1} bzw. p^a, wobei $s = 0$ oder $t = 0$ möglich sind. Da aus $p^a | f(z_\tau)$ folgt $p^{a-1} | f(z_\tau)$ für jedes $\tau = 1, \ldots, t$, muß jedes z_τ modulo p^{a-1} kongruent genau einem y_σ sein.

Danach ist klar: Ist $s \geq 1$ und sind alle inkongruenten Wurzeln $y_1, \ldots, y_s$ von f modulo p^{a-1} bereits bekannt, so braucht man zur Auffindung der Wurzeln von f modulo p^a lediglich für jedes $\sigma = 1, \ldots, s$ die p modulo p^a inkongruenten Zahlen

$$(1) \qquad\qquad y_\sigma + x p^{a-1}, \quad x \in \{0, 1, \ldots, p - 1\}$$

zu bilden und nachzusehen, für welche dieser x die Zahl (1) Wurzel von f modulo p^a ist.

Kann man nun x so bestimmen, daß (1) tatsächlich Wurzel von f modulo p^a ist? Zur Beantwortung dieser Frage wird in 4 ein systematischer Weg aufgezeigt.

4. Reduktion auf Primzahlmoduln. Zunächst sei daran erinnert, daß man für $f = \sum_{i \geq 0} a_i X^i \in \mathbb{Z}[X]$ die λ–te Ableitung definiert durch $f^{(0)} := f$ und $f^{(\lambda)} := \sum_{i \geq \lambda} \lambda! \binom{i}{\lambda} a_i X^{i-\lambda}$ für $\lambda \in \mathbb{N}$; selbstverständlich sind höchstens endlich viele der a_i von Null verschieden. Ersichtlich gilt $\frac{1}{\lambda!} f^{(\lambda)} \in \mathbb{Z}[X]$ für $\lambda \in \mathbb{N}_0$ und überdies die (rein algebraisch beweisbare) TAYLOR–Formel für Polynome

$$(1) \qquad\qquad f(X + Y) = \sum_{\lambda \geq 0} \frac{1}{\lambda!} f^{(\lambda)}(X) Y^\lambda;$$

dabei sind X, Y zwei Unbestimmte. Schreibt man noch wie üblich f' anstelle von $f^{(1)}$ für die erste Ableitung von f, so kann man formulieren den

Satz. *Sei $f \in \mathbb{Z}[X]$, p eine Primzahl, $a \geq 2$ eine ganze Zahl und die ganze Zahl y sei Wurzel von f modulo p^{a-1}. Dann gilt:*

(i)   *Ist $p \mid f'(y)$ und y nicht selbst Wurzel von f modulo p^a, so hat f modulo p^a keine Wurzel, die modulo p^{a-1} kongruent y ist.*

(ii)   *Ist $p \nmid f'(y)$, so hat f modulo p^a genau eine Wurzel z, die modulo p^{a-1} kongruent y ist; z ergibt sich dabei in der Form $y + xp^{a-1}$, wo x die modulo p eindeutige Lösung folgender linearen Kongruenz ist*

$$(2) \qquad\qquad f'(y) X \equiv -\frac{f(y)}{p^{a-1}} \quad (\mathrm{mod}\ p).$$

(iii) *Ist $p \mid f'(y)$ und y selbst schon Wurzel von f modulo p^a, so hat f modulo p^a genau p Wurzeln, die modulo p^{a-1} kongruent y sind; diese ergeben sich in der Form $y + xp^{a-1}$, wo x ein vollständiges Restsystem modulo p durchläuft.*

Beweis. Mittels (1) stellt man sofort fest, daß $y + xp^{a-1}$ (vgl. 3(1)) Wurzel von f modulo p^a ist genau dann, wenn modulo p^a gilt

$$(3) \qquad 0 \equiv f(y + xp^{a-1}) = \sum_{\lambda \geq 0} \frac{1}{\lambda!} f^{(\lambda)}(y) x^\lambda p^{(a-1)\lambda} \equiv f(y) + f'(y) x p^{a-1}.$$

Dabei hat man $(a-1)\lambda \geq a$ für $\lambda \geq 2$ beachtet, was wegen $a \geq 2$ wahr ist; weiter ist die Ganzheit aller $\frac{1}{\lambda!}f^{(\lambda)}(y)$ berücksichtigt. Nun ist $\frac{f(y)}{p^{a-1}}$ nach Voraussetzung des Satzes ganz; die Kongruenz der Zahlen ganz links und ganz rechts in (3) modulo p^a ist daher nach Satz 1.3 damit äquivalent, daß x die lineare Kongruenz (2) löst. Nach Satz 1.5 ist diese aber genau dann lösbar, wenn $(f'(y),p)|f(y)p^{1-a}$ gilt, und in diesem Falle gibt es $(f'(y),p)$ modulo p inkongruente Lösungen. Die Lösungsanzahl von (2) ist also 0 bzw. 1 bzw. p und zwar genau dann, wenn $p|f'(y), p^a \nmid f(y)$ bzw. $p \nmid f'(y)$ bzw. $p|f'(y), p^a|f(y)$ gilt. Nacheinander sind dies genau die Fälle (i), (ii), (iii) im Satz. $\qquad\square$

5. Polynomkongruenzen bei Primzahlmoduln. Zunächst wird der Begriff der Kongruenz zwischen ganzen Zahlen ausgedehnt zum Begriff der Kongruenz zwischen Polynomen in einer Unbestimmten mit ganzzahligen Koeffizienten: Für Primzahlen p heißen $f,g \in \mathbb{Z}[X]$ *kongruent modulo* p (in Zeichen: $f \equiv g \pmod{p}$ oder $f(X) \equiv g(X) \pmod{p}$, Negation: $f \not\equiv g \pmod{p}$) genau dann, wenn $a_i \equiv b_i \pmod{p}$ für alle ganzen $i \geq 0$ gilt, wobei $f = \sum_{i\geq 0} a_i X^i$, $g = \sum_{i\geq 0} b_i X^i$ ist.

Sei f wie soeben und 0 das Nullpolynom. Ist dann $f \not\equiv 0 \pmod{p}$, d.h. sind nicht alle a_i durch p teilbar, so heißt der größte Index i mit $p \nmid a_i$ der *Grad von* f *modulo* p. Dieser wird als $\partial(f;p)$ notiert in Anlehnung an den (gewöhnlichen) Grad eines Polynoms f, der in 1.5.7 durch $\partial(f)$ abgekürzt wurde.

Beispiel. Es werde das Polynom $f := 21 + 3X^2 + 24X^3$ betrachtet. Offenbar ist $f \equiv 0 \pmod{p}$ genau dann, wenn $p|(21,3,24)$, d.h. wenn $p = 3$ gilt. Weiter ist $\partial(f;2) = 2$ und $\partial(f;p) = 3$ für alle Primzahlen $p > 3$.

Aus dem folgenden Satz wird ein Ergebnis über die Anzahl der inkongruenten Wurzeln eines ganzzahligen Polynoms modulo einer Primzahl abgeleitet.

Satz. *Seien* $f \in \mathbb{Z}[X]$, p *eine Primzahl und* $f \not\equiv 0 \pmod{p}$. *Sind die ganzen Zahlen* $x_1, \ldots, x_s$ *paarweise inkongruente Wurzeln von* f *modulo* p, *so gilt*

(i) *die Kongruenz* $f(X) \equiv g_s(X) \prod_{\sigma=1}^{s}(X - x_\sigma) \pmod{p}$ *mit einem* $g_s \in \mathbb{Z}[X]$, *welches den Bedingungen* $g_s \not\equiv 0 \pmod{p}$ *und* $\partial(g_s;p) = \partial(f;p) - s$ *genügt*,

(ii) *die Ungleichung* $s \leq \partial(f;p)$.

Korollar. *Für* f, p *wie im vorstehenden Satz gilt*

$$\rho_f(p) \leq \mathrm{Min}(p, \partial(f;p)).$$

Beweis des Satzes. Ersichtlich ist (ii) eine Konsequenz von (i), man beachte $\partial(g_s; p) \geq 0$. Die Aussage (i) wird durch Induktion nach s bewiesen. Bei $s = 0$ ist die Behauptung klar, man wähle einfach $g_0 := f$. Sei jetzt $\partial(f; p) > 0$ und es werde vorausgesetzt, daß (i) für ein $s \in \{0, \ldots, \partial(f; p) - 1\}$ schon eingesehen ist. Hat f dann noch eine zu den $x_1, \ldots, x_s$ modulo p inkongruente Wurzel x_{s+1}, so gilt mit der Induktionsvoraussetzung

$$0 \equiv f(x_{s+1}) \equiv g_s(x_{s+1}) \prod_{\sigma=1}^{s} (x_{s+1} - x_\sigma) \pmod{p}.$$

Da p keine der Differenzen $x_{s+1} - x_\sigma$ im Produkt teilt, ist x_{s+1} eine Wurzel von g_s modulo p. Das letztere ist offenbar damit äquivalent, daß $\bar{x}_{s+1} \in \mathbb{Z}_p$ (vgl. 1.7 und Bemerkung 4 zu 1.8) Nullstelle von $\bar{g}_s \in \mathbb{Z}_p[X] \setminus \{\bar{0}\}$ ist, wobei $\bar{g}_s$ dadurch aus g_s hervorgeht, daß man sämtliche Koeffizienten von g_s durch ihre Restklassen modulo p ersetzt. Das Abspaltungslemma 1.5.8, angewandt mit $K := \mathbb{Z}_p$, $f := \bar{g}_s$, $c := \bar{x}_{s+1}$, garantiert die Existenz eines $\bar{g}_{s+1} \in \mathbb{Z}_p[X] \setminus \{\bar{0}\}$ mit

(1) $\qquad \bar{g}_s(X) = (X - \bar{x}_{s+1})\bar{g}_{s+1}(X) \quad$ und $\quad \partial(\bar{g}_s) = 1 + \partial(\bar{g}_{s+1}).$

Wählt man nun $g_{s+1} \in \mathbb{Z}[X]$, so daß sich bei Ersetzung seiner Koeffizienten durch ihre Restklassen modulo p gerade $\bar{g}_{s+1}$ ergibt, so ist modulo p

$$g_{s+1} \not\equiv 0, \quad g_s(X) \equiv (X - x_{s+1})g_{s+1}(X) \quad \text{und} \quad \partial(g_s; p) = 1 + \partial(g_{s+1}; p)$$

wegen (1). Damit ist (i) induktiv bewiesen. $\qquad\qquad\qquad\qquad\qquad\qquad$ □

Bemerkung. Ist p eine Primzahl, so hat das Polynom $X^{p-1} - 1$ nach dem "kleinen" FERMATschen Satz 3.3 die paarweise inkongruenten Wurzeln $1, 2, \ldots, p-1$ modulo p. Nach Teil (i) des obigen Satzes ist

$$X^{p-1} - 1 \equiv \prod_{\sigma=1}^{p-1} (X - \sigma) \pmod{p}$$

woraus in Gestalt von $-1 \equiv (p-1)! \pmod{p}$ der "nichttriviale" Teil des WILSONschen Satzes 3.8 nochmals folgt.

6. Ein Beispiel. Hier soll eine Anwendung der Ergebnisse dieses Paragraphen gegeben werden.

Für $f := X^2 + 1$ wurde in Satz 3.9 gezeigt: $\rho_f(2) = 1$ sowie $\rho_f(p)$ gleich 2 bzw. 0, je nachdem, ob die ungerade Primzahl p kongruent 1 bzw. 3 modulo 4 ist.

Wegen $\rho_f(4) = 0$ ist $\rho_f(2^a) = 0$ für alle ganzen $a \geq 2$. Sei jetzt $p \equiv 1 \pmod 4$. Dann ist nach Satz 3.9 und Satz 5(i) mit $y := (\frac{p-1}{2})!$

$$f \equiv (X - y)(X + y) \pmod p.$$

Wegen $p \nmid f'(\pm y) = \pm 2y$ hat f modulo p^2 genau eine Wurzel z_1 bzw. z_2, die modulo p kongruent y bzw. $-y$ ist, und also hat man $\rho_f(p^2) = 2$. Dies ergibt sich aus Satz 4(ii). Wegen $p \nmid y$ ist $p \nmid z_1 z_2$ und so kann man das letzte Argument erneut anwenden und erhält $\rho_f(p^a) = 2$ für jedes $a \geq 1$. Wegen der in Satz 2 festgestellten Multiplikativität von ρ_f kann nun gesagt werden: $\rho_f(m)$ ist positiv genau dann, wenn $m = 2^\delta \prod_{\kappa=1}^k p_\kappa^{a_\kappa}$ gilt mit $\delta \in \{0, 1\}$, $k \in \mathbb{N}_0$ und $p_\kappa \equiv 1 \pmod 4$ für $\kappa = 1, \ldots, k$, falls $k > 0$; dann ist $\rho_f(m) = \prod_{\kappa=1}^k \rho_f(p_\kappa^{a_\kappa}) = 2^k$.

§ 5. Primitivwurzeln

1. Definition. In diesem Paragraphen wird eine Problematik wieder aufgenommen und fortgeführt, die bereits verschiedentlich in § 3 angeklungen ist. Begonnen wird mit der Ermittlung von $\mathrm{ord}_m a^i$ aus i und $\mathrm{ord}_m a$ in folgender

Proposition A. *Seien $m > 0$ und a ganze, teilerfremde Zahlen und sei $k :=$ $\mathrm{ord}_m a$. Dann gilt $\mathrm{ord}_m a^i = \frac{k}{(i,k)}$ für alle ganzen $i \geq 0$. Insbesondere sind genau die a^i wieder von der Ordnung k modulo m, für die $(i, k) = 1$ gilt.*

Beweis. Man setzt $k(i) := \mathrm{ord}_m a^i$, weiß dann $a^{ik(i)} \equiv 1 \pmod m$ und somit $k | i k(i)$ nach Korollar 3.4, also $\frac{k}{(i,k)} | k(i)$. Andererseits ist wegen $a^k \equiv 1 \pmod m$ auch $a^{ik/(i,k)} \equiv 1 \pmod m$, also $k(i) | \frac{k}{(i,k)}$ nach demselben Korollar, was die Behauptung beweist. $\qquad\square$

Nun wird folgende, auf EULER zurückgehende Definition gegeben: Seien $m > 0$ und a ganze, teilerfremde Zahlen; genau dann, wenn $\mathrm{ord}_m a = \varphi(m)$ gilt, heißt a eine *Primitivwurzel modulo m*.

Wenn also a Primitivwurzel modulo m ist, sind $a, a^2, \ldots, a^{\varphi(m)}$ paarweise inkongruent modulo m nach 3.2. Außerdem sind diese $\varphi(m)$ Zahlen sämtliche zu m teilerfremd und bilden somit in ihrer Gesamtheit ein primes Restsystem modulo m, vgl. 1.8. Hat man umgekehrt ein ganzes a, für das $a, a^2, \ldots, a^{\varphi(m)}$ ein primes Restsystem modulo m bilden, so ist offenbar a eine Primitivwurzel modulo m. Die hier festgestellte Äquivalenz kann in der Sprache von 1.8 formuliert werden als

Proposition B. *Für ganze Zahlen $m > 0$ sind gleichbedeutend:*
(i)   *Modulo m gibt es eine Primitivwurzel.*
(ii)   *Die prime Restklassengruppe modulo m ist zyklisch.*

Ohne die Frage nach der Existenz von Primitivwurzeln modulo einem vorgegebenen m schon jetzt zu klären, sagt

Proposition C. *Sei $m > 0$ ganz. Wenn es modulo m überhaupt Primitivwurzeln gibt, so existieren genau $\varphi(\varphi(m))$ paarweise modulo m inkongruente.*

Beweis. Sei a eine Primitivwurzel modulo m; dann ist $\operatorname{ord}_m a = \varphi(m)$. Nach Proposition A sind genau die a^i wieder Primitivwurzeln modulo m, für die $(i, \varphi(m)) = 1$ gilt, was die Behauptung liefert.   □

Ob es zu einem vorgegebenen natürlichen m überhaupt Primitivwurzeln gibt, ist im Moment noch eine offene Frage, die erst in 5 vollständig geklärt sein wird. Betrachtet man beispielsweise die Fälle m gleich 14 bzw. 15, so ist $\varphi(m)$ gleich 6 bzw. 8. Modulo 14 sind die Potenzen von 3 gleich 3, 9, -1, -3, -9, 1; somit ist 3 eine Primitivwurzel modulo 14 und wegen $\varphi(\varphi(14)) = 2$ muß es noch genau eine weitere geben, vgl. Proposition C. Es zeigt sich, daß diese 5 modulo 14 ist. Wegen $\operatorname{ord}_{15} 1 = 1$, $\operatorname{ord}_{15} a = 2$ für $a \equiv -1$, $\pm 4 \pmod{15}$ und $\operatorname{ord}_{15} a = 4$ für $a \equiv \pm 2$, $\pm 7 \pmod{15}$ gibt es modulo 15 keine Primitivwurzeln.

2. Primitivwurzeln modulo Primzahlen. Der hier zu zeigende Satz beinhaltet insbesondere, daß es Primitivwurzeln modulo jeder Primzahl gibt. Dies wurde von J.H. LAMBERT (Opera Mathematica II, 198–213) behauptet. EULER (Opera Omnia Ser. 1, III, 240–281) gab einen nicht ganz kompletten Beweis, während GAUSS (*Disquisitiones Arithmeticae*, Artt. 52–55) mit einer Methode, die unten vorgeführt wird, zeigen konnte

Satz. *Sei p eine Primzahl und $d > 0$ ein Teiler von $p - 1$. Dann existieren genau $\varphi(d)$ modulo p inkongruente ganze Zahlen, die modulo p die Ordnung d haben. Insbesondere gibt es $\varphi(p - 1)$ modulo p inkongruente Primitivwurzeln modulo p.*

Beweis. Sei nämlich T ein primes Restsystem modulo p. Für alle $t \in T$ ist $(\operatorname{ord}_p t) \mid (p - 1)$ und für ganzes $d > 0$ mit $d \mid (p - 1)$ bezeichne $\psi(d)$ die Anzahl der $t \in T$ mit $\operatorname{ord}_p t = d$. Klar ist

$$(1) \qquad\qquad \sum_{d \mid (p-1)} \psi(d) = p - 1.$$

Nun ist entweder $\psi(d) = 0$ oder es gibt ein $t_0 \in T$ mit $\mathrm{ord}_p t_0 = d$; im zweiten Fall sind $t_0, t_0^2, \ldots, t_0^d$ paarweise inkongruent modulo p und sie sind Wurzeln von $f_d := X^d - 1$ modulo p. Andererseits kann f_d nach Korollar 4.5 höchstens d modulo p inkongruente Wurzeln haben. Das heißt aber: Jede Wurzel von f_d modulo p ist kongruent t_0^i für genau ein $i \in \{1, \ldots, d\}$. Nun interessieren offenbar genau diejenigen i mit $\mathrm{ord}_p t_0^i = d$. Nach Proposition 1A sind dies genau die zu d teilerfremden $i \in \{1, \ldots, d\}$ und davon gibt es $\varphi(d)$ Stück. Bei $\psi(d) > 0$ gilt also $\psi(d) = \varphi(d)$, d.h. $\varphi(d) \geq \psi(d)$ für alle positiven Teiler d von $(p-1)$. Aus Satz 1.4.11(iii) und (1) ergibt sich dann

$$ p - 1 = \sum_{d|(p-1)} \varphi(d) \geq \sum_{d|(p-1)} \psi(d) = p - 1, $$

was $\psi(d) = \varphi(d)$ nun für alle positiven Teiler d von $p - 1$ impliziert. $\qquad\square$

Oftmals nützlich ist noch das als Nebenergebnis angefallene

Korollar. *Ist p eine Primzahl und kennt man eine Primitivwurzel t_0 modulo p, so sind die $\varphi(p-1)$ Potenzen t_0^i mit zu $p-1$ teilerfremdem $i \in \{1, \ldots, p-1\}$ genau die sämtlichen Primitivwurzeln modulo p.*

Bemerkungen. 1) In der Bemerkung zu 3.4 wurde (in der in 1 eingeführten Sprechweise) angekündigt, daß es zu unendlich vielen $m \in \mathbb{N}$ Primitivwurzeln gibt. Dies ist natürlich im obigen Satz enthalten.

2) Mittels Proposition 1B kann für Primzahlen p aus dem Hauptergebnis des gegenwärtigen Abschnitts geschlossen werden: *Die prime Restklassengruppe modulo p ist zyklisch.* Anders ausgedrückt: *Die multiplikative Gruppe $\mathbb{Z}_p^\times$ des Körpers $\mathbb{Z}_p$* (vgl. 1.7) *ist zyklisch.* Dies ist Spezialfall eines allgemeineren Satzes aus der Algebra: Ist K ein Körper, so ist jede *endliche* Untergruppe von $K^\times$ zyklisch.

3. Tabellen für Primitivwurzeln. Es sei eine kurze Tabelle für die sämtlichen $\varphi(p-1)$ Primitivwurzeln modulo der Primzahlen $p < 50$ angefügt.

p	$\varphi(p-1)$	Primitivwurzeln modulo p
2	1	1
3	1	2
5	2	2,3
7	2	3,5
11	4	2,6,7,8
13	4	2,6,7,11
17	8	3,5,6,7,10,11,12,14
19	6	2,3,10,13,14,15
23	10	5,7,10,11,14,15,17,19,20,21
29	12	2,3,8,10,11,14,15,18,19,21,26,27
31	8	3,11,12,13,17,21,22,24
37	12	2,5,13,15,17,18,19,20,22,24,32,35
41	16	6,7,11,12,13,15,17,19,22,24,26,28,29,30,34,35
43	12	3,5,12,18,19,20,26,28,29,30,33,34
47	22	5,10,11,13,15,19,20,22,23,26,29,30,31,33,35,38,39,40,41,43,44,45

Es soll beispielsweise erklärt werden, wie hier die 22 Primitivwurzeln modulo 47 gefunden wurden. Nach Korollar 3.4 gilt $\mathrm{ord}_{47}a \in \{1,2,23,46\}$ für alle ganzen, nicht durch 47 teilbaren Zahlen a. Wegen $2^{12} = 4096 = 47 \cdot 87 + 7 \equiv 7 \pmod{47}$ ist $2^{24} \equiv 49 \equiv 2 \pmod{47}$, also $\mathrm{ord}_{47}2 = 23$. Weiter gilt wegen $3^5 \equiv 8 \pmod{47}$, $3^{11} \equiv 4 \pmod{47}$ die Kongruenz $3^{23} \equiv 1 \pmod{47}$, was zu $\mathrm{ord}_{47}3 = 23$ führt. Nach dem "kleinen" FERMAT–Satz 3.3 ist $4^{23} = 2^{46} \equiv 1 \pmod{47}$, also auch $\mathrm{ord}_{47}4 = 23$ und als kleinste positive Primitivwurzel modulo 47 kommt erst 5 in Frage. Wegen $5^{23} \equiv -1 \pmod{47}$ ist tatsächlich $\mathrm{ord}_{47}5 = 46$, also 5 *eine* Primitivwurzel modulo 47. Nach Korollar 2 erhält man daraus leicht *alle* Primitivwurzeln modulo 47.

Bei dem hier durchgeführten Beispiel sieht es so aus, als hätte man zur Ermittlung einer ersten Primitivwurzel modulo 47 einfach die Zahlen 2, 3, 4, 5 nacheinander durchprobiert. Es gibt aber manche Hilfen, die das Probierverfahren oft abkürzen; eine solche ist enthalten im

Lemma. *Sei $m \in \mathbb{N}$ und die ganzen Zahlen a_1, a_2 seien zu m teilerfremd; weiter seien $\mathrm{ord}_m a_1$, $\mathrm{ord}_m a_2$ zueinander teilerfremd. Dann gilt*

$$\mathrm{ord}_m a_1 a_2 = (\mathrm{ord}_m a_1)(\mathrm{ord}_m a_2).$$

Beweis. Ist $k := \mathrm{ord}_m a_1 a_2$ und $k_i := \mathrm{ord}_m a_i$ für $i = 1,2$, so folgt aus $a_i^{k_i} \equiv 1 \pmod{m}$ sofort $a_i^{k_1 k_2} \equiv 1 \pmod{m}$ für $i = 1,2$ und daraus $(a_1 a_2)^{k_1 k_2} \equiv$

1 (mod m), woraus man $k|k_1k_2$ erhält. Andererseits führt $a_1^k a_2^k \equiv 1$ (mod m) zu $a_1^{kk_2} \equiv 1$ (mod m), also $k_1|kk_2$; wegen $(k_1, k_2) = 1$ bedeutet dies $k_1|k$. Analog folgt $k_2|k$ und somit $k_1k_2|k$, erneut wegen $(k_1, k_2) = 1$. Mit $k = k_1k_2$ hat man die Behauptung.   □

Aufgrund dieses Lemmas kann man schon in dem Moment eine Primitivwurzel modulo 47 angeben, wo man $\operatorname{ord}_{47}2 = 23$ erkannt hat, also sofort nach dem ersten (Fehl–)Versuch, eine möglichst kleine Primitivwurzel modulo 47 zu finden. Wegen $\operatorname{ord}_{47}(-1) = 2$, $\operatorname{ord}_{47}2 = 23$ ist nämlich nach dem Lemma $\operatorname{ord}_{47}(-2) = 2 \cdot 23 = 46$ und so ist $-2 \equiv 45$ eine Primitivwurzel modulo 47. Dies ist die letzte in der $p = 47$ entsprechenden Zeile obiger Tabelle; auch aus ihr ergeben sich selbstverständlich sämtliche weiteren Primitivwurzeln derselben Zeile mittels Korollar 2.

Nach diesem Korollar ist es einleuchtend, warum in den meisten Tafeln über Primitivwurzeln, die man in der Literatur findet, meistens nur die *kleinste positive* Primitivwurzel modulo der Primzahlen p angegeben ist. Die erste umfangreichere solche Tafel für $p < 1000$ findet sich bei C.G.J. JACOBI (*Canon Arithmeticus*, 1839; Neuausgabe: Akademie–Verlag, Berlin, 1956). Wesentlich weitreichender ist das Tafelwerk für $p \le 50021$ von A.E. WESTERN und J.C.P. MILLER (*Tables of Indices and Primitive Roots*, University Press, Cambridge, 1968).

Bemerkungen. 1) Ein Blick auf obige Tabelle suggeriert, daß für jede Primzahl $p \neq 3$ das Produkt aller $\varphi(p - 1)$ inkongruenten Primitivwurzeln modulo p kongruent 1 (mod p) ist; der Leser möge dies als Übung beweisen.

2) Betrachtet man obige Tabelle nicht "horizontal", sondern "vertikal", so hat E. ARTIN (Collected Papers, viii–x) im Jahre 1927 die Vermutung geäußert, daß jedes vorgegebene ganze $a \neq -1$, das keine Quadratzahl ist, Primitivwurzel modulo p für unendlich viele Primzahlen p ist. Daß hier die Ausnahmen $a \neq -1, 0$ ganz natürlich sind, ist klar. Ist a eine positive Quadratzahl, etwa $a = b^2$, so ist $a^{(p-1)/2} = b^{p-1} \equiv 1$ (mod p) für alle ungeraden Primzahlen p mit $p \nmid a$; modulo aller genügend großen p können diese a also sicher keine Primitivwurzeln sein. Einen bedeutenden Fortschritt in Richtung auf die noch offene ARTINsche Vermutung hat C. HOOLEY (J. Reine Angew. Math. *225*, 209–220 (1967)) erzielt, allerdings unter Annahme der Richtigkeit einer anderen derzeit unbewiesenen Hypothese. Ohne jede unbewiesene Voraussetzung konnte D.R. HEATH-BROWN (Quart. J. Math. Oxford (2) *37*, 27–38 (1986)) ein überaus interessantes Resultat sichern, aus dem z.B. folgt, daß bis auf höchstens zwei Ausnahmen jede Primzahl a Primitivwurzel modulo p für unendlich viele Primzahlen p ist.

4. Zu welchen Moduln sind Primitivwurzeln möglich? Um diese Frage möglichst präzise beantworten zu können, sei vorausgeschickt folgendes

Lemma. *Sind $m_1, m_2 \in \mathbb{N}$ und $a \in \mathbb{Z}$ paarweise teilerfremd und ist $n_i \in \mathbb{N}$ Vielfaches von $\operatorname{ord}_{m_i} a$ für $i = 1, 2$, so ist $\frac{n_1 n_2}{(n_1, n_2)}$ Vielfaches von $\operatorname{ord}_{m_1 m_2} a$.*

Beweis. Bei $k_i := \operatorname{ord}_{m_i} a$, $k := \operatorname{ord}_{m_1 m_2} a$ gilt $k = \operatorname{kgV}(k_1, k_2) = \frac{k_1 k_2}{(k_1, k_2)}$ nach Lemma 3.5 und Satz 1.2.12A. Weiter gilt $n_i = k_i \ell_i$ für $i = 1, 2$ mit geeignetem $\ell_i \in \mathbb{N}$ nach Voraussetzung. Die Behauptung ist also mit $\frac{k_1 k_2}{(k_1, k_2)} \mid \frac{k_1 k_2 \ell_1 \ell_2}{(k_1 \ell_1, k_2 \ell_2)}$, d.h. mit $(k_1 \ell_1, k_2 \ell_2) \mid \ell_1 \ell_2 (k_1, k_2)$ äquivalent und letzteres ist direkt einsichtig. $\square$

Das soeben gezeigte Lemma gestattet es nun, die Moduln, zu denen es Primitivwurzeln geben kann, weitgehend einzuschränken.

Proposition. *Modulo $m \in \mathbb{N}$ existieren höchstens dann Primitivwurzeln, wenn m gleich 1, 2, 4, p^α, $2p^\alpha$ mit ungerader Primzahl p und natürlichem α ist.*

Beweis. Für a, m_1, m_2 wie im Lemma gilt $(\operatorname{ord}_{m_i} a) \mid \varphi(m_i)$ für $i = 1, 2$ nach Korollar 3.4. Unter Berücksichtigung der Multiplikativität von φ (vgl. Satz 1.4.11(i)) und der Teilerfremdheit von m_1, m_2 ist $\frac{\varphi(m_1 m_2)}{(\varphi(m_1), \varphi(m_2))}$ nach dem Lemma Vielfaches von $\operatorname{ord}_{m_1 m_2} a$. Dies bedeutet: Modulo solcher $m \in \mathbb{N}$, die eine Zerlegung $m = m_1 m_2$ mit teilerfremden $m_1, m_2 \in \mathbb{N}$ und $(\varphi(m_1), \varphi(m_2)) > 1$ zulassen, kann es keine Primitivwurzeln geben.

Es werde erst der Fall betrachtet, daß m von einer ungeraden Primzahl geteilt wird, etwa von p. Sei hier $m = p^\alpha m'$ mit $m', \alpha \in \mathbb{N}$, $p \nmid m'$; wegen $p^\alpha \geq 3$ und Korollar 1.4.11(iv) ist $\varphi(p^\alpha)$ gerade. Wenn also modulo m eine Primitivwurzel existiert, muß $\varphi(m')$ ungerade, also gleich 1 sein; dies läßt nur m' gleich 1 oder 2 zu.

Um den Fall $m = 2^\alpha$ zu behandeln, wird behauptet, daß bei ungeradem ganzem u die Kongruenz

$$(1) \qquad\qquad u^{2^{\alpha-2}} \equiv 1 \pmod{2^\alpha} \quad \text{für } \alpha = 3, 4, \ldots$$

gilt. Zunächst hat man $u^2 = (2v + 1)^2 = 4v(v + 1) + 1 \equiv 1 \pmod{8}$ mit ganzem v wegen der Ungeradheit von u; dies beweist (1) für $\alpha = 3$. Sei nun (1) schon für ein $\alpha \geq 3$ als richtig erkannt; (1) ist äquivalent mit einer Gleichung $u^{2^{\alpha-2}} = 1 + 2^\alpha w$ bei geeignetem ganzem w. Durch Quadrieren folgt hieraus $u^{2^{\alpha-1}} = 1 + 2^{\alpha+1} w + 2^{2\alpha} w^2 \equiv 1 \pmod{2^{\alpha+1}}$ und dies ist (1) für $\alpha + 1$ anstelle von α.

Wegen $\varphi(2^\alpha) = 2^{\alpha-1}$ ist $(\operatorname{ord}_{2^\alpha} u) \mid \frac{1}{2}\varphi(2^\alpha)$ nach (1) für $\alpha = 3, 4, \ldots$ und jedes ungerade ganze u. Da jede Primitivwurzel modulo 2^α, $\alpha > 2$, ungerade sein müßte, kann es solche nach der zuletzt festgestellten Teilbarkeitsbeziehung nicht geben. $\square$

5. Bestimmung aller Moduln mit Primitivwurzeln. Die Aussage der letzten Proposition geht auf GAUSS (*Disquisitiones Arithmeticae*, Art. 92) zurück. Implizit findet sich im gleichen Werk schon an früherer Stelle, daß es zu den in der Proposition genannten Moduln tatsächlich Primitivwurzeln gibt. Damit ist auch klar, warum am Ende von 1 Primitivwurzeln modulo 14, jedoch nicht modulo 15 gefunden werden konnten.

Um das volle GAUSSsche Ergebnis beweisen zu können, benötigt man folgendes

Lemma . *Zu jeder Primzahl p gibt es eine Primitivwurzel a modulo p mit $a^{p-1} \not\equiv 1 \pmod{p^2}$.*

Beweis. Bei ganzem a_1 und $a_2 := a_1 + p$ gilt nach Lemma 3.3

$$
(1) \qquad a_2^p = \sum_{j=0}^{p} \binom{p}{j} a_1^j p^{p-j} \equiv a_1^p \pmod{p^2}.
$$

Nach dem "kleinen" FERMATschen Satz 3.3 ist $a_j^p = a_j + b_j p$ mit ganzem b_j für $j = 1, 2$; dies in (1) eingetragen führt unter Berücksichtigung der Kürzungsregel 1.3 zur Kongruenz $b_2 \equiv b_1 - 1 \pmod{p}$ und so ist höchstens eines der b_1, b_2 durch p teilbar. Nun wähle man a_1 als Primitivwurzel modulo p, was nach Satz 2 möglich ist; a_2 ist ebenfalls Primitivwurzel modulo p. Nach den Feststellungen über die b_j ist aber $p^2 \nmid (a_j^p - a_j)$ für mindestens ein j. $\qquad\square$

Satz von Gauss. *Modulo $m \in \mathbb{N}$ existieren genau dann Primitivwurzeln, wenn m gleich $1, 2, 4, p^\alpha, 2p^\alpha$ mit ungerader Primzahl p und natürlichem α ist.*

Beweis. Zunächst sind $1, 1, 3$ Primitivwurzeln modulo $1, 2, 4$ in dieser Reihenfolge. Für den Rest des Beweises seien p, α wie im Satz.

Sei a eine Primitivwurzel modulo p^α; dann gibt es auch eine *ungerade* Primitivwurzel $\hat{a}$ modulo p^α: Man nehme für $\hat{a}$ etwa die ungerade der beiden Zahlen a und $a + p^\alpha$ und hat $(\hat{a}, 2p^\alpha) = 1$. Für $k := \mathrm{ord}_{2p^\alpha} \hat{a}$ gilt $k | \varphi(2p^\alpha) \Leftrightarrow k | (p-1)p^{\alpha-1}$ nach Korollar 3.4; da $\hat{a}^k \equiv 1 \pmod{2p^\alpha}$ die Kongruenz $\hat{a}^k \equiv 1 \pmod{p^\alpha}$ impliziert, ist $(p-1)p^{\alpha-1} | k$, erneut nach Korollar 3.4. Man hat also $k = (p-1)p^{\alpha-1} = \varphi(2p^\alpha)$ und so ist $\hat{a}$ Primitivwurzel modulo $2p^\alpha$.

Im folgenden muß lediglich noch gezeigt werden, daß es modulo p^α Primitivwurzeln gibt. Dazu wird a dem vorausgeschickten Lemma gemäß gewählt und

$$
(2) \qquad a^{(p-1)p^{\alpha-2}} \not\equiv 1 \pmod{p^\alpha}
$$

für $\alpha = 2, 3, \ldots$ behauptet. Während (2) für $\alpha = 2$ mit dem Lemma erledigt ist, werde nun (2) für ein $\alpha \geq 2$ als richtig vorausgesetzt. Unter Beachtung von $\varphi(p^{\alpha-1}) = (p-1)p^{\alpha-2}$ folgt aus (2) mit dem FERMAT–EULERschen Satz 3.4

$$(3) \qquad\qquad a^{(p-1)p^{\alpha-2}} = 1 + bp^{\alpha-1}$$

mit ganzem, nicht durch p teilbarem b. Aus (3) ergibt sich durch Potenzieren

$$(4) \qquad\qquad a^{(p-1)p^{\alpha-1}} = (1 + bp^{\alpha-1})^p = 1 + bp^\alpha + cp^{2\alpha-1}$$

mit ganzem c wegen $p | \binom{p}{2}$, vgl. Lemma 3.3. Mit Rücksicht auf $2\alpha - 1 \geq \alpha + 1$ für $\alpha \geq 2$ und $p \nmid b$ beinhaltet (4) die Richtigkeit von (2) für $\alpha + 1$ anstelle von α.

Ist a weiterhin dem Lemma gemäß gewählt, so ist es zu p^α teilerfremd, und man kann $\ell := \mathrm{ord}_{p^\alpha} a$ definieren. Nach Korollar 3.4 ist $\ell | \varphi(p^\alpha) = (p-1)p^{\alpha-1}$. Andererseits folgt aus $a^\ell \equiv 1 \pmod{p^\alpha}$ erst recht $a^\ell \equiv 1 \pmod{p}$ und somit $(p-1) | \ell$ wegen $\mathrm{ord}_p a = p - 1$. Damit muß $\ell = (p-1)p^\beta$ mit einem $\beta \in \{0, \ldots, \alpha - 1\}$ gelten, d.h. $a^{(p-1)p^\beta} \equiv 1 \pmod{p^\alpha}$. Wegen (2) ist hier $\beta \leq \alpha - 2$ unmöglich und so bleibt nur $\beta = \alpha - 1$, was $\mathrm{ord}_{p^\alpha} a = \ell = (p-1)p^{\alpha-1} = \varphi(p^\alpha)$ beweist. $\qquad\square$

Bemerkung. Nach dem GAUSSschen Satz und Proposition 1B ist die prime Restklassengruppe $\mathbb{Z}_{p^\alpha}^*$ modulo p^α für natürliche α und Primzahlen p genau dann zyklisch, wenn nicht gleichzeitig $p = 2$ und $\alpha \geq 3$ gelten. Daher kann nach der Bemerkung zu 2.5 gesagt werden:

Ist $m \geq 2$ eine ganze Zahl mit der kanonischen Zerlegung $\prod_{\kappa=1}^{k} p_\kappa^{\alpha_\kappa}$, so ist $\mathbb{Z}_m^*$ isomorph zum direkten Produkt der primen Restklassengruppen modulo $p_\kappa^{\alpha_\kappa}$ für $\kappa = 1, \ldots, k$ und diese letzteren sind sämtliche zyklisch, falls nur $8 \nmid m$ gilt. Ist jedoch $8 | m$ und etwa $p_1 = 2$, so ist $\mathbb{Z}_{p_1^{\alpha_1}}^*$ sicher *nicht* zyklisch.

Dennoch muß $\mathbb{Z}_m^*$ auch in diesem Fall isomorph dem direkten Produkt geeigneter zyklischer Gruppen von Primzahlpotenzordnung sein; dies lehrt der Hauptsatz über endliche abelsche Gruppen von G. FROBENIUS und L. STICKELBERGER (J. Reine Angew. Math. *86*, 217–262 (1879)). Für die Darstellung von $\mathbb{Z}_m^*$ bei $8 | m$ als direktes Produkt zyklischer Gruppen reicht es offenbar nach den vorstehenden Erörterungen, $\mathbb{Z}_{2^\alpha}^*$ bei $\alpha \geq 3$ noch als direktes Produkt geeigneter zyklischer Gruppen von Primzahlpotenzordnung auszudrücken, was im folgenden Abschnitt geschehen soll.

6. Zweierpotenzen als Moduln. Dazu wird vorangestellt folgendes

Lemma. *Bei ungeradem ganzem u sind äquivalent:*
(i) $\mathrm{ord}_{2^\alpha} u = 2^{\alpha-2}$ *für alle* $\alpha = 3, 4, \ldots$.
(ii) $u \equiv \pm 3 \pmod 8$.

Beweis. In beiden Fällen $u \equiv \pm 1 \pmod{2^3}$ ist $u^2 \equiv 1 \pmod{2^4}$ und daher induktiv $u^{2^{\alpha-3}} \equiv 1 \pmod{2^\alpha}$ für alle $\alpha \geq 4$, also $(\mathrm{ord}_{2^\alpha} u) | 2^{\alpha-3}$ für dieselben α und die Gleichung in (i) kann hier nicht gelten.

Sei nun $u \equiv \pm 3 \pmod 8$. Dann ist $u^{2^\beta} - 1 = 2^{\beta+2} v_\beta$ für alle $\beta \in \mathbb{N}$ mit ungeradem ganzem v_β. Für $\beta = 1$ ist dies nämlich leicht ersichtlich und, wenn die Gleichung für ein $\beta \geq 1$ wahr ist, ist $u^{2^\beta} + 1 = 2 w_\beta$ mit $w_\beta := 1 + 2^{\beta+1} v_\beta$ ungerade, also $u^{2^{\beta+1}} - 1 = 2^{\beta+3} v_\beta w_\beta =: 2^{\beta+3} v_{\beta+1}$ mit ungeradem $v_{\beta+1}$.

Nach 4(1) gilt $\mathrm{ord}_{2^\alpha} u = 2^\beta$ mit natürlichem $\beta \leq \alpha - 2$ für $\alpha \geq 3$. Andererseits ist nach der letzten Feststellung $2^\alpha | (u^{2^\beta} - 1) = 2^{\beta+2} v_\beta$, also $\alpha \leq \beta + 2$ wegen der Ungeradheit von v_β. Daher ist $\mathrm{ord}_{2^\alpha} u = 2^\beta = 2^{\alpha-2}$ für $\alpha \geq 3$. $\square$

Satz. *Bei ganzem $\alpha \geq 3$ und $u \equiv \pm 3 \pmod 8$ bilden die folgenden $\varphi(2^\alpha) = 2^{\alpha-1}$ Zahlen ein primes Restsystem modulo 2^α*

$$(1) \qquad\qquad u, u^2, u^3, \ldots, u^{2^{\alpha-2}}, -u, -u^2, \ldots, -u^{2^{\alpha-2}}.$$

Beweis. Da u ungerade ist, sind offenbar alle $2^{\alpha-1}$ Zahlen (1) zum Modul 2^α teilerfremd. Wegen der Implikation (ii) $\Rightarrow$ (i) des Lemmas sind die ersten $2^{\alpha-2}$ Zahlen in (1) paarweise inkongruent modulo 2^α; dasselbe gilt für die zweiten $2^{\alpha-2}$ Zahlen in (1). Andererseits ist auch jede der ersten $2^{\alpha-2}$ Zahlen in (1) zu jeder der zweiten teilerfremd: Denn wäre $u^i \equiv -u^j \pmod{2^\alpha}$ für $1 \leq i, j \leq 2^{\alpha-2}$, o.B.d.A. mit $j \leq i$, so wäre $u^{i-j} \equiv -1 \pmod{2^\alpha}$ nach der Kürzungsregel 1.3. Daraus würde $u^{2(i-j)} \equiv 1 \pmod{2^{\alpha+1}}$ folgen, also erneut nach dem Lemma $2^{\alpha-1} | 2(i - j)$, was wegen $0 \leq i - j < 2^{\alpha-2}$ zu $i = j$ führt, damit zu $1 \equiv -1 \pmod{2^\alpha}$, was wegen $\alpha \geq 3$ nicht geht. $\square$

Aus dem vorstehenden Satz ergibt sich unmittelbar das

Korollar. *Seien $\alpha \geq 3$ und $u \equiv \pm 3 \pmod 8$ feste ganze Zahlen. Dann gibt es zu jedem ungeraden ganzen c ein modulo 2 bzw. $2^{\alpha-2}$ eindeutig bestimmtes ganzes i_0 bzw. i_{-1}, so daß gilt*

$$(2) \qquad\qquad c \equiv (-1)^{i_0} u^{i_{-1}} \pmod{2^\alpha}.$$

Die Bedeutung der Existenz von Primitivwurzeln modulo m liegt vor allem in folgender, in 1 erkannten Tatsache: Ist a eine feste Primitivwurzel modulo m, so gibt es zu jedem ganzen c mit $(c, m) = 1$ ein modulo $\varphi(m)$ eindeutig bestimmtes ganzes i mit

(3) $$c \equiv a^i \pmod{m}.$$

Formel (2) hat als Analogon zu (3) im Falle des Moduls 2^α, $\alpha \geq 3$, angesehen zu werden, zu dem es nach dem GAUSSschen Satz keine Primitivwurzeln gibt.

Bemerkung. Aus dem obigen Korollar folgt: Sind $\alpha \geq 3$ und $u \equiv \pm 3 \pmod{8}$ feste ganze Zahlen, so ist die prime Restklassengruppe $\mathbb{Z}_{2^\alpha}^*$ modulo 2^α direktes Produkt ihrer von den Restklassen $\overline{-1}$ bzw. $\bar{u}$ modulo 2^α erzeugten zyklischen Untergruppen der Primzahlpotenzordnung 2 bzw. $2^{\alpha-2}$. (Man vergleiche die Bemerkung zu 5 sowie zur Schreibweise die Bemerkung 4 zu 1.8.)

7. Basisdarstellung. Die Darstellungen 6(2) bzw. 6(3) für zum Modul teilerfremde ganze Zahlen gelten nur für sehr spezielle Moduln; der folgende Satz verallgemeinert diese Darstellungen auf beliebige natürliche Moduln.

Satz. *Sei m eine natürliche Zahl mit der kanonischen Zerlegung $\prod_{\kappa=0}^{k} p_\kappa^{\alpha_\kappa}$, wobei $p_0 := 2$ vereinbart sei; dabei sind α_0 und k ganz und nichtnegativ, jedoch seien $\alpha_1, \ldots, \alpha_k$ positiv, falls k positiv ist. Für $\kappa = 0, \ldots, k$ sei $q_\kappa := p_\kappa^{\alpha_\kappa}$ gesetzt. Die ganze Zahl a_0 genüge den Kongruenzen*

(1) $$a_0 \equiv -1 \pmod{q_0}, \quad a_0 \equiv 1 \pmod{\frac{m}{q_0}}$$

und, falls k positiv ist, seien a_κ feste Primitivwurzeln modulo q_κ mit

(2) $$a_\kappa \equiv 1 \pmod{\frac{m}{q_\kappa}}$$

für $\kappa = 1, \ldots, k$. Dann gilt für jedes zu m teilerfremde ganze c

(i)   *im Falle $\alpha_0 \leq 2$: Es gibt genau ein $(i_0, \ldots, i_k) \in \mathbb{N}_0^{k+1}$, $i_\kappa < \varphi(q_\kappa)$ für $\kappa = 0, \ldots, k$ mit*

(3) $$c \equiv a_0^{i_0} \cdot \ldots \cdot a_k^{i_k} \pmod{m};$$

(ii)   *im Falle $\alpha_0 \geq 3$: Es gibt genau ein $(i_{-1}, i_0, \ldots, i_k) \in \mathbb{N}_0^{k+2}$, $i_{-1} < \frac{1}{2}\varphi(q_0)$, $i_0 < 2$ und $i_\kappa < \varphi(q_\kappa)$ für $\kappa = 1, \ldots, k$ mit*

(4)
$$c \equiv a_{-1}^{i_{-1}} a_0^{i_0} \cdot \ldots \cdot a_k^{i_k} \pmod{m}.$$

Dabei hat die ganze Zahl a_{-1} den Kongruenzen

(5)
$$a_{-1} \equiv u \pmod{q_0}, \quad a_{-1} \equiv 1 \pmod{\frac{m}{q_0}}$$

zu genügen, wenn die ganze Zahl u vorab gemäß $u \equiv \pm 3 \pmod 8$ fixiert wurde.

Beweis. Zunächst sind die Wahlen (1) bzw. (5), letzteres bei $\alpha_0 \geq 3$, für a_0 bzw. a_{-1} nach dem chinesischen Restsatz 2.2 (sogar modulo m eindeutig) möglich. Ist $k \geq 1$, so gibt es nach dem GAUSSschen Satz 5 für jedes $\kappa = 1, \ldots, k$ eine Primitivwurzel a'_κ modulo q_κ. Erneut nach dem chinesischen Restsatz ist das System

$$X \equiv a'_\kappa \pmod{q_\kappa}, \quad X \equiv 1 \pmod{\frac{m}{q_\kappa}}$$

dann für jedes $\kappa = 1, \ldots, k$ (modulo m eindeutig) lösbar; jede derartige Lösung a_κ ist wegen $a_\kappa \equiv a'_\kappa \pmod{q_\kappa}$ eine Primitivwurzel modulo q_κ, die außerdem der Bedingung (2) genügt.

Wegen $(c, m) = 1 \Leftrightarrow (c, q_\kappa) = 1$ für $\kappa = 0, \ldots, k$ existiert nach der Feststellung zu 6(3) genau ein $i_\kappa \in \{0, \ldots, \varphi(q_\kappa) - 1\}$ mit

(6)
$$c \equiv a_\kappa^{i_\kappa} \pmod{q_\kappa};$$

bei $\alpha_0 \leq 2$ trifft dies für $\kappa = 0, \ldots, k$ zu, bei $\alpha_0 \geq 3$ lediglich für $\kappa = 1, \ldots, k$.

Sei erst $\alpha_0 \leq 2$ und $\kappa \in \{0, \ldots, k\}$ fixiert. Nach (1) und (2) ist $a_\lambda \equiv 1 \pmod{\frac{m}{q_\lambda}}$ für $\lambda = 0, \ldots, k$, also erst recht $a_\lambda \equiv 1 \pmod{q_\kappa}$ für dieselben λ, aber $\lambda \neq \kappa$ (man beachte $q_\kappa | \frac{m}{q_\lambda}$). Wegen (6) und der letzten Feststellung ist

$$c \equiv a_0^{i_0} \cdot \ldots \cdot a_k^{i_k} \pmod{q_\kappa};$$

da dies für $\kappa = 0, \ldots, k$ zutrifft, ist die Existenz *einer* Darstellung (3) gesichert. Aus

(7)
$$a_0^{i_0} \cdot \ldots \cdot a_k^{i_k} \equiv a_0^{j_0} \cdot \ldots \cdot a_k^{j_k} \pmod{m}$$

mit $i_\kappa, j_\kappa \in \{0, \ldots, \varphi(q_\kappa) - 1\}$ für $\kappa = 0, \ldots, k$ folgt dieselbe Kongruenz modulo q_κ anstatt modulo m, wegen $a_\lambda \equiv 1 \pmod{q_\kappa}$ für $\lambda \neq \kappa$ also $a_\kappa^{i_\kappa} \equiv a_\kappa^{j_\kappa} \pmod{q_\kappa}$, was nach den Feststellungen bei 6(3) zu $i_\kappa = j_\kappa$ für $\kappa = 0, \ldots, k$ führt.

Sei jetzt $\alpha_0 \geq 3$ und $\kappa \in \{1, \ldots, k\}$ fixiert. Nach 6(2) ist mit $i_0 \in \{0, 1\}$, $i_{-1} \in \{0, \ldots, \frac{1}{2}\varphi(q_0) - 1\}$ wegen (1) und (5)

$$c \equiv u^{i_{-1}}(-1)^{i_0} \equiv a_{-1}^{i_{-1}} a_0^{i_0} \pmod{q_0}$$

also wegen den aus (2) folgenden Kongruenzen $a_\kappa \equiv 1 \pmod{q_0}$ für $\kappa = 1, \ldots, k$

$$c \equiv a_{-1}^{i_{-1}} a_0^{i_0} \cdot \ldots \cdot a_k^{i_k} \pmod{q_0}.$$

Dieselbe Kongruenz hat man modulo q_κ für $\kappa = 1, \ldots, k$ anstatt modulo q_0; man braucht ja nur (6) und $a_\lambda \equiv 1 \pmod{q_\kappa}$ für $\lambda = -1, 0, \ldots, k$, $\lambda \neq \kappa$ (für $\lambda = -1$ vgl. (5)) zu beachten. Damit ist die Existenz *einer* Darstellung (4) gesichert mit den dort genannten Bedingungen an $i_{-1}, \ldots, i_k$. Deren Eindeutigkeit möge sich der Leser selbst überlegen, ausgehend von einer zu (7) analogen Kongruenz. □

Bemerkungen. 1) Ist α_0 im vorstehenden Satz gleich 0 oder 1, so kann a_0 gleich 1 gewählt werden, so daß der erste Faktor rechts in (3) nicht in Erscheinung tritt.

2) Ist allgemein eine multiplikativ geschriebene abelsche Gruppe G direktes Produkt zyklischer Untergruppen $G_1, \ldots, G_k$ von G und wird G_κ von g_κ für $\kappa = 1, \ldots, k$ erzeugt, so heißt $\{g_1, \ldots, g_k\}$ eine *Basis* von G. Mittels einer solchen Basis läßt sich jedes $g \in G$ eindeutig in der Form

$$(8) \qquad\qquad g_1^{i_1} \cdot \ldots \cdot g_k^{i_k}$$

ausdrücken; man nennt (8) die *Basisdarstellung* von g. Wendet man diese Begriffsbildung auf die prime Restklassengruppe $\mathbb{Z}_m^*$ an, so wird man unter Beachtung der Bemerkungen zu 5 und 6 die Kongruenzen (3) und (4) im Satz als *Basisdarstellung* der zum Modul teilerfremden ganzen Zahlen bezeichnen.

3) Die Basisdarstellung (3) bzw. (4) ist von größter Bedeutung z.B. beim Beweis des Satzes 3.2.10 von DIRICHLET über Primzahlen in arithmetischen Progressionen, vgl. K. PRACHAR [20], S. 99ff.

Kapitel 3. Potenzreste, insbesondere quadratische Reste

In diesem Kapitel werden, wie schon im Vorwort zum letzten in Aussicht gestellt, die Untersuchungen über Kongruenzen fortgeführt. Wie erinnerlich wurde in § 4 von Kap. 2 eine Methode vorgestellt, die die Gewinnung sämtlicher Wurzeln eines ganzzahligen Polynoms in einer Unbestimmten nach einem natürlichen Modul m auf die Ermittlung aller Wurzeln des Polynoms modulo aller in m aufgehenden Primzahlen reduziert.

Jetzt sollen die spezielleren polynomialen Kongruenzen $X^n \equiv c \pmod{m}$ bei ganzem $n \geq 2$ und zu m teilerfremdem, ganzem c genauer auf ihre Lösbarkeit untersucht werden. Dabei ist § 1 dem allgemeinen Fall gewidmet, während der Spezialfall $n = 2$ einer sehr eingehenden Diskussion in § 2 unterzogen wird.

Zentrales Ergebnis von § 2 ist das von GAUSS gefundene quadratische Reziprozitätsgesetz mit seinen beiden Ergänzungssätzen, für das GAUSS selbst acht methodisch verschiedene Beweise geliefert hat. § 2 endet mit Anwendungen dieser Sätze auf die Fragen nach der Existenz unendlich vieler Primzahlen in gewissen arithmetischen Progressionen und nach der möglichen Form von Primfaktoren von FERMAT– bzw. MERSENNE–Zahlen. Seit längerer Zeit spielen diejenigen MERSENNE–Zahlen, die Primzahlen sind, in den aktuellen Primzahlrekordlisten eine führende Rolle.

In § 3 schließlich wird noch die Problematik angeschnitten, wie sich bei ungerader Primzahl p die $c \in \{1, 2, \ldots, p - 1\}$ verteilen, für die die Kongruenz $X^2 \equiv c \pmod{p}$ lösbar ist. Die Beantwortung dieser spezielleren Fragestellung wirft als Nebenergebnis ab, daß unter den Primzahlen p genau die $p \not\equiv 3 \pmod{4}$ als Summe zweier Quadratzahlen darstellbar sind. Dies leitet dann über zu den anfangs von Kap. 4 zu besprechenden Problemen.

§ 1. Indexrechnung und Potenzreste

1. Indizes. Sei m eine natürliche Zahl, so daß es nach dem GAUSSschen Satz 2.5.5 eine Primitivwurzel a modulo m gibt. Wie in 2.5.6 festgestellt, gibt es zu jedem ganzen c mit $(c, m) = 1$ genau ein $i = i(c) \in \{0, \dots, \varphi(m) - 1\}$, so daß $a^i \equiv c \pmod{m}$ gilt. Offenbar sind daher $c \equiv c' \pmod{m}$ und $i(c) = i(c')$ miteinander gleichwertig; $i(c)$ ist also eine Invariante der ganzen, durch c repräsentierten primem Restklasse modulo m, die selbstverständlich auch noch von der gewählten Primitivwurzel a mod m abhängt. Sind a, c wie hier beschrieben, so heißt $i(c)$ der *Index von c bezüglich a*, der als $\mathrm{ind}_a c$ notiert wird.

In 2.5.1 wurde beispielsweise festgestellt, daß 3 und 5 die beiden Primitivwurzeln modulo 14 sind; nach diesem Modul sind $3^0, 3^1, \dots, 3^5$ kongruent 1, 3, 9, 13, 11, 5 bzw. $5^0, 5^1, \dots, 5^5$ kongruent 1, 5, 11, 13, 9, 3, jeweils in der angegebenen Reihenfolge. Man hat somit folgende kleine Tabelle

$c \pmod{14}$	1	3	5	9	11	13
$\mathrm{ind}_3 c$	0	1	5	2	4	3
$\mathrm{ind}_5 c$	0	5	1	4	2	3

Eine umfangreiche Indextabelle bezüglich der zu den Primzahlpotenzen unterhalb 1000 gehörigen Primitivwurzeln findet sich bereits in dem in 2.5.3 erwähnten *Canon Arithmeticus* von Jacobi. Der Begriff des Index selbst wurde bei Primzahlmoduln von Gauss (*Disquisitiones Arithmeticae*, Art. 57ff.) eingeführt.

In der folgenden Proposition sind einige einfache Regeln für das Rechnen mit Indizes zusammengestellt.

Proposition. *Gibt es modulo $m \in \mathbb{N}$ Primitivwurzeln, ist a (und auch $\hat{a}$) eine solche und sind $c_1, c_2, c \in \mathbb{Z}$ zu m teilerfremd, so gilt modulo $\varphi(m)$*

(i) $\mathrm{ind}_a c_1 c_2 \equiv \mathrm{ind}_a c_1 + \mathrm{ind}_a c_2$,

(ii) $\mathrm{ind}_a c^n \equiv n \, \mathrm{ind}_a c$ *für alle* $n \in \mathbb{N}_0$,

(iii) $\mathrm{ind}_a 1 \equiv 0, \quad \mathrm{ind}_a a \equiv 1$,

(iv) $\mathrm{ind}_{\hat{a}} c \equiv (\mathrm{ind}_{\hat{a}} a)(\mathrm{ind}_a c)$,

(v) $(\mathrm{ind}_{\hat{a}} a, \varphi(m)) = 1$.

Beweis. Ist nämlich $i_k := \mathrm{ind}_a c_k$ für $k = 1, 2$, so bedeutet dies $a^{i_k} \equiv c_k \pmod{m}$, also $a^{i_1 + i_2} \equiv c_1 c_2 \equiv a^{\mathrm{ind}_a c_1 c_2} \pmod{m}$, woraus (i) folgt. Aus (i) ergibt sich induktiv bei $(c_k, m) = 1$ für $k = 1, \dots, n$

$$\mathrm{ind}_a \prod_{k=1}^n c_k \equiv \sum_{k=1}^n \mathrm{ind}_a c_k \pmod{\varphi(m)}$$

und (ii) folgt für $n \geq 1$ hieraus durch Spezialisierung. Die beiden Aussagen in (iii) sind klar; die erstere gibt (ii) auch für $n = 0$. Für (iv) hat man zu beachten, daß

$$(1) \qquad \hat{a}^{\mathrm{ind}_{\hat{a}}a} \equiv a \pmod{m}$$

gilt, was modulo m sofort zu

$$\hat{a}^{\mathrm{ind}_{\hat{a}}c} \equiv c \equiv a^{\mathrm{ind}_a c} \equiv \hat{a}^{(\mathrm{ind}_{\hat{a}}a)(\mathrm{ind}_a c)}$$

führt; die Kongruenz der beiden Potenzen ganz außen gibt (iv). Ist $d := (\mathrm{ind}_{\hat{a}}a, \varphi(m))$, so folgt aus (1)

$$1 \equiv \hat{a}^{\varphi(m)(\mathrm{ind}_{\hat{a}}a)/d} \equiv a^{\varphi(m)/d} \pmod{m};$$

da a Primitivwurzel modulo m ist, muß $d = 1$ sein, und das ist (v). $\qquad \square$

Bemerkungen. 1) Betrachtet man nochmals obiges Beispiel mit $m = 14$ und setzt $a = 3$, $\hat{a} = 5$, so ist $\mathrm{ind}_5 c \equiv 5\,\mathrm{ind}_3 c \equiv -\mathrm{ind}_3 c \pmod 6$ für $(c, 14) = 1$; dies zeigt gerade, wie die dritte Zeile der obigen Tabelle aus der zweiten hervorgeht.

2) Die Regeln der Proposition erinnern stark an die geläufigen Rechenregeln für Logarithmen, z.B. (iv) an die Umrechnung von Logarithmen zu verschiedenen Basen. Weiter ist bei festen m und a die Abbildung ind_a der primen Restklassengruppe modulo m auf die additive Gruppe des Restklassenrings modulo $\varphi(m)$ ein Isomorphismus; die Homomorphieeigenschaft von ind_a steht gerade in (i).

2. Ein Beispiel. Die in Proposition 1 zusammengestellten Regeln für das Rechnen mit Indizes sollen nun benutzt werden, um an einem Beispiel zu zeigen, wie man damit gewisse Typen von polynomialen Kongruenzen behandeln kann. Sei etwa die Kongruenz

$$(1) \qquad 9X^5 \equiv 11 \pmod{14}$$

vorgelegt. Falls sie eine ganzzahlige Lösung x besitzt, ist offenbar $(x, 14) = 1$. Weiter muß, wenn man etwa mit der Primitivwurzel 3 modulo 14 argumentiert, die Gleichung $\mathrm{ind}_3 9x^5 = \mathrm{ind}_3 11$ gelten. Daraus folgt mittels (i), (ii) der Proposition $\mathrm{ind}_3 9 + 5\,\mathrm{ind}_3 x \equiv \mathrm{ind}_3 11 \pmod 6$; entnimmt man $\mathrm{ind}_3 9$, $\mathrm{ind}_3 11$ der Tabelle aus 1, so ist die letzte Kongruenz zu $5\,\mathrm{ind}_3 x \equiv 2 \pmod 6$ äquivalent, woraus $\mathrm{ind}_3 x = 4$ und $x \equiv 11 \pmod{14}$ folgt. Umgekehrt lösen diese x die Kongruenz (1). Arbeitet man anstelle von 3 mit 5 als Primitivwurzel modulo 14, so ergibt sich dasselbe Endresultat, da sich alle Kongruenzen für die Indizes bezüglich 3 bzw. 5 nur um den zu $\varphi(14) = 6$ teilerfremden Faktor $\mathrm{ind}_5 3 = 5$ unterscheiden (vgl. (iv) und (v) der Proposition).

3. n–te Potenzreste, quadratische Reste und Nichtreste. Sind $m, n \in \mathbb{N}$, $c \in \mathbb{Z}$, so sollen im weiteren die speziellen polynomialen Kongruenzen

$$(1) \qquad\qquad X^n \equiv c \pmod{m}$$

untersucht werden. Ist $(c, m) = 1$ und (1) lösbar, so heißt c *n–ter Potenzrest modulo m*. Ist $(c, m) = 1$, so heißt c *quadratischer Rest modulo m*, falls (1) im Spezialfall $n = 2$ lösbar ist; ist jedoch (1) unter denselben Bedingungen an c, m, n unlösbar, so heißt c *quadratischer Nichtrest modulo m*. Die zu m nicht teilerfremden c werden hier nicht klassifiziert.

Beispiel. Da 2(1) zu $X^5 \equiv 9 \pmod{14}$ äquivalent ist, hat das Beispiel in 2 insbesondere gezeigt, daß 9 ein fünfter Potenzrest modulo 14 ist.

4. Kriterium für n–te Potenzreste. Der folgende Satz enthält ein einfaches Kriterium zur Entscheidung der Lösbarkeit von 3(1) im Falle solcher Moduln m, zu denen es Primitivwurzeln gibt.

Satz.   *Seien $m, n \in \mathbb{N}$, $c \in \mathbb{Z}$, $(c, m) = 1$, $d := (n, \varphi(m))$ und modulo m gebe es eine Primitivwurzel. Dann sind folgende Aussagen äquivalent:*

(i) c ist n–ter Potenzrest modulo m.

(ii)   Es ist $c^{\varphi(m)/d} \equiv 1 \pmod{m}$.

(iii) d teilt $\mathrm{ind}_a c$ für alle Primitivwurzeln a modulo m.

Trifft eine dieser Aussagen zu, so hat 3(1) genau d modulo m inkongruente Lösungen.

Beweis. (i) $\Rightarrow$ (ii): Nach Voraussetzung gibt es ein 3(1) lösendes $x \in \mathbb{Z}$ und wegen $(c, m) = 1$ ist auch $(x, m) = 1$. Wegen $n/d \in \mathbb{N}$ hat man nach dem FERMAT–EULERschen Satz 2.3.4

$$c^{\varphi(m)/d} \equiv (x^{\varphi(m)})^{n/d} \equiv 1 \pmod{m}.$$

(ii) $\Rightarrow$ (iii): Ist a irgendeine Primitivwurzel modulo m, so ergibt Proposition 1(ii), (iii) die Teilbarkeitsbeziehung $\varphi(m) | \frac{\varphi(m)}{d} \mathrm{ind}_a c$, also $d | \mathrm{ind}_a c$.

(iii) $\Rightarrow$ (i): Sei a eine beliebige Primitivwurzel modulo m; nach Satz 2.1.5 ist die lineare Kongruenz $nY \equiv \mathrm{ind}_a c \pmod{\varphi(m)}$ lösbar und besitzt genau d modulo

$\varphi(m)$ inkongruente Lösungen $y_1, \ldots, y_d \in \{0, \ldots, \varphi(m) - 1\}$. Setzt man nun $x_\delta := a^{y_\delta}$, so sind die $x_1, \ldots, x_d$ modulo m inkongruent und erfüllen

$$x_\delta^n = a^{n y_\delta} \equiv a^{\mathrm{ind}_a c} \equiv c \pmod{m}.$$

Somit hat 3(1) mindestens die modulo m inkongruenten Lösungen $x_1, \ldots, x_d$ und (i) gilt.

Erfüllt umgekehrt ein ganzzahliges x die Kongruenz 3(1), so gilt nach Proposition 1(ii)

$$n \, \mathrm{ind}_a x \equiv \mathrm{ind}_a c \pmod{\varphi(m)}.$$

Nach den vorherigen Überlegungen muß dann aber $\mathrm{ind}_a x$ gleich einem der y_δ sein, also x kongruent dem entsprechenden x_δ modulo m. □

Bemerkung. Für Primzahlen m war die Äquivalenz von (i) und (ii) bereits EULER bekannt.

5. Folgerungen aus dem Kriterium. Aus Satz 4 werden in diesem und dem nächsten Abschnitt einige interessante und wichtige Konsequenzen abgeleitet.

Korollar A. *Seien $m, n \in \mathbb{N}$ so gewählt, daß es modulo m Primitivwurzeln gibt und daß $(n, \varphi(m)) = 1$ gilt. Bilden dann $x_1, \ldots, x_{\varphi(m)}$ ein primes Restsystem modulo m, so gilt dies auch für $x_1^n, \ldots, x_{\varphi(m)}^n$.*

Beweis. Zunächst sind alle x_j^n zu m teilerfremd, da dies für die x_j zutrifft. Wegen $(n, \varphi(m)) = 1$ und dem FERMAT–EULERschen Satz ist Bedingung (ii) von Satz 4 für jedes zu m teilerfremde ganze c erfüllt und daher ist 3(1) für jedes dieser c modulo m eindeutig lösbar, woraus die Behauptung folgt. □

Eine unmittelbare Konsequenz aus der Äquivalenz (i) $\Leftrightarrow$ (iii) des Satzes 4 ist folgendes

Korollar B. *Genügen m, n, c, d den Bedingungen von Satz 4, so gilt: c ist n–ter Potenzrest modulo m genau dann, wenn c bei beliebig gewählter Primitivwurzel a modulo m einer der durch a^{jd}, $j = 1, \ldots, \varphi(m)/d$, bestimmten primen Restklassen modulo m angehört.*

Korollar C. *Modulo einer ungeraden Primzahl p gibt es $\frac{1}{2}(p-1)$ quadratische Reste und ebensoviele quadratische Nichtreste.*

Beweis. Sei c ganz und nicht durch p teilbar. Nach Korollar B ist c quadratischer Rest modulo p genau dann, wenn c modulo p kongruent einer der Zahlen $a^2, a^4, \ldots, a^{p-1}$ ist, a eine beliebig gewählte Primitivwurzel modulo p. Demnach ist c quadratischer Nichtrest modulo p genau für $c \equiv a, a^3, \ldots, a^{p-2} \pmod{p}$. $\square$

Bemerkung. Ist m wieder gleich einer ungeraden Primzahl p und ist $n = 2$, so hat man $d = 2$ in Satz 4 und für $c \equiv -1 \pmod{p}$ lautet die Kongruenz in (ii) jenes Satzes $(-1)^{(p-1)/2} \equiv 1 \pmod{p}$, was mit $p \equiv 1 \pmod{4}$ äquivalent ist. Genau für diese ungeraden p ist also die quadratische Kongruenz $X^2 \equiv -1 \pmod{p}$ lösbar. Damit hat man einen weiteren Beweis für den wesentlichen Teil von Satz 2.3.9.

6. n-te Potenzreste, Modulzerlegung in Primzahlpotenzen. Wenn man *sämtliche* modulo m inkongruenten Lösungen von

$$(1) \qquad\qquad X^n \equiv c \pmod{m}$$

explizit ermitteln will, so kann man dazu selbstverständlich das in den Sätzen 2.4.2 und 2.4.4 beschriebene Reduktionsverfahren auf das spezielle Polynom $f = X^n - c$ anwenden. Will man jedoch *nur* entscheiden, ob ein zu m teilerfremdes c ein n–ter Potenzrest ist oder nicht, so kann man dafür notwendige und hinreichende Bedingungen folgendem Satz entnehmen.

Satz. *Sind $m, n \in \mathbb{N}$, $c \in \mathbb{Z}$, $(c, m) = 1$ und ist $2^{\alpha_0} \prod_{\kappa=1}^{k} p_\kappa^{\alpha_\kappa}$ mit $\alpha_0 \in \mathbb{N}_0$, $\alpha_1, \ldots, \alpha_k \in \mathbb{N}$ die kanonische Zerlegung von m, so ist das Bestehen folgender Kongruenzen notwendig und hinreichend dafür, daß c ein n–ter Potenzrest modulo m ist:*

$$(2) \qquad\qquad c^{\varphi(q_\kappa)/(n, \varphi(q_\kappa))} \equiv 1 \pmod{q_\kappa}$$

für $\kappa = 0, \ldots, k$, falls $\alpha_0 \leq 2$; dabei ist $q_\kappa := p_\kappa^{\alpha_\kappa}$, $p_0 := 2$. Ist jedoch $\alpha_0 > 2$, so ist (2) nur für $\kappa = 1, \ldots, k$ zu fordern, dafür müssen aber zusätzlich die beiden Kongruenzen

$$(3) \qquad\qquad nI \equiv i \pmod{2}, \qquad nJ \equiv j \pmod{2^{\alpha_0 - 2}}$$

lösbar sein, wobei i bzw. j modulo 2 bzw. $2^{\alpha_0 - 2}$ eindeutig bestimmt sind derart, daß bei festem $u \equiv \pm 3 \pmod{8}$ gilt

$$(4) \qquad\qquad c \equiv (-1)^i u^j \pmod{2^{\alpha_0}}.$$

Beweis. Offenbar ist c ein n–ter Potenzrest modulo m genau dann, wenn c ein n–ter Potenzrest modulo q_κ für $\kappa = 0, \ldots, k$ ist. Wegen $(c, q_\kappa) = 1$ und weil es Primitivwurzeln modulo q_κ gibt, ist die letzte Bedingung nach Satz 4(ii) äquivalent mit (2) und zwar für $\kappa = 1, \ldots, k$ stets, für $\kappa = 0$ nur dann, wenn $\alpha_0 \leq 2$, vgl. den GAUSSschen Satz 2.5.5 über die Existenz von Primitivwurzeln.

Ist aber $\alpha_0 > 2$, so kann man sich auf Korollar 2.5.6 stützen, um zu entscheiden, ob das (nun sicher ungerade) c ein n–ter Potenzrest modulo 2^{α_0} ist: Ist u wie im Satz vorgegeben, bestimmt man i, j gemäß (4) nach dem Korollar 2.5.6 und genügt ein ganzes x der Kongruenz $x^n \equiv c \pmod{2^{\alpha_0}}$, so ist x ungerade und analog zu (4) darstellbar in der Form

$$(5) \qquad x \equiv (-1)^I u^J \pmod{2^{\alpha_0}}$$

mit modulo 2 bzw. 2^{α_0-2} eindeutig bestimmten I, J. Daher müssen die beiden Kongruenzen (3) gelten. Sind umgekehrt die Kongruenzen (3) für I, J lösbar und definiert man x durch (5), so ist $x^n \equiv c \pmod{2^{\alpha_0}}$. $\qquad\square$

Nach den letzten Feststellungen im Beweis ist ein ungerades c genau dann n–ter Potenzrest modulo 2^{α_0} mit $\alpha_0 > 2$, wenn (3) für I, J lösbar ist. Daraus folgt die erste Aussage im nachstehenden

Korollar. *Seien* $n, \alpha_0 \in \mathbb{N}$, $\alpha_0 > 2$ *und* $c \in \mathbb{Z}$ *ungerade. Ist* n *ungerade, so ist* c *ein* n–*ter Potenzrest modulo* 2^{α_0}. *Sei jetzt* n *gerade. Ist* $c \not\equiv 1 \pmod 8$, *so ist es nicht* n–*ter Potenzrest modulo* 2^{α_0}; *ist* $c \equiv 1 \pmod 8$, *so ist es* n–*ter Potenzrest modulo* 2^{α_0} *genau dann, wenn* $(n, 2^{\alpha_0-2})|j$ *für* j *wie im Satz gilt.*

Beweis. Bei geradem n ist $x^n \equiv 1 \pmod 8$ für jedes ungerade ganze x, weshalb bei $c \not\equiv 1 \pmod 8$ sicher $x^n \not\equiv c$ modulo 8, erst recht also modulo 2^{α_0}, für alle genannten x gilt. Ist $c \equiv 1 \pmod 8$, so sind in (4) beide i, j gerade und daher ist in (3) die erste Kongruenz (für I) lösbar; die zweite (für J) ist lösbar genau für $(n, 2^{\alpha_0-2})|j$. $\qquad\square$

Bemerkung. Wegen $(2, 2^{\alpha_0-2})|j$ kann aus der letzten Feststellung gefolgert werden: *Eine ungerade ganze Zahl* c *ist quadratischer Rest bzw. Nichtrest modulo* 2^{α_0}, $\alpha_0 > 2$, *je nachdem, ob* $c \equiv 1$ *bzw.* $\not\equiv 1 \pmod 8$ *gilt.*

§ 2. Quadratische Reste

1. Quadratische Kongruenzen und quadratische Reste. Während im vorigen Paragraphen allgemein n–te Potenzreste behandelt wurden, wird in diesem der Spezialfall $n = 2$ genauer diskutiert. Es ist plausibel, daß in diesem

Fall der quadratischen Reste die Theorie weiter entwickelt ist als im allgemeinen Fall.

Zunächst jedoch soll in diesem ersten Abschnitt der Zusammenhang zwischen der Frage nach der Existenz von Wurzeln quadratischer Polynome nach Moduln und zwischen quadratischen Resten geklärt werden.

Sei dazu $m'' \in \mathbb{N}$ und $f \in \mathbb{Z}[Z]$, $\partial(f) = 2$, etwa $f(Z) = rZ^2 + sZ + t$, wobei man o.B.d.A. $r \in \mathbb{N}$ voraussetzen darf. Quadratische Ergänzung zeigt, daß $f(Z) \equiv 0 \pmod{m''}$ genau dann lösbar ist, wenn

$$(2rZ + s)^2 \equiv s^2 - 4rt \pmod{4rm''}$$

lösbar ist. Setzt man noch $c' := s^2 - 4rt$, $m' := 4rm''$, so hat man folgende

Proposition A. *Löst $y \in \mathbb{Z}$ die Kongruenz*

$$(1) \qquad\qquad Y^2 \equiv c' \pmod{m'}$$

und ist $y \equiv s \pmod{2r}$, so ist $z := \frac{y-s}{2r}$ ganz und Wurzel von f modulo m''. Ist umgekehrt ein ganzes z Wurzel von f modulo m'', so löst $y := 2rz + s$ die Kongruenz (1) und es ist $y \equiv s \pmod{2r}$.

In dem hier präzisierten Sinne ist die Frage nach der Existenz von Wurzeln von f modulo m'' äquivalent mit der Frage nach der Lösbarkeit der speziellen quadratischen Kongruenz (1). Diese letzte Kongruenz ist vom Typ 1.6(1) mit $n = 2$; allerdings werden im allgemeinen c' und m' nicht teilerfremd sein. Wie man die Frage nach der Lösbarkeit von (1) dennoch auf den teilerfremden Fall reduzieren kann, soll nun besprochen werden. Dazu ist es bequem, noch folgende Definition zu vereinbaren: Ist $d \in \mathbb{N}$, $d = \prod_p p^{\nu_p(d)}$, so heißt $\prod\limits_{\substack{p \\ \nu_p(d) \ ungerade}} p$ der quadratfreie Kern von d. Beispielsweise ist $3 \cdot 7$ der quadratfreie Kern von $2^8 \cdot 3^{11} \cdot 5^6 \cdot 7$. (Vorsicht! Manche Autoren nennen $\prod\limits_{\substack{p \\ \nu_p(d) > 0}} p$ den quadratfreien Kern von d.)

Proposition B. *Sind c', m' wie in Proposition A, ist b der quadratfreie Kern von $d := (c', m')$ und setzt man $e := c'/d$, $m := m'/d$, so gilt: Die Kongruenz (1) ist lösbar genau dann, wenn $(b, m) = 1$ gilt und be quadratischer Rest modulo m ist.*

Beweis. Ist nämlich (1) lösbar und $y \in \mathbb{Z}$ eine solche Lösung, so gilt $d|y^2$; wegen der Definition von b ist $d = a^2 b$ bei geeignetem $a \in \mathbb{N}$, also $a|y$. Setzt man

$x := y/a$, so ist $x^2 \equiv be$ (mod bm) und also auch $x^2 \equiv be$ (mod m). Dabei ist $(b, m) = 1$, somit ebenfalls $(be, m) = 1$. Denn wäre p eine b und m teilende Primzahl, so wäre $p|x$ und also wegen $x^2 \equiv be$ (mod bm) auch $p^2|be$; wegen $p \nmid e$ wäre dann aber b durch p^2 teilbar und somit nicht quadratfrei.

Ist umgekehrt be quadratischer Rest modulo m und gilt $(b, m) = 1$, so gibt es ein ganzes x mit $x^2 \equiv be$ (mod m) und dazu auch ein ganzes y mit $by \equiv x$ (mod m). Damit hat man $by^2 \equiv e$ (mod m) und also $(aby)^2 \equiv de$ (mod dm), d.h. die Kongruenz (1) ist lösbar. □

2. Kriterium für quadratische Reste.

Die Frage, wann bei ganzen, zueinander teilerfremden $m > 0$ und c die Kongruenz

$$(1) \qquad\qquad X^2 \equiv c \quad (\text{mod } m)$$

lösbar ist oder nicht, wann also c quadratischer Rest oder Nichtrest modulo m ist, wird nun weiter untersucht.

Satz. *Seien $m \in \mathbb{N}$, $c \in \mathbb{Z}$, $(c, m) = 1$ und sei $2^{\alpha_0} \prod_{\kappa=1}^{k} p_\kappa^{\alpha_\kappa}$ wie in Satz 1.6 die kanonische Zerlegung von m. Es ist (1) lösbar genau dann, wenn c quadratischer Rest modulo p_κ für $\kappa = 1, \ldots, k$ ist und gilt*

$$(2) \qquad\qquad c \equiv 1 \quad \left(\text{mod } 2^{\text{Min}(\alpha_0, 3)}\right).$$

Beweis. Es werde (1) von $x \in \mathbb{Z}$ gelöst. Daher gilt $x^2 \equiv c$ (mod p_κ) für $\kappa = 1, \ldots, k$ und im Falle $\alpha_0 \geq 1$ ist c wegen $(c, m) = 1$ ungerade; dann ist wegen (1) auch x ungerade, also $x^2 \equiv 1$ (mod 8) und man hat (2).

Für die Umkehrung beachtet man folgendes: Ist $\alpha_0 \geq 3$, so hat man $c \equiv 1$ (mod 8) nach (2); nach der Bemerkung am Ende von 1.6 ist c quadratischer Rest modulo 2^{α_0}. Ist jedoch α_0 gleich 0, 1 oder 2, so gilt $c \equiv 1$ (mod 2^{α_0}) nach (2) und so ist c auch hier quadratischer Rest modulo 2^{α_0}. Da weiter c quadratischer Rest modulo p_κ für $\kappa = 1, \ldots, k$ ist, liefert die Implikation (i) $\Rightarrow$ (ii) von Satz 1.4 die Kongruenzen $c^{(p_\kappa - 1)/2} \equiv 1$ (mod p_κ), was induktiv leicht zu $c^{(p_\kappa - 1)p_\kappa^{\alpha_\kappa - 1}/2} \equiv 1$ (mod $p_\kappa^{\alpha_\kappa}$) führt. (Dies ist übrigens wieder (2) in Satz 1.6.) Die Implikation (ii) $\Rightarrow$(i) von Satz 1.4 zeigt nun, daß c quadratischer Rest modulo $p_\kappa^{\alpha_\kappa}$ ist, insgesamt jetzt sogar für $\kappa = 0, 1, \ldots, k$ ($p_0 := 2$) und man hat die Lösbarkeit von (1). (Stillschweigend wurde hier der GAUSSsche Satz 2.5.5 berücksichtigt: Modulo $p_\kappa, p_\kappa^2, \ldots$ gibt es Primitivwurzeln, wenn $\kappa = 1, \ldots, k$.) □

Bemerkungen. 1) Die zuletzt bewiesene Tatsache, daß für ungerade, c nicht teilende Primzahlen p aus der Lösbarkeit von $X^2 \equiv c \pmod{p}$ diejenige von $X^2 \equiv c \pmod{p^\alpha}$ für alle $\alpha \in \mathbb{N}$ folgt, kann auch mit Satz 2.4.4 anstatt unter Rückgriff auf Satz 1.4 eingesehen werden: Wendet man (ii) des erstgenannten Satzes nämlich mit $f(X) := X^2 - c$, $a = 2$ und einer Wurzel y_1 von f modulo p an, so ist $p \nmid f'(y_1) = 2y_1$ und also hat f modulo p^2 eine Wurzel y_2 mit $p \nmid y_2$. Induktiv stellt man fest, daß f modulo p^α eine Wurzel y_α mit $p \nmid y_\alpha$ hat, was wieder genau besagt, daß c quadratischer Rest modulo p^α ist.

2) In den ersten Abschnitten dieses Paragraphen zeigte sich insbesondere, wie die Lösbarkeit quadratischer Kongruenzen zusammenhängt mit der Frage, ob eine ganze Zahl quadratischer Rest oder Nichtrest modulo einer ungeraden Primzahl ist. In 6 (vgl. auch die Anwendungen in 8 bis 12) werden überaus wirkungsvolle Hilfsmittel zur Entscheidung dieser Frage vorgestellt; die Ausführungen in 3 bis 5 haben mehr vorbereitenden Charakter.

3. Das Legendre–Symbol.

Ist c ganz, aber nicht durch die ungerade Primzahl p teilbar, so setzt man nach dem Vorgang von LEGENDRE (*Essai sur la Théorie des Nombres*, 1798)

$$\left(\frac{c}{p}\right) := \begin{cases} 1, & \text{falls } c \text{ quadratischer Rest modulo } p\,, \\ -1, & \text{falls } c \text{ quadratischer Nichtrest modulo } p\,. \end{cases}$$

Dieses $\left(\frac{c}{p}\right)$ heißt LEGENDRE–*Symbol*; man liest es als c *nach* p. Eine erste Zusammenstellung wichtiger Eigenschaften des LEGENDRE–Symbols findet sich im folgenden

Satz. *Für $c, c' \in \mathbb{Z}$ und Primzahlen p mit $p \nmid 2cc'$ gilt:*

(i) $c \equiv c' \pmod{p} \Rightarrow \left(\frac{c}{p}\right) = \left(\frac{c'}{p}\right)$,

(ii) $\left(\frac{cc'}{p}\right) = \left(\frac{c}{p}\right)\left(\frac{c'}{p}\right)$,

(iii) $\left(\frac{c}{p}\right) = (-1)^{\mathrm{ind}_a c}$ *für alle Primitivwurzeln a modulo p,*

(iv) $\displaystyle\sum_{c=1}^{p-1} \left(\frac{c}{p}\right) = 0$.

Beweis. (i): Nach Voraussetzung sind hier ja c, c' gleichzeitig quadratischer Rest oder Nichtrest modulo p und so folgt die Behauptung direkt aus der Definition des LEGENDRE–Symbols.

(iii): Nach (i) $\Leftrightarrow$ (iii) von Satz 1.4 ist $(\frac{c}{p}) = 1$ genau dann, wenn $\mathrm{ind}_a c$ gerade ist (für alle Primitivwurzeln a modulo p).

(ii) ist nun wegen Proposition 1.1(i) und dem soeben gezeigten (iii) einsichtig, man beachte die Geradheit von $\varphi(p) = p - 1$.

(iv) ist die Kurzfassung von Korollar 1.5C. $\qquad\square$

Bemerkungen. 1) Regel (ii) wird bisweilen in der folgenden lässigen Form zitiert: Rest mal Rest und Nichtrest mal Nichtrest ergibt Rest; Nichtrest mal Rest ergibt Nichtrest. Generell bringt die Einführung des LEGENDRE–Symbols offenbar den Vorteil, daß man mit dem quadratischen Restverhalten ganzer Zahlen modulo ungerader Primzahlen richtiggehend *rechnen* kann. In diesem Zusammenhang sei darauf hingewiesen, daß noch GAUSS in seinen *Disquisitiones Arithmeticae* cRp bzw. cNp notierte, wenn c quadratischer Rest bzw. Nichtrest modulo p ist.

2) Manchmal ist es zweckmäßig, das LEGENDRE–Symbol $(\frac{c}{p})$ unter der alleinigen Voraussetzung zu definieren, daß p eine ungerade Primzahl ist: Für $p \nmid c$ geschieht dies dann genau wie oben, während man für $p \mid c$ zusätzlich $(\frac{c}{p}) := 0$ festsetzt. Man prüft unmittelbar nach, daß (i) und (ii) des Satzes bei dieser erweiterten Definition gültig bleiben; dies trifft auch für (iv) zu, wo jetzt die Summation über c wahlweise von 0 bzw. von 1 bis $p - 1$ erstreckt ist.

4. Eulers Kriterium. Hier wird eine notwendige und hinreichende Bedingung dafür angegeben, daß eine ganze nicht durch die ungerade Primzahl p teilbare Zahl c quadratischer Rest modulo p ist. Dies Kriterium wurde von EULER (Opera Omnia Ser. 1, II, 493–518) mit Beweis um 1760 herum publiziert, nachdem er es schon gut zehn Jahre früher angekündigt hatte (Opera Omnia Ser. 1, II, 62–85).

Satz. *Für ganze c und ungerade Primzahlen p mit $p \nmid c$ gilt $c^{(p-1)/2} \equiv (\frac{c}{p})$ (mod p).*

Beweis. Bei $(\frac{c}{p}) = 1$ folgt aus (i) $\Rightarrow$ (ii) von Satz 1.4 die Kongruenz $c^{(p-1)/2} \equiv 1$ (mod p), insgesamt also die behauptete Kongruenz. Ist $(\frac{c}{p}) = -1$, so liefert (ii) $\Rightarrow$ (i) des zitierten Satzes $c^{(p-1)/2} \not\equiv 1$ (mod p); da jedoch nach dem FERMAT–EULERschen Satz 2.3.4 gilt

$$p \mid (c^{p-1} - 1) = (c^{(p-1)/2} + 1)(c^{(p-1)/2} - 1) \,,$$

muß die Kongruenz $c^{(p-1)/2} \equiv -1$ (mod p) bestehen. Somit gilt die behauptete Kongruenz auch in diesem Fall. $\qquad\square$

In Art. 106 seiner *Disquisitiones Arithmeticae* stellt GAUSS seinem eigenen Beweis des EULERschen Kriteriums die Bemerkung voran, daß es "in praxi nullum fere usum habeat", aber dennoch "propter simplicitatem atque generalitatem memoratu dignum est". Warum es praktisch fast keinen Nutzen habe, erläutert er ein paar Zeilen später: " ... quoties numeri examinandi mediocriter sunt magni, hoc criterium ob calculi immensitatem prorsus inutile erit."

Mittels dieses vor allem für theoretische Zwecke geeigneten Kriteriums soll hier ein weiterer Beweis für Satz 3(ii) gegeben werden:

Sind nämlich die dortigen Voraussetzungen erfüllt, so ist nach EULERs Kriterium die Differenz $\left(\frac{cc'}{p}\right) - \left(\frac{c}{p}\right)\left(\frac{c'}{p}\right)$ eine durch p teilbare ganze Zahl; nach Definition des LEGENDRE–Symbols ist diese Differenz aber gleich -2, 0 oder 2, woraus die Behauptung schon folgt.   □

Bemerkung. Erweitert man die Definition des LEGENDRE–Symbols wie in Bemerkung 2 zu 3 angegeben, so ist das EULER–Kriterium für *alle* ganzen c gültig, wenn nur p eine ungerade Primzahl ist.

5. Gauss'sches Lemma.

5. Gauss'sches Lemma. In diesem Abschnitt wird ein weiteres notwendiges und hinreichendes Kriterium für quadratisches Restverhalten modulo ungerader Primzahlen vorgestellt, welches auf GAUSS (Werke II, S. 4ff.) zurückgeht. Dies Kriterium wird dann in 7 zum Beweis des in 6 zu formulierenden zentralen Ergebnisses dieses Paragraphen benutzt.

Folgende Bezeichnungsweise ist bei festem $m \in \mathbb{N}$ zweckmäßig: Jedem ganzen c werde dasjenige r aus dem absolut kleinsten Restsystem S_m^* modulo m (vgl. Ende von 2.1.4) zugeordnet, für das $r \equiv c \pmod{m}$ gilt; für r werde ausführlicher $r_m(c)$ geschrieben. Dann hat man folgendes

Gauss'sche Lemma.   *Ist c ganz, p eine ungerade, nicht in c aufgehende Primzahl und $\mu_p(c) := \#\{j \in \mathbb{N} : j \leq \frac{1}{2}(p-1),\ r_p(jc) < 0\}$, so gilt*

$$\left(\frac{c}{p}\right) = (-1)^{\mu_p(c)}.$$

Beweis. Gilt nämlich $|r_p(jc)| = |r_p(j'c)|$ für $j, j' \in \{1, \ldots, \frac{1}{2}(p-1)\}$, so ist $r_p(jc) = r_p(j'c)$ oder $r_p(jc) = -r_p(j'c)$, also $p|(j-j')c$ oder $p|(j+j')c$. Wegen $0 < j + j' < p$ und $p \nmid c$ ist hier die zweite Alternative unmöglich und man hat $p|(j-j')$, d.h. $j = j'$. Mit Rücksicht auf $p \nmid jc$ für alle zugelassenen j sind sämtliche $|r_p(jc)|$ aus $\{1, \ldots, \frac{1}{2}(p-1)\}$ und so stimmen diese $\frac{1}{2}(p-1)$

Zahlen in irgendeiner Reihenfolge mit den Zahlen $1, \ldots, \frac{1}{2}(p-1)$ überein. Wegen $r_p(jc) = -|r_p(jc)|$ genau für $r_p(jc) < 0$ hat man, jeweils modulo p

$$\left(\frac{p-1}{2}\right)! c^{(p-1)/2} \equiv \prod_{j=1}^{(p-1)/2} jc \equiv (-1)^{\mu_p(c)} \prod_{j=1}^{(p-1)/2} |r_p(jc)| = (-1)^{\mu_p(c)} \left(\frac{p-1}{2}\right)!,$$

also $c^{(p-1)/2} \equiv (-1)^{\mu_p(c)}$. Das EULER–Kriterium 4 führt dann zu $\left(\frac{c}{p}\right) \equiv (-1)^{\mu_p(c)}$ (mod p) und damit zur behaupteten Gleichung, da in der letzten Kongruenz beide Seiten nur der Werte 1 und -1 fähig sind. $\qquad\square$

Bemerkung. Kombiniert man das GAUSSsche Lemma mit Satz 3(iii), so kann man bei $p \nmid 2c$ sagen: Für alle Primitivwurzeln a modulo p sind $\text{ind}_a c \equiv \mu_p(c)$ (mod 2), d.h. $\text{ind}_a c$ und $\mu_p(c)$ haben dieselbe Parität.

6. Quadratisches Reziprozitätsgesetz, Ergänzungssätze. Sind c und p wie zuletzt im GAUSSschen Lemma vorausgesetzt, so soll nun das LEGENDRE–Symbol $\left(\frac{c}{p}\right)$ berechnet werden; diese Aufgabe wird mit Hilfe der Ergebnisse der letzten drei Abschnitte entscheidend weiter reduziert. Ist nämlich $c \in \mathbb{N}$ und

$$(1) \qquad\qquad 2^{\beta_0} \prod_{\lambda=1}^{\ell} q_\lambda^{\beta_\lambda}$$

seine kanonische Zerlegung mit $\beta_0 \in \mathbb{N}_0$, $\beta_1, \ldots, \beta_\ell \in \mathbb{N}$ und paarweise verschiedenen ungeraden Primzahlen $q_1, \ldots, q_\ell$ (alle $\neq p$), so gilt aufgrund der eventuell mehrfach angewandten Multiplikativitätseigenschaft aus Satz 3(ii)

$$(2) \qquad\qquad \left(\frac{c}{p}\right) = \prod_{\lambda=0}^{\ell} \left(\frac{q_\lambda}{p}\right)^{\beta_\lambda}$$

mit $q_0 := 2$. Ist aber $-c \in \mathbb{N}$ und (1) seine kanonische Zerlegung, so ist $\left(\frac{-c}{p}\right) = \left(\frac{-1}{p}\right)\left(\frac{c}{p}\right)$ gleich der rechten Seite von (2) und somit wegen $\left(\frac{-1}{p}\right)^2 = 1$

$$\left(\frac{c}{p}\right) = \left(\frac{-1}{p}\right) \prod_{\lambda=0}^{\ell} \left(\frac{q_\lambda}{p}\right)^{\beta_\lambda}.$$

Daher reicht es, für ungerade Primzahlen p die speziellen LEGENDRE–Symbole $\left(\frac{-1}{p}\right)$, $\left(\frac{2}{p}\right)$ sowie $\left(\frac{q}{p}\right)$ für ungerade, von p verschiedene Primzahlen q zu berechnen. Den Wert der ersten beiden Symbole entnimmt man dem

1. bzw. 2. Ergänzungssatz zum quadratischen Reziprozitätsgesetz.
Für ungerade Primzahlen p ist

$$\left(\frac{-1}{p}\right) = (-1)^{(p-1)/2} \quad bzw. \quad \left(\frac{2}{p}\right) = (-1)^{(p^2-1)/8}.$$

Also ist -1 quadratischer Rest modulo p genau für $p \equiv 1 \pmod 4$; 2 ist quadratischer Rest modulo p genau für $p \equiv 1$ oder $7 \pmod 8$.

Beweis. Nach EULERs Kriterium 4 ist die Differenz $\left(\frac{-1}{p}\right) - (-1)^{(p-1)/2}$ durch p teilbar; andererseits ist sie gleich -2, 0 oder 2 und dies gibt schon den ersten Ergänzungssatz. Wegen $\mu_p(-1) = \frac{1}{2}(p-1)$ folgt dieser übrigens auch sofort aus dem GAUSSschen Lemma 5, welches sogleich erneut für den zweiten Ergänzungssatz angewandt wird.

Genau für diejenigen $j \in \{1, \ldots, \frac{1}{2}(p-1)\}$ mit $j < \frac{1}{4}p$ ist $0 < r_p(2j) < \frac{1}{2}p$, somit hat man $-\frac{1}{2}p < r_p(2j) < 0$ genau für die j mit $\frac{1}{4}p < j \le \frac{1}{2}(p-1)$, deren Anzahl das gesuchte $\mu_p(2)$ ist. Man bestätigt leicht

$$\mu_p(2) = \begin{cases} \frac{1}{4}(p-1) & \text{für } p \equiv 1, 5 \pmod 8, \\ \frac{1}{4}(p+1) & \text{für } p \equiv 3, 7 \pmod 8, \end{cases}$$

weshalb $\mu_p(2)$ genau dann gerade ist, wenn $p \equiv \pm 1 \pmod 8$ gilt. Dieselbe Eigenschaft hat offenbar $\frac{1}{8}(p^2 - 1)$ und damit liefert das GAUSSsche Lemma den zweiten Ergänzungssatz. □

Bemerkung. Der erste Ergänzungssatz sagt über ungerade Primzahlen p: Die Kongruenz $X^2 \equiv -1 \pmod p$ ist genau für $p \equiv 1 \pmod 4$ lösbar. Dies ist erneut der wesentliche Teil von Satz 2.3.9.

Wie bereits weiter oben bemerkt, bleibt $\left(\frac{q}{p}\right)$ noch für voneinander verschiedene ungerade Primzahlen p, q zu berechnen. Man kann nun aber nicht analog zu $\left(\frac{-1}{p}\right)$ oder $\left(\frac{2}{p}\right)$ einen geschlossenen Ausdruck für $\left(\frac{q}{p}\right)$ angeben, sondern lediglich für das Produkt $\left(\frac{p}{q}\right)\left(\frac{q}{p}\right)$. Dies geschieht in dem von GAUSS 1796 entdeckten sogenannten

Quadratischen Reziprozitätsgesetz. *Für voneinander verschiedene ungerade Primzahlen p, q gilt*

$$\left(\frac{p}{q}\right)\left(\frac{q}{p}\right) = (-1)^{(p-1)(q-1)/4}.$$

Ist also p oder q kongruent 1 modulo 4, so gilt $\left(\frac{q}{p}\right) = \left(\frac{p}{q}\right)$; sind p und q beide kongruent 3 modulo 4, so hat man $\left(\frac{q}{p}\right) = -\left(\frac{p}{q}\right)$.

Wie man dennoch $(\frac{q}{p})$ mit Hilfe dieses Satzes ermitteln kann, wird in 8 anhand eines Beispiels erläutert.

7. Beweis des Reziprozitätsgesetzes. Nach dem GAUSSschen Lemma 5 ist das quadratische Reziprozitätsgesetz gleichwertig mit der Aussage

$$(1) \qquad 2 \nmid (\mu_p(q) + \mu_q(p)) \quad \Leftrightarrow \quad p \equiv q \equiv 3 \pmod 4 \ ,$$

die hier gezeigt werden soll. Dazu sei definiert

$$\Omega := \{(x, y) \in \mathbb{R}_+^2 : \ x < \frac{p+1}{2}, \ y < \frac{q+1}{2}, \ y < \frac{2qx+p}{2p}, \ x < \frac{2py+q}{2q}\};$$

Ω ist das Innere des (nachstehend im Fall $p = 11$, $q = 7$ skizzierten, schraffierten) Sechsecks $ABCDEF$.

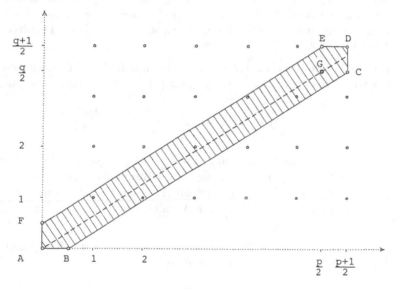

Ist $(x, y) \in \Omega$ und setzt man $x' := \frac{p+1}{2} - x$, $y' := \frac{q+1}{2} - y$, so prüft man leicht nach, daß auch $(x', y') \in \Omega$ gilt: Aus $(x, y) \in \Omega$ folgt ja z.B.

$$\frac{2py' + q}{2q} = \frac{p+1}{2} - \frac{p}{q}(y - \frac{1}{2}) > \frac{p+1}{2} - \frac{p}{q} \cdot \frac{qx}{p} = x'.$$

Weiter ist $(x', y') = (x, y)$ genau dann, wenn $x = \frac{p+1}{4}$, $y = \frac{q+1}{4}$ gilt; die Richtigkeit von $(\frac{p+1}{4}, \frac{q+1}{4}) \in \Omega$ ist sofort einzusehen.

Nennt man ganz allgemein $(x, y) \in \mathbb{R}^2$ einen *Gitterpunkt* genau dann, wenn sogar $(x, y) \in \mathbb{Z}^2$ gilt, so werden nun die in Ω gelegenen Gitterpunkte abgezählt: $(\frac{p+1}{4}, \frac{q+1}{4})$ ist Gitterpunkt genau dann, wenn die beiden Kongruenzen rechts in (1) gelten. Ist (x, y) ein in Ω gelegener, von $(\frac{p+1}{4}, \frac{q+1}{4})$ verschiedener Gitterpunkt, so hat (x', y') dieselbe Eigenschaft; außerdem ist (x', y') von (x, y) verschieden. Indem man nun die Gitterpunkte in Ω in naheliegender Weise zu Paaren zusammenfaßt, ist klar:

$$\#\Omega \cap \mathbb{Z}^2 \text{ ungerade} \quad \Leftrightarrow \quad p \equiv q \equiv 3 \pmod 4.$$

Wenn nun noch

$$(2) \qquad\qquad \#\Omega \cap \mathbb{Z}^2 = \mu_p(q) + \mu_q(p)$$

gezeigt ist, ist (1) und somit das Reziprozitätsgesetz bewiesen.

Kein Gitterpunkt $(x, y) \in \Omega$ kann der Bedingung $py = qx$ genügen, d.h. auf der Geraden durch $A := (0, 0)$ und $G := (\frac{1}{2}p, \frac{1}{2}q)$ liegen. Denn $p | qx$ würde $p | x$ implizieren; für die natürliche Zahl x müßte also $p \le x < \frac{1}{2}(p+1)$ gelten, was unmöglich ist.

Nun wird die Anzahl der oberhalb der Geraden durch A und G gelegenen Gitterpunkte von Ω bestimmt. Es ist (x, y) genau dann ein solcher, wenn gilt:

$$x \in \{1, \ldots, \frac{1}{2}(p-1)\}, \quad y \in \mathbb{Z}, \quad \frac{qx}{p} < y < \frac{2qx + p}{2p} ;$$

dabei ist die letzte Doppelungleichung mit $-\frac{1}{2}p < qx - py < 0$ äquivalent. In der vor dem GAUSSschen Lemma 5 eingeführten Terminologie bedeutet dies aber $-\frac{1}{2}p < r_p(qx) < 0$. So ist die Anzahl der oberhalb der Geraden durch A und G gelegenen Gitterpunkte von Ω gleich der Anzahl aller $x \in \{1, \ldots, \frac{1}{2}(p-1)\}$ mit $r_p(qx) < 0$, also gleich $\mu_p(q)$.

Analog ist die Anzahl der unterhalb dieser Geraden gelegenen Gitterpunkte von Ω gleich $\mu_q(p)$, womit (2) insgesamt bewiesen ist. $\square$

Bemerkung. Der hier gegebene geometrische Beweis des quadratischen Reziprozitätsgesetzes geht zurück auf G. EISENSTEIN (Mathematische Werke I, 164–166), selbst Schüler von GAUSS. Weitere historische Bemerkungen zum Reziprozitätsgesetz folgen in 13.

8. Ein numerisches Beispiel. GAUSS beschließt Art. 146 seiner *Disquisitiones Arithmeticae* mit der Lösung folgender Aufgabe: "Quaeritur relatio numeri $+453$ ad 1236." Er möchte also die Frage behandeln, ob die Kongruenz $Y^2 \equiv 453 \pmod{1236}$ lösbar ist. Hier ist $(453, 1236) = 3$ und man sieht leicht, daß die vorgelegte Kongruenz mit folgender neuen äquivalent ist: $3X^2 \equiv 151 \pmod{412}$. Wegen $2 \cdot 412 = 3 \cdot 275 - 1$ ist 275 modulo 412 zu 3 invers und so ist die letzte Kongruenz weiterhin gleichwertig mit

$$(1) \qquad\qquad X^2 \equiv -87 \pmod{412}.$$

Diese Kongruenz ist von der Form 2(1) mit $c = -87$, $m = 412 = 2^2 \cdot 103$, die zueinander teilerfremd sind. Nach Satz 2 ist (1) genau dann lösbar, wenn -87 quadratischer Rest modulo 103 ist; $-87 \equiv 1 \pmod{4}$ ist ja erfüllt. Man hat also noch das LEGENDRE–Symbol $\left(\frac{-87}{103}\right)$ zu berechnen.

Nach Satz 3(ii) ist $\left(\frac{-87}{103}\right) = \left(\frac{-1}{103}\right)\left(\frac{3}{103}\right)\left(\frac{29}{103}\right) = (-1)(-1)\left(\frac{29}{103}\right)$, wenn man für $\left(\frac{3}{103}\right) = -\left(\frac{103}{3}\right) = -\left(\frac{1}{3}\right) = -1$ das Reziprozitätsgesetz und Satz 3(i) investiert und für $\left(\frac{-1}{103}\right) = -1$ den ersten Ergänzungssatz. Erneut nach dem Reziprozitätsgesetz ist $\left(\frac{29}{103}\right) = \left(\frac{103}{29}\right) = \left(\frac{3 \cdot 29 + 16}{29}\right) = \left(\frac{16}{29}\right) = \left(\frac{2}{29}\right)^4 = 1$, wo nochmals Satz 3(i), (ii) zum Zuge kamen. Damit ist $\left(\frac{-87}{103}\right)$ zu 1 festgestellt, weshalb (1) und damit auch die Ausgangskongruenz lösbar ist.

Offenbar wird (1) von einem $x \in \mathbb{Z}$ genau dann gelöst, wenn dieses ungerade ist und $x^2 \equiv -87 \pmod{103}$ genügt, was offenbar mit $x^2 \equiv 16 \pmod{103}$ oder eben $x \equiv \pm 4 \pmod{103}$ äquivalent ist. Modulo 412 hat somit (1) genau die vier Lösungen ± 99, ± 107; dies führt modulo 1236 zu den sämtlichen Lösungen ± 297, ± 321 von $Y^2 \equiv 453$. Tatsächlich beschließt GAUSS a.a.O. seine Ausführungen "... est autem revera $453 \equiv 297^2 \pmod{1236}$."

Bemerkung. Hier sollte insbesondere gezeigt werden, wie man $\left(\frac{c}{p}\right)$ unter Verwendung von Reziprozitätsgesetz, Ergänzungssätzen und den Regeln in Satz 3(i), (ii) *stets* berechnen kann. Manchmal kürzt eine umsichtige Beobachtung der speziellen Situation das Ganze erheblich ab. So ist z.B. oben $\left(\frac{-87}{103}\right) = \left(\frac{103-87}{103}\right) = \left(\frac{16}{103}\right) = \left(\frac{2}{103}\right)^4 = 1$ und man kommt *hier* gänzlich ohne Reziprozitätsgesetz und Ergänzungssätze aus; $\left(\frac{2}{103}\right)$ tritt ja nur in gerader Potenz auf.

9. Quadratische Nichtreste modulo Primzahlen.

Ein erster Beitrag zu der in § 3 anzuschneidenden Frage nach der Verteilung quadratischer Reste und Nichtreste ist enthalten in

Proposition A. *Zu jeder Primzahl $p > 3$ mit $p \equiv 3 \pmod{4}$ gibt es eine natürliche Zahl unterhalb $2\sqrt{p} + 1$, die quadratischer Nichtrest modulo p ist.*

Dies ist eine unmittelbare Folgerung aus

Proposition B. *Zu jedem p wie in Proposition A gibt es eine Primzahl $q \leq 2[\sqrt{p}] + 1$ mit $q \equiv 3 \pmod 4$ und $(\frac{q}{p}) = -1$.*

Beweis. Sei $a := [\sqrt{p}]$. Bei geradem a ist $p - a^2 \in \mathbb{N}$ und $p - a^2 \equiv 3 \pmod 4$. Daher hat $p - a^2$ nur ungerade Primfaktoren, insgesamt aber mindestens einen $\equiv 3 \pmod 4$. Ist q ein solcher, so ist $q \leq p - a^2 < p - (\sqrt{p} - 1)^2 = 2\sqrt{p} - 1$ und $a^2 \equiv p \pmod q$; d.h. p ist quadratischer Rest modulo q, also $(\frac{p}{q}) = 1$ und somit wegen $p \equiv q \equiv 3 \pmod 4$ nach dem quadratischen Reziprozitätsgesetz $(\frac{q}{p}) = -1$.

Ab jetzt sei a ungerade. Ist $p \equiv 7 \pmod 8$, so hat man $p - a^2 \equiv 7 - 1 = 6 \pmod 8$, also gilt $\frac{1}{2}(p - a^2) \equiv 3 \pmod 4$. Nun hat $\frac{1}{2}(p - a^2)$ einen Primfaktor $q \equiv 3 \pmod 4$, mit dem man wie vorher zu Ende argumentiert.

Ist $p \equiv 3 \pmod 8$, so ist $(a + 2)^2 - p$ positiv ganz und kongruent $1 - 3 \equiv 6 \pmod 8$. Daher ist die natürliche Zahl $\frac{1}{2}((a + 2)^2 - p) \equiv 3 \pmod 4$ und hat einen Primfaktor q der gewünschten Art. Dabei hat man nur noch die in Aussicht gestellte obere Schranke für q zu bestätigen: Wegen der Irrationalität von $\sqrt{p}$ (vgl. Korollar 1.1.9) ist in $a \leq \sqrt{p}$ das Gleichheitszeichen unmöglich, also gilt $a^2 \leq p - 1$. Da hier die linke Seite ungerade, die rechte gerade ist, kann noch genauer $a^2 \leq p - 2$ gesagt werden, also $q \leq \frac{1}{2}(a^2 + 4a + 4 - p) \leq 2a + 1 = 2[\sqrt{p}] + 1$ wie behauptet. $\qquad\square$

Bemerkungen. 1) Die Größenbeschränkung für q in Proposition B kann man im allgemeinen nicht weiter verbessern. Für die Primzahlen $p = 11, 83, 227$ z.B. ist $2[\sqrt{p}] + 1 = 7, 19, 31$ jeweils tatsächlich die kleinste Primzahl $\equiv 3 \pmod 4$, die quadratischer Nichtrest modulo p ist.

2) Die soeben aufgeführten drei Primzahlen sind sämtliche bei ungeradem $a > 1$ von der Form $a^2 + 2$ (also $\equiv 3 \pmod 8$), wobei überdies a durch 3 teilbar sein muß, da andernfalls $a^2 + 2$ größer als 3 und ein Vielfaches von 3 wäre. Die Folge $a^2 + 2$ mit durch 3 teilbarem ungeradem a beginnt mit 11, 83, 227, 433, 731, 1093, 1523, 2027, 2603, 3251, ... Die angegebenen zehn Zahlen sind alle, bis auf die fünfte und neunte, Primzahlen. Es ist aber unbekannt, ob in dieser Folge unendlich viele Primzahlen vorkommen.

10. Primzahlen in arithmetischen Progressionen. Hier sollen einige einfache Illustrationen gegeben werden zum nachstehenden

Satz von Dirichlet. *Sind $k, \ell \in \mathbb{N}$ zueinander teilerfremd, so gibt es unendlich viele Primzahlen p mit $p \equiv \ell \pmod k$.*

Die Richtigkeit dieses Satzes hat EULER 1775 im Spezialfall $\ell = 1$ als Vermutung ausgesprochen, im allgemeinen Fall LEGENDRE 1785, der auch einen Beweis versucht hat. Den ersten vollständigen Beweis konnte jedoch erst 1837 DIRICHLET (Werke I, 313–342) liefern, dessen diesbezügliche Arbeit den Beginn der analytischen Zahlentheorie markiert.

Offenbar ist die Teilerfremdheit von k und ℓ notwendig für die Existenz unendlich vieler Primzahlen $p \equiv \ell \pmod{k}$. Ist nämlich q eine k und ℓ teilende Primzahl, so gilt $q | (kn + \ell)$ für alle ganzen n; daher kann höchstens das kleinste positive dieser $kn + \ell$ eine Primzahl (und damit gleich q) sein. Überdies darf o.B.d.A. $\ell \leq k$ vorausgesetzt werden.

Es sollen hier sämtliche Spezialfälle $k = 1, 2, 3, 4, 6$ des DIRICHLETschen Satzes bewiesen werden.

Ist k gleich 1 oder 2, so ist die Aussage im Satz identisch mit derjenigen des EUKLIDschen Satzes 1.1.4. Zur Behandlung der restlichen Fälle seien jeweils $p_1, \ldots, p_r$ paarweise verschiedene Primzahlen $\equiv \ell \pmod{k}$; mit mehr oder weniger Geschick, je nach Unterfall, wird zu diesen eine ganze Zahl $n_r > \ell$ so konstruiert, daß man zeigen kann: n_r hat einen von $p_1, \ldots, p_r$ verschiedenen Primfaktor $p_{r+1} \equiv \ell \pmod{k}$, womit man dann fertig ist.

Sei zuerst $k = 4$; dann hat man $\ell = 1, 3$ zu diskutieren. Im zweiten Unterfall folgt man dem EUKLIDschen Beweisgedanken in 1.1.4, indem man setzt

$$(1) \qquad n_r := 4p_1 \cdot \ldots \cdot p_r - 1.$$

Da hier $n_r \equiv 3 \pmod{4}$ gilt, können dessen (sämtliche ungerade) Primfaktoren nicht alle $\equiv 1 \pmod{4}$ sein; somit hat n_r einen Primfaktor $p_{r+1} \equiv 3 \pmod{4}$, der wegen (1) von $p_1, \ldots, p_r$ verschieden ist. Im ersten Unterfall $\ell = 1$ arbeitet man mit

$$(2) \qquad n_r := (2p_1 \cdot \ldots \cdot p_r)^2 + 1.$$

Jeder Primfaktor p_{r+1} von n_r ist wegen (2) von $2, p_1, \ldots, p_r$ verschieden und wegen (2) ist -1 quadratischer Rest modulo p_{r+1}. Nach dem ersten Ergänzungssatz ist $(-1)^{(p_{r+1}-1)/2} = 1$, also $p_{r+1} \equiv 1 \pmod{4}$.

Für $k = 6$ ist $\ell = 1, 5$ möglich. Im zweiten Unterfall schließt man genau wie für $k = 4$, $\ell = 3$; dies kann dem Leser überlassen bleiben. Im ersten Unterfall $\ell = 1$ arbeitet man hier mit

$$(3) \qquad n_r := (2p_1 \cdot \ldots \cdot p_r)^2 + 3;$$

jeder Primfaktor p_{r+1} von n_r ist wegen (3) von $2, 3, p_1, \ldots, p_r$ verschieden und wegen (3) ist -3 quadratischer Rest modulo $p_{r+1} =: p$, also ist $\left(\frac{-3}{p}\right) = 1$.

Benutzt man hier Satz 3(i), (ii), das quadratische Reziprozitätsgesetz und seinen ersten Ergänzungssatz, so ist

$$1 = \left(\frac{-1}{p}\right)\left(\frac{3}{p}\right) = (-1)^{(p-1)/2}(-1)^{(p-1)/2}\left(\frac{p}{3}\right) = \left(\frac{p}{3}\right).$$

Aus $p \equiv 2$ (mod 3) würde $\left(\frac{p}{3}\right) = \left(\frac{2}{3}\right) = -1$ nach dem zweiten Ergänzungssatz folgen, also ist $p \equiv 1$ (mod 3), wegen der Ungeradheit von $p = p_{r+1}$ also $p_{r+1} \equiv 1$ (mod 6).

Schließlich sind bei $k = 3$ die Unterfälle $\ell = 1, 2$ möglich. Da für ungerade Primzahlen p die Kongruenzen $p \equiv 1$ bzw. 5 (mod 6) mit den Kongruenzen $p \equiv 1$ bzw. 2 (mod 3) äquivalent sind, werden diese Fälle schon durch $k = 6$, $\ell = 1, 5$ abgedeckt. □

Bemerkungen. 1) Die Fragestellung im DIRICHLETschen Satz kann man wie folgt verallgemeinern: Sei $f \in \mathbb{Z}[X]$ nicht konstant, in $\mathbb{Z}[X]$ irreduzibel, mit positivem Leitkoeffizienten und (∗): es gebe keine Primzahl, die alle $f(n)$ mit $n \in \mathbb{Z}$ teilt. (Die Bedingung (∗) verlangt mindestens die Teilerfremdheit sämtlicher Koeffizienten von f, d.h. dessen *Primitivität*; bei $\partial(f) = 1$ sind (∗) und die Primitivität von f offenbar äquivalent.) Da die Folge $(f(n))_{n=0,1,\dots}$ ganzer Zahlen von einer Stelle an streng wächst, ist die Frage sinnvoll, ob es unendlich viele $n \in \mathbb{N}$ gibt, für die $f(n)$ Primzahl ist. Im Fall $\partial(f) = 1$ beantwortet der DIRICHLETsche Satz die gestellte Frage positiv, während sie für $\partial(f) \geq 2$ noch offen ist. Wenigstens konnte H.–E. RICHERT (1968) die Existenz unendlich vieler $n \in \mathbb{N}$ zeigen, für die $f(n)$ Produkt von höchstens $\partial(f) + 1$ (nicht notwendig verschiedenen) Primzahlen ist; bei $\partial(f) = 2$ kann man nach H. IWANIEC (1978) "Produkt dreier" durch "Produkt zweier" Primzahlen ersetzen.

2) Der Leser möge sich klarmachen, daß die in Bemerkung 2 zu 9 offen gelassene Frage genau mit folgender äquivalent ist: Sei f das spezielle Polynom $36X^2 + 36X + 11$ von der Art wie in Bemerkung 1; gibt es unendlich viele $n \in \mathbb{N}$, für die $f(n)$ Primzahl ist?

11. Primfaktoren von Fermat–Zahlen.

LUCAS bewies 1877 mit Hilfe des zweiten Ergänzungssatzes aus 6 ein Ergebnis, welches die Form der möglichen Primfaktoren der in 2.1.2 eingeführten FERMAT–Zahlen $F_n := 2^{2^n} + 1$ stark einschränkt.

Satz. *Teilt eine Primzahl p die FERMAT–Zahl F_n mit $n \geq 2$, so gilt $p = 2^{n+2}k + 1$ mit natürlichem k.*

Beweis. Nach Voraussetzung ist $2^{2^n} \equiv -1 \pmod{p}$, also $2^{2^{n+1}} \equiv 1 \pmod{p}$ und somit gilt $\mathrm{ord}_p 2 = 2^{n+1}$. Nach Korollar 2.3.4 wird $p-1$ von 2^{n+1} geteilt und wegen $n \geq 2$ ist $p \equiv 1 \pmod 8$. Nach dem zweiten Ergänzungssatz ist dann $(\frac{2}{p}) = 1$, d.h. es gilt $x^2 \equiv 2 \pmod p$ bei geeignetem ganzem, nicht durch p teilbarem x. Die letzte Kongruenz impliziert $x^{2^{n+2}} \equiv 2^{2^{n+1}} \equiv 1 \pmod p$, weshalb $\mathrm{ord}_p x = 2^j$ mit einem natürlichen $j \leq n+2$ sein muß. Aus $x^2 \equiv 2 \pmod p$ folgt dann $1 \equiv 2^{2^{j-1}} \pmod p$, weshalb auch $j \geq n+2$ gelten muß. Nach Korollar 2.3.4 teilt $\mathrm{ord}_p x \ (= 2^{n+2})$ die Zahl $p-1$ wie behauptet. □

Die Aussage dieses Satzes liefert eines der wenigen bekannten theoretischen Hilfsmittel für die Suche nach Primfaktoren von FERMAT–Zahlen. Danach hat man die Primfaktoren von F_5 in der arithmetischen Folge $(128k+1)_{k=1,2,\dots}$ zu suchen, die mit $129, 257, 385, 513, 641, \dots$ beginnt. Offensichtlich sind hier nur $(F_3 =)257$ und 641 Primzahlen und wegen $(F_3, F_5) = 1$, vgl. Satz 2.1.2, ist 641 die erste mögliche Primzahl, die F_5 teilen kann. Daß sie es tatsächlich tut, wurde schon in 2.1.2 vorgeführt; der dort angegebene zweite Primfaktor von F_5 ist in Übereinstimmung mit obigem Satz gleich $2^7 \cdot 3 \cdot 17449 + 1$.

Ähnlich konnten 1877 unabhängig voneinander LUCAS und J. PERVUSIN einen Primfaktor von F_{12} entdecken. Nach obigem Satz ist jeder solche von der Form $d_k := 2^{14}k + 1$. Wegen $5|(d_1, d_6)$, $3|(d_2, d_5)$, $13|d_3$ und $d_4 = F_4$ ist $k = 7$ die früheste Möglichkeit und in der Tat erweist sich d_7 als F_{12} teilende Primzahl.

Die F_n mit $5 \leq n \leq 32$ sind zusammengesetzt, allerdings kennt man nur für $5 \leq n \leq 11$ die vollständige Faktorisierung von F_n; bei $n \in \{14, 20, 22, 24\}$ ist kein einziger Primfaktor von F_n bekannt. F_{33} ist derzeit die kleinste FERMAT–Zahl, bei der man nicht weiß, ob sie prim oder zusammengesetzt ist.

12. Mersenne–Primzahlen. Wie in Proposition 1.1.8 gesehen, können höchstens solche MERSENNE–Zahlen $M_p := 2^p - 1$ Primzahlen sein, für die p selbst Primzahl ist. Mit Hilfe des zweiten Ergänzungssatzes wird sogleich ein Ergebnis bewiesen, welches gewisse M_p sofort als zusammengesetzt erkennen läßt.

Satz A. *Ist p eine Primzahl, so daß auch $q := 2p + 1$ Primzahl ist, so gilt $q|M_p \Leftrightarrow q \equiv \pm 1 \pmod 8$ bzw. $q|(M_p + 2) \Leftrightarrow q \equiv \pm 3 \pmod 8$.*

Beweis. Man hat $q|M_p \Leftrightarrow 2^{(q-1)/2} \equiv 1 \pmod q \Leftrightarrow (\frac{2}{q}) \equiv 1 \pmod q$, letzteres nach dem EULER-Kriterium 4. Damit ist $(\frac{2}{q}) = 1$, was nach dem zweiten Ergänzungssatz mit $q \equiv \pm 1 \pmod 8$ äquivalent ist.

Weiter gilt $q|(M_p + 2) \Leftrightarrow 2^{(q-1)/2} \equiv -1 \pmod q \Leftrightarrow (\frac{2}{q}) = -1 \Leftrightarrow q \equiv \pm 3 \pmod 8$. □

Korollar. *Ist $p \equiv 3 \pmod 4$ eine Primzahl, so daß auch $q := 2p + 1$ Primzahl ist, so wird M_p von q geteilt; bei $p > 3$ ist also M_p unter den vorstehenden Bedingungen zusammengesetzt.*

Beweis. Wegen $p \equiv 3 \pmod 4$ ist $q \equiv -1 \pmod 8$ und Satz A liefert die erste Behauptung. Weiter tritt in $2p + 1 \leq 2^p - 1$ genau für $p = 3$ Gleichheit ein. $\square$

Es folgt noch ein Resultat über die mögliche Form von Primfaktoren der M_p.

Satz B. *Sei p eine ungerade Primzahl und q ein Primfaktor von M_p. Dann gilt $q \equiv 1 \pmod{2p}$ und $q \equiv \pm 1 \pmod 8$.*

Beweis. Nach Voraussetzung ist $2^p \equiv 1 \pmod q$, also $(\mathrm{ord}_q 2)|p$. Da $\mathrm{ord}_q 2$ nicht gleich 1 ist, hat man $\mathrm{ord}_q 2 = p$. Nach dem "kleinen" FERMATschen Satz ist $2^{q-1} \equiv 1 \pmod q$, also $p|(q - 1)$; wegen $2|(q - 1)$ hat man die erste Behauptung. Die ganze Zahl $x := 2^{(p+1)/2}$ genügt $x^2 - 2 = 2M_p \equiv 0 \pmod q$ und man hat $\left(\frac{2}{q}\right) = 1$; die zweite Behauptung folgt aus dem zweiten Ergänzungssatz. $\square$

Aufgrund des Korollars ist M_p zusammengesetzt für die Primzahlen $p = 11, 23$, $83, 131, 179, 191$. Es gibt genau 54 Primzahlen $\equiv 3 \pmod 4$ unterhalb 4000, für die auch $2p + 1$ Primzahl ist; die Anzahl aller Primzahlen unterhalb 4000 ist 550. Es ist allerdings offen, ob gleichzeitig $4k + 3$ und $8k + 7$ für unendlich viele natürliche k Primzahlen sein können.

Die Faktorzerlegung von $M_{11} = 2047$ findet man mittels Satz B leicht wie folgt: Jeder Primfaktor von M_{11} muß $\equiv 1 \pmod{22}$ und $\equiv \pm 1 \pmod 8$ sein und die erste sich daraus ergebende Möglichkeit 23 teilt tatsächlich M_{11}; man hat $M_{11} = 23 \cdot 89$ und natürlich genügt auch 89 den Kongruenzen des Satzes B. Diese Zerlegung wurde von CATALDI (1588) gefunden, der auch zeigte, daß M_{13}, M_{17} und M_{19} Primzahlen sind.

Für M_{19} sei dies hier exemplarisch vorgeführt. Die Voraussetzungen des Korollars sind hier nicht erfüllt, so daß man Chancen hat, M_{19} als Primzahl nachzuweisen. Aufgrund von Satz B kommen als M_{19} teilende Primzahlen unterhalb $M_{19}^{1/2}$ (d.h. unterhalb 724) höchstens noch 191, 457 und 647 in Frage; daß M_{19} von diesen nicht geteilt wird, rechnet man schließlich direkt nach.

In der folgenden Tabelle sind alle bisher bekannten 36 MERSENNEschen Primzahlen M_p mit $p > 31$ aufgelistet; hinzu kommen die acht bis EULER bekannten mit $p \in \{2, 3, 5, 7, 13, 17, 19, 31\}$. Der zweiten Spalte entnimmt man die jeweilige Anzahl der Dezimalstellen von M_p. In der dritten werden die jeweiligen Entdecker ab 2001 nicht mehr aufgeführt, zumal die Suche nach immer größeren

Primzahlen M_p seit 1996 im Rahmen des weltweiten GIMPS–Projekts (*Great Internet Mersenne Prime Search*, http://www.mersenne.org) abläuft.

p	Stellenanzahl	Entdecker (Jahr)
61	19	PERVUSIN (1883)
89	27	FAUQUEMBERGUE, POWERS (1911)
107	33	" " (1914)
127	39	LUCAS (1876)
521	157	LEHMER & ROBINSON (1952)
607	183	"
1279	386	"
2203	664	"
2281	687	"
3217	969	RIESEL (1957)
4253	1281	HURWITZ & SELFRIDGE (1961)
4423	1332	"
9689	2917	GILLIES (1963)
9941	2993	"
11213	3376	"
19937	6002	TUCKERMAN (1971)
21701	6533	NICKEL & NOLL (1978)
23209	6987	"
44497	13395	SLOWINSKI (1979)
86243	25962	" (1982)
110503	33265	COLQUITT & WELSH (1988)
132049	39751	SLOWINSKI (1983)
216091	65050	" (1985)
756839	227832	SLOWINSKI & GAGE (1992)
859433	258716	" (1994)
1257787	378632	" (1996)
1398269	420921	ARMENGAUD & WOLTMAN (1996)
2976221	895932	SPENCE & WOLTMAN (1997)
3021377	909526	CLARKSON & WOLTMAN (1998)
6972593	2098960	HAJRATWALA & WOLTMAN (1999)
13466917	4053946	CAMERON & WOLTMAN (2001)
20996011	6320430	(2003)
24036583	7235733	(2004)
25964951	7816230	(2005)
30402457	9152052	(2005)
32582657	9808358	(2006)

Aus der umseitigen Tabelle kann der Leser gut die historische Entwicklung immer verbesserter Primzahltests einerseits und immer schnellerer Computer andererseits ablesen. Der Computerausdruck von $M_{32582657}$ im Dezimalsystem würde etwa den 10000–fachen Platz benötigen wie der in 5.1.11 reproduzierte Ausdruck des Beginns der Dezimalbruchentwicklung der Zahl π, also mindestens 11 Exemplare des vorliegenden Buchs.

Bemerkung. Aktuelle Primzahlrekorde gehören offenbar zu den wenigen Ergebnissen mathematischer Forschung, die der Öffentlichkeit in dieser oder jener Form regelmäßig zur Kenntnisnahme angeboten werden. So ging Mitte Februar 1985 durch die deutsche Presse, W. KELLER in Hamburg habe mit $5 \cdot 2^{23473} + 1$ die fünftgrößte damals bekannte Primzahl (7067 Dezimalstellen) gefunden. Auch die Entdeckung von M_{216091} als seinerzeit größte bekannte Primzahl wurde Mitte September 1985 in Presse und Rundfunk gemeldet und kommentiert. Die holländische Tageszeitung "Haarlems Dagblad" hatte am 5. Oktober 1983 den bald darauf entthronten Rekordinhaber M_{132049} in Dezimaldarstellung in voller Länge abgedruckt.

Gegenüber der Tagespresse ungewöhnlicher ist das nachfolgend abgebildete, 1968 von der U.S.–Post in Urbana (Illinois) gewählte Informationsmedium.

Wenn hier schon die Problematik "Mathematik und ihre Publicity" angesprochen ist, so sollte trotz der generell dürftigen Repräsentanz nicht vergessen werden, daß sowohl die Schweizerische Nationalbank als (bis zur Euro-Einführung) auch die Deutsche Bundesbank mit EULER bzw. GAUSS auf ihren 10 Franken– bzw. 10 Mark–Scheinen die bedeutendsten Mathematiker (und Zahlentheoretiker) des 18. bzw. 19. Jahrhunderts ehren bzw. ehrten. Dem tut die Tatsache kaum Abbruch, daß allerlei physikalisch–technische Skizzen und Apparaturen die Rückseiten beider Scheine zieren: Solche mehr praktischen Dinge sind der Allgemeinheit eben viel leichter nahezubringen als noch so schöne Ergebnisse der abstrakten Mathematik.

13. Historisches zum Reziprozitätsgesetz. Die beiden Ergänzungssätze zum quadratischen Reziprozitätsgesetz (hier kurz q.Rg.) waren bereits FERMAT bekannt, aber erst EULER (Opera Omnia Ser. 1, II, 328–337) bzw. LAGRANGE (Oeuvres III, 695–795) lieferten Beweise für den ersten bzw. zweiten. Das q.Rg. selbst scheint von EULER gefunden, von ihm etwa 1745 implizit benützt, spätestens aber 1772 (Opera Omnia Ser. 1, III, 497–512) erstmals klar ausgesprochen worden zu sein. Offenbar unabhängig von EULER hat auch LEGENDRE (Hist. Acad. Paris *1785*, 465ff.) das q.Rg. entdeckt und zu zeigen versucht. Sein Beweisversuch hatte allerdings insofern eine in jener Zeit unbehebbare Lücke, als er die Existenz unendlich vieler Primzahlen in gewissen arithmetischen Folgen *voraussetzte*, vgl. 10. In LEGENDREs in 3 erwähntem *Essai* ... (S. 186) findet sich dann die in 6 angegebene elegante, symmetrische Formulierung des q.Rg. mit Hilfe des von ihm eingeführten Symbols $\left(\frac{p}{q}\right)$. Ebenfalls von LEGENDRE stammt die in die spätere Literatur eingegangene Bezeichnung für das Gesetz ("loi de réciprocité"), während GAUSS generell vom "theorema fundamentale" spricht.

GAUSS selbst hat als Achtzehnjähriger aus umfangreichem Beispielmaterial das q.Rg. herauspräpariert, ganz unabhängig von seinen Vorgängern EULER und LEGENDRE. Nach einem Jahr härtester Arbeit war ihm dann der erste komplette Beweis gelungen. Über diese Phase seiner Forschungen schreibt er (Werke II, S. 4): "Adiicere liceat tantummodo, in confirmationem eorum, quae in art. praec. prolata sunt, quae ad meos conatus pertinent. In ipsum theorema proprio marte incideram anno 1795, dum omnium, quae in arithmetica sublimiori iam elaborata fuerant, penitus ignarus et a subsidiis literariis omnino praeclusus essem: sed per integrum annum me torsit, operamque enixissimam effugit, donec tandem demonstrationem in Sectione quarta operis illius traditam nactus essem."*)

Während GAUSS seinen ersten Beweis des q.Rg. (8. April 1796) mittels vollständiger Induktion und ganz im Rahmen der Theorie der quadratischen Reste führte, gab er bald darauf (27. Juni 1796) einen weiteren an, der sich auf seine Untersuchungen über quadratische Formen stützte (*Disquisitiones Arithmeticae*, Art. 257ff.). Insgesamt lieferte GAUSS selbst acht methodisch verschiedene Beweise für das q.Rg., ein Zeichen für die zentrale Bedeutung, die er diesem für

---

*) (Es mögen nur zur Bestätigung dessen, was im vorigen Artikel gesagt wurde, einige Bemerkungen zu meinen Versuchen gestattet sein. Auf jenen Satz kam ich im März 1795 selbständig. Damals waren mir alle schon erzielten Resultate der höheren Arithmetik völlig unbekannt und zu den Hilfsmitteln der Literatur hatte ich keinerlei Zugang. Doch quälte mich jener Satz ein ganzes Jahr lang und entzog sich den angestrengtesten Bemühungen, bis mir endlich der im vierten Abschnitt jenes Werkes [*Disquisitiones Arithmeticae*, Art. 135ff.] aufgeschriebene Beweis gelang.)

die Zahlentheorie zumaß.

In der Folgezeit sind zahlreiche weitere Beweise angegeben worden. Alleine 45 entfallen auf die Jahre zwischen 1796 und 1896. Diese Beweise sind chronologisch geordnet und mit der jeweils verwendeten Methode bei P. BACHMANN (*Niedere Zahlentheorie* I, Teubner, Leipzig, 1902, S. 203/4) zitiert; davon operieren 28 mit dem GAUSSschen Lemma 5 oder mit geeigneten Modifikationen. Bis heute sind deutlich über 150 Beweise des q.Rg. publiziert worden; 1963 erschien eine Note mit dem Titel "The 152nd proof of the law of quadratic reciprocity" von M. GERSTENHABER (Amer. Math. Monthly *70*, 397–398 (1963)).

Parallel mit der Suche nach immer neuen Beweisvarianten für das *quadratische* Rg. hat schon GAUSS damit begonnen, analoge Reziprozitätsgesetze für Kongruenzen *höheren als zweiten Grades* aufzustellen. Den ersten Beweis für das von GAUSS 1825 gefundene biquadratische Rg. konnte EISENSTEIN 1844 liefern, der im gleichen Jahr das 1827 erstmals von JACOBI gezeigte kubische Rg. bewies. Um die Wende zum 20. Jahrhundert hat vor allem HILBERT diese Entwicklung entscheidend gefördert und zwar sowohl durch einige bedeutende Arbeiten als auch dadurch, daß er die Frage nach möglichst weitgehender Verallgemeinerung des q.Rg. in den Katalog seiner "Mathematischen Probleme" aufnahm.

Unter diesem Titel hielt HILBERT 1900 auf dem Internationalen Mathematiker–Kongreß in Paris seinen inzwischen berühmt gewordenen Vortrag. Dort formulierte er insbesondere 23 seinerzeit offene Fragestellungen explizit, die die ganze damalige Mathematik umspannten und die er als Schlüsselprobleme für weitere Fortschritte in den einzelnen mathematischen Teildisziplinen erachtete. Das "neunte HILBERTsche Problem" stellt unter der Überschrift *Beweis des allgemeinsten Reziprozitätsgesetzes im beliebigen Zahlkörper* folgende Aufgabe:

"*Für einen beliebigen Zahlkörper soll das Reziprozitätsgesetz der ℓ–ten Potenzreste bewiesen werden, wenn* ℓ *eine ungerade Primzahl bedeutet und ferner, wenn* ℓ *eine Potenz von 2 oder eine Potenz einer ungeraden Primzahl ist. Die Aufstellung des Gesetzes sowie die wesentlichen Hilfsmittel zum Beweise desselben werden sich, wie ich glaube, ergeben, wenn man die von mir entwickelte Theorie des Körpers der ℓ–ten Einheitswurzeln und meine Theorie des relativ–quadratischen Körpers in gehöriger Weise verallgemeinert.*"

Dieses Problem wurde vor allem durch Arbeiten von T. TAGAKI (1920/2), H. HASSE (1926), E. ARTIN (1928) und I.R. SAFAREVIC (1948/50) gelöst.

Bemerkung. Den genannten HILBERTschen Vortrag findet man nebst hervorragender Kommentierungen über den Anfang bzw. Mitte der 1970er Jahre aktuellen Stand der 23 Einzelprobleme in: *Die Hilbertschen Probleme*, Ostwalds Klassiker Band 252, Leipzig, 1971 bzw. *Mathematical developments arising from Hilbert problems*, Proc. Symp. Pure Math. *28* (1976).

Viele wertvolle Informationen zum q.Rg., zu seiner Behandlung von GAUSS, zu seinen interessantesten Beweisvarianten ebenso wie zu den zuletzt diskutierten algebraischen Verallgemeinerungen entnimmt man dem zum 200. Geburtstag von GAUSS erschienenen Bändchen von H. PIEPER (*Variationen über ein zahlentheoretisches Thema von Carl Friedrich Gauss*, Birkhäuser, Basel–Stuttgart, 1978).

§ 3. Verteilung quadratischer Reste

1. Summen über gewisse Legendre–Symbole. Für ungerade Primzahlen p und natürliche $d < p$ interessiert nun die Anzahl der d–Tupel sukzessiver natürlicher Zahlen unterhalb p, die *sämtlich* quadratische Reste modulo p sind. Schreibt man diese Anzahl als $Q_p(d)$, so ist offenbar $Q_p(d) = 0$ für $\frac{1}{2}(p-1) < d$ wegen Korollar 1.5C. Uninteressant ist auch die aus demselben Grund geltende Gleichung $Q_p(1) = \frac{1}{2}(p-1)$. In 2 wird $Q_p(2)$ ermittelt, in 3 dann $Q_p(3)$. Für die Durchführung dieses Programms benötigt man zunächst folgendes

Lemma. *Ist p eine ungerade Primzahl, so gilt bei ganzen a, b*

$$S_p(a,b) := \sum_{t=0}^{p-1} \left(\frac{(t+a)(t+b)}{p} \right) = \begin{cases} p-1, & \text{falls } a \equiv b \pmod{p} \\ -1 & \text{sonst.} \end{cases}$$

Bemerkung. Derartige Summen sind in diesem Paragraphen stets über die im Sinne von Bemerkung 2 in 2.3 *erweiterten* LEGENDRE–Symbole zu verstehen; sonst müßte man einen oder zwei t–Werte von der Summation ausschließen, was einfach unbequemer wäre.

Beweis. Mit $k := b - a$ ist

$$(1) \qquad S_p(a,b) = \sum_{i=a}^{p-1+a} \left(\frac{i(i+k)}{p} \right) = \sum_{i=0}^{p-1} \left(\frac{i(i+k)}{p} \right) = \sum_{i=1}^{p-1} \left(\frac{i(i+k)}{p} \right).$$

Dabei ist die Tatsache benutzt, daß in den beiden ersten Summen jeweils über ein vollständiges Restsystem modulo p summiert wird, weiter ist $\left(\frac{0}{p} \right) := 0$ beachtet. Ist $j(i)$ modulo p invers zu $i \in \{1, \dots, p-1\}$, so durchlaufen i und $j(i)$ gleichzeitig ein primes Restsystem modulo p. Daher kann die Summe rechts in (1) folgendermaßen umgearbeitet werden:

$$(2) \quad S_p(a,b) = \sum_{i=1}^{p-1} \left(\frac{j(i)}{p} \right)^2 \left(\frac{i(i+k)}{p} \right) = \sum_{i=1}^{p-1} \left(\frac{1+j(i)k}{p} \right) = \sum_{j=1}^{p-1} \left(\frac{1+jk}{p} \right).$$

Nun ist $a \equiv b \pmod{p}$ mit $p|k$ äquivalent und in diesem Fall sind alle in der Summe rechts in (2) vorkommenden LEGENDRE–Symbole gleich $(\frac{1}{p}) = 1$, woraus der erste Teil des Lemmas folgt. Für $p \nmid k$ sind alle ganz rechts in (2) vorkommenden $1 + jk$ modulo p paarweise inkongruent und sämtliche inkongruent 1. Wegen Satz 2.3(iv) (vgl. die dortige Bemerkung 2) ist damit nach (2)

$$S_p(a,b) = \sum_{\ell=0}^{p-1} (\frac{\ell}{p}) - (\frac{1}{p}) = -1. \qquad \square$$

2. Paare sukzessiver quadratischer Reste.

Hier soll der folgende, auf GAUSS zurückgehende Satz bewiesen werden.

Satz. *Für ungerade Primzahlen p gibt es genau $\frac{1}{4}(p - 4 + (-1)^{(p+1)/2})$ Paare aufeinanderfolgender quadratischer Reste modulo p, die überdies natürliche Zahlen unterhalb p sind.*

Beweis. Man sieht sofort, daß $\frac{1}{4}(1 + (\frac{t}{p}))(1 + (\frac{t+1}{p}))$ gleich 1 ist, falls t und $t+1$ quadratische Reste modulo p sind, und gleich 0 sonst; dies gilt für $t = 1, \dots, p-2$. Mit der Bezeichnung anfangs von 1 folgt daraus, wenn man noch Satz 2.3(iv), den ersten Ergänzungssatz aus 2.6 sowie Lemma 1 beachtet,

$$4Q_p(2) = \sum_{t=1}^{p-2} \left(1 + (\frac{t}{p})\right)\left(1 + (\frac{t+1}{p})\right)$$

$$= p - 2 + \sum_{t=1}^{p-2} (\frac{t}{p}) + \sum_{t=2}^{p-1} (\frac{t}{p}) + \sum_{t=0}^{p-1} (\frac{t(t+1)}{p})$$

$$= p - 2 - (-1)^{(p-1)/2} - 1 - 1.$$

Daraus liest man die Behauptung ab. $\qquad \square$

Beispiel. Nach dem Satz ist $Q_{29}(2) = 6$. Tatsächlich sind 1, 4, 5, 6, 7, 9, 13, 16, 20, 22, 23, 24, 25, 28 alle 14 quadratischen Reste modulo 29 in $\{1, \dots, 28\}$ und für $Q_{29}(2)$ werden also genau die Paare $(4,5)$, $(5,6)$, $(6,7)$, $(22,23)$, $(23,24)$ und $(24,25)$ gezählt.

Bemerkung. Der Beweis des Satzes legt nahe, daß man mit Leichtigkeit analog z.B. die Anzahl der Paare sukzessiver natürlicher Zahlen unterhalb p bestimmen kann, die beide quadratische Nichtreste modulo p sind (oder die beiden restlichen möglichen Kombinationen von Resten und Nichtresten).

3. Tripel sukzessiver quadratischer Reste. Definiert man für ungerade Primzahlen p und ganze t die sogenannten JACOBSTHALschen *Summen* $T_p(t)$ durch

$$(1) \qquad T_p(t) := \sum_{c=1}^{p-1} \left(\frac{c(c^2 - t)}{p} \right),$$

so gilt der folgende

Satz. *Für ungerade Primzahlen p existieren genau*

$$Q_p(3) = \begin{cases} \frac{1}{8}(p + T_p(1) - 11 - 4(-1)^{(p-1)/4}), & \text{falls } p \equiv 1 \ (\mathrm{mod}\ 4), \\ [\frac{1}{8}p], & \text{falls } p \equiv 3 \ (\mathrm{mod}\ 4), \end{cases}$$

Tripel aufeinanderfolgender quadratischer Reste modulo p, die überdies natürliche Zahlen unterhalb p sind.

Beweis. Für $p = 3$ ist die behauptete Formel richtig, da Tripel der genannten Art hier nicht auftreten können. Ist $p \geq 5$, so sieht man völlig analog zum Beweisbeginn in 2

$$8Q_p(3) = \sum_{c=2}^{p-2} \left(1 + \left(\frac{c-1}{p} \right) \right) \left(1 + \left(\frac{c}{p} \right) \right) \left(1 + \left(\frac{c+1}{p} \right) \right)$$

$$= p - 3 - \left(\frac{p-1}{p} \right) - \left(\frac{p-2}{p} \right) - \left(\frac{1}{p} \right) - \left(\frac{p-1}{p} \right) - \left(\frac{1}{p} \right) - \left(\frac{2}{p} \right)$$

$$+ S_p(-1, 0) - \left(\frac{(p-1)(p-2)}{p} \right) + S_p(0, 1) - \left(\frac{2}{p} \right) + S_p(-1, 1) - \left(\frac{-1}{p} \right)$$

$$+ T_p(1).$$

Nach Lemma 1 sowie den beiden Ergänzungssätzen aus 2.6 ist somit

$$8Q_p(3) = p - 8 - 3(-1)^{(p-1)/2} - 3(-1)^{(p^2-1)/8} - (-1)^{(p-1)/2 + (p^2-1)/8} + T_p(1),$$

was für $p \equiv 1 \ (\mathrm{mod}\ 4)$ direkt die Behauptung liefert. Ist $p \equiv 3 \ (\mathrm{mod}\ 4)$, so hat man nach dem folgenden Lemma 4(iii)

$$8Q_p(3) = p - 5 - 2(-1)^{(p^2-1)/8} = \begin{cases} p - 3 & \text{für } p \equiv 3 \ (\mathrm{mod}\ 8) \\ p - 7 & \text{für } p \equiv 7 \ (\mathrm{mod}\ 8), \end{cases}$$

was auch in diesem Fall die Behauptung des Satzes ergibt. $\qquad\square$

Beispiel. Nach dem Satz ist $Q_{29}(3) = 4$ und in der Tat werden dabei genau die Tripel $(4, 5, 6)$, $(5, 6, 7)$, $(22, 23, 24)$ und $(23, 24, 25)$ gezählt, vgl. das Beispiel in 2. Dabei findet man $T_{29}(1) = 10$ relativ leicht aus Lemma 4(ii).

Bemerkung. Bei der Anwendung der Formel des Satzes muß man im Fall $p \equiv 1 \pmod 4$ generell $T_p(1)$ berechnen. Für kleine p ist das ziemlich mühelos; man kann Lemma 4(ii) verwenden. Für große p wird man sich im allgemeinen mit einer Abschätzung für $T_p(1)$ zufrieden geben, vgl. das folgende Korollar 4.

4. Eigenschaften Jacobsthalscher Summen. Über die durch 3(1) eingeführten Summen $T_p(t)$ gibt folgender Hilfssatz die erforderlichen Auskünfte.

Lemma.

(i)　　Es gilt $T_p(0) = 0$.

(ii)　　Für ganze t ist $T_p(t) = (1 + (\frac{-1}{p})) \sum\limits_{c=1}^{(p-1)/2} (\frac{c(c^2-t)}{p})$.

(iii)　　Bei $p \equiv 3 \pmod 4$ ist $T_p(t) = 0$ für alle ganzen t.

(iv)　　Für ganze s, t ist $T_p(s^2 t) = (\frac{s}{p}) T_p(t)$.

(v)　　$T_p(t)^2$ ist konstant für alle quadratischen Reste (bzw. Nichtreste) modulo p.

(vi)　　Ist $p \equiv 1 \pmod 4$ und t_0 irgendein quadratischer Nichtrest modulo p, so gilt
$$T_p(1)^2 + T_p(t_0)^2 = 4p.$$

Beweis. (i) ist wegen $(\frac{c^3}{p}) = (\frac{c}{p})$ für $c = 1, \ldots, p-1$ äquivalent mit Satz 2.3(iv).

(ii) folgt direkt aus
$$\sum_{c=(p+1)/2}^{p-1} \left(\frac{c(c^2 - t)}{p}\right) = \sum_{d=1}^{(p-1)/2} \left(\frac{-d(d^2 - t)}{p}\right),$$

wenn man $c = p - d$ setzt und Satz 2.3(i), (ii) beachtet.

(iii) ergibt sich aus (ii) wegen $(\frac{-1}{p}) = -1$ genau für $p \equiv 3 \pmod 4$; (iii) folgt aber auch aus (iv) mit $s := -1$.

(iv) ist bei $p|s$ klar wegen $(\frac{s}{p}) = 0$, wegen (i) und der sich aus Satz 2.3(i) ergebenden Gleichung $T_p(t) = T_p(t')$ für ganze, modulo p kongruente t, t'. Ist

$p \nmid s$, so durchläuft mit c auch sc ein primes Restsystem modulo p und man entnimmt die Behauptung der folgenden Gleichung.

$$\left(\frac{s}{p}\right)T_p(t) = \left(\frac{s^3}{p}\right)T_p(t) = \sum_{c=1}^{p-1}\left(\frac{sc((sc)^2 - s^2t)}{p}\right) = \sum_{d=1}^{p-1}\left(\frac{d(d^2 - s^2t)}{p}\right) = T_p(s^2t).$$

Für (v) sei a eine feste Primitivwurzel modulo p. Nach Korollar 1.5B sind sämtliche quadratischen Reste bzw. Nichtreste modulo p kongruent $a^2, a^4, \ldots$ $\ldots, a^{p-1}$ bzw. $a, a^3, \ldots, a^{p-2}$. Sind t_1, t_2 entweder beides Reste oder beides Nichtreste modulo p, so ist $t_2 \equiv a^{2m}t_1 \pmod{p}$ mit geeignetem natürlichem m. Wendet man (iv) mit $s := a^m$, $t := t_1$ an, so ist $T_p(t_2)^2 = (\frac{a^m}{p})^2 T_p(t_1)^2 = T_p(t_1)^2$ wie behauptet.

(vi): Nach (i), (v) und den Definitionen von $S_p(a,b)$ bzw. $T_p(t)$ in 1 bzw. 3(1) ist

(1)
$$\frac{p-1}{2}(T_p(1)^2 + T_p(t_0)^2) = \sum_{t=0}^{p-1}T_p(t)^2 = \sum_{t=0}^{p-1}\sum_{c,d=1}^{p-1}\left(\frac{c(c^2-t)}{p}\right)\left(\frac{d(d^2-t)}{p}\right)$$

$$= \sum_{c,d=1}^{p-1}\left(\frac{cd}{p}\right)\sum_{t=0}^{p-1}\left(\frac{(t-c^2)(t-d^2)}{p}\right)$$

$$= \sum_{c,d=1}^{p-1}\left(\frac{cd}{p}\right)S_p(-c^2, -d^2).$$

Wegen Lemma 1 ist hier die letzte Summe weiter gleich

(2)
$$(p-1)\sum_{\substack{c,d=1 \\ p|(c^2-d^2)}}^{p-1}\left(\frac{cd}{p}\right) - \sum_{\substack{c,d=1 \\ p\nmid(c^2-d^2)}}^{p-1}\left(\frac{cd}{p}\right).$$

Nun ist $p|(c^2 - d^2)$ gleichbedeutend damit, daß modulo p entweder $d \equiv c$ oder $d \equiv -c$ gilt; wegen $p \equiv 1 \pmod 4$ und dem ersten Ergänzungssatz ist in jedem Fall $(\frac{cd}{p}) = (\frac{c^2}{p}) = 1$ und so ist die erste Summe in (2) gleich $2(p-1)$. Die zweite Summe in (2) ist unter Berücksichtigung von Satz 2.3(ii), (iv)

$$\sum_{c=1}^{p-1}\left(\frac{c}{p}\right)\sum_{\substack{d=1 \\ d\not\equiv\pm c(p)}}^{p-1}\left(\frac{d}{p}\right) = \sum_{c=1}^{p-1}\left(\frac{c}{p}\right)\left(0 - \left(\frac{c}{p}\right) - \left(\frac{-c}{p}\right)\right) = -2\sum_{c=1}^{p-1}\left(\frac{c}{p}\right)^2 = -2(p-1).$$

Beachtet man die Gleichheit von (1) und (2) sowie die zuletzt gefundenen Werte der Summen in (2), so folgt

$$\frac{p-1}{2}(T_p(1)^2 + T_p(t_0)^2) = (p-1)(2(p-1)+2)\,,$$

was unmittelbar zu (vi) führt. $\qquad\square$

Aus (vi) folgt jetzt $|T_p(1)| \leq 2\sqrt{p}$ bei $p \equiv 1 \pmod 4$, was bei großem p natürlich viel besser ist als das sich aus 3(1) trivial mit Dreiecksungleichung ergebende $|T_p(1)| \leq p - 1$. Damit kann man aus Satz 3 gewinnen das

Korollar.   *Für alle großen Primzahlen p gilt*

$$Q_p(3) = \frac{1}{8}p + O(\sqrt{p}).$$

Dies hat gegenüber Satz 3 den Vorteil einer einheitlichen Formulierung, die überdies die maximale Größenordnung des Anteils $T_p(1)$ in Satz 4 in Evidenz setzt. Dafür aber hat man jetzt für $Q_p(3) - \frac{1}{8}p$ nur noch eine Abschätzung, jedoch keine Gleichheit mehr.

Bemerkung.   Nach 3(1) sind alle $T_p(1)$ ganzzahlig und somit sind bei $p \equiv 1 \pmod 4$ in (vi) des Lemmas $T_p(1)$, $T_p(t_0)$ aus Kongruenzgründen beide gerade. Setzt man daher $x := \frac{1}{2}T_p(1)$, $y := \frac{1}{2}T_p(t_0)$, so ist (x, y) eine ganzzahlige Lösung der diophantischen Gleichung

$$(3) \qquad\qquad\qquad X^2 + Y^2 = p.$$

Proposition 1.6.10 lehrt, daß man damit im wesentlichen alle ganzzahligen Lösungen von (3) kennt. An diese Gleichung wird in 4.1.1 unmittelbar angeknüpft.

Kapitel 4. Additive Probleme und diophantische Gleichungen

In § 1 dieses Kapitels werden einige additive Fragen studiert. Dabei werden zwei weitere Beweise für das schon in 3.3.4 gezeigte Resultat über die Darstellbarkeit von Primzahlen als Summe zweier Quadrate gegeben. Interessant sind hierbei die Beweismittel: Einmal wird der erste Ergänzungssatz zum quadratischen Reziprozitätsgesetz mit einem DIRICHLETschen Schubfachschluß kombiniert, das andere Mal wird auf das Prinzip des kleinsten Elements zurückgegriffen. Überdies sind jeweils (wie übrigens häufig in diesem Kapitel) Kongruenzbetrachtungen anzustellen.

Im weiteren Verlauf des § 1 wird die Darstellbarkeit natürlicher Zahlen als Summe von zwei, drei oder vier Quadratzahlen untersucht, wobei ein Satz von LAGRANGE besagt, daß vier Quadrate zur Darstellung immer ausreichen. Wann man mit zwei bzw. drei Quadraten auskommt, kann genau charakterisiert werden. Auf die Anzahl der Darstellungen natürlicher Zahlen als Summe von zwei bzw. vier Quadraten wird ebenso eingegangen wie auf die Darstellbarkeit als Summe von k-ten Potenzen.

In den Paragraphen 2 und 3 geht es erneut um die in § 3 von Kap. 1 erstmals angeschnittene Thematik der diophantischen Gleichungen. § 2 beschäftigt sich mit rationalen Punkten auf algebraischen Kurven. Dabei wird mit dem von EUKLID völlig gelösten Problem der Bestimmung aller rechtwinkligen Dreiecke ganzzahliger Seitenlängen begonnen; hier ist $X^2 + Y^2 = 1$ die Gleichung der Kurve. Weiter wird die allgemeine Kurve zweiten Grades diskutiert ebenso wie die DIOPHANTsche Sekanten– bzw. Tangentenmethode zur Behandlung von Kurven dritten oder vierten Grades. Zum Schluß dieses Paragraphen wird auf die berühmte, inzwischen bewiesene FERMATsche Vermutung eingegangen.

Gegenstand von § 3 ist die PELLsche Gleichung $X^2 - dY^2 = 1$ bei natürlichem, nicht quadratischem d. Mit einem Satz über die Annäherung reeller irrationaler Zahlen durch rationale gelingt die völlige Klärung der Struktur der unendlich vielen ganzzahligen Lösungen dieser Gleichung. Die dabei entwickelten Methoden sind auch geeignet zur Untersuchung der Einheiten reell–quadratischer

Zahlkörper und der ganzzahligen Punkte auf der allgemeinen algebraischen Kurve zweiten Grades.

§ 1.   Potenzsummen, insbesondere Quadratsummen

1. Primzahlen als Summe zweier Quadrate. In 3.3.4 wurde gezeigt, daß für jede Primzahl $p \equiv 1 \pmod 4$ die diophantische Gleichung

$$(1) \qquad\qquad X^2 + Y^2 = p$$

ganzzahlig lösbar ist. Dort wurde für jedes solche p *eine* Lösung explizit angegeben; daß daraus sogar alle Lösungen von (1) konstruiert werden können, ist aus Proposition 1.6.10 bekannt, wird sich aber sogleich nochmals ergeben. Ist nämlich $(x, y) \in \mathbb{Z}^2$ eine Lösung von (1), so dürfen o.B.d.A. $x, y \in \mathbb{N}$ angenommen werden und es ist $x \neq y$. So sind (x, y), $(x, -y)$, $(-x, y)$ und $(-x, -y)$ (man faßt diese vier verschiedenen Paare bisweilen in der Kurzschreibweise $(\pm x, \pm y)$ zusammen) sowie die daraus durch Vertauschung von x und y entstehenden vier Paare insgesamt acht paarweise verschiedene Lösungen von (1). Es wird sogleich bewiesen, daß mit diesen acht bereits sämtliche Lösungen von (1) erschöpft sind.

Genau dann, wenn (1) lösbar ist, sagt man, *p sei als Summe zweier Quadratzahlen* (oder kürzer: *zweier Quadrate*) *darstellbar*. Die vier Lösungen $(\pm x, \pm y)$ von (1) entsprechen selbstverständlich *einer* Darstellung von p als Summe der beiden Quadrate x^2, y^2 in dieser Reihenfolge. Man hat nun folgenden

Satz. *Für Primzahlen p gilt folgende Äquivalenz:*

(i)   *Es ist $p \not\equiv 3 \pmod 4$.*

(ii)   *p ist als Summe zweier Quadrate darstellbar und die Darstellung ist, abgesehen von der Reihenfolge der Summanden, eindeutig.*

Beweis. Um den vorher diskutierten Fall $p \equiv 1 \pmod 4$ zu Ende zu führen, seien (x, y) und (u, v) Lösungen von (1) in natürlichen Zahlen. O.B.d.A. darf $x < y$ und $u < v$ vorausgesetzt werden und offenbar ist auch $x, y, u, v < \sqrt{p}$ sowie $p \nmid xyuv$ klar. Wegen

$$x^2 v^2 - y^2 u^2 = (p - y^2)v^2 - y^2 u^2 = p(v^2 - y^2)$$

folgt $p \mid (xv - yu)(xv + yu)$. Ist $p \mid (xv + yu)$, so ergibt sich aus $0 < xv + yu < 2(\sqrt{p})^2 = 2p$ die Gleichung $xv + yu = p$. Die leicht durch Ausmultiplikation einsichtige Formel

$$(2) \qquad (x^2 + y^2)(u^2 + v^2) = (xu - yv)^2 + (xv + yu)^2$$

führt dann zu $p^2 = (xu - yv)^2 + p^2$, also $xu = yv$ entgegen $yv > xu$. Es muß also $p|(xv - yu)$ gelten und wegen $-p = -(\sqrt{p})^2 < xv - yu < (\sqrt{p})^2 = p$ heißt dies $xv = yu$. Die Teilerfremdheit von x und y impliziert $x|u$, etwa $u = dx$; dann muß auch $v = dy$ gelten und $p = u^2 + v^2 = d^2(x^2 + y^2) = d^2 p$ ergibt $d = 1$ und somit $u = x$, $v = y$.

Für $p = 2$ ist (1) ersichtlich lösbar mit genau den vier Lösungen $(\pm 1, \pm 1)$. Für $p \equiv 3 \pmod 4$ ist (1) jedoch unlösbar; denn das Quadrat einer ganzen Zahl ist kongruent 0 oder 1 modulo 4 und so ist für $x, y \in \mathbb{Z}$ stets $x^2 + y^2 \not\equiv 3 \pmod 4$.

□

Bemerkungen. 1) Für reelle x, y, u, v folgt der "Zwei–Quadrate–Satz" (2) aus der Produktregel $|z|\,|w| = |zw|$ für die komplexen Zahlen $z = x + iy$, $w = u + iv$. Darüberhinaus läßt sich (2) wie oben durch Nachrechnen in jedem kommutativen Ring einsehen.

2) Der vorstehend bewiesene Satz wird FERMAT (1640) zugeschrieben, obwohl ihn A. GIRARD schon einige Jahre früher gekannt zu haben scheint. Während FERMAT in einem Brief an MERSENNE behauptete, er habe einen Beweis für die im Satz notierte Aussage (ohne den Zusatz über die Eindeutigkeit), scheint aber der erste publizierte Beweis auf EULER (1754) zurückzugehen.

2. Thues Lemma. Für den "nichttrivialen" Teil von Satz 1, nämlich die Lösbarkeit von 1(1) im Falle $p \equiv 1 \pmod 4$, soll hier ein zweiter Beweis angegeben werden; in 5 wird ein dritter hinzugefügt. Diese beiden Beweise sind viel einfacher, als wenn man sich auf das Resultat von E. JACOBSTHAL in 3.3.4 stützt.

Die wesentlichen Hilfsmittel beim zweiten Beweis sind einerseits der erste Ergän–zungssatz zum quadratischen Reziprozitätsgesetz (vgl. 3.2.6) und andererseits das bereits früher formulierte und angewandte DIRICHLETsche Schubfachprinzip (vgl. 2.3.1). Mit letzterem beweist man leicht folgendes

Lemma von Thue. Seien $\ell, m, u, v \in \mathbb{Z}$, $0 < u, v \le m < uv$ und $(\ell, m) = 1$. Dann gibt es $x, y \in \mathbb{N}$ mit $x < u$ und $y < v$, so daß $\ell y \equiv x$ oder $\ell y \equiv -x \pmod m$ gilt.

Beweis. Man sieht sich die uv ganzen Zahlen $\xi + \ell\eta$ mit $\xi \in \{0, \dots, u - 1\}$, $\eta \in \{0, \dots, v - 1\}$ an. Nach Voraussetzung sind dies mehr als m Stück und nach dem DIRICHLETschen Schubfachprinzip muß es mindestens eine Restklasse modulo m geben, in die mindestens zwei der $\xi + \ell\eta$, etwa $\xi_1 + \ell\eta_1$ und $\xi_2 + \ell\eta_2$, hineinfallen. Es ist also

$$(1) \qquad \ell(\eta_2 - \eta_1) \equiv \xi_1 - \xi_2 \pmod m.$$

Nun würde $\eta_2 = \eta_1$ die Teilbarkeitsbedingung $m|(\xi_2 - \xi_1)$ implizieren und aus $|\xi_2 - \xi_1| < u \le m$ würde sich auch $\xi_2 = \xi_1$ ergeben. O.B.d.A. darf die Numerierung also so angenommen werden, daß $y := \eta_2 - \eta_1 > 0$ ist; $y < v$ ist damit klar. Aus $x := |\xi_1 - \xi_2|$ und (1) folgt, daß eine der Kongruenzen im THUEschen Lemma gelten muß. Ebenfalls einsichtig ist $0 < x < u$, da aus $x = 0$ und (1) die Teilbarkeitsbeziehung $m|\ell y$ und also $m|y$ (damit $m \le y$, entgegen $y < v \le m$) folgen würde; man beachte $(\ell, m) = 1$.   □

Zweiter Beweis für die Lösbarkeit von 1(1) bei $p \equiv 1 \pmod 4$. Nach dem ersten Ergänzungssatz zum quadratischen Reziprozitätsgesetz ist -1 quadratischer Rest modulo p und so gibt es ein $\ell \in \mathbb{Z}$ mit $\ell^2 \equiv -1 \pmod p$, insbesondere $p \nmid \ell$. Nun wendet man THUEes Lemma an mit $m = p$, $u = v = [\sqrt{p}] + 1$, welch letzteres wegen $p \ge 5$ tatsächlich p nicht übersteigt; weiter ist $uv > (\sqrt{p})^2 = m$ erfüllt. Nach dem Lemma gibt es $x, y \in \mathbb{N}$ mit $x, y \le [\sqrt{p}]$, so daß $\ell y \equiv x$ oder $\ell y \equiv -x \pmod p$ gilt, also $-y^2 \equiv \ell^2 y^2 \equiv x^2 \pmod p$. Wegen $[\sqrt{p}] < \sqrt{p}$ kann sogar auf $x, y < \sqrt{p}$ geschlossen werden und daher ist die natürliche Zahl $x^2 + y^2$ einerseits durch p teilbar, andererseits kleiner als $2p$; daher löst (x, y) die Gleichung 1(1).   □

3. Natürliche Zahlen als Summe zweier Quadrate.

Bisher wurden *Primzahlen* bezüglich ihrer Darstellbarkeit als Summe zweier Quadrate untersucht; nun soll dieselbe Frage für *beliebige natürliche Zahlen* geklärt werden. Bei festem $n \in \mathbb{N}$ wird also nach der Lösbarkeit der diophantischen Gleichung

$$(1) \qquad\qquad X^2 + Y^2 = n$$

gefragt. Sei (1) für ein gewisses n lösbar und (x, y) eine Lösung; diese heißt *primitiv* (oder *eigentlich*) bzw. *imprimitiv* (oder *uneigentlich*), wenn x und y teilerfremd bzw. nicht teilerfremd sind. Klar ist $d^2|n$, wenn d den größten gemeinsamen Teiler von x und y bezeichnet. Weiter ist einsichtig, daß (1) bei quadratfreiem n (speziell also für Primzahlen n) höchstens primitive Lösungen besitzen kann.

Als kleine Vorbereitung für den nächsten Satz benötigt man folgende

Proposition. *Hat $n \in \mathbb{N}$ eine primitive Darstellung als Summe zweier Quadrate, d.h. hat (1) eine primitive Lösung, so hat n keinen Primfaktor $\equiv 3 \pmod 4$.*

Beweis. Es möge $(x, y) \in \mathbb{Z}^2$ die Gleichung (1) lösen und x, y seien teilerfremd; p sei eine n teilende Primzahl. Aus $x^2 + y^2 \equiv 0 \pmod p$ folgt dann $p \nmid xy$; ist y_1 modulo p zu y invers, so gilt die Kongruenz $(xy_1)^2 + 1 \equiv 0 \pmod p$, d.h. -1 ist quadratischer Rest modulo p und so ist $p \not\equiv 3 \pmod 4$.   □

Nun können leicht alle $n \in \mathbb{N}$ bestimmt werden, für die (1) lösbar ist.

Satz. *Für natürliche Zahlen n sind äquivalent:*

(i)   *Gleichung (1) ist lösbar.*

(ii) *Für jede Primzahl $p \equiv 3 \pmod 4$ ist die Vielfachheit $\nu_p(n)$ gerade.*

Beweis. Ist $\nu_p(n)$ für alle Primzahlen $p \equiv 3 \pmod 4$ gerade, so ist

$$n_0 := \prod_{p \equiv 3\,(4)} p^{\nu_p(n)} = \Big(\prod_{p \equiv 3\,(4)} p^{\nu_p(n)/2} \Big)^2 + 0^2$$

und somit ist (1) für n_0 lösbar. Nach Satz 1 ist 1(1) auch für alle Primzahlen $p \not\equiv 3 \pmod 4$ lösbar und nun wendet man endlich oft folgende Regel an: Ist (1) für $n_1, n_2 \in \mathbb{N}$ lösbar, so auch für das Produkt $n_1 n_2$; denn $x^2 + y^2 = n_1$, $u^2 + v^2 = n_2$ und 1(2) implizieren $(xu - yv)^2 + (xv + yu)^2 = n_1 n_2$.

Sei nun umgekehrt (1) lösbar, (x, y) eine Lösung und d der größte gemeinsame Teiler von x und y. Dann sind $x_1 := x/d$ und $y_1 := y/d$ zueinander teilerfremd, es ist $d^2 | n$ und so besitzt (1) für $n_1 := n/d^2 \in \mathbb{N}$ die primitive Lösung (x_1, y_1). Nach der vorausgeschickten Proposition hat n/d^2 keinen Primfaktor $\equiv 3 \pmod 4$ und daher ist die Vielfachheit jeder solchen Primzahl in n gerade. $\qquad \square$

Der hier gezeigte Satz beschreibt abschließend die Menge S der natürlichen Zahlen, die als Summe zweier Quadrate darstellbar sind. Offenbar ist S eine unendliche Menge, aber auch $\mathbb{N} \setminus S$, letzteres z.B. deswegen, weil es unendlich viele Primzahlen $\equiv 3 \pmod 4$ gibt (vgl. 3.2.10). Man weiß jedoch viel genauer, daß dieses Komplement von S bezüglich $\mathbb{N}$ in folgendem Sinne "die meisten" natürlichen Zahlen enthält: Ist $S(x) := \#\{n \in \mathbb{N} : n \leq x, \, n \in S\}$ für reelles x gesetzt, so gilt nach LANDAU [12], § 183

$$S(x) \sim c \frac{x}{\sqrt{\log x}} \qquad \text{bei } x \to \infty$$

mit einer gewissen reellen Konstanten $c > 0$. Nach Definition von $\sim$ in 1.4.12 beinhaltet dies $\lim_{x \to \infty} \frac{S(x)}{x} = 0$, d.h. der Anteil der natürlichen Zahlen unterhalb x, die Summe zweier Quadrate sind, an allen natürlichen Zahlen unterhalb x konvergiert gegen Null. In diesem Sinne lassen sich also "die wenigsten" natürlichen Zahlen als Summe zweier Quadrate schreiben. Es ist klar, daß sich die Chancen verbessern werden, jede natürliche Zahl als Summe von Quadraten darstellen zu können, wenn man die Anzahl der zugelassenen Summanden erhöht. Dies Problem wird in 4 weiter verfolgt.

4. Natürliche Zahlen als Summe von vier Quadraten: Lagranges Satz.

Am Ende von 3 wurde festgestellt, daß eine natürliche Zahl im allgemeinen nicht als Summe *zweier* Quadrate geschrieben werden kann. Wie das Beispiel $7 = 2^2 + 1^2 + 1^2 + 1^2$ zeigt, wird man auch mit *drei* Quadraten nicht immer auskommen. Jedoch hat 1770 LAGRANGE (Oeuvres III, 189–201) den ersten Beweis dafür publiziert, daß *vier* Quadrat–Summanden zur Darstellung jeder natürlichen Zahl ausreichend sind. Hauptziel dieses Abschnitts ist der Beweis eben dieses Ergebnisses:

Satz von Lagrange.   *Jede natürliche Zahl ist als Summe von vier Quadraten darstellbar.*

Drei Jahre nach LAGRANGE hat EULER (Opera Omnia Ser. 1, III, 218–239) dessen Beweis deutlich vereinfacht. Hier wird im wesentlichen EULERs Weg nachvollzogen; dazu beginnt man mit folgendem

Lemma A.   *Zu jeder Primzahl p gibt es ganze nichtnegative x, y mit $x, y \leq \frac{1}{2}p$ und $x^2 + y^2 + 1 \equiv 0 \pmod{p}$. Ist $p \not\equiv 3 \pmod{4}$, so kann hier $y = 0$ gewählt werden.*

Beweis. Für $p = 2$ nehme man $x = 1$, $y = 0$. Für $p \equiv 1 \pmod 4$ ist $X^2 \equiv -1 \pmod{p}$ lösbar und man nehme x als die im absolut kleinsten Restsystem modulo p gelegene positive Lösung. Ist $p \equiv 3 \pmod 4$, so sei c die kleinste natürliche Zahl, die quadratischer Nichtrest modulo p ist; es ist $c \geq 2$ und die natürliche Zahl $c - 1$ ist quadratischer Rest modulo p. Daher und wegen $(\frac{-c}{p}) = (\frac{-1}{p})(\frac{c}{p}) = (-1)^2 = 1$ gibt es $x, y \in \mathbb{Z}$, die $x^2 \equiv c - 1$, $y^2 \equiv -c$ und also $x^2 + y^2 \equiv -1 \pmod{p}$ genügen; die x, y können wieder positiv und im absolut kleinsten Restsystem modulo p gewählt werden wegen $p \nmid c(c - 1)$, d.h. $p \nmid xy$. □

Legt man auf dem Zusatz über $p \not\equiv 3 \pmod 4$ keinen Wert, so kann man den Schluß mit dem DIRICHLETschen Schubfachprinzip anstelle des quadratischen Restverhaltens ziehen: Für ungerade p betrachtet man die beiden Mengen

$$\{0, -1^2, \dots, -(\tfrac{1}{2}(p - 1))^2\} \quad \text{und} \quad \{1, 1 + 1^2, \dots, 1 + (\tfrac{1}{2}(p - 1))^2\}$$

von jeweils $\frac{1}{2}(p + 1)$ modulo p inkongruenten Zahlen. Insgesamt hat man $p + 1$ ganze Zahlen, aber nur p Restklassen modulo p. Somit muß eine Zahl der ersten Menge zu einer gewissen Zahl der zweiten Menge modulo p kongruent sein und dies gibt die Behauptung, der man noch entnimmt:

Lemma B. *Zu jeder ungeraden Primzahl p gibt es $x_1, x_2, x_3, x_4 \in \{0, \dots$ $\dots, \frac{1}{2}(p-1)\}$ und $h \in \{1, \dots, p-1\}$, so daß gilt*

$$x_1^2 + x_2^2 + x_3^2 + x_4^2 = hp.$$

Für $p \equiv 1 \pmod 4$ kann $x_3 = x_4 = 0$ gewählt werden.

Beweis. Mit den x, y aus Lemma A wählt man $x_1 = x$, $x_2 = 1$, $x_3 = y$, $x_4 = 0$ und hat $0 < x_1^2 + \dots + x_4^2 < 4(\frac{1}{2}p)^2 = p^2$ sowie $p | (x_1^2 + \dots + x_4^2)$, woraus sich die Behauptung ergibt. □

Der entscheidende Schritt zum Beweis des LAGRANGEschen Satzes ist enthalten in

Lemma C. *Für jede Primzahl p ist die diophantische Gleichung*

$$(1) \qquad X_1^2 + X_2^2 + X_3^2 + X_4^2 = p$$

lösbar.

Beweis. Für $p = 2$ ist dies klar. Sei nun $p \neq 2$ fest und $h_0 = h_0(p)$ die kleinste natürliche Zahl, zu der es $x_1, \dots, x_4 \in \mathbb{Z}$ gibt, die

$$(2) \qquad x_1^2 + x_2^2 + x_3^2 + x_4^2 = h_0 p$$

genügen. Die Existenz von h_0 sowie die Ungleichung $h_0 < p$ sind aus Lemma B zu entnehmen; es bleibt jetzt noch $h_0 = 1$ zu zeigen.

Wäre h_0 gerade, so wären alle, zwei oder keine der Zahlen x_i ungerade und ihre Numerierung darf o.B.d.A. so vorausgesetzt werden, daß $x_1 - x_2$ und $x_3 - x_4$ gerade sind. Dann sind auch $x_1 + x_2$, $x_3 + x_4$ gerade und man setzt $z_1 := \frac{1}{2}(x_1 + x_2)$, $z_2 := \frac{1}{2}(x_1 - x_2)$, $z_3 := \frac{1}{2}(x_3 + x_4)$, $z_4 := \frac{1}{2}(x_3 - x_4)$, was wegen (2) zu

$$z_1^2 + z_2^2 + z_3^2 + z_4^2 = h_0' p$$

mit natürlichem $h_0' := \frac{1}{2} h_0 < h_0$ führt. Dies seinerseits widerspricht der Minimaleigenschaft von h_0.

Nun werde angenommen, h_0 sei ungerade und mindestens gleich 3. Zu den x_i in (2) können y_i aus dem absolut kleinsten Restsystem modulo h_0 so gewählt werden, daß $y_i \equiv x_i \pmod{h_0}$ für $i = 1, \dots, 4$ gilt. Nicht alle x_i können durch h_0 teilbar sein (sonst wäre $h_0 | p$) und so sind nicht alle y_i Null, also $0 < y_1^2 + \dots + y_4^2 < 4(\frac{1}{2} h_0)^2 = h_0^2$ und $y_1^2 + \dots + y_4^2 \equiv x_1^2 + \dots + x_4^2 \equiv 0 \pmod{h_0}$. Daher ist

$$(3) \qquad y_1^2 + y_2^2 + y_3^2 + y_4^2 = h_1 h_0$$

mit natürlichem $h_1 < h_0$. Nun hat man die zu 1(2) analoge, auf EULER (1748) zurückgehende Formel

$$
\begin{aligned}
(\sum_{i=1}^{4} x_i^2)(\sum_{i=1}^{4} y_i^2) = (\sum_{i=1}^{4} x_i y_i)^2 &+ (-x_1 y_2 + x_2 y_1 - x_3 y_4 + x_4 y_3)^2 \\
&+ (-x_1 y_3 + x_3 y_1 - x_4 y_2 + x_2 y_4)^2 \\
&+ (-x_1 y_4 + x_4 y_1 - x_2 y_3 + x_3 y_2)^2,
\end{aligned}
$$

(4)

die man wieder durch einfaches Ausrechnen bestätigen kann. Offenbar sind die drei letzten Klammern rechts in (4) jeweils durch h_0 teilbar und wegen

$$
\sum_{i=1}^{4} x_i y_i \equiv \sum_{i=1}^{4} x_i^2 = h_0 p \equiv 0 \pmod{h_0}
$$

trifft dies auch für die erste Klammer rechts in (4) zu. Schreibt man diese vier Klammern daher nacheinander als $h_0 u_1, h_0 u_2, h_0 u_3, h_0 u_4$ mit ganzen u_i, so ergibt sich aus (2), (3), (4)

$$
h_1 h_0^2 p = h_0^2 (u_1^2 + u_2^2 + u_3^2 + u_4^2).
$$

Nach Kürzen durch h_0^2 erhält man hieraus einen Widerspruch zu der bei (2) formulierten Minimaleigenschaft von h_0; man beachte $h_1 < h_0$. □

Beweis des Satzes von LAGRANGE. (4) besagt, daß das Produkt zweier natürlicher Zahlen, die beide als Summe von vier Quadraten darstellbar sind, selbst ebenfalls in dieser Weise darstellbar ist. Da nach Lemma C jede Primzahl als Summe von vier Quadraten darstellbar ist, hat man den gewünschten Satz. □

Bemerkung. Für reelle $x_1, \ldots, x_4$, $y_1, \ldots, y_4$ ergibt sich der "Vier–Quadrate–Satz" (4) aus der Produktregel $|x|\,|y| = |xy|$ für die Quaternionen $x := x_1 + x_2 i + x_3 j + x_4 k$, $y := y_1 + y_2 i + y_3 j + y_4 k$, wenn man gemäß der Festsetzungen $i^2 = j^2 = k^2 = -1$, $ij = k = -ji$, $jk = i = -kj$, $ki = j = -ik$ multipliziert und noch die Definition $\bar{x} := x_1 - x_2 i - x_3 j - x_4 k$ und $|x| := \sqrt{x\bar{x}}$ beachtet. Wie früher 1(2) bleibt auch (4) in jedem kommutativen Ring gültig.

5. Nochmals Primzahlen als Summe zweier Quadrate.

Sei jetzt $p \equiv 1 \pmod 4$ und wie in 2 angekündigt soll für solche Primzahlen p hier ein dritter Beweis für die Lösbarkeit von 1(1) gegeben werden, der eng mit demjenigen verwandt ist, der zuletzt zur Lösbarkeit von 4(1) geführt hat:

Man definiert $g_0 = g_0(p)$ als kleinste natürliche Zahl, zu der es $x_1, x_2 \in \mathbb{Z}$ gibt, die $x_1^2 + x_2^2 = g_0 p$ genügen; die Existenz von g_0 und die Abschätzung $g_0 < p$ sind aus demselben Grund wie in 4 bei h_0 klar und es bleibt wieder $g_0 = 1$ einzusehen. Wäre g_0 gerade, so wären beide oder kein x_i ungerade, jedenfalls also sind $x_1 + x_2$ und $x_1 - x_2$ gerade und mit z_1, z_2 wie in 4 ist $z_1^2 + z_2^2 = g_0' p$ mit natürlichem $g_0' := \frac{1}{2} g_0 < g_0$ entgegen der Definition von g_0. Ist $g_0 \geq 3$ und ungerade, so definiere man y_1, y_2 analog wie in 4. Nicht beide x_i können durch g_0 teilbar sein, da sonst $g_0 | p$ gelten müßte, und so sind nicht alle y_i Null, also $0 < y_1^2 + y_2^2 < 2(\frac{1}{2} g_0)^2 < g_0^2$ und $y_1^2 + y_2^2 \equiv x_1^2 + x_2^2 \equiv 0 \pmod{g_0}$, d.h. $y_1^2 + y_2^2 = g_1 g_0$ mit natürlichem $g_1 < g_0$. Nach 1(2) ist

$$g_1 g_0^2 p = (x_1 y_1 + x_2 y_2)^2 + (x_1 y_2 - x_2 y_1)^2$$

und hier sind beide Klammern durch g_0 teilbar, die erste wegen $x_1 y_1 + x_2 y_2 \equiv x_1^2 + x_2^2 = g_0 p \equiv 0 \pmod{g_0}$. Wie in 4 findet man ganze u_1, u_2, die $u_1^2 + u_2^2 = g_1 p$ genügen, im Widerspruch zur Definition von g_0.

6. Summen dreier Quadrate. Bereits zu Anfang von 4 war zu erkennen, daß es gewisse natürliche Zahlen n gibt, für die die Gleichung

$$(1) \qquad\qquad X_1^2 + X_2^2 + X_3^2 = n$$

unlösbar ist. Die n mit dieser Eigenschaft kann man wie folgt charakterisieren:

Satz. *Genau dann, wenn die natürliche Zahl n die Gestalt $4^a u$ mit $a, u \in \mathbb{N}_0$, $u \equiv 7 \pmod 8$ hat, ist (1) unlösbar.*

D.h. genau diese n sind nicht als Summe von drei Quadraten darstellbar; hier braucht man wirklich vier Summanden. Da Quadrate ganzer Zahlen $\equiv 0, 1$ oder $4 \pmod 8$ sind, ist die Summe dreier Quadrate $\not\equiv 7 \pmod 8$. Ist also $u \equiv 7 \pmod 8$, so ist

$$(1_a) \qquad\qquad X_1^2 + X_2^2 + X_3^2 = 4^a u$$

bei $a = 0$ unlösbar. Sei nun $a \in \mathbb{N}$ und die Unlösbarkeit von (1_{a-1}) bereits bekannt. Ist dann (1_a) lösbar und $(x_1, x_2, x_3) \in \mathbb{Z}^3$ eine solche Lösung, so ist $x_1^2 + x_2^2 + x_3^2$ modulo 4 kongruent der Anzahl der ungeraden x_i, wegen (1_a) also kongruent Null. Alle x_i sind demnach gerade und $y_i := \frac{1}{2} x_i$ für $i = 1, 2, 3$ führt zu $y_1^2 + y_2^2 + y_3^2 = 4^{a-1} u$ im Widerspruch zur Unlösbarkeit von (1_{a-1}). Damit ist die leichtere Richtung des obigen Satzes bewiesen.

Die schwierigere wurde erstmals von LEGENDRE (1798) und GAUSS (1801) erledigt, soll hier jedoch nicht ausgeführt werden. Der interessierte Leser kann hierzu etwa LANDAU [13], Band I konsultieren.

7. Warings Problem und Hilberts Satz. In seinen *Meditationes Algebraicae* (1770, S. 203–204) schrieb WARING im selben Jahr, in dem LAGRANGE Satz 4 bewiesen hatte: "Omnis integer numerus vel est cubus; vel e duobus, tribus, 4, 5, 6, 7, 8, vel novem cubus compositus: est etiam quadratoquadratus; vel e duobus, tribus & c. usque ad novemdecim compositus & sic deinceps." In der Ausgabe von 1782 ist auf Seite 349 hinzugefügt: "... consimilia etiam affirmari possunt (exceptis excipiendis) de eodem numero quantitatum earundem dimensionum."

Offenbar behauptete WARING also, allerdings ohne Angabe irgendeines Beweises, jede natürliche Zahl sei Summe von höchstens neun Kuben, von höchstens neunzehn Biquadraten usw. Man hat diese Feststellung später so als WARINGsches Problem interpretiert: *Zu jedem ganzen $k \geq 2$ gibt es eine natürliche Zahl g derart, daß jedes $n \in \mathbb{N}$ als Summe von g ganzen nichtnegativen Zahlen darstellbar ist, die k–te Potenzen sind.*

Der LAGRANGEsche Satz in Verbindung mit Satz 6 lehrt, daß man für $k = 2$ mit $g = 4$, aber keinem kleineren g auskommt. Historisch das nächste Resultat dürfte von J. LIOUVILLE (1859) stammen, der für $k = 4$ beweisen konnte, daß jedenfalls $g = 53$ ausreicht.

Im Jahre 1909 gab es dann zwei bedeutende Fortschritte: A. WIEFERICH bewies, daß $g = 9$ (aber kein kleineres g) für $k = 3$ ausreicht und HILBERT gelang die volle Lösung des Problems von WARING, indem er dessen Vermutung bestätigen konnte.

Seither ist eine überaus umfangreiche Literatur, vor allem im Bereich der analytischen Zahlentheorie, entstanden, die sich mit dem WARING–HILBERTschen Ergebnis befaßt. Nachdem für jedes $k \geq 2$ die Existenz eines g mit den obigen Eigenschaften bewiesen war, war die nächste interessierende Frage, für jedes $k \geq 2$ das kleinste ausreichende g tatsächlich zu ermitteln; dieses werde hinfort wie üblich $g(k)$ genannt.

Es ist plausibel, daß $g(k)$ mit k anwachsen muß. Dies wird präzisiert in der folgenden

Proposition. *Für jedes ganze $k \geq 2$ ist*

$$g(k) \geq 2^k + \left[\left(\frac{3}{2} \right)^k \right] - 2.$$

Beweis. Man betrachte die natürlichen Zahlen

$$n_k := 2^k \left[\left(\frac{3}{2} \right)^k \right] - 1,$$

die kleiner als 3^k sind. Für ihre Darstellung in der Form $x_1^k + \ldots + x_{g(k)}^k$ müssen offenbar alle x_i gleich 0, 1 oder 2 sein. Sind etwa a_k Stück gleich 0, b_k Stück gleich 1 und c_k Stück gleich 2, so ist $n_k = 2^k c_k + b_k$ und also

$$g(k) = a_k + b_k + c_k \geq b_k + c_k = n_k - c_k(2^k - 1) \geq n_k - \left(\left[\left(\frac{3}{2} \right)^k \right] - 1 \right) (2^k - 1)$$

$$= 2^k + \left[\left(\frac{3}{2} \right)^k \right] - 2 =: g^*(k),$$

da $c_k < \left[\left(\frac{3}{2} \right)^k \right]$ bleiben muß. □

Bei kleinen Werten von k hat man folgende Unterschranken $g^*(k)$ für $g(k)$ gemäß obiger Proposition:

k	2	3	4	5	6	7	8	9	10
$g^*(k)$	4	9	19	37	73	143	279	548	1079

Man vermutet, daß $g(k) = g^*(k)$ für $k = 2, 3, \ldots$ gilt. Für $k = 2$ bzw. 3 ist dies durch die Ergebnisse von LAGRANGE bzw. WIEFERICH bestätigt, für $k = 4$ durch R. BALASUBRAMANIAN, J.–M. DESHOUILLERS und F. DRESS (1985) und für $k = 5$ durch J.-R. CHEN (1964). Ebenfalls 1964 konnte die fragliche Gleichheit für alle k mit $400 < k \leq 200\,000$ von R.M. STEMMLER bewiesen werden, nachdem dies für den Bereich $6 \leq k \leq 400$ schon 1936 von L.E. DICKSON erledigt worden war. 1990 konnten J.M. KUBINA und M.C. WUNDERLICH die Gleichheit sogar bis $471\,600\,000$ nachweisen.

Auch im Bereich $k > 471\,600\,000$ hat man fast vollständige Klarheit: Mit einer Verfeinerung des THUE–SIEGEL–ROTHschen Approximationssatzes 6.2.1 konnte MAHLER 1957 nachweisen, daß $g(k) > g^*(k)$ höchstens endlich oft möglich ist.

8. Anmerkungen über Darstellungsanzahlen. Für die Zwecke dieses Abschnitts werde

$$(1) \qquad r_g(n) := \#\{(m_1, \ldots, m_g) \in \mathbb{Z}^g : m_1^2 + \ldots + m_g^2 = n\}$$

bei ganzen $g > 0$ und n gesetzt. In den Sätzen 3 bzw. 6 wurden die ganzen $n > 0$ mit $r_2(n) > 0$ bzw. $r_3(n) > 0$ charakterisiert, während LAGRANGEs Satz 4 nichts anderes als $r_4(n) > 0$ für alle natürlichen n besagt.

Hier soll noch ein möglicher analytischer Zugang zu expliziten Formeln für die Darstellungsanzahl $r_g(n)$ angedeutet werden. Zunächst ist aus (1) klar, daß die Gleichung

$$(2) \qquad \Big(\sum_{m \in \mathbb{Z}} z^{m^2} \Big)^g = \sum_{n=0}^{\infty} r_g(n) z^n$$

für alle komplexen z mit $|z| < 1$ gilt. Setzt man für dieselben z

$$(3) \qquad \Theta(z) := \sum_{m \in \mathbb{Z}} z^{m^2},$$

so kann man hoffen, aus (2) durch Koeffizientenvergleich $r_g(n)$ zu ermitteln, falls eine geeignete Reihenentwicklung von $\Theta(z)^g$ gelingt.

Tatsächlich hat in dieser Richtung JACOBI die beiden Formeln

$$(4) \qquad \Theta(z)^2 = 1 + 4 \sum_{\ell=0}^{\infty} \frac{(-1)^\ell z^{2\ell+1}}{1 - z^{2\ell+1}}$$

bzw.

$$(5) \qquad \Theta(z)^4 = 1 + 8 \sum_{\ell=1}^{\infty} \frac{\ell z^\ell}{1 + (-z)^\ell}$$

entdeckt und in einem Brief vom 9. September 1828 LEGENDRE mitgeteilt. Beweise für beide Formeln finden sich in § 40 von JACOBIs berühmten *Fundamenta Nova Theoriae Functionum Ellipticarum* (= Gesammelte Werke I, 49–239) aus dem Jahre 1829.

Aus (4) folgt nun leicht mittels geometrischer Reihe in $|z| < 1$

$$(6) \qquad \Theta(z)^2 = 1 + 4 \sum_{\ell=0}^{\infty} \sum_{m=1}^{\infty} (-1)^\ell z^{(2\ell+1)m} = 1 + 4 \sum_{n=1}^{\infty} \delta(n) z^n$$

mit

$$(7) \qquad \delta(n) := \sum_{\substack{d|n \\ d \ ungerade}} (-1)^{(d-1)/2}$$

für $n \in \mathbb{N}$. Für dieselben n ergibt sich aus (2), (3) und (6)

$$(8) \qquad r_2(n) = 4\delta(n).$$

Die vollständige Berechnung von $r_2(n)$ mittels (8) wird vorbereitet durch folgendes

Lemma. *Die durch (7) definierte zahlentheoretische Funktion δ ist multiplikativ.*

Beweis. Seien $n_1, n_2 \in \mathbb{N}$ zueinander teilerfremd. Jedes ungerade $d \in \mathbb{N}$ mit $d | n_1 n_2$ läßt sich dann eindeutig in der Form $d = d_1 d_2$ mit $d_1 | n_1$, $d_2 | n_2$ und $2 \nmid d_1$, $2 \nmid d_2$ schreiben, was zu

$$
\delta(n_1 n_2) = \sum_{\substack{d_1 | n_1, d_2 | n_2 \\ d_1, d_2 \ ungerade}} (-1)^{(d_1 d_2 - 1)/2} = \prod_{j=1}^{2} \sum_{\substack{d_j | n_j \\ d_j \ ungerade}} (-1)^{(d_j - 1)/2}
$$

$$
= \delta(n_1)\delta(n_2)
$$

führt; man beachte dabei, daß $0 \equiv (d_1 - 1)(d_2 - 1) = (d_1 d_2 - 1) - (d_1 + d_2 - 2)$ (mod 4) äquivalent ist mit $\frac{1}{2}(d_1 d_2 - 1) \equiv \frac{1}{2}(d_1 - 1) + \frac{1}{2}(d_2 - 1)$ (mod 2). $\qquad\square$

Dies Lemma führt jetzt leicht zum

Satz von Gauss. *Für natürliche n gilt*

$$
r_2(n) = \begin{cases} 0, & \text{falls } 2 \nmid \nu_p(n) \text{ für eine Primzahl } p \equiv 3 \ (\mathrm{mod} \ 4), \\ 4 \displaystyle\prod_{p \equiv 1 \ (4)} (1 + \nu_p(n)) & \text{sonst.} \end{cases}
$$

Beweis. Für ungerade Primzahlen p und $\nu \in \mathbb{N}_0$ ist nach (7)

$$
\delta(p^\nu) = \sum_{\mu=0}^{\nu} (-1)^{(p^\mu - 1)/2} = \begin{cases} 1 + \nu, & \text{falls } p \equiv 1 \ (\mathrm{mod} \ 4), \\ 1, & \text{falls } p \equiv 3 \ (\mathrm{mod} \ 4) \text{ und } 2 | \nu, \\ 0, & \text{falls } p \equiv 3 \ (\mathrm{mod} \ 4) \text{ und } 2 \nmid \nu; \end{cases}
$$

weiter gilt $\delta(2^\nu) = 1$ für alle $\nu \in \mathbb{N}_0$. Die Behauptung ergibt sich jetzt aus (8) mit Hilfe des Lemmas. $\qquad\square$

Bemerkungen. 1) Die obige Formel für $r_2(n)$ findet sich wohl erstmals bei GAUSS (*Disquisitiones Arithmeticae*, Art. 182), der an gleicher Stelle (Artt. 291, 292) für $r_3(n)$ einen geschlossenen Ausdruck angegeben hat.

2) Reihen des Typs $\sum_{n \geq 1} a_n z^n / (1 - z^n)$, wie sie rechts in (4) auftreten, heißen übrigens LAMBERTsche Reihen. Sie sind für die analytische Zahlentheorie von gewisser Bedeutung.

Um als nächstes für $r_4(n)$ eine Formel bequem aufschreiben zu können, ist die Einführung der folgenden, durch

$$\sigma_u(n) := \sum_{\substack{d|n \\ d \text{ ungerade}}} d$$

für alle ganzen $n > 0$ definierten (offenbar multiplikativen) zahlentheoretischen Funktion zweckmäßig. Damit gilt der

Satz von Jacobi. *Für jedes natürliche n gilt $r_4(n) = 8(2 + (-1)^n)\sigma_u(n)$.*

Beweis. Nach (2), (3) und (5) gilt in $|z| < 1$

$$\sum_{n=0}^{\infty} r_4(n)z^n = 1 + 8\sum_{\ell=1}^{\infty}\sum_{m=0}^{\infty}(-1)^{(\ell+1)m}\ell z^{\ell(m+1)}$$

$$(9) \qquad\qquad = 1 + 8\sum_{\ell,m=1}^{\infty}(-1)^{(\ell+1)(m+1)}\ell z^{\ell m}$$

$$= 1 + 8\sum_{n=1}^{\infty}\Delta(n)z^n$$

mit

$$(10) \qquad\qquad \Delta(n) := \sum_{\ell|n}(-1)^{(\ell+1)((n/\ell)+1)}\ell.$$

Bei ungeradem n folgt hieraus $\Delta(n) = \sum_{\ell|n}\ell = \sigma(n) = \sigma_u(n)$ mit der in 1.1.7 eingeführten Teilersummenfunktion σ, also $r_4(n) = 8\Delta(n) = 8\sigma_u(n)$ wegen (9), was hier die Behauptung des JACOBIschen Satzes beweist.

Ist $n > 0$ gerade, etwa $n = 2^i k$ mit $i, k \in \mathbb{N}$, $2\nmid k$, so läßt sich jeder Teiler ℓ von n rechts in (10) eindeutig in der Form $\ell = 2^\iota\kappa$ mit $\iota \in \{0, \ldots, i\}$, $\kappa \in \mathbb{N}$, $\kappa|k$ schreiben. Automatisch sind κ und $\frac{k}{\kappa}$ ungerade und (10) liefert

$$\Delta(n) = \sum_{\iota=0}^{i}\sum_{\kappa|k}(-1)^{(2^\iota\kappa+1)(2^{i-\iota}(k/\kappa)+1)}2^\iota\kappa$$

$$= \left(\sum_{\iota=0}^{i}(-1)^{(2^\iota+1)(2^{i-\iota}+1)}2^\iota\right)\left(\sum_{\kappa|k}\kappa\right).$$

Für $0 < \iota < i$ ist hier der Exponent von -1 ungerade, während er für $\iota = 0$ und $\iota = i$ gerade ist. Dies führt zu

$$\Delta(n) = (2^i - 2^{i-1} - \ldots - 2 + 1)\sigma(k) = 3\sigma(k) = 3\sigma_u(n),$$

also wegen (9) zu $r_4(n) = 8\Delta(n) = 24\sigma_u(n)$, was auch in diesem Fall JACOBIs Formel beweist. $\qquad\square$

Bemerkung. 3) Zum Schluß sei darauf hingewiesen, daß die in 7 angesprochenen Ergebnisse ebenfalls quantitative Verfeinerungen folgender Art zulassen: Ist bei ganzem $k \geq 2$ die natürliche Zahl g (in Abhängigkeit von k) genügend groß, so kann man mit analytischen Hilfsmitteln für die Anzahl der Darstellungen aller "großen" natürlichen Zahlen als Summe von g natürlichen Zahlen, die ihrerseits k–te Potenzen sind, eine asymptotische Formel angeben. Der Leser sei diesbezüglich auf R.C. VAUGHAN [30] verwiesen.

§ 2. Polynomiale diophantische Gleichungen

1. Pythagoräische Tripel. Bei der Frage nach rechtwinkligen Dreiecken mit ganzzahligen Seitenlängen stößt man auf die diophantische Gleichung

$$(1) \qquad\qquad X^2 + Y^2 = Z^2.$$

Mindestens bis in die babylonische Mathematik läßt sich dieses Problem zurückverfolgen. PYTHAGORAS soll bereits die unendlich vielen Lösungstripel

$$(2) \qquad (2k+1, 2k^2 + 2k, 2k^2 + 2k + 1), \qquad k = 1, 2, 3, \ldots,$$

von (1) in natürlichen Zahlen gekannt haben. Diese Folge beginnt mit $(3, 4, 5)$, $(5, 12, 13), (7, 24, 25), \ldots$.

Hauptziel des nächsten Abschnitts ist die Ermittlung aller Lösungen $(x, y, z) \in \mathbb{Z}^3$ von (1). Dazu ist es aber sinnvoll, zunächst einige leichte Reduktionen durchzuführen. Erst einmal darf o.B.d.A. $xyz \neq 0$ vorausgesetzt werden: Ist nämlich $z = 0$, so ist $(0, 0, 0)$ die einzige Lösung von (1); ist $z \neq 0$, aber $xy = 0$, so sind $(\pm z, 0, z)$ und $(0, \pm z, z)$ die einzigen Lösungen.

Sei im weiteren $xyz \neq 0$. Das Tripel (x, y, z) löst (1) genau dann, wenn die acht Tripel $(\pm x, \pm y, \pm z)$ die Gleichung (1) lösen. Genau eines dieser Tripel hat lauter positive Komponenten. So darf o.B.d.A. $x, y, z \in \mathbb{N}$ vorausgesetzt werden und jede Lösung $(x, y, z) \in \mathbb{N}^3$ von (1) heißt ein *pythagoräisches Tripel*. Ist (x, y, z) ein pythagoräisches Tripel und $d \in \mathbb{N}$, so ist offenbar auch (dx, dy, dz) ein pythagoräisches Tripel; hat man umgekehrt ein pythagoräisches Tripel (x', y', z') und ist d der größte gemeinsame Teiler der Komponenten x', y', z', so ist $(x'/d, y'/d, z'/d)$ ein pythagoräisches Tripel mit zueinander teilerfremden Komponenten. Lösungen (x, y, z) von (1) mit teilerfremden Komponenten nennt man *primitiv*. Es reicht also, alle primitiven pythagoräischen Tripel zu bestimmen, d.h. alle (1) lösenden $(x, y, z) \in \mathbb{N}^3$ mit paarweise teilerfremden Komponenten.

Die Teilerfremdheit schlechthin und die paarweise Teilerfremdheit sind hier wegen der speziellen Gestalt von (1) tatsächlich äquivalent: Offenbar folgt stets die erstere aus der letzteren. Sind umgekehrt irgend zwei der Zahlen x, y, z nicht zueinander teilerfremd, so sei p eine beide teilende Primzahl; wegen (1) teilt p (sogar p^2) das Quadrat der dritten Zahl, also diese selbst und damit sind x, y, z nicht zueinander teilerfremd.

Sei nun (x, y, z) ein primitives pythagoräisches Tripel. *Von den x, y ist genau eines gerade (und künftig sei dies o.B.d.A. y)*: Wegen der paarweisen Teilerfremdheit können nicht beide gerade sein; wären sie jedoch beide ungerade, so hätte man $x^2 + y^2 \equiv 2 \pmod 4$, aber $z^2 \not\equiv 2 \pmod 4$.

2. Euklids Satz über pythagoräische Tripel.

Nach den zuletzt vorgenommenen Reduktionen kann das abschließende Ergebnis formuliert werden, welches auf EUKLID (*Elemente* X, §§ 28, 29) zurückgeht:

Satz. *Alle primitiven pythagoräischen Tripel (x, y, z) mit geradem y sind durch folgende Parameterdarstellung gegeben*

$$(1) \qquad x = a^2 - b^2, \quad y = 2ab, \quad z = a^2 + b^2$$

mit teilerfremden natürlichen a, b, so daß die Differenz $a - b$ positiv und ungerade ist.

Die eine Richtung des Beweises wird vorbereitet durch das noch öfter zu benützende

Lemma. *Gilt $j^n = gh$ mit $g, h, j, n \in \mathbb{N}$ und sind g, h teilerfremd, so existieren teilerfremde $g_1, h_1 \in \mathbb{N}$, so daß $g = g_1^n$, $h = h_1^n$ gilt.*

Beweis. Ist

$$j = \prod_{\kappa=1}^{k} p_\kappa^{a_\kappa} = \prod_{\substack{\kappa=1 \\ p_\kappa | g}}^{k} p_\kappa^{a_\kappa} \cdot \prod_{\substack{\kappa=1 \\ p_\kappa | h}}^{k} p_\kappa^{a_\kappa} =: g_1 \cdot h_1,$$

so hat man nach Voraussetzung $g_1^n h_1^n = gh$. Da g und h_1^n zueinander teilerfremd sind, ist $h_1^n | h$ nach Satz 1.2.6(i), also $h = dh_1^n$ und daher $g_1^n = dg$ mit $d \in \mathbb{N}$. Ist p eine d teilende Primzahl, so gilt $p|h$ und $p|g_1$, also $p|g$, was $d = 1$ impliziert. $\square$

Beweis des EUKLIDschen Satzes. Hierzu überlegt man erst, daß die durch (1) gegebenen (x, y, z) primitive pythagoräische Tripel sind. Dabei ist die Primitivität folgendermaßen ersichtlich: Sei p eine x und z teilende Primzahl; dann ist $p \neq 2$ und $p|2a^2$, $p|2b^2$, also $p|a$ und $p|b$ entgegen der vorausgesetzten Teilerfremdheit von a, b.

Sei nun umgekehrt (x, y, z) ein primitives pythagoräisches Tripel mit geradem y. Da x und z beide ungerade sein müssen, sind $z + x$ und $z - x$ gerade. Man setzt $y_1 := \frac{1}{2}y$, $g := \frac{1}{2}(z + x)$, $h := \frac{1}{2}(z - x)$ und hat $y_1^2 = gh$ wegen 1(1). Wäre p ein gemeinsamer Primfaktor der natürlichen Zahlen g, h, so wäre $p|(g+h)$, $p|(g-h)$, also würden x und z von p geteilt entgegen ihrer vorausgesetzten Teilerfremdheit. Nach dem bereitgestellten Lemma ist mit teilerfremden $a, b \in \mathbb{N}$: $g = a^2$, $h = b^2$, woraus sich x und z bereits wie in (1) ergeben. Aus $y^2 = 4y_1^2 = (2ab)^2$ folgt $y = 2ab$, aus $x > 0$ folgt $a > b$ und aus $2 \nmid x$ ergibt sich $2 \nmid (a - b)$ wie behauptet.

$\square$

Bemerkung. Die Abbildung der Menge aller Paare (a, b) mit den in EUKLIDS Satz genannten Eigenschaften auf die Menge aller primitiven pythagoräischen Tripel (x, y, z) mit $2|y$, die durch (1) beschrieben wird, ist übrigens bijektiv: Aus $(a_1^2 - b_1^2, 2a_1b_1, a_1^2 + b_1^2) = (a_2^2 - b_2^2, 2a_2b_2, a_2^2 + b_2^2)$ mit a_i, b_i wie in EUKLIDS Satz folgt nämlich $a_1^2 + b_1^2 = a_2^2 + b_2^2$, $a_1^2 - b_1^2 = a_2^2 - b_2^2$, somit $a_1^2 = a_2^2$, $b_1^2 = b_2^2$ und daraus $a_1 = a_2$, $b_1 = b_2$ wegen $a_i, b_i \in \mathbb{N}$.

Übrigens entsprechen die von PYTHAGORAS angegebenen Lösungstripel 1(2) der Gleichung 1(1) genau den Paaren (a, b) mit $a = k + 1$, $b = k$ $(k = 1, 2, \ldots)$ in EUKLIDS Satz.

3. Rationale Punkte auf Kurven zweiten Grades. Wie bereits erwähnt war die vollständige Lösung der diophantischen Gleichung 1(1) in natürlichen Zahlen schon EUKLID bekannt. Hier soll dieselbe Problemstellung zunächst in äquivalenter Weise umformuliert und anschließend verallgemeinert werden.

Hat man eine Lösung $(x, y, z) \in \mathbb{Z}^3$ mit $z \neq 0$ der Gleichung

$$1(1) \qquad\qquad X^2 + Y^2 - Z^2 = 0$$

und setzt man $u := \frac{x}{z}$, $v := \frac{y}{z}$, so ist $(u, v) \in \mathbb{Q}^2$ eine rationale Lösung der Gleichung

$$(1) \qquad\qquad U^2 + V^2 - 1 = 0.$$

Umgekehrt kann man selbstverständlich von jeder rationalen Lösung (u, v) von (1) zu einer Lösung (x, y, z) mit $z \neq 0$ von 1(1) in ganzen Zahlen übergehen.

Man betrachtet nun allgemeiner Polynome zweiten Grades in zwei Unbestimmten mit rationalen Koeffizienten

$$(2) \quad f(U, V) := c_{00} + 2c_{01}U + 2c_{02}V + c_{11}U^2 + 2c_{12}UV + c_{22}V^2 \in \mathbb{Q}[U, V],$$

bei denen die symmetrische Matrix

(3)
$$\begin{pmatrix} c_{00} & c_{01} & c_{02} \\ c_{01} & c_{11} & c_{12} \\ c_{02} & c_{12} & c_{22} \end{pmatrix}$$

maximalen Rang haben möge. Daher verschwinden insbesondere nicht alle c_{11}, c_{12}, c_{22} und so ist f vom Gesamtgrad 2; ferner ist f über $\mathbb{Q}$ irreduzibel.

Geometrisch bestimmt die Menge der $(u, v) \in \mathbb{R}^2$ mit $f(u, v) = 0$ im $\mathbb{R}^2$ eine algebraische Kurve zweiten Grades, die nach den gemachten Voraussetzungen nicht zerfällt. Genauer kann gesagt werden: Haben alle Eigenwerte von (3) dasselbe Vorzeichen, so ist die Kurve ohne reellen Punkt; andernfalls stellt sie eine Hyperbel, Parabel bzw. Ellipse (d.h. einen nicht zerfallenden Kegelschnitt) dar je nachdem, ob $c_{12}^2 - c_{11}c_{22}$ größer, gleich bzw. kleiner als Null ist. Jedes $(u, v) \in \mathbb{Q}^2$ mit $f(u, v) = 0$ nennt man in der hier eingeführten geometrischen Sprechweise einen *rationalen Punkt* auf der vorgelegten algebraischen Kurve.

Bei der Behandlung mehrerer Probleme (z.B. 8, 9, 16, 17) des zweiten Buchs seiner *Arithmetika* hat DIOPHANT eine Methode vorgestellt, die es gestattet, aus einem einzigen rationalen Punkt der vorgegebenen Kurve sofort sämtliche zu gewinnnen. Mit seiner Methode läßt sich der folgende Satz beweisen.

Satz. *Sei f gemäß (2) vorgelegt, der Rang der Matrix (3) sei maximal und die diophantische Gleichung $f(U, V) = 0$ habe eine rationale Lösung (u_0, v_0). Dann hat sie bereits unendlich viele solche Lösungen und beide Komponenten sämtlicher rationaler Lösungen dieser Gleichung ergeben sich als Werte gewisser rationaler Funktionen einer Unbestimmten mit rationalen, nur von f, u_0, v_0 abhängigen Koeffizienten an rationalen Argumentstellen.*

Beweis. Die TAYLOR–Entwicklung von f um (u_0, v_0) erhält man unter Beachtung von $f(u_0, v_0) = 0$ rein algebraisch zu

(4)
$$\begin{aligned} f(U, V) = {}& 2d_1(U - u_0) + 2d_2(V - v_0) + c_{11}(U - u_0)^2 \\ & + 2c_{12}(U - u_0)(V - v_0) + c_{22}(V - v_0)^2 \end{aligned}$$

mit den Festsetzungen

(5) $d_1 := c_{01} + c_{11}u_0 + c_{12}v_0, \quad d_2 := c_{02} + c_{12}u_0 + c_{22}v_0.$

Hier können d_1, d_2 nicht beide verschwinden; wegen $f(u_0, v_0) = 0$ wäre sonst auch noch $c_{00} + c_{01}u_0 + c_{02}v_0$ gleich Null im Gegensatz zur Rangvoraussetzung über die Matrix (3). Nun wählt man sich, DIOPHANT folgend, ein beliebiges rationales k mit $c_{11}k^2 + 2c_{12}k + c_{22} \neq 0$ (hierdurch werden höchstens zwei k–Werte ausgeschlossen) und bestimmt dazu $t(k)$ gemäß

$$(6) \qquad t(k) := \frac{-2(d_1 k + d_2)}{c_{11}k^2 + 2c_{12}k + c_{22}}.$$

Aus (4) sieht man direkt, daß $f(u(k), v(k)) = 0$ wird für

$$(7) \qquad u(k) := u_0 + k t(k) \quad v(k) := v_0 + t(k).$$

Wegen der Rationalität der c_{ij}, u_0, v_0 ist nach (5) und (6) auch $t(k)$ rational für jedes oben zugelassene rationale k. Nun ist $u(k) = u(k')$, $v(k) = v(k')$ gleichbedeutend mit $t(k) = t(k')$, $kt(k) = k't(k')$. Ist $t(k) \neq 0$, so folgt daraus schon $k = k'$; ist $t(k) = 0$, so auch $t(k') = 0$ und in diesem Fall muß $d_1 \neq 0$ sein wegen der Bemerkung nach (5) und aus $d_1 k + d_2 = 0$, $d_1 k' + d_2 = 0$ folgt erneut $k = k'$. Damit ist die erste Hälfte der Behauptung bewiesen.

Nimmt man im Falle $c_{11} = 0$ an, es sei auch $c_{01} + c_{12}v_0 = 0$, so würde sich $d_1 = 0$ aus (5) ergeben und damit aus (4)

$$f(U, V) = (V - v_0)(2d_2 + 2c_{12}(U - u_0) + c_{22}(V - v_0))$$

entgegen der Irreduzibilität von f über $\mathbb{Q}$. Für $c_{11} = 0$ ist also $d_1 \neq 0$, weshalb aus $f(u, v_0) = (u - u_0)(2d_1 + c_{11}(u - u_0)) = 0$ folgt $u = u_0$, falls $c_{11} = 0$, bzw. $u = u_0$ oder $u = u_0 - 2d_1/c_{11}$, falls $c_{11} \neq 0$. Jedenfalls hat man außer den in (7) erfaßten rationalen Lösungen $(u(k), v(k))$ der vorgelegten diophantischen Gleichung gegebenenfalls noch die eine weitere $(u_0 - 2d_1/c_{11}, v_0)$, falls $c_{11} \neq 0$.

Sei jetzt umgekehrt (u, v) ein beliebiger rationaler Punkt der Kurve, o.B.d.A. mit $v \neq v_0$. Setzt man $t := v - v_0$ und dann $k := (u - u_0)/t$, so sind $t \neq 0$ und k rational und (4) in Verbindung mit $f(u, v) = 0$ besagt

$$(8) \qquad 2(d_1 k + d_2) + (c_{11}k^2 + 2c_{12}k + c_{22})t = 0.$$

Wäre nun $c_{11}k^2 + 2c_{12}k + c_{22} = 0$, so auch $d_1 k + d_2 = 0$ und (8) würde für jedes reelle t^* (statt t) gelten. Dies hieße aber, daß jeder Punkt (u^*, v^*) der Geraden $u^* - u_0 = kt^*$, $v^* - v_0 = t^*$ wegen (4) der Gleichung $f(u^*, v^*) = 0$ genügen müßte, was nicht geht. Aus (8) folgt daher $t = t(k)$ mit dem $t(k)$ aus (6). $\quad\square$

Bemerkungen. 1) Geometrisch bedeutet der in (7) zum Ausdruck kommende DIOPHANTsche Ansatz $u = u_0 + kt$, $v = v_0 + t$ offenbar, daß man den vorgelegten Kegelschnitt mit allen "rationalen" Geraden der Form $u - u_0 = k(v - v_0)$, $k \in \mathbb{Q}$, durch den bekannten rationalen Kurvenpunkt (u_0, v_0) zum Schnitt bringt; dabei bleibt dann die Gerade $v = v_0$ noch gesondert zu untersuchen. Die im allgemeinen anfallenden, von (u_0, v_0) verschiedenen Schnittpunkte der jeweiligen Geraden durch (u_0, v_0) mit dem Kegelschnitt sind weitere rationale Punkte desselben.

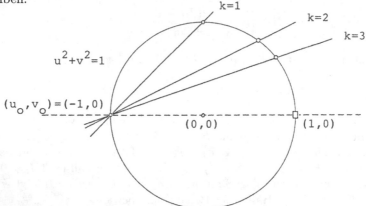

2) Wendet man den Satz speziell auf Gleichung (1) an, so sind $-c_{00} = c_{11} = c_{22} = 1$, alle anderen $c_{ij} = 0$. Arbeitet man etwa mit $(u_0, v_0) = (-1, 0)$, so wird $d_1 = -1$, $d_2 = 0$ und (6), (7) führen zu

$$(9) \qquad u(k) = \frac{k^2 - 1}{k^2 + 1} \qquad v(k) = \frac{2k}{k^2 + 1} \, .$$

Wegen $c_{11} \neq 0$ erhält man noch $(u_0 - 2d_1/c_{11}, v_0) = (1, 0)$ als weiteren Kurvenpunkt. Wählt man noch a, b wie in Satz 2 und setzt damit $k := a/b$, so wird der gemäß (9) gebildete Punkt gleich $((a^2 - b^2)/(a^2 + b^2), 2ab/(a^2 + b^2))$, also gleich $(x/z, y/z)$ wie in 2(1).

4. Rationale Punkte gewisser Kurven dritten Grades.

Sei jetzt $f \in \mathbb{Q}[U, V]$ irreduzibel über $\mathbb{Q}$ und tatsächlich von beiden Unbestimmten abhängig; in 3(2) war dies wegen der Rangforderung an die Matrix 3(3) automatisch erfüllt. Im $\mathbb{R}^2$ wird dann durch die Gleichung $f(u, v) = 0$ eine *algebraische Kurve* definiert; unter deren *Grad* versteht man den Gesamtgrad von f, und der Begriff eines rationalen Punktes dieser Kurve wird wie in 3 gefaßt.

Während die Frage nach den rationalen Punkten einer algebraischen Kurve ersten bzw. zweiten Grades in 1.3.3 bzw. 3 abgehandelt wurde, *sollen hier zwei Methoden präsentiert werden, mit denen man aus einem oder zwei bekannten rationalen Punkten einer Kurve dritten Grades im allgemeinen einen neuen derartigen Punkt gewinnen kann.* Diese Methoden werden bisweilen C.G. BACHET (auch EULER oder CAUCHY) zugeschrieben, der sie 1621 erstmalig auf die Gleichung

$$(1) \qquad\qquad V^2 = U^3 + k$$

im Falle $k = -2$ angewandt haben soll. In der Tat hat BACHET in jenem Jahr eine Neuausgabe von griechischem Original und lateinischer Übersetzung einschließlich einer ausführlichen Kommentierung der DIOPHANTschen *Arithmetika* besorgt, in deren viertem bzw. sechstem Buch bei einigen Problemen über Kurven dritten Grades (z.B. 24,26 bzw. 18,19) sich beide Methoden zumindest implizit finden. Um technische Komplikationen zu vermeiden, werden beide anhand der speziellen, durch (1) mit rationalem k festgelegten algebraischen Kurve erläutert, die eine sehr typische vom dritten Grade ist, vgl. 5.

Die Tangentenmethode. Ist $(u_0, v_0) \in \mathbb{Q}^2$ ein Punkt der durch (1) gegebenen Kurve, so ist $v - v_0 = \frac{3u_0^2}{2v_0}(u - u_0)$ für $v_0 \neq 0$ die Gleichung der Tangente in diesem Punkt an die Kurve. Schneidet man diese Tangente mit der Kurve, so muß jeder Schnittpunkt (u, v) außer der Tangentengleichung die Gleichung $v^2 - v_0^2 = u^3 - u_0^3$ erfüllen, was sich nach kurzer Rechnung als äquivalent mit $(u - u_0)^2(u - u_1) = 0$ erweist, wobei $u_1 := u_0(u_0^3 - 8k)/(4v_0^2)$ gesetzt ist. Für $u_1 \neq u_0$ hat man in (u_1, v_1) mit $v_1 := v_0 + 3u_0^2(u_1 - u_0)/(2v_0)$ einen neuen rationalen Kurvenpunkt gefunden. Dabei ist $u_1 \neq u_0$ gleichbedeutend mit $u_0^3 \neq -4k$, d.h. mit der Tatsache, daß (u_0, v_0) nicht Wendepunkt der Kurve ist.

Beispiel zur Tangentenmethode. Betrachtet man BACHETs Gleichung (1) mit $k = -2$, so ist offenbar $(3, 5)$ eine rationale Lösung, aus der sich mit der soeben beschriebenen Tangentenmethode $(\frac{129}{100}, \frac{383}{1000})$ als weitere rationale Lösung einstellt, die tatsächlich von BACHET angegeben wurde.

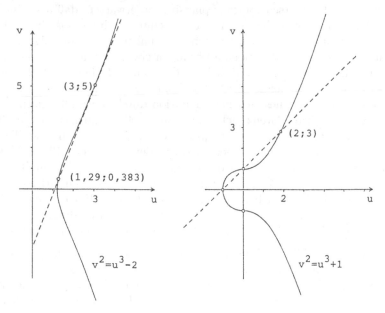

Die Sekantenmethode. Sind (u_0, v_0), $(u_1, v_1) \in \mathbb{Q}^2$ zwei Punkte der durch (1) gegebenen Kurve mit $u_0 \neq u_1$, so ist $v = pu + q$ mit

$$p := \frac{v_1 - v_0}{u_1 - u_0}, \quad q := \frac{u_1 v_0 - u_0 v_1}{u_1 - u_0}$$

die Gleichung der Sekante durch die beiden vorgegebenen Kurvenpunkte. Schneidet man diese Sekante mit der Kurve, so muß jeder Schnittpunkt (u, v) außer der Sekantengleichung die Gleichung $v^2 = u^3 + k$ erfüllen, was mit dem Bestehen von

$$u^3 - p^2 u^2 - 2pqu + k - q^2 = 0$$

äquivalent ist. Da aber u_0, u_1 dieser Gleichung genügen, hat sie eine weitere Wurzel u_2, die nach VIETAS Satz aus $u_0 + u_1 + u_2 = p^2$ gewonnen werden kann. Setzt man noch $v_2 := pu_2 + q$, so hat man in (u_2, v_2) einen rationalen Kurvenpunkt gefunden, der genau dann von den beiden Ausgangspunkten verschieden ist, wenn die Sekante nicht gleichzeitig Tangente in einem der Ausgangspunkte ist.

Beispiel zur Sekantenmethode. Gleichung (1) hat für $k = 1$ offenbar die drei rationalen Lösungen $(-1, 0)$, $(0, 1)$ und $(0, -1)$. Wendet man hier auf die ersten beiden die Sekantenmethode an, so erhält man $(2, 3)$ als neue Lösung; wegen der speziellen Form (1) ist damit auch $(2, -3)$ Lösung.

Bemerkungen. 1) Es erscheint ganz plausibel zu erwarten, daß man durch sukzessive Anwendung von Tangenten- und Sekantenmethode aus einer oder zwei rationalen Lösungen von (1) bei festem rationalem $k \neq 0$ im allgemeinen unendlich viele *verschiedene* rationale Lösungen gewinnen kann. Im Anschluß an BACHET behauptete FERMAT dies über Gleichung (1) bei $k = -2$, allerdings ohne Angabe eines Beweises. Erst 1930 konnte R. FUETER dies beweisen, der für ganzes $k \neq 0$, welches sich nach Division durch die größte darin als Faktor enthaltene sechste Potenz nicht auf 1 oder -432 reduziert, zeigte: Hat (1) eine rationale Lösung (u_0, v_0) mit $u_0 v_0 \neq 0$, so gibt es deren unendlich viele. Für $k = -432$ gibt es nur die beiden rationalen Lösungen $(12, \pm 36)$ und für $k = 1$ gibt es keine weiteren rationalen Lösungen als die fünf im Beispiel zur Sekantenmethode angegebenen. Übrigens wurde das soeben zitierte, den Fall $k = 1$ betreffende Resultat bereits 1738 von EULER mit Hilfe der in 6 zu besprechenden FERMATschen Deszendenzmethode bewiesen. Erwähnt sei noch, daß es auch gewisse k–Werte gibt (z.B. $k = 7$), für die (1) rational unlösbar ist.

2) Was die *ganzzahligen* Lösungen von (1) bei ganzem $k \neq 0$ betrifft, so hat A. THUE 1917 mit Hilfe seines in 6.2.1 angesprochenen Approximationssatzes die Endlichkeit der Lösungsanzahl sichern können. Eine explizite, alleine von k abhängige obere Schranke für $|u|$, $|v|$ hat A. BAKER 1968 gefunden, wenn

$(u, v) \in \mathbb{Z}^2$ Gleichung (1) löst. Sein diesbezügliches Ergebnis stützt sich auf seine in b) von 6.5.9 angedeuteten quantitativen Linearformensätze.

3) Für weitere Einzelheiten über Gleichung (1), die in der Theorie der diophantischen Gleichungen 350 Jahre lang immer wieder eine bedeutende Rolle gespielt hat, kann der interessierte Leser auf L.J. MORDELL [16], Kap. 26, verwiesen werden.

5. Resultate von Poincaré, Mordell und Faltings. Es fragt sich nun, unter welchen Bedingungen die in 3 bzw. 4 beschriebenen Verfahren geeignet sind, *alle* rationalen Punkte auf einer algebraischen Kurve, wie diese zu Anfang von 4 erklärt wurde, zu bestimmen. Um hier die entscheidenden Ergebnisse wenigstens formulieren zu können, muß man erst eine adäquate Einteilung der Kurven vornehmen; ihre Klassifikation nach dem Grad erweist sich jedenfalls als nicht ganz angemessen.

Hat man ein über $\mathbb{C}$ irreduzibles Polynom $f \in \mathbb{C}[U, V]$, welches o.B.d.A. von V tatsächlich abhängt, so wird durch die Gleichung $f(u, v) = 0$ implizit eine (komplexwertige) algebraische Funktion v der komplexen Variablen u definiert. In der Funktionentheorie führt man den Begriff der RIEMANNschen Fläche Φ_f dieser Funktion ein. Ist m_f der Grad von f bezüglich V, so ist m_f die Anzahl der Blätter von Φ_f. Sind $e_1, \ldots, e_{\ell_f}$ sämtliche paarweise verschiedenen Verzweigungspunkte von Φ_f in $\hat{\mathbb{C}} := \mathbb{C} \cup \{\infty\}$ und hängen für $\lambda = 1, \ldots, \ell_f$ in e_λ genau ε_λ Blätter zusammen, so kann man das *Geschlecht* g_f von Φ_f definieren durch

$$(1) \qquad g_f := 1 - m_f + \frac{1}{2} \sum_{\lambda=1}^{\ell_f} (\varepsilon_\lambda - 1).$$

Stets erweist sich g_f als ganze nichtnegative Zahl.

Ist nun eine algebraische Kurve wie zu Anfang von 4 definiert, so versteht man unter ihrem Geschlecht die soeben eingeführte Zahl g_f. Ist $m_f = 1$, so $\ell_f = 0$ und $g_f = 0$. Ist $m_f = 2$, so ist $\ell_f = 2$ und $\varepsilon_\lambda = 2$ für $\lambda = 1, 2$, also erneut $g_f = 0$. Die durch 4(1) definierte algebraische Kurve ist vom Geschlecht 1, falls $k \neq 0$. Es ist nämlich $m_f = 2$ und also sind alle ε_λ gleich 2; weiter ist $\ell_f = 4$, ein e_λ ist ∞ und die übrigen drei sind die verschiedenen komplexen Nullstellen des Polynoms $U^3 + k$. (Im Fall $k = 0$ ergibt sich hier das Geschlecht 0.)

Während der Begriff des Geschlechts bereits um die Mitte des 19. Jahrhunderts von RIEMANN eingeführt wurde, hat erst H. POINCARE 1901 seine Bedeutung für die Frage nach den rationalen Punkten einer algebraischen Kurve voll erkannt. POINCARE hat damals (implizit) gezeigt, daß die DIOPHANTsche Methode aus 3 zur Bestimmung aller rationalen Punkte einer beliebigen algebraischen Kurve vom Geschlecht Null führt, wenn man nur einen einzigen rationalen Kurven-punkt kennt. Überdies hat man in diesem Fall eine rationale Parameterdarstel-lung für beide Komponenten sämtlicher rationaler Punkte, wie dies im Spezialfall von Satz 3 zum Ausdruck kam.

Um dieses POINCAREsche Ergebnis verständlich zu machen, sei folgendes festge-stellt: Hat man $f, g \in \mathbb{Q}(U, V)$, die jeweils von beiden Unbestimmten tatsächlich abhängen und gibt es $\varphi, \psi \in \mathbb{Q}(X, Y)$, so daß $g(X, Y) = f(\varphi(X, Y), \psi(X, Y))$ ist, so entsprechen den rationalen Punkten der durch $g(x, y) = 0$ definierten algebraischen Kurve rationale Punkte der durch $f(u, v) = 0$ gegebenen Kurve, wenn man einmal von höchstens endlich vielen Ausnahmepunkten absieht. Sind die obigen φ, ψ zusätzlich so beschaffen, daß es $\varphi_1, \psi_1 \in \mathbb{Q}(U, V)$ gibt mit $X = \varphi_1(\varphi(X, Y), \psi(X, Y))$, $Y = \psi_1(\varphi(X, Y), \psi(X, Y))$, so ist

$$f(U, V) = g(\varphi_1(U, V), \psi_1(U, V))$$

und den rationalen Punkten von $f(u, v) = 0$ entsprechen umgekehrt auch ratio-nale Punkte von $g(x, y) = 0$.

Gibt es nun $\varphi, \psi, \varphi_1, \psi_1$ der beschriebenen Art, so nennt man die beiden in Frage stehenden algebraischen Kurven *birational äquivalent*. Es ist eine Tatsache, daß birational äquivalente algebraische Kurven gleiches Geschlecht haben. Dagegen gibt es durchaus birational nicht äquivalente Kurven gleichen Geschlechts.

POINCARE hatte seinerzeit bewiesen, daß jede algebraische Kurve vom Ge-schlecht Null und vom Grad $m \geq 3$ zu einer Kurve vom Grad $m - 2$ birational äquivalent ist. Dies erst macht POINCAREs oben zitierte, das Geschlecht Null betreffende Resultate voll einsichtig, da sich hier alles auf Kurven vom Grad 1 oder 2 reduziert.

Ist das Geschlecht der algebraischen Kurve positiv, so geht die Eigenschaft ihrer rationalen Punkte, eine rationale Parameterdarstellung obiger Art zu besitzen, verloren. Immerhin konnte POINCARE noch zeigen, daß im Falle des Geschlechts Eins die in 4 besprochene DIOPHANTsche Tangenten– bzw. Sekantenmethode zur Bestimmung rationaler Kurvenpunkte aus "wenigen" vorgegebenen ange-wandt werden kann. Kurven des Geschlechts Eins mit mindestens einem ra-tionalen Punkt erweisen sich nämlich als birational äquivalent zu einer Kurve dritten Grades, die durch eine Gleichung des Typs

(2) $V^2 = U^3 + aU + b$ mit $a, b \in \mathbb{Q}$

festgelegt wird, wobei das Polynom in U rechts ohne mehrfache Nullstelle ist. Daher war Gleichung 4(1) bei $k \neq 0$ ein sehr typisches Beispiel einer algebrai-schen Kurve vom Geschlecht Eins.

Die Punkte der durch (2) festgelegten Kurve lassen sich, wie bereits erwähnt, zwar nicht mehr rational parametrisieren; dafür ist jedoch eine Parameterdarstellung mit Hilfe meromorpher transzendenter Funktionen möglich, am einfachsten mittels der WEIERSTRASSschen elliptischen $\wp$–Funktion und deren Ableitung. Daher nennt man generell algebraische Kurven vom Geschlecht Eins *elliptisch*; bei Geschlecht größer als Eins haben sich Sonderbezeichnungen nicht eingebürgert, während man bei Geschlecht Null heute von *rationalen* Kurven spricht.

Über elliptische Kurven hatte POINCARE (indirekt) die Vermutung ausgesprochen, daß man ihre sämtlichen rationalen Punkte stets aus endlich vielen unter ihnen durch sukzessive Anwendung der Sekanten– und Tangentenmethode konstruieren kann. Diese Vermutung wurde von MORDELL 1922 mit der bereits in Bemerkung 1 zu 4 angesprochenen Deszendenzmethode bewiesen.

In derselben Arbeit sprach MORDELL seinerseits die Vermutung aus, daß jede algebraische, nicht rationale oder elliptische Kurve höchstens endlich viele rationale Punkte hat. Dies konnte 1983 von G. FALTINGS gezeigt werden, der für seine diesbezüglichen (wesentlich weitergehenden) Untersuchungen auf dem Internationalen Mathematiker–Kongreß in Berkeley 1986 eine FIELDS–Medaille erhielt.

Bemerkungen. 1) JACOBI hatte schon 1834 das EULERsche Additionstheorem für elliptische Integrale zur Definition einer "Addition" von Punkten einer elliptischen Kurve herangezogen. Aber erst POINCARE hat erkannt, daß der JACOBIsche analytische Ansatz aufs engste mit der geometrischen Sekanten–Tangenten–Methode des DIOPHANT zusammenhängt. Für genauere Details hierzu muß der interessierte Leser etwa auf S.LANG (*Elliptic Functions*, Addison-Wesley, Reading etc., 1973) verwiesen werden.

2) Daß jede algebraische, nicht rationale Kurve höchstens endlich viele *ganzzahlige* Punkte hat, wurde bereits 1929 von C.L. SIEGEL gezeigt.

6. Pythagoräische Dreiecke quadratischer Kathetenlängen. Hier wird ein Resultat über pythagoräische Dreiecke gewonnen, dessen Beweis methodisch etwas Neues bringen wird.

Proposition. *Es gibt keine pythagoräischen Dreiecke, deren beide Katheten Längen haben, die Quadratzahlen sind.*

Dies ist eine unmittelbare Folgerung aus dem nachstehenden, auf EULER (1738) zurückgehenden

Satz.   *Die diophantische Gleichung*

(1) $$X^4 + Y^4 = Z^2$$

ist nichttrivial unlösbar.

Dies bedeutet, daß es kein (1) genügendes Tripel $(x, y, z) \in \mathbb{Z}^3$ mit $xyz \neq 0$ gibt. Als weitere Konsequenz dieses Satzes sei angeführt das

Korollar.   *Die einzigen rationalen Punkte der elliptischen Kurve*

(2) $$V^2 = U^4 + 1$$

sind $(0, 1)$ *und* $(0, -1)$.

Beweis.   Wäre nämlich $(u, v) \in \mathbb{Q}^2$ mit $u \neq 0$ ein Punkt auf der durch (2) definierten algebraischen Kurve vom Geschlecht Eins, so sei $y \in \mathbb{N}$ so gewählt, daß $x := uy$ und $z := vy$ ganz sind. Offenbar löst (x, y, z) dann (1) nichttrivial, denn $uv \neq 0$ impliziert $xyz \neq 0$. $\square$

Bemerkung.   Daß weder mittels Sekanten– noch Tangentenmethode aus den beiden rationalen Punkten $(0, 1)$, $(0, -1)$ von (2) neue rationale Punkte zu erhalten sind, lehrt ein Blick auf die nachstehende Skizze.

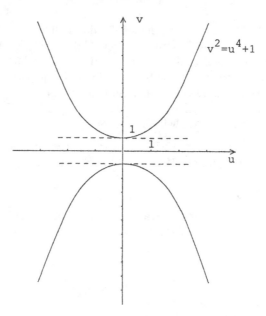

Beweis des Satzes.   Es werde angenommen, Gleichung (1) sei nichttrivial lösbar und $(x_0, y_0, z_0) \in \mathbb{Z}^3$ sei eine ihrer Lösungen mit $x_0 y_0 z_0 \neq 0$. Da alle Exponenten in (1) gerade sind, sind gleichzeitig alle acht Tripel $(\pm x_0, \pm y_0, \pm z_0)$

nichttriviale Lösungen von (1) und genau eines dieser Tripel hat lauter positive Komponenten. O.B.d.A. darf $x_0, y_0, z_0 \in \mathbb{N}$ vorausgesetzt werden. Ziel ist nun die Konstruktion einer weiteren nichttrivialen Lösung (x_1, y_1, z_1) von (1) in natürlichen Zahlen mit $z_1 < z_0$.

Ist die Lösung (x_0, y_0, z_0) nicht primitiv, so sei p eine alle Komponenten teilende Primzahl. Mit $\hat{x}_0 := x_0/p$, $\hat{y}_0 := y_0/p$, $\hat{z}_0 := z_0/p$ erhält man $p^2(\hat{x}_0^4 + \hat{y}_0^4) = \hat{z}_0^2$, woraus man $p | \hat{z}_0$ sieht. Offenbar ist $(x_1, y_1, z_1) := (\hat{x}_0, \hat{y}_0, \hat{z}_0/p)$ eine nichttriviale Lösung von (1) in natürlichen Zahlen mit $z_1 = \hat{z}_0/p = z_0/p^2 < z_0$.

Ist die ursprüngliche Lösung (x_0, y_0, z_0) von (1) jedoch primitiv, so ist (x_0^2, y_0^2, z_0) $\in \mathbb{N}^3$ wegen (1) ein primitives pythagoräisches Tripel. Nach den Überlegungen am Ende von 1 ist genau eine der Zahlen x_0, y_0 gerade und o.B.d.A. sei dies y_0. Nach EUKLIDs Satz 2 gilt dann mit teilerfremden $a, b \in \mathbb{N}$, $a > b$ und ungerader Summe $a + b$

$$x_0^2 = a^2 - b^2, \qquad y_0^2 = 2ab, \qquad z_0 = a^2 + b^2.$$

Bei geradem a wäre b ungerade, also $x_0^2 \equiv 3 \pmod 4$, was nicht geht. So ist a ungerade und b gerade sowie $x_0^2 + b^2 = a^2$. Daher ist (x_0, b, a) ein primitives pythagoräisches Tripel mit gerader Mittelkomponente und erneut liefert EUKLIDs Satz

$$x_0 = c^2 - d^2, \qquad b = 2cd, \qquad a = c^2 + d^2$$

mit teilerfremden $c, d \in \mathbb{N}$, $c > d$, $2 \nmid (c + d)$. Da a und b teilerfremd sind, sind $c, d, c^2 + d^2$ sogar paarweise teilerfremd. Wegen $(\frac{1}{2} y_0)^2 = cd(c^2 + d^2)$ und Lemma 2 ergibt sich daraus

$$c = x_1^2, \qquad d = y_1^2, \qquad c^2 + d^2 = z_1^2$$

mit (paarweise teilerfremden) $x_1, y_1, z_1 \in \mathbb{N}$, die offenbar $x_1^4 + y_1^4 = z_1^2$ und wegen $z_1 \le z_1^2 = c^2 + d^2 = a < a^2 < a^2 + b^2 = z_0$ auch $z_1 < z_0$ erfüllen. Damit ist in jedem Fall das oben gesteckte Ziel erreicht.

Die Annahme der Existenz einer nichttrivialen Lösung (x_0, y_0, z_0) von (1) in natürlichen Zahlen führt somit zur Konstruktion einer unendlichen Folge

$$((x_k, y_k, z_k))_{k=0,1,\dots}$$

nichttrivialer Lösungen von (1) in natürlichen Zahlen, die überdies der Bedingung $z_0 > z_1 > \dots > z_k > \dots > 0$ genügen, welch letzteres unmöglich ist. $\square$

7. Fermats Vermutung.

In seinem Exemplar von BACHETs bereits in 4 erwähnter Übersetzung von DIOPHANTs *Arithmetika* fand man folgende Bemerkung von FERMAT aus der Zeit zwischen 1631 und 1637 als Randnotiz neben

Problem 8 ("Ein gegebenes Quadrat soll in eine Summe zweier Quadrate zerlegt werden") des zweiten Buches:

"Cubum in duos cubos aut quadrato-quadratum in duos quadrato-quadratos et generaliter nullam in infinitum, ultra quadratum, potestam in duas ejusdem nominis fas est dividere.

Cujus rei demonstrationem mirabilem sane detexi, hanc marginis exiguitas non caperet."

Diese FERMATsche Bemerkung läuft also darauf hinaus, daß die diophantische Gleichung

$$(1) \qquad\qquad X^n + Y^n = Z^n$$

für kein natürliches $n \geq 3$ nichttrivial lösbar ist, d.h. daß es kein (1) genügendes Tripel $(x, y, z) \in \mathbb{Z}^3$ mit $xyz \neq 0$ gibt. Leider hinterließ FERMAT seiner Nachwelt den "fürwahr wunderbaren Beweis dieser Tatsache", den er "entdeckt hatte", nicht, da "der schmale Rand diesen nicht fassen würde".

FERMATs Randnotiz ging in die spätere Literatur als FERMATsche *Vermutung* ein; manche Autoren sprechen auch vom *großen* FERMATschen *Satz* (in der englisch–sprachigen Literatur praktisch ausschließlich FERMAT's *last theorem*) in Abgrenzung zum "kleinen" FERMATschen Satz, der in 2.3.3 diskutiert wurde.

In einem Brief an P. DE CARCAVI (1659) hat FERMAT eine neue Methode ausführlich beschrieben, mit der er seine eigene Randnotiz neben Problem 20 im sechsten Buch von DIOPHANTs *Arithmetika* beweisen konnte, daß es nämlich kein pythagoräisches Dreieck geben würde, dessen Fläche eine Quadratzahl sei. Offenbar ist diese Behauptung mit der nichttrivialen Unlösbarkeit der Gleichung

$$(2) \qquad\qquad X^4 - Y^4 = Z^2$$

äquivalent. FERMAT vermerkt in seinem Brief: "Da die Methoden in der Literatur für den Beweis so schwieriger Sätze nicht ausreichen, fand ich schließlich einen ganz und gar einzigartigen Weg. Ich nannte diese Beweismethode *la descente infinie* ..."

Diese Schlußweise, mit der im vorigen Abschnitt die nichttriviale Unlösbarkeit von 6(1) gezeigt wurde, ist heute als FERMATsche *Deszendenzmethode* bekannt und für die Untersuchung zahlreicher Fragen über diophantische Gleichungen unersetzlich. Wie am Ende von 6 gesehen, beruht sie einfach auf dem in 1.1.1 erwähnten Prinzip des kleinsten Elements.

Sowohl aus dem FERMATschen Resultat über (2) wie aus dem EULERschen über 6(1) erhält man die folgende

Proposition A. *Die* FERMAT–*Gleichung (1) zum Exponenten* $n > 0$ *ist unlösbar, falls* n *Vielfaches von 4 ist.*

Bemerkung. "Lösbar" bzw. "unlösbar" bedeutet für den Rest dieses Paragraphen stets "nichttrivial lösbar" bzw. "nichttrivial unlösbar".

Beweis. Es sei $n = 4m$ mit einem $m \in \mathbb{N}$ und es werde angenommen, (1) habe für solche n eine nichttriviale Lösung (x, y, z). Ersichtlich wäre dann (x^m, y^m, z^{2m}) eine nichttriviale Lösung von 6(1) entgegen dem EULERschen Satz 6. $\qquad\square$

Folgende leichte Reduktion der FERMAT–Vermutung kann noch vorgenommen werden:

Proposition B. *Zum Beweis der* FERMAT*schen Vermutung reicht es, die Unlösbarkeit der* FERMAT–*Gleichung (1) für jeden Exponenten zu zeigen, der eine ungerade Primzahl ist.*

Beweis. Sei $n \geq 3$ eine natürliche Zahl. Der Fall $4|n$ wurde bereits durch Proposition A erledigt. Ist n nicht Vielfaches von 4, so wird es von mindestens einer ungeraden Primzahl p geteilt und mit $m := n/p$ kann gesagt werden: Löst (x_0, y_0, z_0) die FERMAT–Gleichung (1) zum Exponenten n, so löst (x_0^m, y_0^m, z_0^m) die FERMAT–Gleichung zum Exponenten p. $\qquad\square$

8. Weitere Entwicklung des Fermat–Problems (bis 1993).

Die Unlösbarkeit der FERMAT-Gleichung

$$(1) \qquad\qquad X^p + Y^p = Z^p$$

für die Primzahl $p = 3$ wurde zwischen 1753 und 1770 von EULER gezeigt und 1770 publiziert (vgl. *Vollständige Anleitung zur Algebra* = Opera Omnia, Ser. 1, I, 1–498, hier insbesondere 484–489). Eine kleine Lücke in seinem Beweis konnte LEGENDRE 1830 schließen. Den Exponenten $p = 5$ haben dann unabhängig voneinander zwischen 1825 und 1828 DIRICHLET und LEGENDRE erledigt.

Daß zunächst die beiden kleinsten ungeraden Primzahlen behandelt werden konnten, hat algebraisch–arithmetische Gründe: Der Satz über die eindeutige Primfaktorzerlegung (vgl. 1.1.5) im Unterring $\mathbb{Z}$ der ganzen Zahlen des Körpers $\mathbb{Q}$ spielte mehr oder weniger explizit (vgl. etwa Beweis von Lemma 2) bei der Behandlung der FERMAT–Gleichung zu den Exponenten 2 bzw. 4 (vgl. die Sätze 2 bzw. 6) eine entscheidende Rolle. Wie in 1.5.5–6 gesehen, hat man analog im Unterring der ganzen Zahlen der quadratischen Zahlkörper $\mathbb{Q}(\sqrt{-3})$

und $\mathbb{Q}(\sqrt{5})$ den Satz von der eindeutigen Zerlegbarkeit in Primelemente, da hier die genannten Unterringe euklidisch sind (vgl. Satz 1.6.9).

Um 1843 herum soll E.E. KUMMER eine Arbeit an DIRICHLET eingereicht haben, in der vermeintlich die Unlösbarkeit von (1) für jede Primzahl $p > 2$ und damit nach Proposition 7B die Richtigkeit der FERMATschen Vermutung bewiesen wurde. DIRICHLET fand aber bei der Durchsicht, daß KUMMER bei seinem "Beweis" den Satz von der eindeutigen Primelementzerlegung im Ring der ganzen Zahlen gewisser vom jeweils betrachteten p abhängigen algebraischen Zahlkörper als gültig hingenommen hatte. So jedenfalls soll diese Geschichte nach einer Erzählung von HENSEL (1910), der einzigen Quelle, abgelaufen sein; man vergleiche dazu H.M. EDWARDS [3], Kap.4.1. Fest steht jedenfalls, daß sich KUMMER seit jener Zeit intensiv dem Studium der Teilbarkeitsgesetze in speziellen algebraischen Zahlkörpern, den sogenannten Kreisteilungskörpern, widmete. Obwohl es KUMMER trotz aller Bemühungen nicht gelungen ist, die Unlösbarkeit von (1) für alle Primzahlen $p > 2$ zu beweisen, hat er überaus wichtige Ergebnisse zum FERMAT–Problem erzielt und der späteren Entwicklung entscheidende Impulse gegeben.

KUMMER selbst hat gegen 1850 beweisen können, daß (1) für alle sogenannten *regulären* Primzahlen p unlösbar ist. Seine ursprüngliche Regularitätsdefinition verlangt für eine Reproduktion an dieser Stelle zu viele algebraische Vorkenntnisse. Er zeigte aber, daß eine Primzahl $p > 2$ genau dann regulär ist, wenn p keinen Zähler der (rationalen) BERNOULLI–Zahlen $B_2, B_4, \ldots, B_{p-3}$ (in ihrer gekürzten Darstellung) teilt. Dabei sind die BERNOULLI–Zahlen über die im Kreis $|z| < 2\pi$ der komplexen Ebene konvergente TAYLOR–Entwicklung der Funktion $\frac{z}{e^z - 1}$ gemäß

$$\frac{z}{e^z - 1} = \sum_{k=0}^{\infty} B_k \frac{z^k}{k!}$$

definiert. Als k–te Ableitung von $\frac{z}{e^z-1}$ an der Stelle 0 ist B_k rational; insbesondere gilt $B_0 = 1$, $B_1 = -\frac{1}{2}$, $B_2 = \frac{1}{6}$, $B_4 = -\frac{1}{30}$, $B_6 = \frac{1}{42}$, $B_8 = -\frac{1}{30}$, $B_{10} = \frac{5}{66}$, $B_{12} = -\frac{691}{2730}$, $B_{14} = \frac{7}{6}$, $B_{16} = -\frac{3617}{510}$ und $B_k = 0$ für alle ungeraden $k \geq 3$.

Wendet man dieses KUMMERsche Kriterium an, so erkennt man die Regularität der Primzahlen 3, 5, 7, 11, 13, 17 und 19. Unterhalb 100 sind lediglich die Primzahlen 37, 59 und 67 nicht regulär (kurz: *irregulär*). Seit KUMMER vermutet man, daß es unendlich viele reguläre Primzahlen gibt, ein Problem, das bis heute offen ist. Dagegen weiß man seit K.L. JENSEN (1915), daß es unendlich viele irreguläre Primzahlen gibt.

Über das oben zitierte KUMMER–Kriterium via BERNOULLI–Zahlen hinaus sind heute zahlreiche Ergebnisse bekannt, die die Entscheidung, ob (1) für ein $p > 2$ lösbar ist, mit anderen, mehr oder weniger leicht nachprüfbaren Eigenschaften von p in Zusammenhang bringen. Mit derartigen Kriterien ist es J. Buhler, R. Crandall, R. Ernvall und T. Metsänkylä (Math. Comp. *61*, 151–153 (1993)) gelungen, unter Computereinsatz zu zeigen, daß (1) für alle ungeraden Primzahlen $p < 4 \cdot 10^6$ unlösbar ist.

Bemerkungen. 1) Nach der anfangs von 3 beschriebenen Vorgehensweise ist klar, daß sich Lösungen $(x, y, z) \in \mathbb{Z}^3$ mit $z \neq 0$ der Fermat–Gleichung 7(1) und rationale Punkte (u, v) der durch

$$(4) \qquad\qquad V^n = 1 - U^n$$

definierten algebraischen Kurve gegenseitig entsprechen. Nach 5(1) ist die "Fermat–Kurve" (4) vom Geschlecht $\frac{1}{2}(n-1)(n-2)$, also im Fall $n = 3$ elliptisch. Es ist nun ganz leicht nachzurechnen, daß (4) für $n = 3$ und 4(1) für $k = -432$, also $Y^2 = X^3 - 432$, in dem in 4 erklärten Sinne birational äquivalent sind. Dazu zeigt man, daß die Transformationen $U = (Y - 36)/(Y + 36)$, $V = 3X/(Y + 36)$ bzw. $X = 12V/(1-U)$, $Y = 36(1+U)/(1-U)$ die Übergänge von der einen zur anderen Gleichung vermitteln. Nun klärt sich auch auf, wieso Gleichung 4(1) für $k = -432$ lediglich zwei rationale Lösungen hat, vgl. Bemerkung 1 zu 4.

2) Da die Fermat–Kurve (4) für $n \geq 4$ ein Geschlecht größer als Eins hat, liefert der Satz von Faltings am Schluß von 5 die Endlichkeit der Anzahl ihrer rationalen Punkte. Anders ausgedrückt: Für jedes $n \geq 4$ ist die Anzahl der primitiven Lösungen $(x, y, z) \in \mathbb{Z}^3$ der Fermat–Gleichung 7(1) endlich.

3) Dem Leser, der sich über Entwicklung und Stand bis 1919 des Fermat–Problems genauer informieren möchte, sei das Buch von P. Bachmann (*Das Fermatproblem in seiner bisherigen Entwicklung* (Nachdruck), Springer, Berlin etc., 1976) genannt. Dieses enthält eine hervorragende Übersicht über alle wichtigen Resultate zur Fermat–Vermutung, die bis zum Erscheinungsjahr 1919 der Originalausgabe gefunden wurden. Aus der neueren Literatur seien die beiden Werke von Edwards [3] und P. Ribenboim [23] besonders empfohlen.

9. Lösung des Fermat–Problems. Auf einer kleineren Spezialtagung über algebraische Zahlentheorie in Cambridge (England) hielt A. Wiles am 21., 22. und 23. Juni 1993 drei zusammenhängende Vorträge über "Modular forms, elliptic curves and Galois representations". Nichts im Titel deutete auf Querverbindungen zum Fermat–Problem hin. Am Ende seines dritten Vortrags schrieb Wiles als Folgerung aus wesentlich allgemeineren Sätzen ein *quod erat demonstrandum* hinter den Fermatschen Satz. Stunden später verbreitete sich bereits die Nachricht von diesem Ereignis durch Faxe und Electronic Mails über die ganze mathematische Welt. Schon am 24. Juni berichtete "The New York Times" auf Seite 1 über diese Sensation. Was war geschehen?

Die Vorarbeiten, die schlußendlich zum Erfolg führten, begannen 1955, als Y. TANIYAMA eine (hier nicht wiederzugebende) Vermutung elliptische Kurven über $\mathbb{Q}$ betreffend formulierte, die wenige Jahre später durch Forschungen von G. SHIMURA und A. WEIL weiter präzisiert wurde. Aber fast drei Jahrzehnte lang ahnte niemand, daß diese Dinge irgendwie mit dem FERMAT–Problem zu tun haben könnten. Erst 1986 stellte G. FREY eine überraschende Beziehung zwischen diesem Problem und der SHIMURA–TANIYAMA–WEIL–Vermutung her und 1987 konnte K. RIBET beweisen, daß aus der Richtigkeit der SHIMURA–TANIYAMA–WEIL–Vermutung diejenige der FERMAT-Vermutung folgt. Seit Bekanntwerden dieses Zusammenhangs hat WILES an einem Beweis der SHIMURA–TANIYAMA–WEIL–Vermutung gearbeitet, wenigstens für elliptische Kurven speziellen Typs, die auch schon für die FERMAT–Vermutung ausreichen würden.

Nach der großen Sensation im Juni 1993 gab es bereits zwei Monate später erste Gerüchte und Spekulationen über Lücken im noch nicht publizierten Beweis von WILES: Nachdem sich sogar die Weltpresse (z.B. "Le Monde" vom 2. Dezember 1993: "Le théorème de FERMAT fait de la résistance") dieser Schwierigkeiten annahm, wandte sich WILES selbst am 4. Dezember 1993 mit einem e–mail an die mathematische Öffentlichkeit: "However the final calculation ... is not yet complete as it stands. I believe that I will be able to finish this in the near future using the ideas explained in my Cambridge lectures."

Während der ersten Hälfte des Jahres 1994 flossen die Neuigkeiten zum FERMAT–Problem dann relativ spärlich. Es war aber nur natürlich, daß WILES zu einem Hauptvortrag auf dem Züricher Internationalen Mathematiker–Kongreß im August desselben Jahres eingeladen wurde. Der Titel seines Vortrags, des letzten des gesamten Kongresses, ließ alle Möglichkeiten offen. Tatsächlich stellte er dort unmißverständlich klar, was er bis dato zeigen konnte, daß jedoch die hartnäckigste Lücke in seinem Beweis noch immer nicht geschlossen sei.

Nur wenige Wochen später, am 25. Oktober 1994, machte WILES dann zwei Manuskripte der Fachwelt zugänglich, in denen die oben angesprochene Lücke zwar nicht beseitigt, wohl aber unter Mithilfe seines Schülers R. TAYLOR unter Rückgriff auf einen früheren Ansatz umgangen wurde. Die beiden hier angesprochenen Arbeiten von WILES bzw. TAYLOR und WILES sind in Ann. Math. (2) *142*, 443–551 bzw. 553–572 (1995) publiziert. Zusammengenommen enthalten sie weit mehr als einen von den führenden Spezialisten inzwischen als stichhaltig akzeptierten Beweis der FERMAT–Vermutung, nämlich einen Beweis der SHIMURA–TANIYAMA–WEIL–Vermutung für sogenannte semistabile elliptische Kurven über $\mathbb{Q}$.

Nach Lösung des über 350 Jahre alten FERMAT–Problems, mit dem so viele Generationen hervorragender Zahlentheoretiker vergeblich gerungen haben, ist es verständlich, daß ein breiteres mathematisches Publikum den Wunsch hat,

sich die grundlegenden Ideen der Beweisführung nicht mühsam aus den 130 Sei-
ten der beiden Originalarbeiten herausholen zu müssen, sondern sich in kurzen
Übersichtsartikeln informieren zu können. Als solche seien z.b. die vorzüglichen
Aufsätze von FALTINGS (DMV– Mitteilungen 2/1995, S. 6–8) und WILES (Proc.
ICM Zürich 1994, Vol. 1, Birkhäuser, Basel–Boston–Berlin, 1995, pp. 243–245)
genannt.

§ 3.   Die Pellsche Gleichung und Verwandtes

1. Problemstellung. Als PELLsche Gleichung bezeichnet man die diophantische Gleichung in zwei Unbestimmten

$$(1) \qquad\qquad X^2 - dY^2 = 1,$$

wobei $d \neq 0$ als fest vorgegebene ganze Zahl gedacht ist. Offenbar sind $(1,0)$ und
$(-1,0)$ stets Lösungen von (1) – man bezeichnet sie als die *trivialen Lösungen*
von (1) – und bei $d \leq -2$ gibt es auch keine weiteren. Bei $d = -1$ kommen zu
den beiden trivialen noch die beiden Lösungen $(0,1)$, $(0,-1)$ hinzu.

Recht uninteressant ist weiterhin der Fall eines quadratischen d: Ist nämlich
$d = e^2$ mit ganzem $e \neq 0$, so löst $(x,y) \in \mathbb{Z}^2$ Gleichung (1) genau dann, wenn
$(x + ey)(x - ey) = 1$ gilt, d.h. wenn gleichzeitig entweder $x + ey = 1$, $x - ey = 1$
oder $x + ey = -1$, $x - ey = -1$ gelten. Unschwer erkennt man hieraus, daß (1)
im Falle eines quadratischen $d \neq 0$ alleine die beiden trivialen Lösungen hat.

Zurück bleibt somit das *Problem, die Lösbarkeit der* PELLschen *Gleichung* (1)
bei $d \in \mathbb{N}$, *d kein Quadrat, zu untersuchen.* In dieser Allgemeinheit scheint
das Problem von FERMAT gestellt worden zu sein, der 1657 in einem Brief an
FRENICLE behauptete, (1) habe unter den soeben angegebenen Bedingungen
an d stets unendlich viele ganzzahlige Lösungen (x,y). Nach einer Bemerkung
EULERs ist diese Frage wohl zuerst von J. PELL im 17. Jahrhundert mit ei-
nigem Erfolg angegriffen worden. Es gibt jedoch auch Mathematikhistoriker,
die einen wirklichen Beitrag PELLs zur Theorie der Gleichung (1) bezweifeln.
Fest steht, daß erst LAGRANGE um 1766 die volle Lösung des Problems gelang,
indem er zeigte, daß (1) unter den über d zuletzt gemachten Voraussetzungen
unendlich viele Lösungen besitzt, und indem er überdies die Struktur dieser
Lösungsgesamtheit vollständig aufklärte. Der Darstellung der genannten LA-
GRANGEschen Resultate sind die Abschnitte 3 und 4 gewidmet.

Schließlich sei noch angemerkt, daß historisch die Beschäftigung mit der Gleichung (1) für spezielle, kleine d etwa bis 400 v. Chr. zurückreicht. Um diese
Zeit tauchten in Indien und Griechenland rationale Näherungen $\frac{x}{y}$ für $\sqrt{2}$ auf,
deren Zähler und Nenner der Gleichung (1) für $d = 2$ genügen, etwa $\frac{17}{12}$ und $\frac{577}{408}$.

Bei EUKLID (*Elemente* II, § 10) findet sich im Prinzip – allerdings geometrisch eingekleidet – ein rekursives Verfahren zur Bestimmung sämtlicher Lösungen von (1) bei $d = 2$ in natürlichen Zahlen.

Die bedeutenden griechischen Mathematiker der alexandrinischen Zeit (ca. 300 – 200 v. Chr.) wagten sich gelegentlich auch für große d–Werte an Gleichung (1) heran. So soll ARCHIMEDES dem ERATOSTHENES das berühmte "Rinderproblem" gestellt haben, in dem unter einer ganzen Reihe von Nebenbedingungen Anzahlen verschiedenfarbiger Kühe und Stiere gesucht waren (vgl. DICKSON [*G* 2] II, S. 342ff.). Immerhin lief dieses Problem auf die Bestimmung nichttrivialer Lösungen von (1) für $d = 2 \cdot 3 \cdot 7 \cdot 11 \cdot 29 \cdot 353 = 4\,729\,494$ hinaus. Übrigens hat dieses Rinderproblem den Dichter G.E. LESSING (1773) zu einem griechischen Epigramm in 24 Versen angeregt.

2. Der Dirichletsche Approximationssatz. Wie in 1 erwähnt, wurden in der Antike Lösungen der PELLschen Gleichung 1(1) in natürlichen Zahlen zur Berechnung guter rationaler Annäherungen an gewisse quadratische Irrationalitäten wie $\sqrt{2}$ benutzt. Um die in 1 in Aussicht gestellten LAGRANGEschen Ergebnisse zu erhalten, stellt man heute meist umgekehrt ein Resultat über die Approximation von $\sqrt{d}$ durch rationale Zahlen an den Anfang und gewinnt hieraus dann sämtliche Lösungen der PELLschen Gleichung. Dieser Weg wird auch hier beschritten.

Die benötigte Approximationsaussage entnimmt man dabei dem

Dirichletschen Approximationssatz. *Sei* $\alpha \in \mathbb{R}$, $\omega \in \mathbb{N}$, $\omega \geq 2$. *Dann existieren* $p, q \in \mathbb{Z}$ *mit* $1 \leq q < \omega$ *und* $|\alpha q - p| \leq \frac{1}{\omega}$. *Ist* α *irrational, so existieren unendlich viele verschiedene teilerfremde* $p, q \in \mathbb{Z}$, $q > 0$, *für die* $|\alpha q - p| < \frac{1}{q}$ *gilt.*

Beweis. Für den ersten Teil des Satzes betrachte man die $\omega + 1$ im Einheitsintervall $[0, 1]$ gelegenen Zahlen 1 und*) $\{\alpha x\}$ mit $x \in \{0, \ldots, \omega - 1\}$ und die ω Teilintervalle $[\frac{j-1}{\omega}, \frac{j}{\omega}]$, $j = 1, \ldots, \omega$, von $[0, 1]$ der Länge $\frac{1}{\omega}$. Es existiert mindestens ein derartiges Teilintervall, in das wenigstens zwei der $\omega + 1$ oben genannten Zahlen fallen. Sind dies zwei Zahlen des Typs $\{\alpha x\}$, etwa $\{\alpha x_1\}$ und $\{\alpha x_2\}$, wobei o.B.d.A. $x_1 < x_2$ gelten möge, so setzt man $q := x_2 - x_1$, $p := [\alpha x_2] - [\alpha x_1]$ und hat damit alle Forderungen erfüllt. Fallen jedoch 1 und eine Zahl des Typs $\{\alpha x\}$ ins gleiche Teilintervall, so ist $x > 0$, da die Zahl 0

---

*) Für reelles z wird $\{z\} := z - [z]$ gesetzt; $\{z\}$ heißt der *gebrochene Teil* von z. Weiter bedeutet $\|z\| := \mathrm{Min}(\{z\}, 1 - \{z\})$ den Abstand von z zur nächstgelegenen ganzen Zahl.

wegen $\omega \geq 2$ nicht in diesem Teilintervall liegen kann. In diesem Fall setzt man $q := x$, $p := [\alpha x] + 1$ und hat damit erneut alle Forderungen für die erste Aussage im Approximationssatz erfüllt.

Zu jedem $\omega = 2, 3, \ldots$ existiert also ein Paar $(p(\omega), q(\omega)) \in \mathbb{Z} \times \mathbb{N}$ mit

$$(1) \qquad |\alpha q(\omega) - p(\omega)| \leq \frac{1}{\omega}, \qquad q(\omega) < \omega;$$

dabei dürfen $p(\omega)$, $q(\omega)$ offenbar als teilerfremd vorausgesetzt werden. Kämen nun unter den Paaren $(p(\omega), q(\omega))$, $\omega = 2, 3, \ldots$, nur endlich viele verschiedene vor, so gäbe es ein $(p_0, q_0) \in \mathbb{Z} \times \mathbb{N}$ mit $p(\omega) = p_0$, $q(\omega) = q_0$ für unendlich viele ω und für diese ω müßte $|\alpha q_0 - p_0| \leq \frac{1}{\omega}$ nach (1) gelten, woraus mit $\alpha = p_0/q_0$ die Rationalität von α folgen würde entgegen der Zusatzvoraussetzung für den zweiten Teil des Satzes. Aus (1) folgt $|\alpha q(\omega) - p(\omega)| < 1/q(\omega)$ für $\omega = 2, 3, \ldots$ und somit ist auch der zweite Teil bewiesen. □

Bemerkungen. 1) DIRICHLET (Werke I, 635–638) hat ursprünglich einen wesentlich allgemeineren, sich auf simultane Approximationen beziehenden Satz angegeben.

2) Der zweite Teil des DIRICHLETschen Approximationssatzes kann ergänzt werden zu einem notwendigen und hinreichenden

Irrationalitätskriterium. *Eine reelle Zahl α ist genau dann irrational, wenn die Ungleichung $|\alpha q - p| < 1/q$ unendlich viele verschiedene teilerfremde Lösungen $(p, q) \in \mathbb{Z} \times \mathbb{N}$ besitzt.*

Beweis. Ist α irrational, so ist bereits alles erledigt; diesen Teil erhält man übrigens auch mittels Kettenbruchtheorie, vgl. den Beginn von 5.3.6. Sei umgekehrt α rational, etwa $\alpha = a/b$ mit teilerfremden $a, b \in \mathbb{Z}$, $b > 0$. Die Ungleichung im Kriterium ist dann mit $|qa - pb| < b/q$ gleichbedeutend. Hier verschwindet die linke Seite für teilerfremde $p, q \in \mathbb{Z}$, $q > 0$ genau für $p = a$, $q = b$ und so folgt aus der letzten Ungleichung bei $(p, q) \neq (a, b)$ direkt $q < b$ und daraus $|p| < 1 + |a|$. Bei rationalem α hat die Ungleichung im Kriterium also nur endlich viele teilerfremde Lösungen (p, q). □

3) *Aus dem ersten Teil des* DIRICHLET*schen Approximationssatzes folgt* THUES *Lemma (vgl. 1.2) ohne nochmalige Verwendung des Schubfachprinzips:*

Man wendet den Approximationssatz nämlich an mit $\alpha := \ell/m$, $\omega := v$ (wegen $0 < u \leq m < uv$ ist $1 < v$); somit gibt es ganze p, q mit $1 \leq q < v$ und $|q\ell - pm| \leq m/v < u$. Sicher ist $q\ell \neq pm$, da sonst $m | q$ wegen $(\ell, m) = 1$ gelten müßte; dann wäre aber $m \leq q < v \leq m$, was nicht geht. Nun leisten $x := |q\ell - pm|$, $y := q$ das in THUES Lemma Gewünschte: Da $y\ell - pm$ entweder x oder $-x$ ist, ist auch $\pm x \equiv \ell y \pmod{m}$ klar. □

Diese Bemerkung macht verständlich, wieso gelegentlich (vgl. etwa HARDY–WRIGHT [6]) der DIRICHLETsche Approximationssatz zum Beweis von Satz 1.1 verwandt wird.

3. Unendlich viele Lösungen der Pell–Gleichung. Wie bereits in 1 in Aussicht gestellt, soll nun bewiesen werden der

Satz. *Ist $d \in \mathbb{N}$ kein Quadrat, so hat die PELLsche Gleichung*

$$(1) \qquad\qquad X^2 - dY^2 = 1$$

unendlich viele Lösungen.

Beweis. Man setzt $\alpha := \sqrt{d}$ und bemerkt zunächst, daß dies α nach Korollar 1.1.9 irrational ist. Nach dem zweiten Teil des DIRICHLETschen Approximationssatzes gibt es unendlich viele verschiedene $(x, y) \in \mathbb{Z} \times \mathbb{N}$ mit teilerfremden x, y und

$$(2) \qquad\qquad |x - \alpha y| < \frac{1}{y}.$$

Übrigens sind hier auch die x positiv; denn bei $x \leq 0$ wäre (2) zu $(|x| + \alpha y)y < 1$ äquivalent und die letztere Ungleichung ist ersichtlich unmöglich. Offenbar gilt für diese (x, y) weiterhin

$$(3) \qquad 0 < |x^2 - dy^2| = |x - \alpha y|(x + \alpha y) < \frac{x}{y} + \alpha < 2\alpha + 1.$$

Denn aus (2) ist $\frac{x}{y} < \alpha + y^{-2} \leq \alpha + 1$ sofort klar und $x^2 = dy^2$ ist unmöglich. Wegen (3) gibt es ein ganzes k mit $0 < |k| < 2\alpha + 1$, so daß für unendlich viele verschiedene (x, y) wie oben die Gleichung

$$(4) \qquad\qquad x^2 - dy^2 = k$$

erfüllt ist. Nach dem DIRICHLETschen Schubfachprinzip 2.3.1 gibt es $\xi, \eta \in \{0, \dots, |k| - 1\}$, so daß gleichzeitig

$$(5) \qquad\qquad x \equiv \xi, \quad y \equiv \eta \pmod{k}$$

für unendlich viele der (4) genügenden $(x, y) \in \mathbb{N}^2$ gilt. Seien (x_1, y_1), (x_2, y_2) zwei verschiedene solche Paare; damit gewinnt man

$$(6) \qquad (x_1 - \alpha y_1)(x_2 + \alpha y_2) = (x_1 x_2 - d y_1 y_2) + \alpha(x_1 y_2 - x_2 y_1)$$

und wegen (4) und (5)

$$x_1 x_2 - dy_1 y_2 \equiv \xi^2 - d\eta^2 \equiv 0, \quad x_1 y_2 - x_2 y_1 \equiv 0 \pmod{k}.$$

Definiert man im Anschluß hieran $u, v \in \mathbb{Z}$ vermöge

$$ku := x_1 x_2 - dy_1 y_2, \quad kv := x_1 y_2 - x_2 y_1,$$

so wird (6) zu

(6′) $$(x_1 - \alpha y_1)(x_2 + \alpha y_2) = k(u + \alpha v)$$

und analog gilt

(6″) $$(x_1 + \alpha y_1)(x_2 - \alpha y_2) = k(u - \alpha v).$$

Da (x_1, y_1) und (x_2, y_2) beide (4) erfüllen, liefert Multiplikation von (6′) und (6″) und anschließende Division durch k^2 die Gleichung

(7) $$u^2 - dv^2 = 1.$$

Sicher ist hier $uv \neq 0$; denn $v = 0$ hieße $x_1 y_2 = x_2 y_1$ und Positivität sowie Teilerfremdheit der x_i, y_i würde $x_2 = x_1$, $y_2 = y_1$ implizieren entgegen der vorausgesetzten Verschiedenheit von (x_1, y_1) und (x_2, y_2). Für genau eines der vier Paare $(\pm u, \pm v)$ sind beide Komponenten positiv und wegen (7) lösen alle vier Paare die PELLsche Gleichung (1) in nichttrivialer Weise. Man weiß also, daß die Menge

$$\mathbf{P} := \{(x, y) \in \mathbb{N}^2 : x^2 - dy^2 = 1\}$$

nicht leer ist. Für $(x, y) \in \mathbf{P}$ ist $x + \alpha y > 1$ und somit sind die Zahlen

(8)
$$\begin{aligned}
(x + \alpha y)^n &= \sum_{0 \leq \nu \leq n/2} \binom{n}{2\nu} x^{n-2\nu} d^\nu y^{2\nu} \\
&\quad + \alpha \sum_{0 \leq \nu < n/2} \binom{n}{2\nu + 1} x^{n-2\nu-1} d^\nu y^{2\nu+1} \\
&=: x_n + \alpha y_n \qquad (n = 1, 2, \ldots)
\end{aligned}$$

paarweise verschieden, also auch die Paare $(x_n, y_n) \in \mathbb{N}^2$. Wegen

(8′) $$(x - \alpha y)^n = x_n - \alpha y_n \qquad \text{für } n = 1, 2, \ldots,$$

(8) und $(x, y) \in \mathbf{P}$ ist $x_n^2 - dy_n^2 = (x^2 - dy^2)^n = 1$, also sind alle (x_n, y_n) aus $\mathbf{P}$ und der Satz ist bewiesen. $\qquad\square$

Eine in 7 benötigte Konsequenz des obigen Satzes ist folgendes

Korollar.   *Ist $d \in \mathbb{N}$ kein Quadrat und $\rho \in \mathbb{Z}$, $\rho \neq 0$, so hat (1) unendlich viele Lösungen $(x,y) \in \mathbb{N}^2$ mit $x \equiv 1$, $y \equiv 0 \pmod{\rho}$.*

Beweis. Man wendet den obigen Satz an auf die PELL–Gleichung $X^2 - d'Y^2 = 1$ mit $d' := d\rho^2$, was positiv ganz, aber kein Quadrat ist: $(x',y') \in \mathbb{N}^2$ löst diese genau dann, wenn $(x', |\rho|y') \in \mathbb{N}^2$ Gleichung (1) löst. Daher hat (1) jedenfalls unendlich viele verschiedene Lösungen $(\hat{x},\hat{y}) \in \mathbb{N}^2$ mit $\hat{y} \equiv 0 \pmod{\rho}$ und daher $\hat{x}^2 \equiv 1 \pmod{\rho}$ wegen (1). Löst $(\hat{x},\hat{y}) \in \mathbb{N}^2$ Gleichung (1) und setzt man $x := \hat{x}^2 + d\hat{y}^2$, $y := 2\hat{x}\hat{y}$, so ist (x,y) aus $\mathbb{N}^2$ und löst wegen

$$x^2 - dy^2 = (\hat{x}^2 + d\hat{y}^2)^2 - 4d\hat{x}^2\hat{y}^2 = (\hat{x}^2 - d\hat{y}^2)^2 = 1$$

Gleichung (1); weiter entsprechen verschiedenen $(\hat{x},\hat{y})$ auch verschiedene (x,y). Damit hat man unendlich viele verschiedene Lösungen $(x,y) \in \mathbb{N}^2$ von (1) mit

$$y = 2\hat{x}\hat{y} \equiv 0, \quad x = \hat{x}^2 + d\hat{y}^2 \equiv 1 \pmod{\rho}. \qquad \square$$

4. Lösungsstruktur der Pell–Gleichung. Unter Abänderung der Bezeichnungsweise aus 3 werde nun $y_1 \in \mathbb{N}$ *minimal* so gewählt, daß es dazu ein $x_1 \in \mathbb{N}$ gibt mit $(x_1, y_1) \in \mathbf{P}$. Für jedes $(x,y) \in \mathbf{P}$ ist dann $x_1^2 = 1 + dy_1^2 \leq 1 + dy^2 = x^2$, also auch $x_1 \leq x$ und (x_1, y_1) heißt die *Minimallösung* der PELLschen Gleichung. Klar ist: Alle (x_n, y_n), die analog zu 3(8) gemäß

(1) $$x_n + \alpha y_n = (x_1 + \alpha y_1)^n, \qquad n = 1, 2, \dots,$$

gebildet werden, gehören zu $\mathbf{P}$. Der folgende Satz besagt, daß es andere $(x,y) \in \mathbf{P}$ als die soeben beschriebenen (x_n, y_n) nicht gibt.

Satz.   *Sämtliche Lösungen der PELL–Gleichung 3(1) in natürlichen Zahlen sind gegeben durch*

$$x = \frac{1}{2}\big((x_1 + \alpha y_1)^n + (x_1 - \alpha y_1)^n\big), \quad y = \frac{1}{2\alpha}\big((x_1 + \alpha y_1)^n - (x_1 - \alpha y_1)^n\big), \quad n \in \mathbb{N};$$

hier bedeutet (x_1, y_1) die Minimallösung von 3(1) und $\alpha := \sqrt{d}$.

Beweis. Ist $(x,y) \in \mathbf{P}$, so ist $1 < x_1 + \alpha y_1 \leq x + \alpha y$ wegen $y_1 \leq y$ und dem vorhin daraus gefolgerten $x_1 \leq x$. Daher ist für genau ein $n \in \mathbb{N}$

$$(x_1 + \alpha y_1)^n \leq x + \alpha y < (x_1 + \alpha y_1)^{n+1},$$

was wegen $0 < x_1 - \alpha y_1$ zu

$$(2) \qquad\qquad 1 \leq (x + \alpha y)(x_1 - \alpha y_1)^n < x_1 + \alpha y_1$$

äquivalent ist. Wegen $3(8')$ und (1) ist $(x_1 - \alpha y_1)^n = x_n - \alpha y_n$ und mit $u :=$ $xx_n - dyy_n$, $v := yx_n - xy_n$ folgt $1 \leq u + \alpha v < x_1 + \alpha y_1$ aus (2). Wegen (x, y), $(x_n, y_n) \in \mathbf{P}$ ist

$$u^2 - dv^2 = (u + \alpha v)(u - \alpha v) = (x + \alpha y)(x_n - \alpha y_n)(x - \alpha y)(x_n + \alpha y_n) = 1$$

klar und ebenso $v \in \mathbb{N}_0$: Denn bei $v < 0$ müßte $1 \leq u + \alpha v < u - \alpha v$ sein, was nicht geht. Die Ungleichung $v \geq 0$ bedeutet $x_n \geq xy_n/y$, was zu $u \geq$ $(x^2 - dy^2)y_n/y = y_n/y > 0$ führt. Wäre nun $v \geq 1$, so müßte bereits $v \geq y_1$ (und damit $u \geq x_1$) nach Definition der Minimallösung gelten, also $u + \alpha v \geq x_1 + \alpha y_1$. Daher ist $v = 0$, d.h. $yx_n = xy_n$ und aus denselben Gründen wie nach $3(7)$ folgt daraus

$$(3) \qquad\qquad x = x_n, \quad y = y_n;$$

denn jedes $3(1)$ genügende Paar ganzer Zahlen hat automatisch teilerfremde Komponenten. Aus (1) und $x_n - \alpha y_n = (x_1 - \alpha y_1)^n$ folgt mit (3) sofort die Behauptung. $\qquad\qquad\square$

Nach den bisherigen Erläuterungen ist bei nicht quadratischem $d \in \mathbb{N}$ klar, daß *die* PELL-*Gleichung genau die folgenden Lösungen besitzt: Die beiden trivialen* $(\pm 1, 0)$ *und für jedes* $(x, y) \in \mathbf{P}$ *die vier Paare* $(\pm x, \pm y)$.

Offenbar reduziert obiger Satz das Problem der Lösung der PELL-Gleichung $3(1)$ unter den über d gemachten Voraussetzungen einzig und allein darauf, die zugehörige Minimallösung aufzufinden. Prinzipiell läßt sich diese stets wie folgt gewinnen: Man betrachte die Zahlen $1 + dy^2$ für $y = 1, 2, \ldots$; das kleinste y_1, für welches $1 + dy_1^2$ ein Quadrat wird, etwa x_1^2, führt zwangsläufig zur Minimallösung. Ist z.B. $d = 3$, so wird $y_1 = 1$, $x_1 = 2$ und $(2, 1)$ ist die Minimallösung von $X^2 - 3Y^2 = 1$.

Dieses Probierverfahren zur Gewinnung der Minimallösung kann, abhängig von d, ziemlich lange dauern; zum Beispiel lautet im Falle der Primzahl $d = 98597$ die Minimallösung $(197193, 628)$, vgl. 5.3.6. Einen stets gangbaren und systematischen Weg zur Auffindung der Minimallösung hat EULER mit Hilfe der Theorie der regelmäßigen Kettenbrüche aufgezeigt, worauf in 5.3.6 eingegangen wird.

5. Pythagoräische Dreiecke mit Kathetendifferenz Eins. Als Anwendung der Ergebnisse über die PELL-Gleichung sollen hier *alle pythagoräischen Dreiecke bestimmt werden, deren Kathetenlängen sich um Eins unterscheiden.*

Offenbar geht es um die Ermittlung aller $(x, y, z) \in \mathbb{N}^3$ mit $x^2 + y^2 = z^2$ und $|x - y| = 1$. Wegen der letzten Bedingung sind alle sich hier ergebenden pythagoräischen Tripel primitiv und es darf o.B.d.A. $x < y$ (hier also $y = x+1$) vorausgesetzt werden. Somit interessieren alle Paare $(x, z) \in \mathbb{N}^2$ mit $2x^2 + 2x + 1 = z^2$ oder äquivalent $(2x + 1)^2 - 2z^2 = -1$ und man hat die diophantische Gleichung

$$(1) \qquad\qquad X^2 - 2Y^2 = -1$$

zu studieren und alle ihre Lösungen in natürlichen Zahlen zu finden.

Dies wiederum soll sofort etwas allgemeiner durchgeführt werden, indem die Gleichung

$$(2) \qquad\qquad X^2 - dY^2 = -1$$

untersucht wird. Während jedoch die PELL–Gleichung 3(1) für nicht quadratisches $d \in \mathbb{N}$ nach Satz 3 stets unendlich viele Lösungen hat, kann (2) unter denselben Voraussetzungen unlösbar sein: Ist d etwa durch 4 oder durch eine Primzahl $\equiv 3 \pmod 4$ teilbar, so ist (2) unlösbar. Im ersten Fall folgt dies aus $x^2 \not\equiv 3 \pmod 4$ für alle ganzen x. Ist im zweiten Fall $p \equiv 3 \pmod 4$ eine in d aufgehende Primzahl, so gilt $x^2 \not\equiv -1 \pmod p$ nach dem ersten Ergänzungssatz zum quadratischen Reziprozitätsgesetz (vgl. 3.2.6) und also auch $x^2 - dy^2 \neq -1$ für alle ganzen x, y. Übrigens findet sich ein notwendiges und hinreichendes Lösbarkeitskriterium für (2) mittels Kettenbruchtheorie bei PERRON [19], § 26.

Über Gleichung (2) gibt Auskunft der folgende

Satz.   *Sei $d \in \mathbb{N}$ kein Quadrat. Ist $(\xi, \eta) \in \mathbb{Z}^2$ eine feste Lösung von (2), so erhält man in der Form $(\xi x - d\eta y, \eta x - \xi y)$ jede Lösung von (2), wenn (x, y) alle Lösungen der zugehörigen PELL–Gleichung 3(1) durchläuft.*

Beweis. Man betrachtet die (von (ξ, η) abhängige) Abbildung

$$\varphi : (x, y) \mapsto (\xi x - d\eta y, \eta x - \xi y)$$

der Menge aller Lösungen von 3(1) in die Menge aller Lösungen von (2). Wie in 3(6) ist nämlich mit $\alpha := \sqrt{d}$

$$(3) \qquad\qquad (x - \alpha y)(\xi + \alpha \eta) = (\xi x - d\eta y) + \alpha(\eta x - \xi y);$$

ersetzt man hierin α durch $-\alpha$ und multipliziert dann die neu entstandene Gleichung mit (3), so wird

$$1 \cdot (-1) = (x^2 - dy^2)(\xi^2 - d\eta^2) = (\xi x - d\eta y)^2 - d(\eta x - \xi y)^2.$$

Ist nun $(u, v) \in \mathbb{Z}^2$ vorgegeben, so kann man das lineare Gleichungssystem

$$\xi x - d\eta y = u, \qquad \eta x - \xi y = v$$

wegen $d\eta^2 - \xi^2 = 1$ nach x, y auflösen und erhält $x = -u\xi + d\eta v$, $y = -\eta u + \xi v \in \mathbb{Z}$. Löst (u, v) Gleichung (2), so löst (x, y) Gleichung 3(1). Somit ist φ surjektiv; die Injektivität von φ ist klar.   □

Ersichtlich löst $(1,1)$ Gleichung (1), so daß sich nach dem soeben gezeigten Satz alle Lösungen von (1) in der Form $(x - 2y, x - y)$ ergeben, wenn (x, y) alle Lösungen der zu (1) gehörigen PELL–Gleichung

$$(4) \qquad\qquad X^2 - 2Y^2 = 1$$

durchläuft. Da $(3, 2)$ die Minimallösung von (4) ist, erhält man aus Satz 4, wenn man noch $\beta := 3 + 2\sqrt{2}$, $\gamma := 3 - 2\sqrt{2}$ setzt: Die (x_n, y_n) mit

$$(5) \qquad x_n = \frac{1}{2}(\beta^n + \gamma^n), \quad y_n = \frac{1}{2\sqrt{2}}(\beta^n - \gamma^n) \quad (n = 0, 1, \ldots)$$

sind genau die (4) genügenden Paare mit nichtnegativen Komponenten. Da β und γ die beiden Wurzeln des Polynoms $X^2 - 6X + 1$ sind, gilt

$$\beta^{n+2} - 6\beta^{n+1} + \beta^n = 0 \text{ und } \gamma^{n+2} - 6\gamma^{n+1} + \gamma^n = 0 \quad \text{für } n = 0, 1, \ldots$$

und so genügen die x_n wegen (5) der Rekursion

$$(6) \qquad\qquad x_{n+2} = 6x_{n+1} - x_n \qquad (n = 0, 1, \ldots)$$

mit den Anfangswerten $x_0 = 1$, $x_1 = 3$. Derselben Rekursion gehorchen die y_n, allerdings mit den Anfangswerten $y_0 = 0$, $y_1 = 2$. Man hat also nachstehende kleine Tabelle für den Beginn dieser beiden Folgen:

n	0	1	2	3	4	5	6	7	8	9
x_n	1	3	17	99	577	3363	19601	114243	665857	3880899
y_n	0	2	12	70	408	2378	13860	80782	470832	2744210

Da

$$(7) \qquad\qquad y_n < x_n < 2y_n \qquad \text{für } n = 1, 2, \ldots$$

gilt, hat für alle diese n von den vier verschiedenen Paaren

$$(x_n + 2y_n, x_n + y_n), \quad (x_n - 2y_n, x_n - y_n),$$

$$(-x_n + 2y_n, -x_n + y_n), \quad (-x_n - 2y_n, -x_n - y_n)$$

jeweils genau das erste beide Komponenten positiv; für $n = 0$ sind die beiden ersten Paare gleich $(1, 1)$, die beiden letzten $(-1, -1)$. Damit kann gesagt werden: Alle Lösungen von (1) in natürlichen Zahlen sind von der Form $(x_n + 2y_n, x_n + y_n) =: (u_n, v_n)$ für $n = 0, 1, \ldots$. Diese u_n, v_n kann man wiederum rekursiv bestimmen: Da die x_n, y_n nämlich derselben linearen homogenen Rekursion (6) genügen, muß dies auch für die u_n, v_n zutreffen, d.h. man hat für $n = 0, 1, \ldots$

$$u_{n+2} = 6u_{n+1} - u_n \qquad \text{bzw.} \qquad v_{n+2} = 6v_{n+1} - v_n$$

mit den Anfangswerten $u_0 = 1$, $u_1 = 7$; $v_0 = 1$, $v_1 = 5$. Die ersten u_n bzw. v_n entnimmt man der zweiten bzw. fünften Zeile der nachfolgenden Tabelle; nach den Ausführungen vor (1) erscheinen in den drei letzten Zeilen der n–ten Spalte für $n = 1, 2, \ldots$ die Komponenten x, y, z der neun kleinsten pythagoräischen Tripel (x, y, z) mit $y = x + 1$.

n	0	1	2	3	4	5	6	7	8	9
u_n	1	7	41	239	1393	8119	47321	275807	1607521	9369319
$\frac{1}{2}(u_n - 1)$	0	3	20	119	696	4059	23660	137903	803760	4684659
$\frac{1}{2}(u_n + 1)$	1	4	21	120	697	4060	23661	137904	803761	4684660
v_n	1	5	29	169	985	5741	33461	195025	1136689	6625109

Bemerkungen. 1) Wegen $\beta > 1 > \gamma > 0$ entnimmt man (5) die Relation $\lim_{n \to \infty} x_n/y_n = \sqrt{2}$ und in der Tat weicht x_9/y_9 von $\sqrt{2}$ um weniger als $6 \cdot 10^{-14}$ ab. Die beiden Brüche x_2/y_2 und x_4/y_4 wurden, wie in 1 erwähnt, bereits vor etwa 2500 Jahren als Näherungen für $\sqrt{2}$ verwendet. In der Sprache von 5.3.2 sind die x_n/y_n nichts anderes als die oberhalb $\sqrt{2}$ gelegenen Näherungsbrüche des regelmäßigen Kettenbruchs von $\sqrt{2}$.

2) In (6) ist der Leser zweigliedrigen linearen homogenen Rekursionen begegnet. Das historich älteste Beispiel einer derartigen Rekursion ist wohl die durch

$$F_0 := 0 \quad F_1 := 1 \quad \text{und} \quad F_{n+2} := F_{n+1} + F_n \quad \text{für } n \geq 0$$

definierte FIBONACCI–Folge $0, 1, 1, 2, 3, 5, 8, 13, 21, 34, 55, \ldots$. L. PISANO [*], genannt FIBONACCI (kurz für *filius* BONACCI), hat in seinem *Liber Abaci* (1202) folgendes Problem gestellt. Jemand setzt ein neugeborenes Kaninchenpaar in einen Stall. Nach w Wochen ist es fortpflanzungsfähig und nach weiteren w Wochen wird ein junges Kaninchenpaar geworfen. Das Leben des jungen Paares

---

[*] Seine Geburtsstadt Pisa ehrte FIBONACCI mit einer monumentalen Marmorskulptur, die sich unter denen zahlreicher weiterer Honoratioren im Camposanto auf der weltberühmten Piazza dei Miracoli findet, und zwar in der dem Eingang diagonal gegenüberliegenden Ecke.

verläuft genau wie das des älteren, welch letzteres wieder nach w Wochen ein drittes Kaninchenpaar hervorbringt usw. Man überlegt sich leicht, daß nach $n \cdot w$ Wochen F_n Kaninchenpaare im Stall sind (falls kein Kaninchen eingeht).

Die Bedeutung des *Liber Abaci* beruht allerdings weniger auf der Überlieferung dieser Aufgabe als vielmehr auf der Tatsache, daß dies eines der wenigen einflußreichen mittelalterlichen Mathematikbücher war, welches der indisch–arabischen Ziffernschreibweise (vgl. 5.1.12) in Europa zum Durchbruch verhalf.

6. Einheiten reell–quadratischer Zahlkörper. Wie bei quadratfreiem ganzem $d \neq 1$ der Ganzheitsring O_d des quadratischen Zahlkörpers $\mathbb{Q}(\sqrt{d})$ aussieht, wurde in Satz 1.6.7 ermittelt. Anschließend wurden in Satz 1.6.8A die Einheiten in O_d wie folgt charakterisiert: Bei $d \equiv 2, 3 \pmod 4$ ist $\varepsilon \in O_d$ genau dann Einheit, wenn das Paar $(x, y) \in \mathbb{Z}^2$ in $\varepsilon = x + y\sqrt{d}$ eine der beiden folgenden Gleichungen löst.

$$(1a, b) \qquad\qquad X^2 - dY^2 = 1, \quad X^2 - dY^2 = -1.$$

Ist dagegen $d \equiv 1 \pmod 4$, so ist $\varepsilon \in O_d$ genau dann Einheit, wenn (x, y) in $\varepsilon = \frac{1}{2}(x + y\sqrt{d})$ der Bedingung $2 \mid (x - y)$ genügt und eine der beiden Gleichungen

$$(2a, b) \qquad\qquad X^2 - dY^2 = 4, \quad X^2 - dY^2 = -4$$

löst. Hieraus ergibt sich unmittelbar folgender

Satz. *Bei quadratfreiem ganzem $d \geq 2$ führen die Lösungen (x, y) der* PELL*–Gleichung (1a) stets zu Einheiten $x + y\sqrt{d}$ des reell–quadratischen Zahlkörpers $\mathbb{Q}(\sqrt{d})$. Bei $d \equiv 1 \pmod 4$ oder $d \equiv 2 \pmod 8$ können zusätzlich die Lösungen (x, y) von (1b) zu weiteren Einheiten $x + y\sqrt{d}$ führen; ist schließlich $d \equiv 5 \pmod 8$, so können noch die Lösungen (x, y) mit $2 \nmid xy$ von (2a) oder (2b) Einheiten der Form $\frac{1}{2}(x + y\sqrt{d})$ liefern.*

Beweis. Daß (1b) für $d \equiv 3 \pmod 4$ unlösbar ist, wurde schon vor Satz 5 geklärt; denn dann muß d einen Primfaktor $\equiv 3 \pmod 4$ enthalten. Hätte man bei $d \equiv 6 \pmod 8$ eine Lösung (x, y) von (1b), so wäre x ungerade, also $dy^2 = x^2 + 1 \equiv 2 \pmod 8$, was $3y^2 \equiv 1 \pmod 4$ implizieren würde. Gibt es eine Lösung (x, y) mit $2 \nmid xy$ von (2a) oder (2b), so gilt $1 - d \equiv 4 \pmod 8$, also $d \equiv 5 \pmod 8$. $\qquad\square$

Während Satz 1.6.8B gezeigt hat, daß imaginär–quadratische Zahlkörper stets endlich viele, im allgemeinen sogar nur die beiden trivialen Einheiten 1 und -1 besitzen, verhalten sich reell–quadratische Zahlkörper in dieser Hinsicht anders:

Korollar. *Jeder reell–quadratische Zahlkörper hat unendlich viele Einheiten.*

Bemerkung. Ist $d \in \mathbb{N}$ quadratfrei und $d \equiv 3$, 6 oder 7 (mod 8), so rühren nach obigem Satz die Einheiten des reell-quadratischen Zahlkörpers $\mathbb{Q}(\sqrt{d})$ alleine von den Lösungen der PELL–Gleichung (1a) her. In den Fällen $d \equiv 1, 2, 5$ (mod 8) kann (1b) lösbar bzw. unlösbar sein; Beispiele dafür sind 17, 2, 5 bzw. 33, 42, 21. Im Fall $d \equiv 5$ (mod 8) kann (2b) in ungeraden Zahlen lösbar (z.B. für $d = 13$) oder unlösbar (z.B. $d = 21$) sein; im gleichen Fall ist (2a) in ungeraden Zahlen lösbar z.B. für $d = 21$ und unlösbar für $d = 37$.

Dabei sieht man die Lösbarkeitsaussagen jeweils mit Hilfe eines leichten Beispiels; für die Unlösbarkeitsbehauptungen beachtet man $3|d$ (vgl. 5) außer für (2a) bei $d = 37$. Für die Unlösbarkeit von $X^2 - 37Y^2 = 4$ in ungeraden Zahlen konsultiere man PERRON [19], § 26 oder die Tabelle bei A. CAYLEY (Mathematical Papers IV, 40–42).

Nach obigem Satz können lediglich im Fall $d \in \mathbb{N}$, $d \equiv 5$ (mod 8) und quadratfrei, Einheiten von $\mathbb{Q}(\sqrt{d})$ von ungeraden Lösungen der Gleichungen (2a) oder (2b) herrühren. Man kann sich fragen, ob für

$$(2) \qquad\qquad X^2 - dY^2 = a, \qquad a \in \{4, -4\}$$

ein zu Satz 5 analoges Ergebnis gezeigt werden kann derart, daß man aus einer einzigen Lösung (ξ, η) von (2) in ungeraden Zahlen mit Hilfe aller Lösungen der zugehörigen PELL–Gleichung (1a) *sämtliche* ungeraden Lösungen von (2) gewinnen kann. Dies ist in folgendem Sinne "genau zur Hälfte" richtig:

Proposition. *Sei $d \in \mathbb{N}$, $d \equiv 5$ (mod 8) und $(\xi, \eta) \in \mathbb{Z}^2$ eine feste Lösung von (2) mit $2 \nmid \xi\eta$. Dann hat jedes Paar aus*

$$(3) \qquad\qquad \{(\xi x - d\eta y, \eta x - \xi y) : (x, y) \in \mathbb{Z}^2, \, x^2 - dy^2 = 1\}$$

ungerade Komponenten und löst (2). Ist umgekehrt $(\hat{x}, \hat{y})$ mit $2 \nmid \hat{x}\hat{y}$ irgendeine Lösung von (2), so kommt von den beiden Lösungen $(\hat{x}, \hat{y})$, $(\hat{x}, -\hat{y})$ (bzw. von $(\hat{x}, \hat{y})$, $(-\hat{x}, \hat{y})$) von (2) genau eine in der Menge (3) vor.

Der *Beweis* kann dem Leser zur Übung überlassen bleiben.

7. Ganze Punkte auf Kurven zweiten Grades. In den letzten vier Abschnitten wurden verschiedentlich Fragen der Art behandelt, wann es zu festen $a, d \in \mathbb{Z} \setminus \{0\}$ ganzzahlige (x, y) gibt, die das spezielle Polynom $X^2 - dY^2 - a$ in zwei Unbestimmten annullieren. Es ist naheliegend, dieselbe Frage allgemeiner für

$$(1) \quad f(X, Y) := c_{00} + 2c_{01}X + 2c_{02}Y + c_{11}X^2 + 2c_{12}XY + c_{22}Y^2 \in \mathbb{Z}[X, Y]$$

(vgl. 2.3(2)) zu untersuchen, wenn wieder die symmetrische Matrix 2.3(3)

$$\mathbf{C} := \begin{pmatrix} c_{00} & c_{01} & c_{02} \\ c_{01} & c_{11} & c_{12} \\ c_{02} & c_{12} & c_{22} \end{pmatrix}$$

maximalen Rang hat. Durch diese Rangforderung bleiben gewisse Ausartungs-fälle beiseite, für die das Problem der Bestimmung aller ganzzahligen Lösungen von

$$(2) \qquad\qquad f(X, Y) = 0$$

prinzipiell bereits in 1.3.3–4 erledigt wurde.

Man definiert jetzt

$$(3) \qquad \begin{aligned} d &:= c_{12}^2 - c_{11}c_{22}, & e &:= c_{01}^2 - c_{00}c_{11}, \\ \ell &:= c_{01}c_{22} - c_{12}c_{02}, & m &:= c_{02}c_{11} - c_{01}c_{12} \end{aligned}$$

und diskutiert vorab den Fall $d = 0$, in welchem $m \neq 0$ wegen der Rangforderung gelten muß. Sicher ist hier $(c_{11}, c_{22}) \neq (0, 0)$, da andernfalls wegen (3) auch $c_{12} = 0$, also Rang $\mathbf{C} < 3$ sein müßte. Ist etwa o.B.d.A. $c_{11} \neq 0$, so ist (2) ersichtlich gleichbedeutend mit $(c_{01} + c_{11}X + c_{12}Y)^2 = e - 2mY$. Ist die Kongruenz $Z^2 \equiv e \pmod{2m}$ unlösbar, so ist (2) unlösbar; ist diese Kongruenz jedoch lösbar, so führen genau diejenigen $(z, y) \in \mathbb{Z}^2$ mit $z^2 = e - 2my$, für die $c_{11}|(z - c_{01} - c_{12}y)$ gilt, zu einem (2) lösenden Paar $(x, y) \in \mathbb{Z}^2$.

Ab jetzt sei $d \neq 0$ und $\alpha := \ell/d$, $\beta := m/d$ gesetzt; diese rationalen Zahlen sind genau so gewählt, daß der Gradient von f im Punkt (α, β) verschwindet. Daher schreibt sich (1) jetzt als

$$(4) \quad f(X, Y) = f(\alpha, \beta) + c_{11}(X - \alpha)^2 + 2c_{12}(X - \alpha)(Y - \beta) + c_{22}(Y - \beta)^2.$$

Nach Wahl von α, β ist

$$f(\alpha, \beta) = c_{00} + c_{01}\alpha + c_{02}\beta = \frac{1}{d}(c_{00}d + c_{01}\ell + c_{02}m) = -\frac{1}{d}\det \mathbf{C};$$

dabei sieht man die letzte Gleichung leicht durch LAPLACE–Entwicklung von $\det \mathbf{C}$ nach erster Zeile oder Spalte. Somit ist (2) wegen (4) äquivalent zur diophantischen Gleichung

$$(5) \quad c_{11}(dX - \ell)^2 + 2c_{12}(dX - \ell)(dY - m) + c_{22}(dY - m)^2 = d \cdot \det \mathbf{C},$$

wobei die rechte Seite nicht verschwindet.

Bei $c_{11} = 0$ hat (8) höchstens endlich viele Lösungen. Ist nämlich $(x, y) \in \mathbb{Z}^2$ eine solche, so gilt $dy - m = t$ und $2c_{12}(dx - \ell) + c_{22}t = d(\det \mathbf{C})/t$, wo $t \in \mathbb{Z} \setminus \{0\}$ einer der endlich vielen Teiler von $d \cdot \det \mathbf{C}$ sein muß; man beachte $c_{12} \neq 0$ wegen $d \neq 0$ und (3).

Für $c_{11} \neq 0$ sind (2) und (5) gleichbedeutend mit

$$(6) \qquad (dY - m)^2 - d(c_{01} + c_{11}X + c_{12}Y)^2 = -c_{11} \det \mathbf{C}.$$

Ist jetzt d entweder negativ oder ein positives Quadrat, so hat (2) wieder höchstens endlich viele Lösungen. Mit dem nun noch ausstehenden interessantesten Fall beschäftigt sich folgender

Satz. *In (1) sei $\det \mathbf{C} \neq 0$ und $c_{12}^2 - c_{11}c_{22}$ sei positiv, aber kein Quadrat. Löst $(\xi, \eta) \in \mathbb{Z}^2$ Gleichung (2), so lassen sich daraus unendlich viele verschiedene ganzzahlige Lösungen von (1) konstruieren.*

Beweis. Man setzt

$$(7) \qquad \xi_1 := d\eta - m, \quad \eta_1 := c_{01} + c_{11}\xi + c_{12}\eta, \quad b := -c_{11} \det \mathbf{C} \quad (\neq 0)$$

und kann wegen $f(\xi, \eta) = 0$ und (6) sagen, daß $(\xi_1, \eta_1) \in \mathbb{Z}^2$ die diophantische Gleichung

$$(8) \qquad U^2 - dV^2 = b$$

löst. Ist nun (u, v) eine beliebige Lösung der zu (8) gehörigen PELL-Gleichung, so lösen analog zu 5 und 6 auch alle paarweise verschiedenen

$$(\xi_1 u - d\eta_1 v, \eta_1 u - \xi_1 v)$$

die Gleichung (8). Nach Korollar 3 gelten für unendlich viele dieser (u, v) die simultanen Kongruenzen

$$(9) \qquad u \equiv 1, \quad v \equiv 0 \pmod{c_{11}d};$$

$c_{11} \neq 0$ trifft ja zu, da d andernfalls ein positives Quadrat wäre. Mit diesen (u, v) ist wegen (7) und (9) modulo $c_{11}d$

$$\xi_1 u - d\eta_1 v \equiv d\eta - m, \quad \eta_1 u - \xi_1 v \equiv \eta_1 = c_{01} + c_{11}\xi + c_{12}\eta.$$

Die erste dieser Kongruenzen bedeutet, daß es ein *ganzes* y mit

$$(10) \qquad \xi_1 u - d\eta_1 v = dy - m \quad \text{und} \quad y \equiv \eta \pmod{c_{11}}$$

gibt. Die zweite Kongruenz besagt, daß man (zu diesem y) auch noch ein *ganzes* x finden kann, so daß folgende Gleichung besteht

$$(11) \qquad \eta_1 u - \xi_1 v = c_{01} + c_{11}x + c_{12}y.$$

Verschiedenen (u, v) entsprechen offenbar verschiedene (x, y) und wegen (7), (8), (10), (11) lösen alle (x, y) die Gleichungen (6) und (2). $\square$

Bemerkung. Die ab 3 untersuchten Gleichungen $X^2 - dY^2 = a$ waren stets von dem im Satz behandelten Typ.

8. Anmerkungen dazu. 1) Hat 7(2) unendlich viele Lösungen, so wird man diese im allgemeinen *nicht alle* auf dem Wege aus einer einzigen gewinnen können, der im Beweis von Satz 7 (und auch schon in 5) eingeschlagen wurde. Dies belegt z.B. Proposition 6. Man kann jedoch zeigen – und darauf deutet die genannte Proposition ebenfalls schon hin –, daß man unter den Voraussetzungen des letzten Satzes *endlich viele* verschiedene "Grundlösungen" (ξ_j, η_j) von 7(2) finden kann derart, daß man daraus auf dem oben angesprochenen Weg tatsächlich *alle* Lösungen von 7(2) erhält.

2) Schreibt man U, V statt $dX - \ell$, $dY - m$ in 7(5), so ist 7(5) äquivalent mit dem Problem der Darstellung der unter den Voraussetzungen des letzten Satzes von Null verschiedenen ganzen Zahl $d \det \mathbf{C}$ durch die nicht ausgeartete *indefinite binäre quadratische Form* $c_{11}U^2 + 2c_{12}UV + c_{22}V^2$. In dieser Auffassung wurde das Problem von GAUSS (*Disquisitiones Arithmeticae*, insbesondere Artt. 299, 300) vollständig gelöst. Die sogenannte Reduktionstheorie liefert ein System von Grundlösungen, wie sie in der vorigen Bemerkung angesprochen wurden. Hier soll allerdings auf die Theorie der quadratischen Formen nicht näher eingegangen werden; der interessierte Leser sei in diesem Punkt z.B. verwiesen auf die elementare Einführung in SCHOLZ/SCHOENEBERG (*Einführung in die Zahlentheorie*, 5. Aufl., de Gruyter, Berlin–New York, 1973).

3) In 1.3.3 hat man gesehen, daß die Komponenten der unendlich vielen Lösungen einer *linearen* diophantischen Gleichung $c_0 + c_1 X + c_2 Y = 0$ mit $(c_1, c_2) \neq (0, 0)$ gewissen *arithmetischen* Folgen angehören, wenn die Gleichung überhaupt lösbar ist. Nach den Sätzen 4 und 5 und nach Anmerkung 1 kann man sagen, daß die Komponenten der Lösungen der *quadratischen* Gleichung 7(2) bei $\det \mathbf{C} \neq 0$ und d positiv, aber kein Quadrat, gewissen verallgemeinerten *geometrischen* Folgen angehören, wenn 7(2) überhaupt lösbar ist; vgl. dazu die Formel für die Lösungen der PELL–Gleichung in Satz 4. Im quadratischen Fall sind die Lösungen, wenn überhaupt vorhanden, also wesentlich seltener als im linearen.

Dieser Trend setzt sich tatsächlich fort: In 6.2.3 wird sich zeigen, daß polynomiale diophantische Gleichungen mindestens dritten Grades in zwei Unbestimmten im allgemeinen höchstens noch endlich viele Lösungen haben.

Kapitel 5. Verschiedene Entwicklungen reeller Zahlen

Während bisher in diesem Buch die Untersuchung ganzer Zahlen weitgehend im Vordergrund stand, verlagert sich nun der Schwerpunkt der Thematik hin zu den reellen Zahlen. Insbesondere wird dabei die g–adische Entwicklung reeller Zahlen als Verallgemeinerung der geläufigen Dezimalbruchentwicklung behandelt ebenso wie die regelmäßige Kettenbruchentwicklung. Beide Darstellungen haben sich historisch bei dem Bemühen herausgebildet, reelle Irrationalzahlen möglichst gut durch rationale Zahlen anzunähern. Zusätzlich erfüllen dabei die Kettenbrüche die Forderung guter Approximation selbst bei Verwendung relativ kleiner, geeignet gewählter Nenner; dagegen sind die g–adischen Brüche vor allem für das praktische Rechnen von Vorteil, während bei ihnen das Verhältnis von erzielter Approximationsgüte zur Größe der verwendeten Nenner viel ungünstiger ausfällt.

In § 1 wird insbesondere die Rationalität einer reellen Zahl durch die Periodizität ihrer g–adischen Entwicklung charakterisiert. Auch die feineren Periodizitätseigenschaften der g–adischen Entwicklung rationaler Zahlen werden dort vollständig aufgedeckt.

§ 2 bringt die auf CANTOR zurückgehende Verallgemeinerung der g–adischen Entwicklung reeller Zahlen und fügt auf diesem Wege den in 1.1.9, 4.3.2 und in § 1 gefundenen Irrationalitätskriterien weitere hinzu.

Während der euklidische Algorithmus bereits in 1.2.10 den regelmäßigen Kettenbruch einer *rationalen* Zahl lieferte, wird der allgemeine Fall *reeller* Zahlen in § 3 behandelt. Insbesondere läßt sich die Tatsache, daß eine reelle Zahl algebraisch vom Grade 1 (also rational) bzw. 2 ist, jeweils durch Eigenschaften ihrer Kettenbruchentwicklung charakterisieren. Damit zeigt sich am Ende, daß die EULERsche Zahl e eine nichtquadratische Irrationalzahl ist; dies leitet dann zu den arithmetischen Untersuchungen in Kap. 6 über.

§ 1. Die g–adische Entwicklung

In diesem Paragraphen sei $g \geq 2$ stets eine feste natürliche Zahl und S_g das in 2.1.4 eingeführte kleinste nichtnegative Restsystem $\{0, 1, \dots, g - 1\}$ modulo g.

1. Entwicklung natürlicher Zahlen.

Möchte man eine bestimmte natürliche Zahl identifizieren, z.B. um sie schriftlich zu übermitteln, so bedient man sich üblicherweise ihrer *dezimalen* (auch *dekadischen*)[*] Darstellung. So wurde dem Leser in 1.1.8 die viertkleinste vollkommene Zahl in der Form 8128 mitgeteilt, was eine Kurzschreibweise ist für $8 \cdot 10^3 + 1 \cdot 10^2 + 2 \cdot 10^1 + 8 \cdot 10^0$.

Diese Art der Darstellung natürlicher Zahlen wird nun verallgemeinert zu folgendem

Satz. *Jede natürliche Zahl n hat eine eindeutige Darstellung der Form*

$$(1) \qquad n = \sum_{i=0}^{k} a_i g^i$$

mit $a_0, \dots, a_k \in S_g$ und $a_k \neq 0$.

Beweis. Um die *Existenz* einer Summendarstellung des Typs (1) für n zu zeigen, setzt man erst $\nu_0 := n$ und wendet dann folgendes sukzessive Konstruktionsprinzip an: Sei $j \in \mathbb{N}_0$ und seien ganze $\nu_0, \dots, \nu_j, a_0, \dots, a_{j-1}$ schon so erhalten, daß sie den Bedingungen

$$(2) \qquad \nu_i = \nu_{i+1} g + a_i, \qquad 0 \leq a_i < g \leq \nu_i$$

für $i = 0, \dots, j - 1$ genügen. Sicher ist dann $\nu_i / g \geq \nu_{i+1} > 0$ für $i = 0, \dots, j - 1$, also $\nu_0 g^{-j} \geq \nu_1 g^{-(j-1)} \geq \dots \geq \nu_j > 0$. Ist nun $\nu_j \geq g$, so wendet man auf das Paar (ν_j, g) den Divisionsalgorithmus 1.2.2 an und erhält (2) für $i = j$ mit ganzen ν_{j+1}, a_j. Ist jedoch $\nu_j < g$, so setzt man $a_j := \nu_j$ und hört auf; in diesem Fall ist $0 < a_j < g$.

Wegen $\nu_0 g^{-j} \geq \nu_j$ muß hier die zweite Alternative eintreten, sobald j größer als $\frac{\log n}{\log g}$ ist. Sie trete nach genau k (≥ 0) Schritten ein. Dann hat man also (2) für $i = 0, \dots, k - 1$ und überdies $0 < a_k := \nu_k < g$. Daraus sieht man induktiv für $j = 0, \dots, k$

$$\nu_0 = \nu_j g^j + \sum_{i=0}^{j-1} a_i g^i,$$

woraus man (1) speziell für $j = k$ erhält; überdies haben die a_i die behaupteten Eigenschaften.

---

[*] Abgeleitet vom lateinischen *decem* (bzw. griechischen δέκα) für *zehn*.

Um noch die *Eindeutigkeit* der Darstellung (1) einzusehen, beachte man, daß (1) und die Eigenschaften der a_i die Ungleichungen $g^k \leq n < g^{k+1}$ implizieren; deshalb ist k die größte ganze, $\frac{\log n}{\log g}$ nicht übersteigende Zahl und somit eindeutig festgelegt. Hat man nun eine weitere Darstellung für n, etwa

$$n = \sum_{i=0}^{k} a_i' g^i$$

mit $a_0', \ldots, a_k' \in S_g$, $a_k' \neq 0$, so folgt aus

$$(3) \qquad\qquad \sum_{i=0}^{k} (a_i' - a_i) g^i = 0$$

die Teilbarkeit von $a_0' - a_0$ durch g, welche wegen $|a_0' - a_0| < g$ zu $a_0' = a_0$ führt. Berücksichtigt man dies in (3), so erweist sich $(a_1' - a_1)g$ als durch g^2 teilbar, d.h. $a_1' - a_1$ als durch g teilbar usw. Induktiv findet man $a_i' = a_i$ für $i = 0, \ldots, k$. $\qquad\qquad\qquad\qquad\qquad\qquad\qquad\qquad\qquad\qquad\qquad\quad$ □

Die Darstellung (1) heißt die *g–adische Darstellung* von n, die a_i heißen die *Ziffern* dieser Darstellung, $1 + k = 1 + \left[\frac{\log n}{\log g}\right]$ ihre *Stellenzahl*. Die Zahl g, nach der entwickelt wird, heißt *Basis* der Darstellung. Weiter heißen $\sum_{i=0}^{k} a_i$ bzw. $\sum_{i=0}^{k} (-1)^i a_i$ in Verallgemeinerung zweier schon aus dem Schulunterricht bekannter Begriffe *g–adische Quersumme* bzw. *alternierende g–adische Quersumme* von n.

Bemerkung. Im Fall $g = 2$ spricht man von *dualer* (auch *binärer* oder *dyadischer*) Darstellung.

2. Teilbarkeitsregeln. Der Leser wird sich an die bekannten, den Fall $g = 10$ betreffenden Teilbarkeitsregeln natürlicher Zahlen durch 3, 9 bzw. 11 erinnern. Diese Regeln werden verallgemeinert in folgendem

Satz. *Ist d ein beliebiger Teiler von $g - 1$, so gilt: Dann und nur dann ist n durch d teilbar, wenn die g–adische Quersumme von n durch d teilbar ist. Für beliebige Teiler d von $g + 1$ hat man: n ist genau dann durch d teilbar, wenn dies für seine alternierende g–adische Quersumme zutrifft.*

Beweis. Die Behauptungen ergeben sich direkt aus

$$n = \sum_{i=0}^{k} a_i \big((g-1)+1\big)^i \equiv \sum_{i=0}^{k} a_i \quad (\mathrm{mod}\ g-1)$$

bzw.

$$n = \sum_{i=0}^{k} a_i \big((g+1) - 1\big)^i \equiv \sum_{i=0}^{k} (-1)^i a_i \pmod{g+1}. \qquad \square$$

Insbesondere ist also 3 bzw. 9 ein Teiler von n genau dann, wenn 3 bzw. 9 die (dezimale) Quersumme von n teilt; weiter ist 11 ein Teiler von n genau dann, wenn 11 in der alternierenden (dezimalen) Quersumme von n aufgeht.

Der *Vorteil derartiger Kriterien* besteht offenbar darin, daß sie die Frage nach der Teilbarkeit einer natürlichen Zahl n durch ein d reduzieren auf die Frage, ob die absolut genommen viel kleinere g–adische Quersumme bzw. alternierende Quersumme von n durch d teilbar ist für ein ganzes $g \geq 2$, welches $d|(g-1)$ bzw. $d|(g+1)$ genügt.

Beispielsweise ist die dezimal als 91813843 notierte natürliche Zahl n_0 nicht durch 3 (also erst recht nicht durch 9) teilbar, weil ihre (dezimale) Quersumme gleich 37 ist; ihre alternierende (dezimale) Quersumme ist -11 und so ist n_0 durch 11 teilbar. Bei der Entscheidung der Teilbarkeit der Zahl n_0 durch 7 hilft der hier gezeigte Satz offenbar nicht, da 7 weder in $10-1$ noch in $10+1$ aufgeht. Dagegen hat man für die Teilbarkeit durch 7 folgendes Kriterium

$$7\Big|\Big(\sum_{i=0}^{k} a_i 10^i\Big) \quad \Leftrightarrow \quad 7\Big|\Big(\sum_{j\geq 0}(-1)^j (a_{3j} + 3a_{3j+1} + 2a_{3j+2})\Big),$$

dessen Beweis dem Leser als Übung überlassen sei. Die Summe rechts ist gleich 39 für obiges n_0, welches somit nicht durch 7 teilbar ist. Selbstverständlich kann man eine Vielzahl derartiger Kriterien angeben, worauf hier jedoch nicht weiter eingegangen werden soll.

3. Der gebrochene Teil reeller Zahlen. Sind $c_1, c_2, \ldots \in S_g$, jedoch nicht alle gleich $g - 1$, so definiert die Reihe $\sum_{i\geq 1} c_i g^{-i}$ wegen $0 \leq \sum_{i\geq 1} c_i g^{-i} < (g-1)\sum_{i\geq 1} g^{-i} = 1$ eine reelle Zahl des halboffenen Intervalls $[0, 1[$. Daß auch umgekehrt jedes reelle $\alpha \in [0, 1[$ eine Reihendarstellung obiger Art besitzt, die überdies unter einer geringfügigen Zusatzforderung an die c_i eindeutig ist, beinhaltet folgender

Satz. *Jedes reelle $\alpha \in [0, 1[$ hat genau eine Entwicklung der Gestalt*

(1)
$$\alpha = \sum_{i=1}^{\infty} c_i g^{-i}$$

mit allen $c_1, c_2, \ldots \in S_g$, von denen unendlich viele ungleich $g - 1$ sind; dabei ergeben sich die c_i rekursiv aus

(2) $\alpha_1 := \alpha$ und $c_i := [\alpha_i g], \quad \alpha_{i+1} := \{\alpha_i g\}$ *für $i \in \mathbb{N}$.*

Es sei hier an die in 4.3.2 eingeführte Bezeichnung $\{z\} := z - [z]$ für den gebrochenen Teil einer reellen Zahl z erinnert.

Beweis für die Existenz. Nach (2) ist α_i als gebrochener Teil einer reellen Zahl nichtnegativ, aber kleiner als 1, also $0 \leq \alpha_i g < g$ und somit $c_i \in S_g$ für jedes $i \geq 1$. Daß unendlich viele dieser c_i ungleich $g - 1$ sind, sieht man so: Aus (2) folgt für $j \geq 1$ die Gleichung $\alpha_j = c_j g^{-1} + \alpha_{j+1} g^{-1}$ und daraus induktiv

(3)
$$\alpha_j = \sum_{i=j}^{j+k-1} c_i g^{j-1-i} + \alpha_{j+k} g^{-k}$$

für alle ganzen $j \geq 1$, $k \geq 0$. Gäbe es nun ein ganzes $j \geq 1$ mit $c_i = g - 1$ für alle $i \geq j$, so würde (3) durch Grenzübergang $k \to \infty$ zu $\alpha_j = (g - 1) \sum_{t \geq 1} g^{-t} = 1$ führen, was $0 \leq \alpha_j < 1$ widerspricht. Wendet man nun (3) an mit $j = 1$, so bekommt man

$$\alpha = \sum_{i=1}^{k} c_i g^{-i} + \alpha_{k+1} g^{-k},$$

woraus man (1) bei $k \to \infty$ erhält.

Zur Eindeutigkeit : Hat man neben (1) eine weitere Darstellung

(4)
$$\alpha = \sum_{i=1}^{\infty} c_i' g^{-i}$$

von α mit $c_1', c_2', \ldots \in S_g$, aber unendlich oft $\neq g - 1$, so wird $c_i' = c_i$ für alle $i \geq 1$ behauptet. Nimmt man an, dies treffe nicht zu, so sei $j \geq 1$ der kleinste Index mit $c_j' \neq c_j$. Aus (1) und (4) folgt dann

$$1 \leq |c_j - c_j'| = \left| \sum_{i>j} (c_i' - c_i) g^{j-i} \right|$$

$$\leq \sum_{i>j} |c_i' - c_i| g^{j-i} \leq (g - 1) \sum_{t \geq 1} g^{-t} = 1,$$

weshalb insbesondere $|c_i' - c_i| = g - 1$ für alle $i > j$ gelten muß und überdies müssen entweder alle $c_i' - c_i$ mit $i > j$ positiv sein oder negativ. Dann ist $c_i' = g - 1$, $c_i = 0$ für alle $i > j$ oder $c_i' = 0$, $c_i = g - 1$ für dieselben i, was der Voraussetzung widerspricht, daß von den c_i bzw. c_i' jeweils unendlich viele von $g - 1$ verschieden sein sollten. $\square$

Bemerkung. Würde man die soeben wiederholte Zusatzforderung an die c_i, c_i' nicht stellen, so wäre obiger Eindeutigkeitsbeweis genau dann undurchführbar, wenn bei geeignetem $\ell \in \mathbb{N}$ die Gleichungen $c_1' = c_1, \ldots, c_{\ell-1}' = c_{\ell-1}$ und (o.B.d.A.) $c_\ell' = c_\ell - 1$ (also $c_\ell \geq 1$) sowie $c_i' = g - 1$, $c_i = 0$ für $i > \ell$ bestehen würden. Dann ist die durch (1) dargestellte Zahl

$$(5) \qquad \sum_{i=1}^{\ell} c_i g^{-i}$$

rational und diese hätte tatsächlich (man beachte $c_\ell \geq 1$) die zweite Entwicklung

$$\sum_{i=1}^{\ell-1} c_i g^{-i} + (c_\ell - 1)g^{-\ell} + \sum_{i=\ell+1}^{\infty} (g-1)g^{-i}.$$

4. Entwicklung reeller Zahlen. Während in Satz 3 nur reelle Zahlen des Intervalls $[0, 1[$ behandelt wurden, erhält man aus dem dortigen Ergebnis direkt den

Satz. *Jede reelle Zahl α hat genau eine Darstellung der Form*

$$(1) \qquad \alpha = [\alpha] + \sum_{i=1}^{\infty} c_i g^{-i}$$

mit allen $c_1, c_2, \ldots \in S_g$, von denen unendlich viele ungleich $g - 1$ sind. Dabei ergeben sich die c_i rekursiv aus

$$(2) \qquad \alpha_1 := \{\alpha\} \quad und \quad c_i := [\alpha_i g], \quad \alpha_{i+1} := \{\alpha_i g\} \quad für \ i \in \mathbb{N}.$$

Wenigstens dann, wenn $\alpha \geq 0$ ist, kann man auch noch die Ausnahmestellung von $[\alpha]$ rechts in (1) beseitigen: Man schreibt nämlich gemäß 1 eindeutig

$$(3) \qquad [\alpha] = \sum_{i=0}^{k} a_i g^i$$

mit geeigneten $k \in \mathbb{N}_0$ und $a_0, \ldots, a_k \in S_g$, $a_k > 0$, falls $\alpha \geq 1$ gilt, bzw. mit $k = 0$, $a_0 = 0$ im Fall $0 \leq \alpha < 1$. Dann hat man aus (1) und (3) für die reelle Zahl $\alpha \geq 0$ die eindeutige Darstellung

$$(4) \qquad \alpha = \sum_{i=-k}^{\infty} c_i g^{-i}$$

mit $k \in \mathbb{N}_0$ und $c_i := a_{-i}$ für $-k \leq i \leq 0$, während die c_i mit $i \geq 1$ aus (1) übernommen sind. Auch in (4) sind alle $c_{-k}, \ldots, c_0, c_1, \ldots \in S_g$, aber unendlich oft von $g - 1$ verschieden.

Die unter den erwähnten Bedingungen an die c_i eindeutige Darstellung (1) bzw. (4) der reellen Zahl α nennt man deren *g–adische Entwicklung (nach fallenden Potenzen)*, die Koeffizienten c_i heißen die *g*–Ziffern, kurz *Ziffern* dieser Entwicklung. Die Entwicklung nennt man *abbrechend*, wenn wie etwa in 3(5) höchstens endlich viele Ziffern von Null verschieden sind.

In Anlehnung an den historisch und für die Praxis besonders bedeutsamen Spezialfall $g = 10$ (wo man regelmäßig von der *Dezimalbruchentwicklung* einer Zahl spricht und nicht von "10–adischer Entwicklung nach fallenden Potenzen") schreibt man die rechte Seite von (4) oft auch in der Form

$$(5) \qquad\qquad c_{-k} \ldots c_0, c_1 c_2 \ldots c_i \ldots$$

bzw. $c_{-k} \ldots c_0, c_1 \ldots c_\ell$. Dabei ist letzteres üblich, wenn die g–adische Entwicklung abbricht und c_ℓ die letzte nichtverschwindende Ziffer mit positivem Index ist, vgl. 3(5). Die Zahl g, nach der man entwickelt hat, bleibt bei der Schreibweise (5) zwar unerwähnt, ist aber der jeweils vorab getroffenen Konvention zweifelsfrei zu entnehmen.

Bemerkung. Zur Abtrennung der Ziffern von ganzem und gebrochenem Teil einer nichtnegativen reellen Zahl scheint das Komma (oder im angloamerikanischen Sprachraum der Punkt) etwa um 1600 erstmals von J. NAPIER (auch NEPER geschrieben) bei Dezimalbruchentwicklungen verwendet worden zu sein.

5. Entwicklung rationaler Zahlen. Sind a, b teilerfremde ganze Zahlen mit $b > 0$, so sind die Ziffern der g–adischen Entwicklung der rationalen Zahl $\frac{a}{b}$ nach Satz 4, insbesondere nach 4(2), rekursiv zu ermitteln aus

$$(1) \qquad \alpha_1 := \{\frac{a}{b}\} \quad \text{und} \quad c_i := [\alpha_i g], \quad \alpha_{i+1} := \{\alpha_i g\} \qquad \text{für } i \geq 1.$$

Setzt man noch

$$(2) \qquad\qquad b_i := \alpha_i b,$$

so ist $b_i \in S_b$ für alle $i \geq 1$ aus (1) leicht einzusehen. Daher muß es ganze s, t mit $1 \leq s < t$ geben, für die $b_s = b_t$, also auch $\alpha_s = \alpha_t$ zutrifft. Wegen (1) gilt dann $\alpha_{s+i} = \alpha_{t+i}$ für alle $i \geq 0$ und somit $c_{s+i} = c_{t+i}$ für dieselben i. Damit ist bewiesen der folgende

Satz. *Die Ziffernfolge der g-adischen Entwicklung jeder rationalen Zahl ist periodisch.*

Bemerkung. 1) Wegen $\alpha_i g = c_i + \alpha_{i+1}$ genügen die in (2) erklärten $b_i \in S_b$ der Rekursion

$$(3) \qquad b_1 = \{\tfrac{a}{b}\}b, \quad b_i g = c_i b + b_{i+1} \qquad \text{für } i \in \mathbb{N}.$$

Dies läßt folgende Interpretation zu: Hat man a, b wie oben und *definiert* nun b_1 durch die erste Gleichung in (3), so gilt $b_1 \in S_b$ und man erhält c_1, b_2 durch Anwendung des Divisionsalgorithmus 1.2.2 auf $b_1 g$, b, vgl. (3). Hierbei ergibt sich $b_2 \in S_b$ und daraus $c_1 \in S_g$ nach (3) und man gewinnt induktiv die unendliche Folge $b_1, b_2, \ldots \in S_b$ ebenso wie die Ziffernfolge $c_1, c_2, \ldots \in S_g$ der g-adischen Entwicklung der rationalen Zahl $\tfrac{a}{b}$.

Die obige Folge (c_i) heißt (analog zu 2.3.2) *periodisch*, da es ein $p \in \mathbb{N}$ und ein $\ell \in \mathbb{N}_0$ gibt derart, daß

$$(4) \qquad c_{i+p} = c_i$$

für alle ganzen $i > \ell$ gilt. Das minimale $p \in \mathbb{N}$, für das (4) für alle großen i gilt, heißt die *Periodenlänge* der Folge. Hat die Folge die Periodenlänge p, so heißt das minimale $\ell \in \mathbb{N}_0$, so daß (4) für alle $i > \ell$ zutrifft, die *Vorperiodenlänge* der Folge. Bei $\ell = 0$ heißt (c_i) *reinperiodisch*, bei $\ell \geq 1$ *gemischtperiodisch*.

Bevor in 6 für jede rationale Zahl Vorperioden– und Periodenlänge der Ziffernfolge ihrer g-adischen Entwicklung völlig explizit bestimmt werden, sei die Aussage des obigen Satzes noch ergänzt zu folgendem

Irrationalitätskriterium. *Eine reelle Zahl ist genau dann rational, wenn die Ziffernfolge ihrer g-adischen Entwicklung periodisch ist.*

Beweis. Ist die g-adische Ziffernfolge $(c_i)_{i \geq 1}$ eines reellen α periodisch, d.h. gilt für die c_i in 4(1) die Gleichung (4) für alle $i > \ell$, so ist

$$
(5) \qquad
\begin{aligned}
\{\alpha\} &= \sum_{i=1}^{\ell} c_i g^{-i} + g^{-\ell} \Big(\sum_{j=0}^{\infty} g^{-jp}\Big)\Big(\sum_{k=1}^{p} c_{k+\ell} g^{-k}\Big) \\
&= \frac{1}{g^{\ell}(g^p - 1)}\Big((g^p - 1)\sum_{i=1}^{\ell} c_i g^{\ell-i} + \sum_{k=1}^{p} c_{k+\ell} g^{p-k}\Big),
\end{aligned}
$$

was die Rationalität von α zeigt. Dies zusammen mit dem Satz liefert die Aussage des Kriteriums. $\qquad \square$

Dieses Kriterium wird in 9 zu einem Irrationalitätsbeweis angewandt. Generell ist die entscheidende Hürde für seine Anwendungsfähigkeit offenbar die Tatsache, daß für mindestens ein ganzes $g \geq 2$ die g–adische Entwicklung der zu untersuchenden Zahl bekannt sein muß, d.h. man muß die entsprechende g–Ziffernfolge (c_i) explizit kennen.

Bemerkung. 2) In Anlehnung an den Spezialfall $g = 10$ bringt man die Tatsache, daß die Ziffernfolge einer rationalen Zahl aus $[0, 1[$ Vorperiodenlänge ℓ und Periodenlänge p hat, durch die Schreibweise $0, c_1 \ldots c_\ell \overline{c_{\ell+1} \cdots c_{\ell+p}}$ zum Ausdruck, vgl. 4(5). Den (eventuell fehlenden) Ziffernblock $c_1 \ldots c_\ell$ nennt man die *Vorperiode*, den Block $c_{\ell+1} \ldots c_{\ell+p}$ die *Periode*.

6. Periodizitätseigenschaften der Ziffernfolge.

6. Periodizitätseigenschaften der Ziffernfolge. Im folgenden Satz zeigt sich, daß Vorperioden– und Periodenlänge der g–Ziffernfolge einer gekürzten rationalen Zahl $\frac{a}{b}$ nur von b und g, nicht jedoch von a abhängen.

Satz. *Seien a, b teilerfremde ganze Zahlen mit $b > 0$; sei b^* der größte positive, zu g teilerfremde Teiler von b und sei $b^{**} := \frac{b}{b^*}$. Dann ist die Ziffernfolge der g–adischen Entwicklung der rationalen Zahl $\frac{a}{b}$ periodisch mit der Periodenlänge $\mathrm{ord}_{b^*}\, g$ und der Vorperiodenlänge $\mathrm{Min}\{\mu \in \mathbb{N}_0 : b^{**}|g^\mu\}$. Diese Entwicklung ist abbrechend genau dann, wenn $b^* = 1$ gilt, d.h. wenn jeder Primfaktor von b in g aufgeht.*

Es sei daran erinnert, daß hier $\mathrm{ord}_{b^*}\, g$ die in 2.3.2 eingeführte Ordnung von g modulo b^* bedeutet, also das kleinste $q \in \mathbb{N}$ mit $g^q \equiv 1 \pmod{b^*}$.

Beweis. Nach Satz 5 ist die g–adische Ziffernfolge $(c_i)_{i \geq 1}$ von $\frac{a}{b}$ periodisch; ℓ bzw. p seien die Vorperioden– bzw. Periodenlänge. Bei geeigneten ganzen A, B ist nach 5(5)

$$\frac{a}{b} = [\frac{a}{b}] + \frac{A}{g^\ell(g^p - 1)} = \frac{B}{g^\ell(g^p - 1)},$$

woraus wegen $(a, b) = 1$ die Bedingung $b|g^\ell(g^p - 1)$ folgt, also $b^*|(g^p - 1)$ und $b^{**}|g^\ell$. Mit den Festsetzungen

(1) $$q := \mathrm{ord}_{b^*} g, \quad m := \mathrm{Min}\{\mu \in \mathbb{N}_0 : b^{**}|g^\mu\}$$

folgt daraus $m \leq \ell$ und $q \leq p$.

Andererseits besagt (1) erstens $b^*|(g^q - 1)$, zweitens $b^{**}|g^m$, insgesamt also $b|g^m(g^q - 1)$ und so ist $\{\frac{a}{b}\}g^m(g^q - 1) \in \mathbb{N}_0$. Nach dem Divisionsalgorithmus 1.2.2 existieren ganze u, v mit

(2) $$\{\frac{a}{b}\}g^m(g^q - 1) = u(g^q - 1) + v$$

und $0 \le v < g^q - 1$, was dann $0 \le u < g^m$ nach sich zieht. Wegen Satz 1 gelten mit $u_1, \ldots, u_m, v_1, \ldots, v_q \in S_g$ die Gleichungen

$$(3) \quad u = u_m + u_{m-1}g + \ldots + u_1g^{m-1}, \quad v = v_q + v_{q-1}g + \ldots + v_1g^{q-1},$$

wobei nicht alle $v_1, \ldots, v_q$ gleich $g - 1$ sind, man beachte $v < g^q - 1$. Eintragen der Darstellungen (3) für u, v in (2) führt zu

$$\{\frac{a}{b}\} = ug^{-m} + v(1 - g^{-q})^{-1}g^{-m-q}$$

$$= \sum_{i=1}^{m} u_i g^{-i} + g^{-m} \Big(\sum_{j=1}^{q} v_j g^{-j}\Big)\Big(\sum_{k=0}^{\infty} g^{-kq}\Big) = \sum_{i=1}^{\infty} d_i g^{-i},$$

wobei

$$(4) \quad d_i := u_i \ (1 \le i \le m), \quad d_{m+jq+k} := v_k \ (j \in \mathbb{N}_0, \ 1 \le k \le q)$$

gesetzt ist. Danach sind alle d_i $(i \ge 1)$ aus S_g, jedoch gilt $d_i \ne g - 1$ unendlich oft, weil $v_1, \ldots, v_q$ nicht alle gleich $g - 1$ sind. So ist $[\frac{a}{b}] + \sum_{i \ge 1} d_i g^{-i}$ die g–adische Entwicklung von $\frac{a}{b}$, deren Ziffernfolge (d_i) nach (4) eine Periodenlänge höchstens q und eine Vorperiodenlänge höchstens m hat. Dies besagt $p \le q$ und $\ell \le m$, insgesamt also $p = q$, $\ell = m$.

Die g–adische Entwicklung von $\frac{a}{b}$ ist abbrechend genau dann, wenn $\{\frac{a}{b}\} = \sum_{i=1}^{\ell} c_i g^{-i}$ mit geeignetem $\ell \in \mathbb{N}_0$ gilt; dies letztere ist mit $\frac{a}{b} = \frac{A}{g^\ell}$ bei geeignetem ganzem A äquivalent, was wegen $(a, b) = 1$ wiederum mit $b | g^\ell$ gleichwertig ist. Aus $b | g^\ell$ folgt offenbar $b^* = 1$; ist umgekehrt $b^* = 1$, so hat man $b = b^{**} | g^m = g^\ell$, also $b | g^\ell$. Dabei wurde die Definition von m in (1) benützt ebenso wie die bereits eingesehene Gleichung $m = \ell$. $\square$

Bemerkungen. 1) Bei $b^* > 1$ sind zwei Fälle möglich: Erstens $b^* = b > 1$, $b^{**} = 1$, was $\ell = 0$, also die Reinperiodizität der Ziffernfolge bedeutet. Zweitens $1 < b^*, b^{**} < b$; hier ist $\ell > 0$ und somit die Ziffernfolge gemischtperiodisch. In beiden Fällen gilt aber bei $p = 1$: Alle Ziffern nach Ablauf der Vorperiode sind gleich einer festen Zahl aus $\{1, \ldots, g - 2\}$.

2) Ist speziell $(b, g) = 1$, also $b^* = b$, $b^{**} = 1$, und ist außerdem g eine Primitivwurzel modulo b, so ist $p = \mathrm{ord}_b g = \varphi(b)$. Z.B. ist 10 eine Primitivwurzel modulo 7 und so fällt bei $g = 10$ und rationalen Zahlen der Form $\frac{a}{7}$ mit $a \in \mathbb{Z}$, $7 \nmid a$ die Ziffernfolge stets reinperiodisch mit der Periodenlänge $\varphi(7) = 6$ aus.

7. Dezimalbruchentwicklungen. Die stets periodische Dezimalbruchentwicklung einer rationalen Zahl $\frac{a}{b}$ in gekürzter Darstellung (d.h. mit teilerfemden

a, b) bricht nach Satz 6 genau dann ab, wenn b höchstens die Primfaktoren 2 und 5 besitzt. Weiter ist sie reinperiodisch genau dann, wenn $b^{**} = 1$, $b^* = b$ ist, d.h. wenn $2 \nmid b$ und $5 \nmid b$ gilt, und hier ist die Periodenlänge gleich der Ordnung von 10 modulo b, insbesondere also ein Teiler von $\varphi(b)$. Die Zahl $\frac{a}{b}$ hat eine reinperiodische Dezimalbruchentwicklung der Periodenlänge $\varphi(b)$ genau dann, wenn 10 eine Primitivwurzel modulo b ist. Der nachfolgenden kleinen Tabelle entnimmt man, daß 1, 7, 17, 19, 23, 29 sämtliche natürliche b unterhalb 30 sind, modulo derer 10 Primitivwurzel ist.

b	1	3	7	9	11	13	17	19	21	23	27	29
$\varphi(b)$	1	2	6	6	10	12	16	18	12	22	18	28
$\mathrm{ord}_b 10$	1	1	6	1	2	6	16	18	6	22	3	28

Bei der Herstellung solcher Tabellen kann man sich für die dritte Zeile der Tatsache bedienen, daß bei paarweise teilerfremden b_1, b_2, 10 nach Lemma 2.3.5 gilt: $\mathrm{ord}_{b_1 b_2} 10 = \mathrm{kgV}(\mathrm{ord}_{b_1} 10, \mathrm{ord}_{b_2} 10)$.

In der vorstehenden Tabelle liest man in der letzten Zeile die Periodenlänge der (reinperiodischen) Dezimalbruchentwicklung von gekürzten $\frac{a}{b}$, b wie in der ersten Zeile, ab. Z.B. haben die rationalen Zahlen $\frac{1}{7}$, $\frac{1}{13}$, $\frac{1}{21}$ sämtliche eine reinperiodische Dezimalbruchentwicklung der Periodenlänge 6, nämlich $0, \overline{142857}$; $0, \overline{076923}$; $0, \overline{047619}$. Bei der Entwicklung von $\frac{3}{17}$ bzw. $\frac{3}{29}$ treten die Periodenlängen 16 bzw. 28 auf und man hat die Dezimalbrüche $0, \overline{1764705882352941}$ bzw. $0, \overline{1034482758620689655172413793}$.

Nach Satz 6 hat ein gekürztes $\frac{a}{b}$ genau dann eine nicht abbrechende gemischtperiodische Dezimalbruchentwicklung, wenn unter den Primfaktoren von b mindestens einer aus $\{2, 5\}$ und mindestens einer aus $\mathbb{P} \setminus \{2, 5\}$ vorkommt. Die nachfolgende kleine Tabelle enthält alle die Zahl 30 nicht übersteigenden natürlichen b mit dieser Eigenschaft; außerdem sind die jeweils zur vollständigen Klärung der Periodizitätsverhältnisse der Dezimalbruchentwicklungen gekürzter $\frac{a}{b}$ benötigten Angaben gemacht:

b	6	12	14	15	18	22	24	26	28	30
b^*	3	3	7	3	9	11	3	13	7	3
$\mathrm{ord}_{b^*} 10$	1	1	6	1	1	2	1	6	6	1
b^{**}	2	4	2	5	2	2	8	2	4	10
$\mathrm{Min}\{\mu \in \mathbb{N}_0 : b^{**} | 10^\mu\}$	1	2	1	1	1	1	3	1	2	1

Der dritten bzw. fünften Zeile entnimmt man die Perioden– bzw. Vorperiodenlängen. Z.B. ist bei $\frac{1}{12}$ und bei $\frac{1}{28}$ die Vorperiodenlänge 2, während die Periodenlängen 1 und 6 sind; die Dezimalbruchentwicklungen lauten hier $0,08\overline{3}$ und $0,03\overline{571428}$.

8. Rationale Zahlen mit gleichen Nennern. Der Leser wird bereits im frühen Schulunterricht folgende Bemerkung gemacht haben, wenn er dort Dezimalbruchentwicklungen zu üben hatte: $\frac{1}{7} = 0,\overline{142857}$; $\frac{2}{7} = 0,\overline{285714}$; $\frac{3}{7} = 0,\overline{428571}$; $\frac{4}{7} = 0,\overline{571428}$; $\frac{5}{7} = 0,\overline{714285}$; $\frac{6}{7} = 0,\overline{857142}$. Dies Phänomen wird vollständig geklärt im nachfolgenden

Satz. *Sei p eine nicht in g aufgehende Primzahl, modulo der g Primitivwurzel ist. Dann haben die rationalen Zahlen $\frac{a}{p}$ ($a = 1,\ldots,p-1$) reinperiodische g–adische Entwicklungen der Periodenlänge $p-1$ und ihre Perioden gehen auseinander durch zyklische Vertauschung hervor.*

Beweis. Man startet den Algorithmus 5(3) mit $a = 1$, $b = p$ und erhält zunächst $b_1 = 1$. Da jedes b_i ($i \geq 1$) sowohl c_i als auch b_{i+1} eindeutig bestimmt und da nach Satz 6 die Periodenlänge der reinperiodischen Entwicklung von $\frac{1}{p}$ bereits als $p-1$ feststeht, müssen $b_1,\ldots,b_{p-1}$ paarweise verschieden und $\neq 0$ sein, während b_p wieder gleich $b_1 = 1$ ist. Würde nämlich ein $b_i = 0$ sein, so wären auch $c_i = b_{i+1} = 0$ nach 5(3) und $\frac{1}{p}$ hätte eine abbrechende Entwicklung; wäre $b_p \neq b_1$, so müßte $b_p \in \{b_2,\ldots,b_{p-1}\}$ sein und dann wäre die Periodenlänge kleiner als $p-1$. Die ersten $p-1$ Gleichungen rechts in 5(3) lauten daher

$$(1) \qquad b_1 g = c_1 p + b_2,\ldots,b_i g = c_i p + b_{i+1},\ldots,b_{p-1} g = c_{p-1} p + b_1.$$

Startet man in 5(3) nun mit $b = p$ und beliebigem $a \in \{2,\ldots,p-1\}$, so wird dort $b_1 = a$ und a ist gleich genau einem der in (1) anfallenden $b_2,\ldots,b_{p-1}$, etwa gleich b_i. Dann ist klar, daß $0,\overline{c_i \ldots c_{p-1} c_1 \ldots c_{i-1}}$ die g–adische Entwicklung von $\frac{a}{p}$ sein muß. □

9. Eine Anwendung des Irrationalitätskriteriums. Man definiert α_0 durch die Dezimalbruchentwicklung $0,1234567891011\ldots$, die dadurch entsteht, daß man hinter dem Komma nacheinander die gemäß Satz 1 dezimal dargestellten natürlichen Zahlen hinschreibt. Präziser und allgemeiner gefaßt sieht dies so aus: Es ist $s(n) := 1 + [\frac{\log n}{\log g}]$ die Stellenzahl der g–adischen Darstellung von n gemäß 1. Diese Darstellung selbst möge

$$\sum_{i=0}^{s(n)-1} a_i(n) g^i$$

lauten, wobei also die $a_0(n), a_1(n), \ldots, a_{s(n)-1}(n)$ die Ziffern (die letzte ist hier $\neq 0$) in der Darstellung von n nach Satz 1 sind. Setzt man dann

$$
(3) \qquad \alpha(g) := \sum_{n=1}^{\infty} \Big(\sum_{i=0}^{s(n)-1} a_i(n)g^i \Big) g^{-\sum_{m=1}^{n} s(m)},
$$

so ist gerade $\alpha(10) = \alpha_0$ und allgemein wird behauptet die

Proposition. *Die in (3) definierte reelle Zahl $\alpha(g)$ ist irrational.*

Beweis. Man überlegt sich, daß in der Ziffernfolge der g–adischen Entwicklung von $\alpha(g)$ beliebig lange Folgen sukzessiver Nullen vorkommen, daß die Entwicklung aber nicht abbricht: Ist nämlich n von der Form g^N, so ist $s(g^N) = N + 1$ und $a_0(g^N) = \ldots = a_{N-1}(g^N) = 0$, $a_N(g^N) = 1$. In $\sum_{i \geq 1} c_i g^{-i}$ ist also $c_i = 1$ für $i = 1 + \sum_{m=1}^{g^N-1} s(m) =: T(N)$, aber $c_i = 0$ für $i = 1 + T(N), \ldots, N + T(N)$ und so hat man N sukzessive Nullen und N kann dabei beliebig groß gewählt werden. $\square$

Bemerkung. MAHLER hat 1937 sogar die Transzendenz aller $\alpha(g)$ gezeigt, vgl. Bemerkung zu 6.2.2.

10. Existenz transzendenter Zahlen. Hier soll Satz 3 noch benützt werden, um zu zeigen, daß es transzendente reelle Zahlen gibt. Das dafür verwendete Argument geht auf eine Idee von G.CANTOR (Gesammelte Abhandlungen, 115–118) aus dem Jahre 1874 zurück: Man zeigt, daß es überabzählbar viele reelle Zahlen gibt, wovon nur abzählbar viele algebraisch sein können.

Vorab sei daran erinnert, daß man eine Menge genau dann *abzählbar* nennt, wenn sie sich bijektiv auf die Menge $\mathbb{N}$ (oder $\mathbb{N}_0$) abbilden läßt. Ist eine Menge weder endlich noch abzählbar, so heißt sie *überabzählbar*. Damit formuliert man

Satz A. *Die Menge $\mathbb{R}$ aller reeller Zahlen (und damit jede $\mathbb{R}$ umfassende Menge, z.B. $\mathbb{C}$) ist überabzählbar.*

Beweis. Es reicht, die Überabzählbarkeit einer geeigneten Teilmenge von $\mathbb{R}$ zu beweisen, etwa diejenige des halboffenen Intervalls $[0, 1[$. Man nimmt an, diese letztere Menge sei abzählbar und $r_1, r_2, \ldots$ sei eine Abzählung von ihr. Sodann fixiert man ein beliebiges ganzes $g \geq 3$ und schreibt jedes r_n gemäß Satz 3 in seiner g–adischen Entwicklung

$$
r_n = \sum_{i=1}^{\infty} c_i(n)g^{-i} \qquad \text{für } n = 1, 2, \ldots,
$$

wobei man $0 \leq r_n < 1$ für alle $n \geq 1$ beachtet hat. Nun definiert man eine neue Ziffernfolge $c_1, c_2, \ldots$ durch die Festsetzung

$$(1) \qquad c_i := \begin{cases} 1, & \text{falls } c_i(i) \neq 1, \\ 0, & \text{falls } c_i(i) = 1, \end{cases} \qquad i = 1, 2, \ldots.$$

Hier sind sogar alle $c_1, c_2, \ldots \in \{0, \ldots, g-2\}$ und so gehört die durch die Reihe $\sum_{i \geq 1} c_i g^{-i}$ definierte reelle Zahl r sicher zum Intervall $[0, 1[$, d.h. mit geeignetem $m \in \mathbb{N}$ ist $r = r_m$. Die Eindeutigkeit der g–adischen Entwicklung zeigt dann $c_i = c_i(m)$ für alle $i \in \mathbb{N}$, insbesondere $c_i = c_i(i)$ entgegen (1). $\qquad \square$

Für das nächste Ergebnis werden folgende Vorbemerkungen über Polynome und algebraische Zahlen benötigt. Für $P \in \mathbb{C}[X]$, etwa $P = \sum a_i X^i$, wird $L(P) := \sum |a_i|$ gesetzt; ist außerdem $P \neq 0$ und $\partial(P)$ der Grad von P, so sei $s(P) = L(P) + \partial(P)$ geschrieben. Für $P \in \mathbb{Z}[X]$, $P \neq 0$ ist dann $s(P) \in \mathbb{N}$ klar.

Weiter bezeichne $W(P)$ für $P \in \mathbb{C}[X]$, $P \neq 0$ die Menge der verschiedenen komplexen Wurzeln von P; als Konsequenz des Abspaltungslemmas 1.5.8 ist die Abschätzung $\#W(P) \leq \partial(P)$ klar.

Nun gilt folgender

Satz B. *Die Menge aller komplexen algebraischen Zahlen ist abzählbar.*

Beweis. Klar ist, daß es zu jedem vorgegebenen $s \in \mathbb{N}$ nur eine endliche (von s abhängige) Anzahl von $P \in \mathbb{Z}[X]$, $P \neq 0$ mit $s(P) = s$ geben kann. Daher ist die Menge aller $P \in \mathbb{Z}[X]$ abzählbar. Die im Satz genannte Menge ist aber gerade die Vereinigung der $W(P)$ über die abzählbar vielen $P \in \mathbb{Z}[X]$ mit $P \neq 0$ und ist somit bekanntlich selbst abzählbar. $\qquad \square$

Durch Kombination der Sätze A und B erhält man unmittelbar

Korollar A. *Es gibt überabzählbar viele transzendente reelle Zahlen.*

Wie man aus den vorstehenden Argumentationen ersehen konnte, ist der CANTORsche Beweis für die Existenz transzendenter Zahlen *nicht konstruktiv*. In diesem Zusammenhang ist zu bemerken, daß bereits 30 Jahre vor CANTOR im Jahre 1844 LIOUVILLE einen *konstruktiven* Existenzbeweis geführt hat, der in 6.1.2ff. gebracht wird.

Da abzählbare Teilmengen von $\mathbb{R}$ bzw. $\mathbb{C}$ jeweils LEBESGUE–Maß Null haben, folgt aus Satz B noch als Verschärfung von Korollar A

Korollar B. *Im Sinne des* LEBESGUE–*Maßes ist fast jede reelle bzw. komplexe Zahl transzendent.*

So einfach diese maßtheoretische Aussage zu erhalten ist, so schwer ist es doch in aller Regel, die Transzendenz "in der Natur vorkommender" Zahlen zu beweisen. Einen gewissen Eindruck wird man davon in Kapitel 6 erhalten.

11. Dezimalbruchentwicklung und Dichtung. Wie schon am Ende von 5 erwähnt, benötigt man zur Klärung gewisser Fragen (z.B. für Irrationalitätsbeweise mittels Kriterium 5) möglichst umfassende Kenntnisse über die g–adische Entwicklung reeller Zahlen für mindestens ein ganzes $g \geq 2$.

Hier aber beginnen die heute noch weitestgehend offenen Probleme. Vielleicht die naheliegendste Frage ist die nach der effektiven Angabe der g–adischen Entwicklung (für wenigstens ein $g \geq 2$) gewisser "in der Natur vorkommender" reeller Zahlen. Darunter seien Zahlen verstanden, die bei manchen Problemen in der Mathematik in natürlicher Weise auftreten wie z.B. $\sqrt{2}$, e, π oder die EULERsche Konstante $\gamma := \lim_{n\to\infty}(\sum_{\nu=1}^{n} \frac{1}{\nu} - \log n)$. Bei den erstgenannten Zahlen ist zwar die Irrationalität bekannt (vgl. 1.1.9, 2.2, 6.3.2), die bei γ auch noch offen ist, jedoch kennt man in keinem Fall eine g–adische Entwicklung.

Selbstverständlich hat man im Zeitalter der immer leistungsfähigeren Computer versucht, für Zahlen wie $\sqrt{2}$, e, π mehr und mehr Stellen der entsprechenden Dezimalbruchentwicklungen zu berechnen, vielleicht in der (bisher unerfüllt gebliebenen) Hoffnung, doch einmal in einem Einzelfall eine "einfache" Gesetzmäßigkeit experimentell entdecken und dann beweisen zu können. Bei solchen numerischen Rechnungen sucht man stets zunächst eine geeignete Darstellung der zu entwickelnden Zahl durch einen genügend rasch konvergenten Grenzprozeß. Im Fall $\sqrt{2}$ bzw. e kann man sich z.B. der Entwicklung in einen sogenannten regelmäßigen Kettenbruch bedienen (vgl. 3.4 und 3.12). Hier seien noch die derzeit gültigen Rekorde für die gesicherten Dezimalstellen–Anzahlen bei $\sqrt{2}$, e, π mitgeteilt:

$\sqrt{2}$	$2 \cdot 10^{11}$ Stellen	S. KONDO (2006)
e	10^{11} Stellen	S. KONDO, S. PAGLIARULO (2007)
π	$12,4 \cdot 10^{11}$ Stellen	Y. KANADA (2002).

Für π beginnt der Computer–Ausdruck wie oben auf Seite 215 angegeben.

Ergänzend sei auch auf die Versuche hingewiesen, die in verschiedenen Sprachen unternommen wurden, Merkverse zu ersinnen, um den Beginn der Dezimalbruchentwicklung von π mnemotechnisch zu verschlüsseln, vgl. etwa H. TIETZE (*Gelöste und ungelöste mathematische Probleme aus alter und neuer Zeit*, Bie-

```
3,14159 26535 89793 23846 26433 83279 50288 41971 69399 37510
  58209 74944 59230 78164 06286 20899 86280 34825 34211 70679
  82148 08651 32823 06647 09384 46095 50582 23172 53594 08128
  48111 74502 84102 70193 85211 05559 64462 29489 54930 38196
  44288 10975 66593 34461 28475 64823 37867 83165 27120 19091

  45648 56692 34603 48610 45432 66482 13393 60726 02491 41273
  72458 70066 06315 58817 48815 20920 96282 92540 91715 36436
  78925 90360 01133 05305 48820 46652 13841 46951 94151 16094
  33057 27036 57595 91953 09218 61173 81932 61173 31051 18548
  07446 23799 62749 56735 18857 52724 89122 79381 83011 94912

  98336 73362 44065 66430 86021 39494 63952 24737 19070 21798
  60943 70277 05392 17176 29317 67523 84674 81846 76694 05132
  00056 81271 45263 56082 77857 71342 75778 96091 73637 17872
  14684 40901 22495 34301 46549 58537 10507 92279 68925 89235
  42019 95611 21290 21960 86403 44181 59813 62977 47713 09960

  51870 72113 49999 99837 29780 49951 05973 17328 16096 31859
  50244 59455 34690 83026 42522 30825 33446 85035 26193 11881
  71010 00313 78387 52886 58753 32083 81420 61717 76691 47303
  59825 34904 28755 46873 11595 62863 88235 37875 93751 95778
  18577 80532 17122 68066 13001 92787 66111 95909 21642 01989
```

derstein, München, 1949). Bei solchen Merkversen hat man jedes Wort durch die Anzahl seiner Buchstaben zu ersetzen. Allerdings bildet die 32. Ziffer nach dem Komma jeder derartigen dichterischen Übung, unabhängig von der Sprache, eine ganz natürliche Grenze.

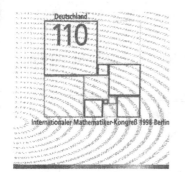

Der nebenstehend abgebildete Entwurf der Sonderbriefmarke zum Internationalen Mathematiker–Kongreß 1998 in Berlin zeigt (unter anderem) immer längere Ziffernblöcke vom Anfang der Entwicklung von π, kreisrund angeordnet. Vielleicht Symbolik für ein vollbesetztes aufsteigendes Auditorium?

12. Historische Anmerkungen. Das Prinzip der g–adischen Entwicklung von (rationalen) Zahlen nach fallenden Potenzen war bereits im Altertum geläufig. Insbesondere haben die Sumerer ab dem dritten vorchristlichen Jahrtausend und dann die nachfolgenden semitischen Babylonier beim praktischen Rechnen das Sexagesimalsystem (also $g = 60$) verwendet. So findet sich z.B. ein Keilschrifttext (etwa 2000 v. Chr.; Yale Babylonian Collection 7289), in dem das Verhältnis von Diagonalen– zu Seitenlänge eines Quadrats (hier aus der Keilschrift umgeschrieben) zu 1 24 51 10, also $1 + 24 \cdot 60^{-1} + 51 \cdot 60^{-2} + 10 \cdot 60^{-3} = \frac{30547}{21600}$ angegeben wurde. Dies entspricht einer dezimal geschriebenen Approximation $1,4142129\ldots$ für $\sqrt{2}$, die immerhin auf fünf Nachkommaziffern korrekt ist.

Während sich das Sexagesimalsystem in der Astronomie aller Kulturvölker halten konnte — man denke etwa an die Minuten–Sekunden–Einteilung von Grad oder Stunde —, wurde es aus den übrigen Naturwissenschaften und der Mathematik zwischen 1000 und 1500 durch das Dezimalsystem langsam verdrängt. Einer der Gründe hierfür war die Verbreitung der praktischen zehn Symbole 0, 1, 2, 3, 4, 5, 6, 7, 8, 9 über die ganze (arabische) Welt von Indien, wo die letzten neun ursprünglich herkamen (die Null stammt aus Griechenland) über Kleinasien, Nordafrika und Südeuropa. Eine der ersten systematischen Darstellungen der Dezimalbrüche gab S. STEVIN (*De Thiende*, 1585). Übrigens findet der Leser eine faszinierende Schilderung dieses hier angesprochenen Teils der Mathematikgeschichte bei B.L. VAN DER WAERDEN (*Erwachende Wissenschaft*, 2. Aufl., Birkhäuser, Basel–Stuttgart, 1966).

Die erste einigermaßen erschöpfende neuzeitliche Darstellung der Theorie der allgemeinen g–adischen Entwicklung scheint von O. STOLZ (*Vorlesungen über allgemeine Arithmetik*, Teubner, Leipzig, 1886) zu stammen.

Schließlich sei noch auf das Dualsystem (also $g = 2$) hingewiesen, das sich in Ansätzen bereits bei australischen Eingeborenen vor vielen Jahrhunderten findet. Vor rund 300 Jahren hat dann insbesondere LEIBNIZ dieses System ausführlich untersucht, welches für die heutigen Computer wegen seiner einfachen Eigenschaften (z.B. kommt es mit zwei Ziffern aus) außerordentliche Bedeutung erlangt hat.

§ 2.   Die Cantorsche Entwicklung. Weitere Irrationalitätskriterien

In diesem Paragraphen sei stets $(g_i)_{i\geq 1}$ eine unendliche Folge ganzer Zahlen, sämtliche nicht kleiner als 2; mit diesen werde $P_i := g_1 \cdot \ldots \cdot g_i$ für alle $i \in \mathbb{N}_0$ gesetzt.

1. Beschreibung der Entwicklung. CANTOR (Gesammelte Abhandlungen, 35–42) hat 1869 den in 1.4 beschriebenen Algorithmus zur Gewinnung der g–adischen Entwicklung einer reellen Zahl verallgemeinert. Diese Verallgemeinerung soll hier kurz dargestellt werden; in 2 wird dann das zugehörige notwendige und hinreichende Irrationalitätskriterium nebst Anwendungen präsentiert.

Ist $\alpha \in \mathbb{R}$ beliebig, so läuft der CANTORsche Algorithmus wie folgt ab: Man schreibe analog zu 1.4(2) zunächst

$$(1) \qquad\qquad \alpha_1 := \{\alpha\}.$$

Sei weiter $k \geq 1$ und seien $\alpha_1, \ldots, \alpha_k \in \mathbb{R}$; $c_1, \ldots, c_{k-1} \in \mathbb{Z}$ bereits so bestimmt, daß sie den Bedingungen

$$(2) \qquad\qquad \alpha_i g_i = c_i + \alpha_{i+1}$$

für $i = 1, \ldots, k - 1$ sowie

$$(3) \qquad\qquad 0 \le \alpha_i < 1$$

für $i = 1, \ldots, k$ genügen. (3) führt insbesondere zu $c_i \in S_{g_i}$ für $i = 1, \ldots, k - 1$. Nun definiert man

$$(4) \qquad\qquad c_k := [\alpha_k g_k], \quad \alpha_{k+1} := \{\alpha_k g_k\}$$

und hat somit (2) bzw. (3) (einschließlich $c_k \in S_{g_k}$) auch für $i = k$ bzw. $i = k+1$. Nun kann man behaupten den

Satz. *Jede reelle Zahl α hat die eindeutig bestimmte* CANTOR*sche Entwicklung*

$$\alpha = [\alpha] + \sum_{i=1}^{\infty} c_i P_i^{-1},$$

wobei die c_i aus (1) und (4) rekursiv zu ermitteln sind und den Bedingungen $c_i \in \{0, \ldots, g_i - 1\}$ für alle $i \in \mathbb{N}$, jedoch unendlich oft von $g_i - 1$ verschieden, genügen.

Wählt man hier alle $g_1, g_2, \ldots$ gleich ein und demselben ganzen $g \ge 2$, so reduziert sich der behauptete Satz auf Satz 1.4.

Beweis. Zunächst sieht man induktiv aus (1) und (2)

$$(5) \qquad \alpha = [\alpha] + \sum_{i=1}^{n} c_i P_i^{-1} + \alpha_{n+1} P_n^{-1} \qquad \text{für } n = 0, 1, \ldots \ldots$$

Wegen (3) und der Voraussetzung $g_j \ge 2$ ist hier der nichtnegative letzte Summand rechts kleiner als 2^{-n}, so daß man aus (5) durch Grenzübergang sofort eine Entwicklung für α der im Satz gewünschten Art erhält, wenn man noch ausschalten kann, daß bei geeignetem n für alle $i > n$ die Gleichheit $c_i = g_i - 1$ eintritt. In diesem Falle wäre nämlich

$$(6) \qquad \sum_{i>n} c_i P_i^{-1} = \sum_{i>n} P_{i-1}^{-1} - \sum_{i>n} P_i^{-1} = P_n^{-1},$$

was wegen (5) mit $\alpha_{n+1} = 1$ äquivalent wäre; dies aber widerspricht (3). Hat man eine weitere CANTORsche Entwicklung $c' + \sum_{i\geq 1} c_i' P_i^{-1}$ für α, so sei bereits $c' = [\alpha]$, $c_1' = c_1, \ldots, c_{n-1}' = c_{n-1}$ als richtig erkannt. Benützt man diese Gleichungen, so erhält man durch Gleichsetzen der beiden Reihen für α nach Multiplikation mit P_n und bei Beachtung von (6)

$$|c_n' - c_n| = |\sum_{i>n}(c_i - c_i') \prod_{j=n+1}^{i} g_j^{-1}| < \sum_{i>n}(g_i - 1) \prod_{j=n+1}^{i} g_j^{-1} = 1.$$

Hier muß die *strenge* Ungleichheit gelten, weil sonst entweder $c_i - c_i' = g_i - 1$ für alle $i > n$ oder $c_i - c_i' = 1 - g_i$ für dieselben i gelten müßte; somit hat man $c_n' = c_n$, also die Eindeutigkeit der CANTORschen Entwicklung. $\qquad\square$

2. Cantorsche Reihen und Irrationalität. Basierend auf der CANTORschen Entwicklung wird nun ein weiteres *notwendiges und hinreichendes* Kriterium für die Irrationalität reeller Zahlen angegeben.

Irrationalitätskriterium. *Sei die Folge $(g_i)_{i\geq 1}$ so beschaffen, daß es zu jeder Primzahl p unendlich viele j gibt mit $p|g_j$. Eine reelle Zahl α ist genau dann irrational, wenn für ihre CANTORsche Entwicklung gemäß Satz 1 unendlich viele c_i von Null verschieden sind.*

Beweis. Sei zuerst α rational, etwa gleich a/b mit $a \in \mathbb{Z}$, $b \in \mathbb{N}$. Nach der gegenüber Satz 1 neu hinzugekommenen Voraussetzung über die g_j gibt es ein $n \in \mathbb{N}_0$, so daß $b|P_n$ gilt. Die CANTORsche Entwicklung für $\alpha = a/b$ gemäß 1 führt nach Multiplikation mit P_n zu

$$\{\frac{a}{b}\}P_n - \sum_{i=1}^{n} c_i \prod_{j=i+1}^{n} g_j = \sum_{i>n} c_i \prod_{j=n+1}^{i} g_j^{-1}.$$

Die Summe rechts ist nicht negativ; wegen $c_i \leq g_i - 1$ und 1(6) ist diese Summe aber kleiner als 1, da unendlich oft $c_i < g_i - 1$ gelten muß. Auf der linken Seite steht offensichtlich eine ganze Zahl, die somit gleich 0 sein muß. Daraus wiederum folgt $c_i = 0$ für alle $i > n$ wie behauptet. Die umgekehrte Richtung ist trivial. $\qquad\square$

Dies Irrationalitätskriterium eignet sich besonders gut für Anwendungen, bei denen man z.B. $g_j = j + 1$ für alle $j \in \mathbb{N}$ zu nehmen wünscht, wo die gestellte Zusatzbedingung ersichtlich erfüllt ist. Sind $c_0 \in \mathbb{Z}$, $c_i \in \{0, \ldots, i\}$ für alle $i \in \mathbb{N}$, jedoch unendlich oft $c_i \neq i$, so ist $\sum_{i\geq 1} c_{i-1}/i!$ irrational, falls unendlich viele c_i von Null verschieden sind. Daraus ergibt sich mit der Wahl $c_i := 1$ für alle $i \geq 0$ die Irrationalität von $e - 1$, also die

Proposition A. *Die Zahl e ist irrational.*

Die Irrationalität von e wurde erstmals 1767 von LAMBERT mit Hilfe einer Kettenbruchentwicklung bewiesen; vgl. hierzu auch 3.11.

Proposition B. *Bezeichnet τ bzw. φ die in 1.1.3 bzw. 1.4.11 eingeführte Teileranzahlfunktion bzw. EULERsche Phi-Funktion, so sind $\sum_{i \geq 1} \tau(i) i!^{-1}$ und $\sum_{i \geq 1} \varphi(i) i!^{-1}$ irrational.*

Beweis. Für $i \geq 3$ ist offenbar $1 \leq \tau(i) \leq i - 1$; denn dann ist $i - 1$ eine natürliche Zahl größer als 1, die i nicht teilen kann. Nun setzt man für die erste Reihe $c_{i-1} := \tau(i)$ für $i \geq 3$ und etwa $c_0 := 0$, $c_1 := 0$; für jede Primzahl $i > 3$ ist $c_{i-1} = 2 < i - 1$.

Zur Behandlung der zweiten Reihe beachtet man $1 \leq \varphi(i) \leq i - 1$ für $i \geq 2$ und setzt $c_{i-1} := \varphi(i)$ für diese i und $c_0 := \varphi(1) = 1$. Um $c_{i-1} < i - 1$ für unendlich viele i zu erhalten, bemerkt man, daß nach Korollar 1.4.11(iii) in der Ungleichung $\varphi(i) \leq i-1$ $(i \geq 2)$ Gleichheit genau dann eintritt, wenn i Primzahl ist. □

Wegen $\sigma(i) \geq i + 1$ für alle $i \geq 2$ kann auf dem hier gezeigten Wege die Irrationalität der Reihe $\sum_{i \geq 1} \sigma(i) i!^{-1}$ nicht erhalten werden, wobei σ die in 1.1.7 eingeführte Teilersummenfunktion bedeutet. Allerdings ist die Irrationalität dieser Reihe auf etwas anderem Wege bewiesen worden. Auch die Irrationalität von $e^2 = \sum_{i \geq 0} 2^i i!^{-1}$ ist hier nicht zu haben.

3. Verwandte Irrationalitätskriterien. Aus der Fülle der zum Hauptergebnis aus 2 verwandten Reihenkriterien für Irrationalität sei noch eines herausgegriffen:

Satz. *Sei $g_1 \leq g_2 \leq \ldots$ und $(c_i)_{i=1,2,\ldots}$ eine beschränkte Folge ganzer Zahlen, von denen unendlich viele nicht Null sein sollen; es werde gesetzt*

$$\alpha := \sum_{i=1}^{\infty} c_i P_i^{-1}.$$

Wenn $(g_i)_{i=1,2,\ldots}$ unbeschränkt ist, ist α irrational.

Bemerkung. Es kann α auch dann irrational sein, wenn (g_i) beschränkt ist: Man braucht ja nur alle g_i gleich einem festen g zu nehmen und dann eine nichtperiodische Folge (c_i) mit allen $c_i \in S_g$.

Beweis. Sei $|c_i| \leq c$ für alle $i \geq 1$ und es werde angenommen, α sei rational, etwa gleich a/b. Dann gilt für alle $n \in \mathbb{N}_0$

(1)
$$bP_n |\frac{a}{b} - \sum_{i=1}^{n} c_i P_i^{-1}| = b |\sum_{i>n} c_i \prod_{j=n+1}^{i} g_j^{-1}|$$
$$\leq \frac{bc}{g_{n+1}} \sum_{i>n} 2^{1+n-i} = \frac{2bc}{g_{n+1}} \,.$$

Wird nun $N \in \mathbb{N}$ so fixiert, daß $g_{N+1} > 2bc$ ist, so gilt $g_{n+1} > 2bc$ für alle $n \geq N$, da (g_i) nicht fällt. Da die linke Seite in (1) ganzzahlig ist, muß also für alle $n \geq N$

$$\frac{a}{b} = \sum_{i=1}^{n} c_i P_i^{-1}$$

zutreffen, also $c_i = 0$ für alle $i > N$, was einer Voraussetzung über (c_i) widerspricht. □

Sind unter den zunächst genannten Voraussetzungen über die g_i alle c_i gleich, so erhält man erneut ein notwendiges und hinreichendes Irrationalitätskriterium aus obigem Satz.

Korollar. *Gilt* $g_1 \leq g_2 \leq \ldots$, *so ist die Beschränktheit der Folge* (g_i) *notwendig und hinreichend für die Rationalität von*

$$\alpha := \sum_{i=1}^{\infty} P_i^{-1}.$$

Beweis. Die eine Richtung folgt durch Spezialisierung aus obigem Satz. Ist umgekehrt (g_i) beschränkt, so gibt es ein $n \in \mathbb{N}$, so daß $2 \leq g_1 \leq \ldots \leq g_n = g_{n+1} = \ldots =: g$ gilt. Dann ist

$$\left(\alpha - \sum_{i=1}^{n-1} P_i^{-1}\right) P_{n-1} = \sum_{i=n}^{\infty} g^{n-i-1} = (g-1)^{-1},$$

also α rational. □

4. Anwendungen. Wählt man wieder $g_i := i+1$ für alle $i \in \mathbb{N}$, so erhält man aus dem vorstehenden Korollar *erneut die Irrationalität von* e. Im wesentlichen auf diesem Wege hat J.B. FOURIER 1815 diese arithmetische Aussage bewiesen.

Die nächste Anwendung des Korollars bezieht sich auf die in 2.1.2 eingeführten FERMAT–Zahlen $F_n := 2^{2^n} + 1$, $n = 0, 1, \ldots$, sowie auf die dort ebenfalls betrachteten Zahlen $G_n := F_n - 2$, die der unten benötigten Beziehung

2.1.2(1) $$G_k \prod_{j=k}^{i-1} F_j = G_i \qquad \text{für } 0 \leq k \leq i$$

genügen.

Proposition A. *Beide Reihen $\sum_{i \geq 0} F_i^{-1}$, $\sum_{i \geq 0} G_i^{-1}$ sind irrational.*

Beweis. Wegen $G_0 = 1$ und 2.1.2(1) ist

$$G := \sum_{i=0}^{\infty} G_i^{-1} = 1 + \sum_{i=1}^{\infty} \prod_{j=1}^{i} F_{j-1}^{-1};$$

auf die Reihe rechts wendet man nun das Korollar mit $g_i := F_{i-1}$ für $i \in \mathbb{N}$ an und erhält direkt $G \notin \mathbb{Q}$. Aus 2.1.2(1) folgt auch $G_i = F_{i-1}G_{i-1}$ und somit $2G_i^{-1} = G_{i-1}^{-1} - F_{i-1}^{-1}$ für alle $i \in \mathbb{N}$, also

$$F := \sum_{i=0}^{\infty} F_i^{-1} = G - 2(G - 1) = 2 - G,$$

woraus die Irrationalität von F folgt. $\qquad\qquad\square$

Übrigens hat MAHLER 1929/30 eine analytische Methode entwickelt, deren Hauptresultate die *Transzendenz von F und G* bei weitem umfassen.

Für die Gewinnung des letzten Ergebnisses dieses Paragraphen ist es bequem, sich direkt auf Satz 3 zu stützen.

Während die bloße Aussage der Irrationalität von e äquivalent ist damit, daß es kein $P \in \mathbb{Z}[X]$, $P \neq 0$, $\partial(P) \leq 1$ gibt mit $P(e) = 0$, geht Proposition B noch einen Schritt weiter:

Proposition B. *Es gibt kein $P \in \mathbb{Z}[X]$, $P \neq 0$, $\partial(P) \leq 2$ mit $P(e) = 0$, d.h. e ist weder rational noch eine quadratische Irrationalität.*

Im Rahmen der Theorie der regelmäßigen Kettenbrüche wird hierfür in 3.11 ein weiterer Beweis gegeben; in Kapitel 6 wird dann sogar die Transzendenz von e bewiesen.

Beweis. Angenommen, es gäbe nicht sämtlich verschwindende $a_0, a_1, a_2 \in \mathbb{Z}$, so daß $a_0 + a_1 e + a_2 e^2 = 0$ oder gleichbedeutend

$$(1) \qquad\qquad a_0 e^{-1} + a_2 e = -a_1$$

gilt; sicher ist dann $(a_0, a_2) \neq (0,0)$. Gleichung (1) besagt gerade

$$(2) \qquad\qquad \sum_{i=2}^{\infty} \frac{a_0(-1)^i + a_2}{i!} = -a_1 - 2a_2.$$

Nimmt man $g_i := i+1$, $c_i := a_0(-1)^{i+1} + a_2$ für $i = 1, 2, \ldots$, beachtet $(c_i, c_{i+1}) \neq (0,0)$ für dieselben i wegen $(a_0, a_2) \neq (0,0)$, so ist die linke Seite von (2) nach Satz 3 irrational und so erweist sich die anfangs gemachte Annahme als falsch.

$\square$

§ 3.   Die regelmäßige Kettenbruchentwicklung

1. Der Kettenbruchalgorithmus. In 1.2.10 wurde im Anschluß an den euklidischen Algorithmus die Entwicklung einer rationalen Zahl r_0/r_1 mit $r_0, r_1 \in \mathbb{Z}$, $r_1 > 0$ in einen *endlichen regelmäßigen Kettenbruch*

$$(1) \qquad\qquad [a_0; a_1, \ldots, a_j]$$

besprochen. Dabei genügten die *Elemente* (oft auch *Teilnenner*) a_i dieses Kettenbruchs stets den Bedingungen $a_0 \in \mathbb{Z}$; $a_1, \ldots, a_j \in \mathbb{N}$; $a_j \geq 2$. Wegen $a_j = (a_j - 1) + \frac{1}{1}$ ist aber klar, daß man (1) genausogut als

$$(2) \qquad\qquad [a_0; a_1, \ldots, a_{j-1}, a_j - 1, 1]$$

schreiben kann, wobei die Eigenschaft erhalten bleibt, daß alle nach dem Strichpunkt aufgeführten Elemente natürliche Zahlen sind. Auf diese Möglichkeit, eine rationale Zahl auf (mindestens) zwei Weisen in einen endlichen Kettenbruch zu entwickeln, wird in 3 zurückzukommen sein.

Zunächst stellt man fest, daß der Algorithmus 1.2.9(1) mit der Bezeichnung $\alpha_i := r_i/r_{i+1}$ $(i = 0, \ldots, j)$ äquivalent ist zu

$$\alpha_0 = a_0 + \alpha_1^{-1}, \quad \alpha_1 = a_1 + \alpha_2^{-1}, \ldots, \alpha_{j-1} = a_{j-1} + \alpha_j^{-1}, \quad \alpha_j = a_j$$

mit $\alpha_1, \ldots, \alpha_j > 1$, vgl. auch 1.2.9(3). Dabei gilt, wie bereits seinerzeit bemerkt, in der jetzigen Terminologie

$$a_i = [\alpha_i] \quad \text{für} \quad i = 0, \ldots, j \quad \text{bzw.} \quad \alpha_{i+1} = \{\alpha_i\}^{-1} \quad \text{für} \quad i = 0, \ldots, j-1.$$

In dieser Form ist der Algorithmus auch zur Anwendung auf irrationale $\alpha \in \mathbb{R}$ geeignet: Man setzt $\alpha_0 := \alpha$, $a_0 := [\alpha_0]$, hat $0 < \{\alpha_0\} < 1$ wegen $\alpha_0 \notin \mathbb{Q}$ und setzt damit weiter $\alpha_1 := \{\alpha_0\}^{-1}$; es ist $a_0 \in \mathbb{Z}$, $\alpha_0 = a_0 + \alpha_1^{-1}$, $\alpha_1 > 1$, $\alpha_1 \notin \mathbb{Q}$. Nun setzt man voraus, es sei $i \geq 1$ und man habe bereits

(3)
$$\alpha_j = a_j + \alpha_{j+1}^{-1} \quad \text{für } j = 0, \ldots, i-1$$
$$a_0 \in \mathbb{Z}, \quad a_1, \ldots, a_{i-1} \in \mathbb{N} \quad \text{und}$$
$$\alpha_j > 1, \quad \alpha_j \notin \mathbb{Q} \quad \text{für } j = 1, \ldots, i$$

gewonnen. Definiert man dann $a_i := [\alpha_i]$, so ist $\{\alpha_i\}$ aus $]0,1[$ und irrational, also ist $\alpha_{i+1} := \{\alpha_i\}^{-1}$ größer als 1 und irrational und genügt der Gleichung $\alpha_i = a_i + \alpha_{i+1}^{-1}$. Induktiv hat man somit (3) für alle $i \in \mathbb{N}$ bestätigt und hat überdies

(4)
$$\alpha = [a_0; a_1, \ldots, a_{i-1}, \alpha_i] \quad \text{für } i = 0, 1, \ldots.$$

Wegen der obigen Festsetzung $\alpha_0 := \alpha$ und der Konvention 1.2.10(1) ist (4) für $i = 0$ richtig. Ist (4) für ein $i \geq 0$ in Ordnung, so trägt man in (4) für α_i aus (3) $a_i + \alpha_{i+1}^{-1}$ ein; mittels 1.2.10(2) erhält man gerade (4) für $i+1$ anstelle von i.

Der beschriebene Algorithmus ordnet jedem vorgegebenen $\alpha \in \mathbb{R} \setminus \mathbb{Q}$ eine wohlbestimmte unendliche Folge $a_0, a_1, a_2, \ldots$ ganzer Zahlen zu, wobei die $a_1, a_2, \ldots$ sämtliche positiv sind, oder genauer gesagt den *unendlichen regelmäßigen Kettenbruch*

$$[a_0; a_1, \ldots, a_i, \ldots].$$

Es sei hier sogleich angemerkt, daß der Zusatz "regelmäßig" im weiteren stets unterdrückt wird, weil andersartige Kettenbrüche in diesem Buch nicht diskutiert werden.

2. Konvergenz unendlicher Kettenbrüche. Zunächst muß die Konvergenz solcher Kettenbrüche untersucht werden. Sei also ganz allgemein eine endliche oder unendliche Folge $a_0, a_1, \ldots, a_k(, \ldots)$ ganzer Zahlen mit $a_0 \in \mathbb{Z}$, $a_1, \ldots \in \mathbb{N}$ vorgegeben und es werde verabredet, daß a_k ihr letztes Glied sein soll, wenn sie endlich ist. Zu ihr definiert man zwei neue Folgen (p_i), (q_i), im endlichen Fall nur für $i \leq k$, gemäß den Rekursionsformeln

(1)
$$p_{-2} := 0, \quad p_{-1} := 1, \quad p_i := a_i p_{i-1} + p_{i-2},$$
$$q_{-2} := 1, \quad q_{-1} := 0, \quad q_i := a_i q_{i-1} + q_{i-2}$$

für $i = 0, 1, \ldots, k(, \ldots)$. Daraus sieht man $p_i \in \mathbb{Z}$, $q_i \in \mathbb{N}$ für alle in Frage kommenden $i \geq 0$. Genauer ist $q_0 = 1$, $q_i \geq q_{i-1} + q_{i-2}$ für $i \geq 1$, was induktiv $q_i \geq i$ für $i \geq 1$ liefert. Insbesondere ist (q_i) unbeschränkt, wenn die vorgegebene Folge (a_i) unendlich ist.

Mit den so eingeführten p_i, q_i hat man das

Lemma A. *Für alle in Frage kommenden $i \geq 0$ ist mit einer Unbestimmten X*

$$[a_0; a_1, \ldots, a_{i-1}, X] = \frac{p_{i-1}X + p_{i-2}}{q_{i-1}X + q_{i-2}}.$$

Beweis. Für $i = 0$ hat man (1) und die Konvention 1.2.10(1) zu beachten. Ist die zu beweisende Gleichung für $i \geq 0$ richtig, so führt 1.2.10(2) und (1) zu

$$[a_0; a_1, \ldots, a_i, X] = [a_0; a_1, \ldots, a_{i-1}, a_i + \frac{1}{X}]$$

$$= \frac{p_{i-1}(a_i + \frac{1}{X}) + p_{i-2}}{q_{i-1}(a_i + \frac{1}{X}) + q_{i-2}} = \frac{p_i X + p_{i-1}}{q_i X + q_{i-1}}. \qquad \square$$

Indem man nun a_i für X einsetzt und erneut (1) beachtet, folgt aus Lemma A

$$A_i := [a_0; a_1, \ldots, a_i] = \frac{p_i}{q_i}$$

für $i \geq 0$ (und gegebenenfalls $i \leq k$). A_i heißt der *i–te Näherungsbruch* des (eventuell endlichen) Kettenbruchs $[a_0; a_1, \ldots, a_k, \ldots]$; p_i bzw. q_i heißt der *i–te Näherungszähler* bzw. *–nenner* dieses Kettenbruchs.

Als weiteres technisches Hilfsmittel für die Konvergenzuntersuchung unendlicher Kettenbrüche ist nützlich das folgende

Lemma B. *Für $i \geq -1$ ist*

(2) $$p_{i-1}q_i - p_i q_{i-1} = (-1)^i;$$

insbesondere gilt $(p_i, q_i) = 1$ für $i \geq -2$ sowie

(3) $$A_{i-1} - A_i = \frac{(-1)^i}{q_{i-1}q_i} \qquad \text{für } i \geq 1.$$

Für $i \geq 0$ ist

(4) $$p_{i-2}q_i - p_i q_{i-2} = (-1)^{i-1} a_i$$

und daher

(5) $$A_i - A_{i-2} = \frac{(-1)^i a_i}{q_{i-2}q_i} \qquad \text{für } i \geq 2,$$

jeweils gegebenenfalls nur für $i \leq k$.

Beweis. (2) ist nach (1) für $i = -1$ richtig und aus der Richtigkeit für ein $i \geq -1$ folgt nach (1) und der Induktionsannahme $p_i q_{i+1} - p_{i+1}q_i = p_i(a_{i+1}q_i + q_{i-1}) - (a_{i+1}p_i + p_{i-1})q_i = p_i q_{i-1} - p_{i-1}q_i = (-1)^{i+1}$. (2) und (3) sind äquivalent. Völlig analog beweist man (4) und damit (5). $\square$

Proposition. *Die (gegebenenfalls endlichen) Folgen $A_0, A_2, \ldots$ bzw. $A_1, A_3, \ldots$ sind streng monoton wachsend bzw. fallend und jedes Glied der ersten Folge ist kleiner als jedes Glied der zweiten Folge.*

Beweis. Bei geradem $i \geq 2$ folgt nämlich $A_i > A_{i-2}$ aus (5), bei ungeradem $i \geq 3$ jedoch $A_i < A_{i-2}$. Werden mit $s, t \in \mathbb{N}_0$ nun A_{2s}, A_{2t+1} miteinander verglichen, so gilt bei $s \leq t$ die Ungleichung $A_{2s} \leq A_{2t} < A_{2t+1}$ nach (3) für $i = 2t + 1$; bei $s > t$ ist $A_{2s} < A_{2s+1} < A_{2t+1}$ nach dem bereits vorher Festgestellten. $\square$

Nun stehen alle Hilfsmittel bereit für den

Konvergenzsatz. *Ist ein unendlicher Kettenbruch $[a_0; a_1, a_2, \ldots]$ mit $a_0 \in \mathbb{Z}$ und allen $a_1, a_2, \ldots \in \mathbb{N}$ vorgelegt, so konvergiert die unendliche Folge $(A_i)_{i=0,1,\ldots}$ der Näherungsbrüche dieses Kettenbruchs; ist $\alpha \in \mathbb{R}$ der Grenzwert, so hat man überdies $A_0 < A_2 < \ldots < \alpha < \ldots < A_3 < A_1$ und $\alpha \notin \mathbb{Q}$.*

Bemerkung. Unter dem Wert von $[a_0; a_1, a_2, \ldots]$ versteht man den Grenzwert α und schreibt direkt $[a_0; a_1, \ldots] = \alpha$.

Beweis. Nach vorstehender Proposition ist die Folge $A_0, A_2, \ldots$ monoton wachsend und (etwa durch A_1) nach oben beschränkt, also konvergent, etwa gegen α'. Analog ist $A_1, A_3, \ldots$ gegen ein reelles $\alpha'' \geq \alpha'$ konvergent. Weiter ist

$$0 \leq \alpha'' - \alpha' < A_{2s-1} - A_{2s} = q_{2s-1}^{-1} q_{2s}^{-1} \leq \frac{1}{(2s-1)2s}$$

für alle $s \geq 1$ wegen (3) und $q_i \geq i$ für $i \geq 1$. Der letzten Ungleichung entnimmt man $\alpha'' = \alpha' =: \alpha$.

Wäre $\alpha \in \mathbb{Q}$, etwa $\alpha = \frac{a}{b}$, so würde $\alpha \neq A_i$ für alle $i \geq 0$ gelten, also nach (3)

$$\frac{1}{bq_i} \leq |\alpha - A_i| < |A_{i+1} - A_i| = \frac{1}{q_i q_{i+1}}.$$

Dies würde aber $q_{i+1} < b$ für alle $i \geq 0$ implizieren, während doch die Folge (q_i) unbeschränkt ist. $\square$

3. Eindeutigkeit. Irrationalität. Der folgende Satz enthält offenbar wieder ein notwendiges und hinreichendes Kriterium für die Irrationalität einer reellen Zahl.

Satz. *Jedes $\alpha \in \mathbb{R}$ läßt sich in eindeutiger Weise in einen Kettenbruch entwickeln und dieser ist endlich genau dann, wenn α rational ist. Dabei hat man im endlichen Fall zu verbieten, daß das letzte Element gleich Eins ist, falls es einen positiven Index hat.*

Beweis. Daran, daß sich eine rationale Zahl auf mindestens eine Weise in einen (endlich ausfallenden) Kettenbruch entwickeln läßt, wurde in 1 erinnert. Für $\alpha \notin \mathbb{Q}$ gilt nach 1(3) und 1(4) die Gleichung $\alpha = [a_0; a_1, \ldots, a_i, \alpha_{i+1}]$ mit irrationalen $\alpha_{i+1} > 1$ für $i \geq 0$. Nach Lemma 2A ist $\alpha = (p_i\alpha_{i+1} + p_{i-1})/(q_i\alpha_{i+1} + q_{i-1})$ für $i \geq 0$, also für dieselben i

$$(1) \qquad \alpha - \frac{p_i}{q_i} = \frac{q_i(p_i\alpha_{i+1} + p_{i-1}) - p_i(q_i\alpha_{i+1} + q_{i-1})}{q_i(q_i\alpha_{i+1} + q_{i-1})} = \frac{(-1)^i}{q_i(q_i\alpha_{i+1} + q_{i-1})},$$

woraus insbesondere $|\alpha - A_i| < q_i^{-2}$ folgt, also $\alpha = \lim_{i\to\infty} A_i$ und dieser letzte Grenzwert ist nach dem Konvergenzsatz 2 gleich α. Der in der zweiten Hälfte von 1 beschriebene Algorithmus liefert somit tatsächlich *eine* Entwicklung des irrationalen α in einen unendlichen Kettenbruch.

Zur Eindeutigkeit der Kettenbruchentwicklung nimmt man nun an, $\alpha \in \mathbb{R}$ habe zwei Entwicklungen,

$$(2) \qquad\qquad [a_0; a_1, \ldots] = \alpha = [a_0'; a_1', \ldots].$$

Diese sind nach dem Bisherigen entweder beide endlich oder beide unendlich. Ist nun $i \geq 0$ und bereits $a_j' = a_j$ für $j = 0, \ldots, i - 1$ eingesehen (vorausgesetzt wird dabei im endlichen Fall selbstverständlich, daß beide Kettenbrüche in (2) mindestens $i + 1$ Elemente haben), so gilt nach Lemma A und (2) mit den Bezeichnungen $\alpha_i := [a_i; a_{i+1}, \ldots]$, $\alpha_i' := [a_i'; a_{i+1}', \ldots]$:

$$\frac{p_{i-1}\alpha_i + p_{i-2}}{q_{i-1}\alpha_i + q_{i-2}} = [a_0; \ldots, a_{i-1}, \alpha_i] = \alpha = [a_0; \ldots, a_{i-1}, \alpha_i'] = \frac{p_{i-1}\alpha_i' + p_{i-2}}{q_{i-1}\alpha_i' + q_{i-2}},$$

woraus $\alpha_i' = \alpha_i$ wegen 2(2) folgt. Sind in (2) beide Kettenbrüche unendlich, so bedeutet dies $a_i + 1/\alpha_{i+1} = a_i' + 1/\alpha_{i+1}'$, also $|a_i' - a_i| = |1/\alpha_{i+1} - 1/\alpha_{i+1}'| < 1$ wegen $\alpha_{i+1}, \alpha_{i+1}' > 1$ und somit $a_i' = a_i$. Dieselbe Schlußfolgerung kann gezogen werden, wenn in (2) zwei endliche Kettenbrüche mit jeweils mindestens $i + 2$ Gliedern stehen; dabei ist ganz wesentlich zu beachten, daß keiner der beiden Kettenbrüche nach der getroffenen Konvention mit einem Element 1 enden darf. Haben beide endliche Kettenbrüche die Länge $i + 1$, so ist $a_i' = \alpha_i' = \alpha_i = a_i$; hat einer, etwa der rechts in (2), die Länge $i + 1$, der andere aber mindestens die Länge $i + 2$, so ist $a_i' - a_i = \alpha_{i+1}^{-1} \in {]}0, 1[$ wegen $\alpha_{i+1} > 1$. Dies widerspricht der Ganzzahligkeit von a_i, a_i' und auch hier hat man wieder ausgenutzt, daß ein endlicher Kettenbruch nicht auf 1 enden darf. $\qquad\square$

4. Periodische Kettenbrüche. Satz von Euler. Da z.B. die Zahlen $\sqrt{2}$ und $\frac{1}{2}(\sqrt{5}+1)$ nach 1.1.9 irrational sind, haben sie nach dem letzten Satz unendliche Kettenbruchentwicklungen, welche zunächst bestimmt werden sollen.

Ausgehend von der Gleichung $(\sqrt{2}-1)(\sqrt{2}+1) = 1$ findet man $\sqrt{2} = 1 + \frac{1}{1+\sqrt{2}}$; trägt man hier rechts im Nenner für $\sqrt{2}$ erneut die gesamte rechte Seite ein, so folgt $\sqrt{2} = [1; 2, 1 + \sqrt{2}]$ und induktiv kommt man zu $\sqrt{2} = [1; 2, 2, 2, \ldots]$.

Analog beachtet man $\frac{1}{2}(\sqrt{5}-1) = (\frac{1}{2}(\sqrt{5}+1))^{-1}$, um aus $\frac{1}{2}(\sqrt{5}+1) = 1 + \frac{1}{2}(\sqrt{5}-1)$ zu schließen $\frac{1}{2}(\sqrt{5}+1) = [1; \frac{1}{2}(\sqrt{5}+1)]$, also $\frac{1}{2}(\sqrt{5}+1) = [1; 1, 1, 1, \ldots]$. Offenbar ist $\frac{1}{2}(\sqrt{5}+1)$ (bis auf einen ganzzahligen Summanden) diejenige reelle Irrationalzahl mit den kleinstmöglichen Elementen.

Für die Zwecke von 6 wird nun in Verallgemeinerung des obigen Beispiels $\sqrt{2}$ behauptet:

Proposition. *Für $D \in \mathbb{N}$ gilt $(1 + D^2)^{1/2} = [D; 2D, 2D, \ldots]$.*

Beweis. Setzt man $\alpha := [2D; 2D, 2D, \ldots]$, so ist $\alpha = 2D + \alpha^{-1}$ und die positive Irrationalzahl α genügt der quadratischen Gleichung $\alpha^2 - 2D\alpha - 1 = 0$. Deren einzige positive Wurzel ist $D + (1 + D^2)^{1/2}$, woraus bereits die Behauptung folgt. $\square$

Selbstverständlich wird man einen unendlichen Kettenbruch

$$(1) \qquad\qquad [a_0; a_1, a_2, \ldots]$$

periodisch nennen, wenn die Folge $a_1, a_2, \ldots$ natürlicher Zahlen periodisch ist. Die Begriffe *Vorperiodenlänge* (ℓ) und *Periodenlänge* (hier h statt p), *Vorperiode*, *Periode* werden aus 1.5 übernommen. Ist insbesondere $a_{\ell+1}, \ldots, a_{\ell+h}$ die Periode und $a_1, \ldots, a_\ell$ die (bei $\ell = 0$ fehlende) Vorperiode von (1), so schreibt man (1) als $[a_0; a_1, \ldots, a_\ell, \overline{a_{\ell+1}, \ldots, a_{\ell+h}}]$ in Anlehnung an die entsprechende Bezeichnungsweise in 1.5 bei g-adischen Entwicklungen. Die bisher betrachteten Zahlen $\sqrt{2}$, $\frac{1}{2}(\sqrt{5}+1)$, $(1+D^2)^{1/2}$ haben sämtliche periodische Kettenbruchentwicklungen, wie gesehen nämlich $[1; \overline{2}]$, $[1; \overline{1}]$, $[D; \overline{2D}]$. Durch den Satz von LAGRANGE in 5 wird diese Beobachtung in einen allgemeineren Rahmen gestellt; jener Satz ist die Umkehrung des folgenden (einfacheren) Satzes von EULER (Opera Omnia Ser. 1, XIV, 187–215) aus dem Jahre 1737:

Satz von Euler. *Ein unendlicher periodischer Kettenbruch definiert eine reell–quadratische Irrationalzahl.*

Beweis. Sei (1) periodisch und α der Wert dieses Kettenbruchs. Mit $\alpha_i :=$ $[a_i; a_{i+1}, \ldots]$ für $i \geq 0$ (also $\alpha_0 := \alpha$) hat man mittels Lemma 2A

$$(2) \qquad \alpha = [a_0; a_1, \ldots, a_{i-1}, \alpha_i] = \frac{p_{i-1}\alpha_i + p_{i-2}}{q_{i-1}\alpha_i + q_{i-2}} \qquad \text{für } i \geq 0.$$

Für dieselben i erhält man hieraus

$$(3) \qquad \alpha_i = \frac{p_{i-2} - q_{i-2}\alpha}{q_{i-1}\alpha - p_{i-1}};$$

der Nenner verschwindet dabei nicht. $a_{i+h} = a_i$ für alle $i > \ell$ impliziert natürlich $\alpha_{i+h} = \alpha_i$ für dieselben i, woraus sich mit (3) ergibt

$$(4) \qquad \frac{p_{i+h-2} - \alpha q_{i+h-2}}{\alpha q_{i+h-1} - p_{i+h-1}} = \frac{p_{i-2} - \alpha q_{i-2}}{\alpha q_{i-1} - p_{i-1}} \qquad \text{für } i > \ell.$$

Setzt man

$$R_i := q_{i+h-1}q_{i-2} - q_{i+h-2}q_{i-1},$$
$$S_i := p_{i+h-2}q_{i-1} + p_{i-1}q_{i+h-2} - p_{i-2}q_{i+h-1} - p_{i+h-1}q_{i-2},$$
$$T_i := p_{i+h-1}p_{i-2} - p_{i-1}p_{i+h-2},$$

so genügt α wegen (4) der quadratischen Gleichung $R_i\alpha^2 + S_i\alpha + T_i = 0$ für $i > \ell$. Dem sogleich nachgeschobenen Lemma entnimmt man $R_i \neq 0$ für $i > \ell$ und somit ist α algebraisch von einem Grad höchstens 2; wegen der Unendlichkeit seines Kettenbruchs ist $\alpha \notin \mathbb{Q}$, also sein Grad tatsächlich genau 2. □

Lemma. *Für verschiedene $j, k \in \mathbb{N}_0$ gilt $q_j q_{k-1} \neq q_{j-1} q_k$.*

Wendet man das Lemma an mit $j := i - 1$, $k := i + h - 1$, so sind diese beiden ≥ 0 für $i > 0$ und außerdem wegen $h \geq 1$ voneinander verschieden; also ist $R_i \neq 0$ für $i > 0$.

Beweis des Lemmas. Sei o.B.d.A. $k > j \geq 0$. Für $j = 0$ ist $q_{j-1}q_k = 0$, aber $q_j q_{k-1} \neq 0$. Sei also bereits $k > j \geq 1$; dann sind alle im Lemma vorkommenden q's nicht Null. Wegen $(q_{i-1}, q_i) = 1$, vgl. 2(2), folgt aus der Annahme $q_j q_{k-1} = q_{j-1}q_k$, daß $q_j | q_k$ gelten muß, also $q_k = g q_j$ und damit auch $q_{k-1} = g q_{j-1}$ mit einem $g \in \mathbb{N}$. Wegen $(q_{k-1}, q_k) = g(q_{j-1}, q_j)$ muß $g = 1$ sein, also $q_{k-1} = q_{j-1}$, $q_k = q_j$. Andererseits ist aber wegen $k \geq 2$: $q_k \geq q_{k-1} + q_{k-2} > q_{k-1} \geq q_j$. □

5. Der Satz von Lagrange. Die Umkehrung des EULERschen Satzes 4 geht auf LAGRANGE (Oeuvres II, 581–652) zurück; sie lautet

Satz von Lagrange. *Jede reell–quadratische Irrationalzahl hat einen unend-lichen periodischen Kettenbruch.*

Beweis. Sei $\alpha \in \mathbb{R}$ algebraisch vom Grade 2 und sei 4(1) sein (nach Satz 3 unendlicher) Kettenbruch. Nach Voraussetzung gibt es ein $P := RX^2 + SX + T \in \mathbb{Z}[X]$, $P \neq 0$, mit α als Wurzel. Wegen $\alpha \in \mathbb{R} \setminus \mathbb{Q}$ muß $R \neq 0$ gelten und die Diskriminante $S^2 - 4RT$ von P muß positiv sein, jedoch keine Quadratzahl. Nach 4(2) ist

$$R(p_{i-1}\alpha_i + p_{i-2})^2 + S(p_{i-1}\alpha_i + p_{i-2})(q_{i-1}\alpha_i + q_{i-2}) + T(q_{i-1}\alpha_i + q_{i-2})^2 = 0$$

für alle $i \geq 0$ und mit den Bezeichnungen

$$
\begin{aligned}
R_i^* &:= Rp_{i-1}^2 + Sp_{i-1}q_{i-1} + Tq_{i-1}^2, \\
S_i^* &:= 2Rp_{i-1}p_{i-2} + S(p_{i-1}q_{i-2} + p_{i-2}q_{i-1}) + 2Tq_{i-1}q_{i-2}, \\
T_i^* &:= R_{i-1}^*
\end{aligned}
$$

(1)

bedeutet dies: α_i ist Wurzel von $P_i := R_i^*X^2 + S_i^*X + T_i^* \in \mathbb{Z}[X]$ für $i = 0, 1, \dots$. Wegen der leicht nachzuprüfenden Matrizengleichung

$$
\begin{pmatrix} 2R_i^* & S_i^* \\ S_i^* & 2T_i^* \end{pmatrix} = \begin{pmatrix} p_{i-1} & q_{i-1} \\ p_{i-2} & q_{i-2} \end{pmatrix} \begin{pmatrix} 2R & S \\ S & 2T \end{pmatrix} \begin{pmatrix} p_{i-1} & p_{i-2} \\ q_{i-1} & q_{i-2} \end{pmatrix}
$$

ist nach Übergang zu den entsprechenden Determinanten und bei Beachtung von 2(2)

(2) $$S_i^{*2} - 4R_i^*T_i^* = S^2 - 4RT \qquad \text{für alle } i \geq 0.$$

Schätzt man in 3(1) für $i-1$ statt i ab, so erhält man

$$|q_{i-1}\alpha - p_{i-1}| = (q_{i-1}\alpha_i + q_{i-2})^{-1} < (q_{i-1}a_i + q_{i-2})^{-1} = q_i^{-1}$$

für $i \geq 1$, also mit einem $\vartheta_i \in \mathbb{R}$, $0 < |\vartheta_i| < 1$:

$$p_{i-1} = \alpha q_{i-1} + \vartheta_i q_i^{-1} \qquad \text{für } i \geq 0.$$

Trägt man dies in der rechten Seite der ersten Gleichung von (1) ein, so folgt

$$R_i^* = P(\alpha)q_{i-1}^2 + (2R\alpha + S)\vartheta_i q_{i-1}q_i^{-1} + R\vartheta_i^2 q_i^{-2}.$$

$P(\alpha) = 0$ führt unmittelbar zu $|R_i^*| \leq |2R\alpha + S| + |R|$ für alle $i \geq 0$, d.h. (R_i^*) und damit nach (1) auch (T_i^*) erweist sich als beschränkte Folge ganzer Zahlen. Wegen (2) trifft dasselbe nun für (S_i^*) zu, und so muß es ein $(R^*, S^*, T^*) \in \mathbb{Z}^3$ mit $S^{*2} - 4R^*T^* = S^2 - 4RT$ geben, so daß für unendlich viele Indizes i gilt: $R_i^* = R^*$, $S_i^* = S^*$, $T_i^* = T^*$. Da $S^2 - 4RT$ kein Quadrat ist, gilt $R^*T^* \neq 0$ und also hat das Polynom $P^* := R^*X^2 + S^*X + T^*$ zwei verschiedene reelle irrationale Wurzeln. Andererseits ist $P^*(\alpha_i) = 0$ unendlich oft und so existieren $j, k \in \mathbb{N}_0$ mit $j < k$ und $\alpha_k = \alpha_j$, d.h. $[a_k; a_{k+1}, \dots] = [a_j; a_{j+1}, \dots]$. Nach der Eindeutigkeitsaussage von Satz 3 ist dann mit $h := k - j \in \mathbb{N}$

$$a_{i+h} = a_i \qquad \text{für alle } i \geq j$$

und α hat somit eine periodische Kettenbruchentwicklung. $\qquad \square$

Mit Satz 3 und den Sätzen von EULER und LAGRANGE scheint sich für *alge-braische* $\alpha \in \mathbb{R}$ eine Serie von Charakterisierungen durch Eigenschaften ihrer Kettenbruchentwicklung anzubahnen: α ist vom Grade 1 genau dann, wenn sein Kettenbruch endlich ist; α ist vom Grade 2 genau dann, wenn sein Kettenbruch unendlich und periodisch ist. Hier jedoch endet bereits die Serie nach heutiger Kenntnis der Dinge: Man kennt z.B. keine Charakterisierung des Grades 3 durch Kettenbrucheigenschaften, ja man kennt für kein algebraisches $\alpha \in \mathbb{R}$ mit Grad ≥ 3 den Kettenbruch. Insbesondere weiß man nicht, ob es darunter welche gibt, für die die Folge der Kettenbruchelemente z.B. unbeschränkt ist.

6. Zur Minimallösung der Pellschen Gleichung. In 4.3.3 wurde gezeigt, daß die PELLsche Gleichung

$$(1) \qquad\qquad\qquad X^2 - dY^2 = 1$$

bei nicht quadratischem $d \in \mathbb{N}$ unendlich viele Lösungen hat. Der Beweis dort begann (vgl. 4.3.3(2)) mit einer Anwendung des zweiten Teils des DIRICH-LETschen Approximationssatzes 4.3.2. Es sei hier zunächst bemerkt, daß jene *zweite Teilaussage des DIRICHLETschen Approximationssatzes genausogut aus der in diesem Paragraphen entwickelten Kettenbruchtheorie ableitbar ist.*

Sind nämlich p_i, q_i der i-te Näherungszähler bzw. $-$nenner des Kettenbruchs von α, so folgt aus 3(1) unmittelbar durch Abschätzung $|q_i \alpha - p_i| < 1/q_i$ für alle $i \geq 0$ und nach Lemma 2 sind p_i, q_i teilerfremd für jedes solche i.

Ferner wurde in 4.3.4 das Problem der vollständigen Lösung von (1) auf das Problem der Auffindung der Minimallösung von (1) zurückgespielt. Am Ende von 4.3.4 wurde dann ein Probierverfahren zur Auffindung dieser Minimallösung angegeben und ein systematischer Weg via Kettenbruchtheorie zur Erledigung dieser Aufgabe in Aussicht gestellt.

Dieser Weg soll hier zunächst für die speziellen $d \in \mathbb{N}$ der Form $d = 1 + D^2$, $D \in \mathbb{N}$ dargelegt werden, die dann automatisch keine Quadrate sind. Behauptet wird

Satz A. *Ist* $d := 1 + D^2$, $D \in \mathbb{N}$, *und ist* p_i *bzw.* q_i *der* i-te Näherungszähler *bzw.* $-$nenner der Kettenbruchentwicklung von $\sqrt{d}$, so ist (p_1, q_1) die Mini-mallösung der Pellschen Gleichung (1). Überdies sind $(p_{2k-1}, q_{2k-1})_{k=1,2,\ldots}$ alle Lösungen von (1) in $\mathbb{N}^2$.

Dieser Satz klärt auch das am Ende von 4.3.4 angegebene Beispiel der Primzahl $d = 98597$ auf: Es ist nämlich $d = 1 + 314^2$, also $\frac{p_1}{q_1} = [314; 628] = \frac{197193}{628}$ nach Proposition 4 und somit ist $(197193, 628)$ nach Satz A die Minimallösung der entsprechenden Gleichung (1) wie in 4.3.4 in Aussicht gestellt.

Beweis von Satz A. Wenn für diesen Beweis stets d für $1 + D^2$ steht, wird zunächst behauptet

$$(2) \qquad\qquad p_i^2 - dq_i^2 = (-1)^{i+1} \qquad \text{für } i \geq -1,$$

$$(3) \qquad\qquad p_{i-1}p_i - dq_{i-1}q_i = (-1)^i D \qquad \text{für } i \geq 0.$$

Für $i = -1, 0$ ist (2) und für $i = 0$ ist (3) richtig nach 2(1) und $p_0 = a_0$, $q_0 = 1$; man beachte, daß $a_0 = D$, $a_i = 2D$ für $i \geq 1$ wegen Proposition 4 gilt. Sei nun $i \geq 0$ und (2), (3) für dieses i schon als richtig erkannt. Dann ist unter Beachtung von (2), (3) für $i + 1$

$$\begin{aligned}
p_{i+1}^2 - dq_{i+1}^2 &= (2Dp_i + p_{i-1})^2 - d(2Dq_i + q_{i-1})^2 \\
&= 4D^2(p_i^2 - dq_i^2) + 4D(p_{i-1}p_i - dq_{i-1}q_i) + (p_{i-1}^2 - dq_{i-1}^2) \\
&= (-1)^{i+1}(4D^2 - 4D^2 - 1) \\
&= (-1)^{i+2},
\end{aligned}$$

was (2) für $i+1$ beweist. Dabei hat man 2(1) benützt, wie auch in der nächsten Formelzeile, die zu (3) für $i + 1$ führt:

$$\begin{aligned}
p_i p_{i+1} - dq_i q_{i+1} &= p_i(2Dp_i + p_{i-1}) - dq_i(2Dq_i + q_{i-1}) \\
&= 2D(p_i^2 - dq_i^2) + (p_i p_{i-1} - dq_i q_{i-1}) \\
&= (-1)^{i+1}(2D - D) \\
&= (-1)^{i+1}D.
\end{aligned}$$

Aus (2) sieht man bereits, daß alle $(p_i, q_i) \in \mathbb{N}^2$ mit ungeradem $i \geq 1$ die PELLsche Gleichung (1) bei $d = 1 + D^2$ lösen. Ist (x_1, y_1) deren Minimallösung, so ist bei geeignetem $n \in \mathbb{N}$ nach Satz 4.3.4

$$(4) \qquad\qquad p_1 = \sum_{\nu=0}^{[n/2]} \binom{n}{2\nu} x_1^{n-2\nu} y_1^{2\nu} (1 + D^2)^\nu;$$

wegen $x_1^2 \equiv 0, 1$, aber $2 + D^2 \equiv 2, 3 \pmod 4$ ist $y_1 \neq 1$, also $y_1 \geq 2$ und damit würde aus (4) und der Annahme $n \geq 2$ folgen

$$p_1 \geq x_1^n + \binom{n}{2} x_1^{n-2} y_1^2 (1 + D^2) > 4(1 + D^2),$$

was $p_1 = 2D^2 + 1$ widerspricht, vgl. 2(1). Damit ist $n = 1$, also $p_1 = x_1$ nach (4) und schließlich (p_1, q_1) die Minimallösung.

Ist weiter $k \geq 0$, so folgt aus 2(1), aus (2) für $i = 2k - 1$, aus (3) und 2(2) für $i = 2k$ sowie schließlich aus $q_1 = 2D$

$$\frac{p_{2k+1} + \sqrt{d}q_{2k+1}}{p_{2k-1} + \sqrt{d}q_{2k-1}} = 2D(p_{2k} + \sqrt{d}q_{2k})(p_{2k-1} - \sqrt{d}q_{2k-1}) + 1$$

$$= 2D((p_{2k-1}p_{2k} - dq_{2k-1}q_{2k})$$

$$+ \sqrt{d}(p_{2k-1}q_{2k} - p_{2k}q_{2k-1})) + 1$$

$$= 2D(D + \sqrt{d}) + 1$$

$$= p_1 + \sqrt{d}q_1.$$

Induktiv folgt hieraus $p_{2k-1} + \sqrt{d}q_{2k-1} = (p_1 + \sqrt{d}q_1)^k$ für $k \geq 1$ und nun erhält man aus 4.3.4 direkt $x_k = p_{2k-1}$, $y_k = q_{2k-1}$ für $k \geq 1$, wo (x_k, y_k) die in Satz 4.3.4 aufgeführten sämtlichen Lösungen von (1) in $\mathbb{N}^2$ sind, wobei jetzt k statt n geschrieben ist.   □

Wie man bei beliebigem, nicht quadratischem $d \in \mathbb{N}$ vorgeht, entnimmt man den ausführlichen Darlegungen bei PERRON [19], §§ 24–26. Die Beweismethode in diesem allgemeinen Fall ist grundsätzlich ähnlich zu der für Satz A, wenngleich technisch deutlich aufwendiger; das Ergebnis sei hier ohne Beweis mitgeteilt als

Satz B. *Ist $d \in \mathbb{N}$ kein Quadrat und bezeichnen p_i, q_i den i-ten Näherungszähler, –nenner der Kettenbruchentwicklung von $\sqrt{d}$, deren Periodenlänge h sei, so gilt mit $m := \frac{1}{2}(3 - (-1)^h)$: Das Paar (p_{mh-1}, q_{mh-1}) ist die Minimallösung von (1) und $(p_{mhk-1}, q_{mhk-1})_{k=1,2,...}$ sind sämtliche Lösungen von (1) in $\mathbb{N}^2$.*

Offenbar ist m gleich 1 bzw. 2, wenn h gerade bzw. ungerade ist. In Satz A ist insbesondere $h = 1$.

Teilweise wurde Satz B um 1766 herum von LAGRANGE gefunden; einen vollständigen Beweis hat aber erst LEGENDRE einige Jahrzehnte später liefern können. Satz B macht besonders schön deutlich, was die Kettenbruchtheorie bei der Untersuchung gewisser diophantischer Gleichungen zu leisten imstande ist.

7. Annäherung reeller Zahlen durch rationale. Aus 3(1) folgt für die Näherungsbrüche $\frac{p_0}{q_0}, \dots, \frac{p_k}{q_k}, \dots$ von α (wobei diese Folge für $\alpha \in \mathbb{Q}$ mit $\frac{p_k}{q_k}$ enden möge)

$$(1) \qquad q_i^{-1}(q_{i+1} + q_i)^{-1} < \left|\alpha - \frac{p_i}{q_i}\right| = q_i^{-1}(\alpha_{i+1}q_i + q_{i-1})^{-1} \leq q_i^{-1}q_{i+1}^{-1},$$

jedenfalls solange $i < k$ im Falle rationaler α gilt und rechts tritt Gleichheit ein genau für $\alpha \in \mathbb{Q}$, $i = k - 1$. Ungleichung (1) bietet *eine* Lösung der in der Praxis oft wichtigen Aufgabe an, eine vorgegebene reelle Zahl α durch rationale Zahlen anzunähern und den dabei begangenen Approximationsfehler sehr genau zu kontrollieren: Dabei approximiert man *hier* das vorgegebene α speziell durch die Näherungsbrüche der Kettenbruchentwicklung von α.

Die Frage drängt sich nun natürlich auf, ob man die oben angesprochene Aufgabe nicht besser durch andere rationale Zahlen als die Näherungsbrüche der zu approximierenden Zahl lösen sollte. In diesem und dem folgenden Abschnitt soll sie in präzisere Form gefaßt und dann gelöst werden. Dabei werden die Resultate in 8 glatter, wenn man die Annäherung von α durch rationale $\frac{a}{b}$ nicht wie in (1) durch $|\alpha - \frac{a}{b}|$, sondern durch $|b\alpha - a|$ mißt, was sogleich geschehen wird.

Der nun zu formulierende Hilfssatz enthält die wichtigsten Mittel, die für den Vergleich der Approximation reeller Zahlen durch beliebige rationale Zahlen bzw. durch Näherungsbrüche benötigt werden.

Lemma.

(i) Bei $\alpha \in \mathbb{Q}$ hat man für alle $c \in \mathbb{Z}$, $d \in \mathbb{N}$ die Ungleichung $|q_k\alpha - p_k| \leq |d\alpha - c|$ *mit Gleichheit genau für* $\frac{c}{d} = \frac{p_k}{q_k}$ $(= \alpha)$.

(ii) *Gilt* $q_k > 1$ *für* $\alpha \in \mathbb{Q}$, *so hat man für alle* $c \in \mathbb{Z}$, $d \in \mathbb{N}$ *mit* $d < q_k$ *die Ungleichung* $|q_{k-1}\alpha - p_{k-1}| \leq |d\alpha - c|$ *mit Gleichheit genau dann, wenn* (c, d) *gleich* (p_{k-1}, q_{k-1}) *bzw.* $(p_k - p_{k-1}, q_k - q_{k-1})$ *ist.*

(iii) *Ist* $\alpha \in \mathbb{Q}$, $0 \leq i \leq k - 2$, *bzw.* $\alpha \in \mathbb{R} \setminus \mathbb{Q}$, $i \geq 0$, *jedoch nicht gleichzeitig* $i = 0$, $a_1 = 1$, *so hat man für alle* $c \in \mathbb{Z}$, $d \in \mathbb{N}$ *mit* $d < q_{i+1}$ *die Ungleichung* $|q_i\alpha - p_i| \leq |d\alpha - c|$ *mit Gleichheit genau für* $c = p_i$, $d = q_i$.

Bemerkung. Im Fall (ii) ist $k \geq 1$ und $q_k = a_kq_{k-1} + q_{k-2} \geq 2q_{k-1}$ nach 2(1) und also genügen die voneinander verschiedenen Paare $(c, d) = (p_{k-1}, q_{k-1})$, $(p_k - p_{k-1}, q_k - q_{k-1})$ beide der Bedingung $0 < d < q_k$. Daß übrigens für diese beiden Paare in der Ungleichung von (ii) die Gleichheit eintritt, ist wegen $q_k\alpha = p_k$ einfach zu sehen.

Der erste Unterfall in (iii) kann offenbar nur bei $k \geq 2$ eintreten; weiter gilt stets $q_i \leq q_{i+1}$ mit Gleichheit genau für $(a_{i+1} - 1)q_i + q_{i-1} = 0$, d.h. für $i = 0$, $a_1 = 1$, was in (iii) gerade ausgeschlossen wurde. Unter den Bedingungen von (iii) ist also $q_i < q_{i+1}$ und so kommt hier (p_i, q_i) unter den zugelassenen Paaren (c, d) vor.

Beweis des Lemmas. Während (i) trivial ist, gewinnt man (ii) und (iii) folgendermaßen. Man betrachtet das System linearer Gleichungen

$$(2) \qquad p_i X + p_{i+1} Y = c, \qquad q_i X + q_{i+1} Y = d,$$

welches nach 2(2) die Determinante $(-1)^{i+1}$ hat und also seine Lösung (x, y) in $\mathbb{Z}^2$. Dabei ist $x \neq 0$, weil sonst $q_{i+1} | d$ aus der zweiten Gleichung (2) folgen würde, entgegen der einheitlichen Voraussetzung $d < q_{i+1}$, wenn man für (ii) das Bisherige mit $i = k - 1$ anwendet.

In diesem letztgenannten Fall folgt aus (2) die Gleichung $x(q_{k-1}\alpha - p_{k-1}) = d\alpha - c$. Bei $|x| \geq 2$ hat man wegen $\frac{p_{k-1}}{q_{k-1}} \neq \alpha$ die gewünschte Ungleichung $|d\alpha - c| > |q_{k-1}\alpha - p_{k-1}|$. Wegen (2) und 2(2) ist $|x| = 1$ äquivalent zu $cq_k - dp_k = \varepsilon$ mit einem $\varepsilon \in \{1, -1\}$. Diese diophantische Gleichung vom Typ 1.3.3(2) hat nach Satz 1.3.3 genau die Lösungen

$$(3) \qquad (\varepsilon c_0 + t p_k, \ \varepsilon d_0 + t q_k), \qquad t \in \mathbb{Z},$$

wobei $(c_0, d_0) \in \mathbb{Z}^2$ nach 1.3.3(1) gemäß $c_0 q_k - d_0 p_k = 1$ zu wählen ist, etwa $c_0 = (-1)^k p_{k-1}$, $d_0 = (-1)^k q_{k-1}$ nach 2(2). Daß übrigens die Bedingung $ab \neq 0$ in Satz 1.3.3 hier erfüllt ist, folgt aus $p_k \neq 0$; denn aus $p_k = 0$ würde $q_k = 1$ folgen, also $k = 1$ (vgl. Bemerkung) und somit $a_1 = 1$, was nicht geht, da das letzte Element des Kettenbruchs einer rationalen, nicht ganzen Zahl stets größer als 1 ist. $|d\alpha - c| = |q_{k-1}\alpha - p_{k-1}|$ tritt also nach (3) genau für die Paare (c, d) der Form

$$(4) \qquad c = \varepsilon' p_{k-1} + t p_k, \qquad d = \varepsilon' q_{k-1} + t q_k$$

ein, wobei $\varepsilon' \in \{1, -1\}$, $t \in \mathbb{Z}$ so zu wählen sind, daß $0 < d < q_k$ gilt. Diese letzte Bedingung führt zu $t = 0$, $\varepsilon' = 1$ bzw. $t = 1$, $\varepsilon' = -1$ und so führt (4) zu den beiden in (ii) genannten Paaren (c, d).

Im Falle (iii) ist für eventuelle (c, d) der Form $(\lambda p_i, \lambda q_i)$, $\lambda = 2, 3, \ldots$, wegen $q_i \alpha \neq p_i$ die strenge Ungleichung klar. Sei jetzt also (c, d) von allen $(\lambda p_i, \lambda q_i)$, $\lambda = 1, 2, 3, \ldots$, verschieden, d.h. $\frac{c}{d} \neq \frac{p_i}{q_i}$. Dann genügt die Lösung (x, y) von (2) der Bedingung $xy < 0$. Denn $y = 0$ würde zu $\frac{p_i}{q_i} = \frac{c}{d}$ führen und $xy > 0$ wäre mit $x, y > 0$ oder $x, y < 0$ äquivalent, was wegen $0 < d < q_{i+1}$ beides der zweiten Gleichung in (2) widerspricht. Da $q_i \alpha - p_i$ und $q_{i+1}\alpha - p_{i+1}$ nach 3(1) verschiedenes Vorzeichen haben – man beachte, daß sie auch bei $\alpha \in \mathbb{Q}$ wegen $i \leq k - 2$ beide nicht verschwinden –, folgt aus $xy < 0$, daß $x(q_i\alpha - p_i)$ und $y(q_{i+1}\alpha - p_{i+1})$ gleiches Vorzeichen haben und so wird nach (2)

$$\begin{aligned}
|d\alpha - c| &= |x(q_i\alpha - p_i) + y(q_{i+1}\alpha - p_{i+1})| \\
&= |x|\,|q_i\alpha - p_i| + |y|\,|q_{i+1}\alpha - p_{i+1}| > |q_i\alpha - p_i|.
\end{aligned}$$

$\square$

8. Beste Näherungen. Man nennt eine rationale Zahl $\frac{a}{b}$ mit $a \in \mathbb{Z}$, $b \in \mathbb{N}$ eine *beste Näherung* für $\alpha \in \mathbb{R}$, wenn für alle $c \in \mathbb{Z}$, $d \in \mathbb{N}$ mit $\frac{c}{d} \neq \frac{a}{b}$ und $d \leq b$ gilt: $|d\alpha - c| > |b\alpha - a|$.

Mit diesem Begriff kann man behaupten

Satz A. *Jede beste Näherung für $\alpha \in \mathbb{R}$ ist ein Näherungsbruch von α.*

Beweis. Es sei $\frac{a}{b} \neq \frac{p_0}{q_0}, \ldots, \frac{p_k}{q_k}, \ldots$, wo bei $\alpha \in \mathbb{Q}$ dieselbe Verabredung wie zu Anfang von 7 getroffen sei. Ist $\alpha \in \mathbb{Q}$ und $q_k \leq b$, so nehme $c = p_k$, $d = q_k$; man erhält damit $\frac{c}{d} \neq \frac{a}{b}$, $d \leq b$ und $0 = |q_k\alpha - p_k| = |d\alpha - c| < |b\alpha - a|$ und so ist $\frac{a}{b}$ keine beste Näherung für α.

Sei nun entweder $\alpha \in \mathbb{R} \setminus \mathbb{Q}$ oder $\alpha \in \mathbb{Q}$ habe $q_k > b$. Man fixiert i gemäß $q_i \leq b < q_{i+1}$ und erhält $i < k$ und $1 < q_{i+1} = a_{i+1}q_i + q_{i-1}$, also entweder $i \geq 1$ oder $i = 0$, $a_1 > 1$. Nach (ii) und (iii) von Lemma 7 ist $|q_i\alpha - p_i| \leq |b\alpha - a|$ wegen $b < q_{i+1}$; wählt man hier $c = p_i$, $d = q_i$, so ist $\frac{c}{d} \neq \frac{a}{b}$, $d \leq b$, $|d\alpha - c| \leq |b\alpha - a|$ erfüllt und $\frac{a}{b}$ ist wieder keine beste Näherung für α. $\qquad\square$

Das nächste Ergebnis zeigt, daß sich Satz A in weitest möglichem Maße umkehren läßt.

Satz B. *Jeder Näherungsbruch von $\alpha \in \mathbb{R}$ ist eine beste Näherung für α, wenn man für die α der Form $[a_0; 2]$, $[a_0; 1, a_2, \ldots, a_k]$ mit einem $k \geq 2$ bzw. $[a_0; 1, a_2, \ldots]$ von den Näherungsbrüchen nullter Ordnung absieht. In diesen Ausnahmefällen ist der nullte Näherungsbruch tatsächlich keine beste Näherung für α.*

Beweis. Ist $\frac{p_i}{q_i}$ ein Näherungsbruch von α (mit $i \geq 1$ in den Ausnahmefällen), so ist für alle $c \in \mathbb{Z}$, $d \in \mathbb{N}$ mit $\frac{c}{d} \neq \frac{p_i}{q_i}$, $d \leq q_i$ die Ungleichung $|d\alpha - c| > |q_i\alpha - p_i|$ zu zeigen.

Ist $\alpha \in \mathbb{Q}$, so ist dies bei $i = k$ nach Lemma 7(i) in Ordnung. Da im Falle $\alpha \in \mathbb{Q}$ nicht gleichzeitig $k = 1$ und $a_k = 2$ gilt, ist $q_k - q_{k-1} > q_{k-1}$ und so gilt hier das Gewünschte für $i = k - 1$ nach (ii) des Lemmas. Da im Falle $\alpha \in \mathbb{Q}$, $0 \leq i \leq k - 2$ bzw. $\alpha \in \mathbb{R} \setminus \mathbb{Q}$, $i \geq 0$ nicht gleichzeitig $i = 0$, $a_1 = 1$ gilt, folgt jetzt das Gewünschte aus Lemma 7(iii).

Im ersten Ausnahmefall $\alpha = a_0 + \frac{1}{2}$ ist $p_0 = a_0$, $q_0 = 1$, $p_1 = 2a_0 + 1$, $q_1 = 2$, also $|q_0\alpha - p_0| = |(q_1 - q_0)\alpha - (p_1 - p_0)|$ $(= \frac{1}{2})$ nach (ii) und so ist hier $\frac{p_0}{q_0}$ keine beste Näherung für α. Im zweiten und dritten Ausnahmefall ist $\alpha - a_0 > \frac{p_2}{q_2} - a_0 = (1 + a_2^{-1})^{-1} \geq \frac{1}{2}$ für $\alpha \notin \mathbb{Q}$ bzw. $\alpha \in \mathbb{Q}$, $k \geq 3$; bei $\alpha \in \mathbb{Q}$, $k = 2$ ist hier $\alpha - a_0 = \frac{p_2}{q_2} - a_0 = (1 + a_2^{-1})^{-1} \geq \frac{2}{3}$ wegen $a_2 \geq 2$. Insgesamt ist in den letztgenannten Ausnahmefällen $\alpha - a_0 > \frac{1}{2}$ oder also $\alpha - a_0 > (a_0 + 1) - \alpha$ (> 0), was zeigt, daß hier erneut $\frac{p_0}{q_0}$ keine beste Näherung für α ist. $\square$

Unter Verwendung der in der Fußnote zu 4.3.2 eingeführten Bezeichnung $\| \cdot \|$ für den Abstand zur nächsten ganzen Zahl soll aus Satz B noch gefolgert werden die

Proposition. *Für jedes reelle α gilt $\|q_0\alpha\| \geq \|q_1\alpha\| > \ldots > \|q_k\alpha\| > \ldots$, wobei diese Ungleichungskette im Falle $\alpha \in \mathbb{Q}$, $\alpha = \frac{p_k}{q_k}$ mit dem Gliede $\|q_k\alpha\| = 0$ abbricht. Dabei tritt an der einzig möglichen Stelle Gleichheit ein genau dann, wenn das erste Kettenbruchelement a_1 von α gleich 1 ist, was im Falle $\alpha \in \mathbb{Q}$ nur bei $k \geq 2$ vorkommen kann.*

Beweis. Sei $\alpha \notin \mathbb{Z}$, etwa $\alpha = [a_0; a_1, \ldots, a_k, \ldots]$ mit einem $k \geq 1$ für rationales α. Nach Satz B ist $\frac{p_i}{q_i}$ für $i \geq 1$ eine beste Näherung für α und so hat man wegen $q_{i-1} \leq q_i$, $\frac{p_{i-1}}{q_{i-1}} \neq \frac{p_i}{q_i}$ die Ungleichung $|q_{i-1}\alpha - p_{i-1}| > |q_i\alpha - p_i|$; ebensoleicht sieht man $|q_0\alpha - (p_0 + 1)| \geq |q_1\alpha - p_1|$ mit Gleichheit genau dann, wenn $a_1 = 1$ gilt. Dies liefert die Ungleichungskette

$$(1) \qquad \text{Min}(|q_0\alpha - p_0|, |q_0\alpha - p_0 - 1|) \geq |q_1\alpha - p_1| > \ldots > |q_k\alpha - p_k| > \ldots,$$

die gegebenenfalls nach dem $(k+1)$–tem Glied abbricht. Nach 7(1) ist mit α_{i+1} wie in 4

$$|q_i\alpha - p_i| = (q_i\alpha_{i+1} + q_{i-1})^{-1} \leq (\alpha_{i+1} + 1)^{-1} < \frac{1}{2}$$

für $i \geq 1$, wenn $i < k$ im Falle eines rationalen α erfüllt ist; daher gilt $|q_i\alpha - p_i| = \|q_i\alpha\|$ für $i \geq 1$ stets. Da das Minimum links in (1) gleich $\|q_0\alpha\|$ ist, folgt daraus die Behauptung der Proposition. $\square$

Die zuletzt bewiesenen Sätze A und B zeigen, daß — abgesehen von gewissen seltenen, vollständig zu charakterisierenden Ausnahmen — die besten Näherungen für eine reelle Zahl α *genau* deren Näherungsbrüche sind.

9.   Anmerkungen dazu. Ist $\frac{a}{b}$ eine beste Näherung für α, so ist nach der anfangs von 8 gegebenen Definition $|\alpha - \frac{a}{b}| < \frac{d}{b}|\alpha - \frac{c}{d}|$, a fortiori also $|\alpha - \frac{a}{b}| < |\alpha - \frac{c}{d}|$ für alle rationalen $\frac{c}{d} \neq \frac{a}{b}$ mit $d \leq b$. Dies kann man unter Beachtung von Satz 8B in einer für das numerische Rechnen sehr wichtigen Weise interpretieren: Ersetzt man α durch seinen i-ten Näherungsbruch $\frac{p_i}{q_i}$, $i \geq 1$, so ist der dabei begangene Fehler absolut kleiner, als wenn man α durch irgendeine andere rationale Zahl mit Nenner höchstens q_i ersetzt.

Es sei an dieser Stelle angemerkt, daß die Kettenbruchentwicklung der Zahl π bisher unbekannt ist. Sie beginnt mit $[3; 7, 15, 1, 292, \ldots]$ und daher sind $3, \frac{22}{7}, \frac{333}{106}, \frac{355}{113}, \frac{103993}{33102}, \ldots$ die ersten fünf Näherungsbrüche von π. Während in China bereits vor über 1500 Jahren $\frac{355}{113}$ als Näherungswert für π auftrat, scheint sich etwa gleichzeitig im Abendland, ausgehend von den römischen Agrimensoren, die Zahl $\frac{22}{7}$ als sehr gute Annäherung an π verbreitet zu haben. Nach den Sätzen 8A und 8B sind die besten Näherungen für π genau die Näherungsbrüche von π. So wird klar, warum man keine rationale Zahl mit Nenner unterhalb 8 finden konnte, die die Zahl π so gut approximiert wie eben $\frac{22}{7}$.

Bereits 1685 hat WALLIS in seinem *Tractatus de Algebra* unter Benutzung der ersten Ziffern der Dezimalbruchentwicklung von π die ersten 34 Kettenbruchelemente von π berechnet. Seit 2003 sind vom Kettenbruch von π mehr als 10^8 Anfangselemente bekannt (E.W. WEISSTEIN, http://mathworld.wolfram.com/ PiContinuedFraction.html).

Das in 8 besprochene Problem der möglichst guten Annäherung beliebiger reeller Zahlen durch rationale Zahlen möglichst kleiner Nenner war historisch sogar die entscheidende Triebfeder zur Entdeckung und Untersuchung des Kalküls der regelmäßigen Kettenbrüche. Wie man nämlich seinen *Opuscula Posthuma, Descriptio Automati Planetarii* (1703) entnimmt, wurde C. HUYGENS auf dieses Problem bei der Herstellung eines Zahnradmodells des Sonnensystems geführt. Dabei mußte er die Anzahlen der Zähne in seinem Modell so wählen, daß ihr Quotient für zwei gekoppelte Zahnräder (d.h. der Quotient der Umlaufzeiten dieser beiden Räder) den Quotienten α der Umlaufzeiten der beiden darzustellenden Planeten möglichst gut annäherte. Aus technischen Gründen sollten gleichzeitig die Anzahlen der Zähne nicht zu groß werden.

10. Approximation algebraischer Zahlen zweiten Grades durch rationale. Die Annäherung einer beliebigen Zahl α durch solche rationale, die speziell Näherungsbrüche sind, wird durch 3(1) kontrolliert. Für Zahlen α mit geeigneten Voraussetzungen über ihre Kettenbruchentwicklung (oder besser noch: Kenntnis derselben) kann durch Kombination von 3(1) mit Lemma 7 die Annäherung durch *beliebige* rationale Zahlen angegriffen werden. Ein Beispiel dieser Art liefert der

Satz. *Ist für reelle irrationale* $\alpha = [a_0; a_1, a_2, \ldots]$ *die Folge* $(a_i)_{i=1,2,\ldots}$ *durch* $A\ (\geq 1)$ *beschränkt, so gilt für alle* $p \in \mathbb{Z}, q \in \mathbb{N}$ *die Ungleichung*

$$|\alpha - \frac{p}{q}| > (A+2)^{-1} q^{-2}.$$

Beweis. Sei ein Paar (p, q) wie im Satz beliebig vorgegeben. Man definiere i in eindeutiger Weise durch die Forderung $q_i \leq q < q_{i+1}$: es ist daher $i \geq 0$ und sogar $i \geq 1$, falls $a_1 = 1$ ist. Daher ist nach Lemma 7(iii) und wegen $q_{i-1} \leq q_i$

$$|q\alpha - p| \geq |q_i\alpha - p_i| > ((a_{i+1} + 1)q_i + q_{i-1})^{-1} \geq (A + 2)^{-1}q_i^{-1},$$

woraus mit $q_i \leq q$ die Behauptung folgt.   □

Bemerkung. Für die im Satz behandelten α gibt es also eine nur von α abhängige Konstante $c(\alpha) > 0$, so daß $|\alpha - \frac{p}{q}| > c(\alpha)q^{-2}$ für alle rationalen $\frac{p}{q}$ gilt. Andererseits hat $|\alpha - \frac{p}{q}| < q^{-2}$ für jedes irrationale α unendlich viele rationale Lösungen $\frac{p}{q}$ und so ist die obige Aussage bis auf den Wert von $c(\alpha)$ bestmöglich.

Ein Ergebnis aus der sogenannten metrischen Kettenbruchtheorie besagt, daß für fast alle reellen α (im Sinne des LEBESGUE–Maßes in $\mathbb{R}$) die Folge $(a_i(\alpha))_{i=1,2,...}$ unbeschränkt ist, wobei $\alpha = [a_0(\alpha); a_1(\alpha), \ldots]$. Obschon also die Voraussetzung über α im obigen Satz fast nie zutrifft, gehört doch eine wichtige Klasse reeller Zahlen sicher zur Ausnahmemenge, nach dem LAGRANGEschen Satz 5 nämlich alle reell–quadratischen Zahlen, da ja die Periodizität der Folge (a_i) deren Beschränktheit impliziert. Somit hat man folgendes

Korollar.   *Zu jeder algebraischen Zahl α zweiten Grades gibt es eine Konstante $c(\alpha) > 0$, so daß für alle rationalen $\frac{p}{q}$ gilt*

$$|\alpha - \frac{p}{q}| > c(\alpha)q^{-2}.$$

Für reelle α der genannten Art wurde dies bereits oben gefolgert. Ist $\alpha \in \mathbb{C} \setminus \mathbb{R}$, was im Korollar ja vorkommen kann, so ist trivialerweise und ohne jede arithmetische Voraussetzung an α

$$|\alpha - \frac{p}{q}| \geq |\operatorname{Im} \alpha| \geq c(\alpha)q^{-2}$$

für alle p, q und mit $c(\alpha) := |\operatorname{Im} \alpha| > 0$.

Bemerkung. Dies Korollar wird in 6.1.2 durch den Satz von LIOUVILLE verallgemeinert.

11.   Eine arithmetische Eigenschaft von $e^{2/k}$. Bisher wurden Kettenbruchentwicklungen nur für gewisse reelle algebraische Zahlen höchstens zweiten

Grades hier explizit angegeben. In 12 soll nun noch diejenige von e abgeleitet werden, eine etwas schwierigere Aufgabe.

Dazu betrachtet man vorbereitend für $n = 0, 1, \ldots$ die folgenden positiven reellen Zahlen

$$(1) \quad \xi_n := \frac{1}{n!} \int_0^1 x^n (1-x)^n e^{2x/k} dx, \quad \eta_n := \frac{1}{n!} \int_0^1 x^{n+1} (1-x)^n e^{2x/k} dx$$

mit fixiertem $k \in \mathbb{N}$.

Das erste Ziel ist die Herleitung einer zweigliedrigen Rekursionsformel für die ξ_n; die η_n sind lediglich bequeme Hilfsgrößen. Indem man auf das erste Integral in (1) zunächst partielle Integration anwendet, findet man für $n \geq 1$

$$\frac{2}{k} n! \xi_n = n \int_0^1 (2x-1) x^{n-1} (1-x)^{n-1} e^{2x/k} dx = n!(2\eta_{n-1} - \xi_{n-1}),$$

also

$$(2) \qquad \frac{2}{k} \xi_n + \xi_{n-1} = 2\eta_{n-1} \qquad \text{für } n \geq 1.$$

Völlig analog erhält man aus dem zweiten Integral in (1) durch partielle Integration

$$(2n+1)\xi_n = \eta_{n-1} - \frac{2}{k}\eta_n \qquad \text{für } n \geq 1.$$

Eliminiert man hieraus die η's mittels (2), so bekommt man

$$(3) \qquad \frac{2}{k}\xi_{n+1} + (2n+1)k\xi_n = \frac{k}{2}\xi_{n-1} \qquad (n \geq 1)$$

oder äquivalent für dieselben n

$$(3') \qquad \frac{k\xi_{n-1}}{2\xi_n} = (2n+1)k + \frac{2\xi_{n+1}}{k\xi_n}.$$

Weiter erhält man aus (1)

$$(4) \qquad \xi_0 = \frac{k}{2}(e^{2/k} - 1), \quad \eta_0 = \frac{k}{2}e^{2/k} - \left(\frac{k}{2}\right)^2 (e^{2/k} - 1),$$

was mittels (2), angewandt für $n = 1$, direkt zu

$$(5) \qquad \xi_1 = \left(\frac{k}{2}\right)^2 (e^{2/k} + 1 - k(e^{2/k} - 1))$$

führt. Aus (4) und (5) folgt $(e^{2/k} + 1)/(e^{2/k} - 1) = k + (2\xi_1)/(k\xi_0)$ oder in Kettenbruchschreibweise $(e^{2/k} + 1)/(e^{2/k} - 1) = [k; (k\xi_0)/(2\xi_1)]$. Wendet man hier rechts (3') mit $n = 1$ an, so wird $(e^{2/k} + 1)/(e^{2/k} - 1) = [k; 3k, (k\xi_1)/(2\xi_2)]$ und schließlich folgt mittels (3') induktiv

$$(6) \qquad \frac{e^{2/k} + 1}{e^{2/k} - 1} = [k; 3k, 5k, 7k, \ldots] \qquad \text{für } k \in \mathbb{N}.$$

Hieraus kann geschlossen werden auf die

Proposition *Die Zahl $e^{2/k}$ ist für kein ganzes $k \neq 0$ algebraisch von einem Grade höchstens zwei.*

Bemerkung. Für $k = 2$ wurde dies bereits in Proposition 2.4B eingesehen.

Beweis. Bei $k \in \mathbb{N}$ werde $z := e^{2/k}$ und $y := \frac{z+1}{z-1}$ gesetzt. Gäbe es ein nichttriviales Tripel $(a, b, c) \in \mathbb{Z}^3$ mit $az^2 + bz + c = 0$, so wäre dies wegen $z = \frac{y+1}{y-1}$ mit $a^*y^2 + b^*y + c^* = 0$, $a^* := a + b + c$, $b^* := 2(a - c)$, $c^* := a - b + c$ äquivalent. Nach (6), Satz 3 und dem LAGRANGEschen Satz 5 ist y nicht algebraisch von einem Grade höchstens zwei und also folgt $a^* = b^* = c^* = 0$, was seinerseits zu $a = b = c = 0$ führt, entgegen der gemachten Annahme. Das Additionstheorem der Exponentialfunktion erlaubt es schließlich, den Fall $-k \in \mathbb{N}$ auf den soeben abgeschlossenen zurückzuspielen. $\square$

12. Kettenbruchentwicklung von e. Für $k = 2$ ergibt sich aus 11(6)

$$(1) \qquad \frac{e + 1}{e - 1} = [2; 6, 10, 14, \ldots].$$

Die beiden Kettenbrüche 11(6), (1) sind von EULER 1737 gefunden worden.

Es liegt nun nahe zu versuchen, aus 11(6) den Kettenbruch für $e^{2/k}$ selbst zu ermitteln. EULER gelang dies 1737 für gerade k; der Fall ungerader k konnte erst um die Wende zum 20. Jahrhundert von K.F. SUNDMAN (für $k = 1$) und schließlich STIELTJES (für $k = 1, 3, 5, \ldots$) erledigt werden. Die beiden hier unterschiedenen Fälle für k sind bei PERRON [19], Band I, §§ 31, 32 ausführlich dargestellt.

Hier soll lediglich noch der Fall $k = 2$ behandelt werden; d.h. aus (1) soll die Kettenbruchentwicklung für e abgeleitet werden. Dazu wird die EULERsche Verfahrensweise angewandt: Durch explizite Berechnung genügend vieler Anfangsglieder der Elementenfolge des Kettenbruchs von e hat er diesen erraten und seine Vermutung anschließend mit Hilfe von (1) bewiesen. Behauptet wird

$$(2) \qquad e = [2; 1, 2, 1, 1, 4, 1, 1, 6, 1, \ldots].$$

Zum *Beweis* setzt man $a_i := 4i + 2$ $(i = 0, 1, \ldots)$ und bezeichnet mit p_i bzw. q_i die Näherungszähler bzw. –nenner des Kettenbruchs $[a_0; a_1, a_2, \ldots] = \frac{e+1}{e-1}$, vgl. (1). Weiter definiert man

$$(3) \qquad a_0' := 2 \quad \text{sowie} \quad a_{3j-2}' := 1, \quad a_{3j-1}' := 2j, \quad a_{3j}' := 1 \quad (j \geq 1)$$

und $e' := [a_0'; a_1', \ldots]$. Dieser letzte Kettenbruch habe die Näherungszähler bzw. –nenner p_i', q_i'. Wegen (3) und der Definition von e' ist für den Beweis von (2) $e' = e$ zu zeigen. Kernpunkt dieses Beweises ist die Bestätigung der Formeln

$$(4) \qquad p_{3j+1}' = p_j + q_j, \quad q_{3j+1}' = p_j - q_j \qquad \text{für } j \geq 0.$$

Wegen der leicht zu verifizierenden Gleichungen $p_0 = 2$, $q_0 = 1$, $p_1 = 13$, $q_1 = 6$, $p_1' = 3$, $q_1' = 1$, $p_4' = 19$, $q_4' = 7$ gelten (4) für $j = 0, 1$. Sei $j \geq 2$ und (4) bereits für $j - 2$ und $j - 1$ als richtig erkannt. Aus den Rekursionsformeln 2(1) für die gestrichenen p's folgt unter Beachtung von (3)

$$
\begin{aligned}
p_{3j-3}' &= p_{3j-4}' + p_{3j-5}', \\
p_{3j-2}' &= p_{3j-3}' + p_{3j-4}', \\
p_{3j-1}' &= 2j p_{3j-2}' + p_{3j-3}', \\
p_{3j}' &= p_{3j-1}' + p_{3j-2}', \\
p_{3j+1}' &= p_{3j}' + p_{3j-1}'.
\end{aligned}
$$

Multipliziert man hier die erste,...,fünfte Gleichung mit $1, -1, 2, 1, 1$ und addiert anschließend alles, so erhält man unter Berücksichtigung der Induktionsvoraussetzung

$$
\begin{aligned}
p_{3j+1}' &= (4j + 2) p_{3j-2}' + p_{3j-5}' \\
&= (4j + 2)(p_{j-1} + q_{j-1}) + (p_{j-2} + q_{j-2}) \\
&= \{(4j + 2) p_{j-1} + p_{j-2}\} + \{(4j + 2) q_{j-1} + q_{j-2}\} \\
&= p_j + q_j.
\end{aligned}
$$

Dabei wurden zuletzt auch die Formeln 2(1) für die ungestrichenen p, q ausgenützt. Somit hat man die erste Behauptung in (4) und die zweite folgt ganz analog.

Nach (4) ist

$$
e' = \lim_{j \to \infty} \frac{p_{3j+1}'}{q_{3j+1}'} = \lim_{j \to \infty} \frac{\frac{p_j}{q_j} + 1}{\frac{p_j}{q_j} - 1} = \frac{\frac{e+1}{e-1} + 1}{\frac{e+1}{e-1} - 1} = e. \qquad \square
$$

Bemerkung. Die Herleitung der arithmetischen Aussagen in diesem und dem letzten Abschnitt benutzte sowohl das Additionstheorem wie die Differentialgleichung der Exponentialfunktion, letztere bei den partiellen Integrationen nach 11(1). Beide Eigenschaften werden wieder eine entscheidende Rolle spielen, wenn in Kap. 6, §§ 3–5 mit analytischen Methoden gewisse mit der Exponentialfunktion zusammenhängende komplexe Zahlen auf Transzendenz untersucht werden. Dort werden sich insbesondere alle Zahlen $e^{2/k}$, $k \in \mathbb{Z} \setminus \{0\}$, und damit die in 11(6) als transzendent erweisen. (Vgl. hierzu auch die Anmerkung am Ende von 5 über Kettenbrüche algebraischer Zahlen mindestens dritten Grades.)

Kapitel 6. Transzendenz

Hier werden die in Kap. 5 begonnenen arithmetischen Untersuchungen vertieft, indem nicht mehr nur nach Irrationalität, sondern viel weitergehend nach Transzendenz reeller (und nun auch komplexer) Zahlen gefragt wird.

Die ersten beiden Paragraphen bringen dabei die sogenannten Approximationsmethoden. LIOUVILLE hat nämlich 1844 entdeckt, daß sich algebraische Zahlen durch rationale nicht zu gut annähern lassen. Sein Ergebnis wird zur Konstruktion transzendenter reeller Zahlen in Form geeigneter Kettenbrüche oder g-adischer Reihen benutzt. Sodann werden die sukzessiven Verschärfungen des LIOUVILLEschen Satzes durch THUE, SIEGEL, ROTH und SCHMIDT diskutiert. Aus diesen Verschärfungen werden Folgerungen über die Endlichkeit der Lösungsanzahl gewisser diophantischer Gleichungen gezogen, wobei auch auf Effektivitätsfragen eingegangen wird.

Die letzten drei Paragraphen sind den analytischen Transzendenzmethoden gewidmet. Dabei werden zunächst in den §§ 3 und 4 die Sätze von HERMITE, LINDEMANN und WEIERSTRASS im wesentlichen mit HERMITEs Methode bewiesen. § 5 bringt den Satz von GEL'FOND und SCHNEIDER nach der Methode des erstgenannten Autors.

§ 1. Entdeckung der Transzendenz

1. Historisches. Wie schon in 1.1.9 erwähnt, war bereits den Griechen die Existenz von (reellen) Zahlen bekannt, die nicht rational sind. Alle ihnen geläufigen Beispiele für solche Zahlen waren jedoch – in moderner Terminologie ausgedrückt – algebraisch. Die ersten Zahlen, für die die Irrationalität gezeigt werden konnte und die sich (wenn auch erst rund 140 Jahre später) als transzendent erwiesen – wieder in moderner Terminologie –, waren die Zahlen $e^{2/k}$, $k \in \mathbb{Z} \setminus \{0\}$. Wie in 5.3.11 gesehen, konnte nämlich EULER hier den Irrationalitätsbeweis über die regelmäßige Kettenbruchentwicklung führen.

Der Begriff der Transzendenz hat sich offenbar während des 18. Jahrhunderts ganz allmählich herausgebildet in dem Maße, wie sich damals die Algebra entwickelt hat. Das Wort *transzendent* wurde schon 1704 von LEIBNIZ benützt (*omnem rationem transcendunt*), doch scheint selbst EULER noch keine strenge Definition einer transzendenten Zahl besessen zu haben. Gleichwohl hielt er die Existenz solcher Zahlen für gesichert, wie man § 105 des ersten Teils seiner *Introductio in Analysin Infinitorum* (Opera Omnia Ser. 1, VIII; deutscher Nachdruck: *Einleitung in die Analysis des Unendlichen*, Springer, Berlin etc., 1983) aus dem Jahre 1748 entnehmen kann. Dort behauptete er zum Beispiel, daß bei positivem rationalem $a \neq 1$ und natürlichem b, das keine Quadratzahl ist, die Zahl $a^{\sqrt{b}}$ nicht nur nicht rational sei, sondern nicht einmal mehr "irrational". Im heutigen Sprachgebrauch schien er damit die Vermutung aussprechen zu wollen, daß $a^{\sqrt{b}}$ unter den genannten Bedingungen transzendent sei.

Knapp drei Jahrzehnte später, 1775, äußerte dann EULER (Opera Omnia Ser. 1, IV, 136-145) die Meinung, auch die Zahl π sei "irrational". Bereits 1761 hatte LAMBERT (Opera Mathematica II, 112–159) einen EULER seinerzeit anscheinend verborgen gebliebenen Beweis für die Irrationalität (im heutigen Sinne) von π gefunden.

LAMBERTs Aufsatz erwies sich jedoch nicht nur wegen des Irrationalitätsbeweises für π als wichtig. Vielmehr sprach er dort (§§ 89-91) klar die Vermutung aus, π sei transzendent, und brachte dies in Zusammenhang mit der Unmöglichkeit der Quadratur des Kreises, ein von den Griechen überkommenes Problem, das jahrhundertelang zu mathematischen Forschungen motiviert hatte. Diese bemerkenswerte Passage lautet bei LAMBERT: "Dans ce cas, la longueur de l'arc sera une quantité transcendante, ce qui veut dire irréductible à quelque quantité rationnelle ou radicale, et par là elle n'admet aucune construction géométrique."

LEGENDRE gab 1794 einen weiteren Irrationalitätsbeweis für π und fügte noch einen solchen für π^2 hinzu. Er äußerte dann am Ende seiner Untersuchungen die Vermutung, π sei transzendent. Diese wurde jetzt aber nicht mehr in den etwas vagen Worten "irréductible à quelque quantité rationnelle ou radicale" von LAMBERT formuliert, sondern klar und eindeutig in moderner Terminologie: "Il est probable que le nombre π n'est même pas compris dans les irrationnelles algébriques, c'est-à-dire, qu'il ne peut être la racine d'une équation algébrique d'un nombre fini de termes dont les coefficients sont rationnels: Mais il paraît très difficile de démontrer rigoureusement cette proposition."

Während sich also zu Beginn des 19. Jahrhunderts bei den führenden Arithmetikern der Begriff der Transzendenz einer Zahl geklärt hatte, blieb die Frage nach der Existenz solcher Zahlen noch bis 1844 offen. Kurz vorher war es P. WANTZEL (J. Math. Pures et Appl. (1) 2, 366-372 (1837)) gelungen, die oben zitierte Behauptung von LAMBERT über den Zusammenhang zwischen Transzendenz von

π und Unmöglichkeit der Kreisquadratur streng zu beweisen. Wegen des großen Interesses an diesem berühmten geometrischen Problem war damit die Vermutung von EULER, LAMBERT und LEGENDRE über die Transzendenz von π in den Blickpunkt der Mathematiker, vor allem der Zahlentheoretiker gerückt.

Die Existenz transzendenter Zahlen (vgl. auch 5.1.10) konnte erstmals 1844 von LIOUVILLE gesichert werden. Seine entsprechenden Überlegungen trug er am 13. Mai 1844 auf der Sitzung der Académie des Sciences in Paris vor und vereinfachte sie eine Woche später (C. R. Acad. Sci. Paris *18*, 883-885, 910-911 (1844)). Eine ausführliche Darstellung seines Ergebnisses und einige Anwendungen auf Kettenbrüche bzw. g–adische Reihen findet man in seinem berühmten Artikel "Sur les classes très étendues de quantités dont la valeur n'est ni algébrique ni même réductible à des irrationnelles algébriques" (J. Math. Pures et Appl. (1) *16*, 133-142 (1851)).

2. Der Liouvillesche Approximationssatz besagt, daß sich algebraische Zahlen nicht zu gut durch rationale annähern lassen. Er beinhaltet also eine notwendige Bedingung für die Algebraizität einer Zahl, die sich somit unmittelbar als hinreichende Bedingung für Transzendenz formulieren läßt.

Liouvillescher Approximationssatz. *Zu jedem algebraischen $\alpha \in \mathbb{C}$ existiert ein effektiv angebbares $c = c(\alpha) > 0$, so daß für alle $p, q \in \mathbb{Z}$ mit $q > 0$ und $\frac{p}{q} \neq \alpha$ gilt*

$$|\alpha - \frac{p}{q}| \geq c(\alpha) q^{-\partial(\alpha)}.$$

Es sei daran erinnert, daß hier $\partial(\alpha)$ den in 1.6.1 definierten Grad von α bedeutet.

Beweis. Ist $P_\alpha := a_d X^d + \ldots + a_0 \in \mathbb{Z}[X]$ das in 1.6.1 erklärte ganzzahlige Minimalpolynom von α und $d := \partial(\alpha)$, so hat man $P_\alpha(\frac{p}{q}) \neq 0$ nach Satz 1.6.1 in Verbindung mit Korollar 1.6.2. Deswegen ist klar, daß in

$$q^d P_\alpha(\frac{p}{q}) = a_d p^d + a_{d-1} p^{d-1} q + \ldots + a_0 q^d$$

die rechte Seite nicht verschwinden kann, die wegen ihrer Ganzzahligkeit somit absolut mindestens 1 ist. Wegen

(1)
$$-P_\alpha(\frac{p}{q}) = P_\alpha(\alpha) - P_\alpha(\frac{p}{q}) = \sum_{i=1}^{d} a_i(\alpha^i - (\frac{p}{q})^i)$$

$$= (\alpha - \frac{p}{q}) \sum_{i=1}^{d} a_i(\alpha^{i-1} + \alpha^{i-2}\frac{p}{q} + \ldots + (\frac{p}{q})^{i-1})$$

kann man nun wenigstens für diejenigen p, q mit $0 < |\alpha - \frac{p}{q}| < 1$ sagen, daß $|\frac{p}{q}| < 1 + |\alpha|$ und also nach (1) auch

$$(2) \qquad q^{-d} \leq |-P_\alpha(\frac{p}{q})| \leq |\alpha - \frac{p}{q}| \sum_{i=1}^{d} |a_i| \sum_{j=0}^{i-1} |\alpha|^j (1 + |\alpha|)^{i-1-j}$$

gilt. Dabei ist der Faktor rechts bei $|\alpha - \frac{p}{q}|$ eine reelle Zahl nicht kleiner als 1, die alleine von α abhängt und etwa $\frac{1}{c(\alpha)}$ genannt sei. Diejenigen p, q mit $0 < |\alpha - \frac{p}{q}| < 1$ genügen damit der Abschätzung $c(\alpha)q^{-d} \leq |\alpha - \frac{p}{q}|$, und für die p, q mit $|\alpha - \frac{p}{q}| \geq 1$ ist a fortiori $|\alpha - \frac{p}{q}| \geq q^{-d}$. Wegen $d = \partial(\alpha)$ ist damit die LIOUVILLEsche Ungleichung bewiesen; man beachte $c(\alpha) \leq 1$. $\qquad \square$

Bemerkung. Wie schon am Ende von 5.3.10 dargelegt, ist auch die LIOUVILLE–Ungleichung nur für *reelle* algebraische α interessant. Für derartige α mit $\partial(\alpha) = 2$ ist die Aussage des LIOUVILLEschen Approximationssatzes identisch mit der des Korollars 5.3.10, das sich mit Kettenbruchmethoden ergab. Für die letztgenannten α ist die Approximationsaussage bestmöglich (bis auf den Wert von $c(\alpha)$); denn nach dem DIRICHLETschen Approximationssatz 4.3.2 oder nach 5.3.7 hat die Ungleichung $|\alpha - \frac{p}{q}| < q^{-2}$ unendlich viele Lösungen $(p, q) \in \mathbb{Z} \times \mathbb{N}$.

Weiter ist die in LIOUVILLEs Satz enthaltene Approximationsaussage für algebraische α mit $\partial(\alpha) = 1$ (d.h. rationale α) bestmöglich. Ist nämlich $\alpha = \frac{a}{b}$ mit teilerfremden $(a, b) \in \mathbb{Z} \times \mathbb{N}$, so hat nach den Sätzen 1.3.2 und 1.3.3 die lineare diophantische Gleichung $aX - bY = 1$ unendlich viele Lösungen $(x, y) \in \mathbb{Z}^2$ mit $x \neq 0$. Setzt man damit $q := |x|$, $p := y(\text{sgn } x)$, so gilt $|\alpha - \frac{p}{q}| = |\frac{a}{b} - \frac{p}{q}| = \frac{1}{bq}$ für diese unendlich vielen (p, q).

3. Konstruktion transzendenter Kettenbrüche.

Sein erstes Beispiel einer transzendenten Zahl konstruierte LIOUVILLE in Form eines unendlichen Kettenbruchs $\alpha = [a_0; a_1, a_2, ...]$. Nach Satz 5.3.3 sind solche α jedenfalls irrational und für seine Näherungsbrüche $\frac{p_i}{q_i}$ gilt nach 5.3.7(1) die Abschätzung $|\alpha - \frac{p_i}{q_i}| < a_{i+1}^{-1} q_i^{-2}$ für $i = 0, 1, ...$. Setzt man voraus, α sei algebraisch, so folgt aus dem LIOUVILLEschen Satz die Existenz eines $c(\alpha) > 0$, so daß insbesondere $|\alpha - \frac{p_i}{q_i}| \geq c(\alpha)q_i^{-\partial(\alpha)}$ für $i = 0, 1, ...$ gilt. Kombiniert man beide erhaltenen Ungleichungen miteinander, so sieht man

$$(1) \qquad a_{i+1} < c(\alpha)^{-1} q_i^{\partial(\alpha)-2} \qquad \text{für } i = 0, 1, ... \, .$$

Ist hier $\partial(\alpha) = 2$, d.h. α eine reell–quadratische Irrationalzahl, so erweist sich $a_1, a_2, ...$ als beschränkte Folge, ein Ergebnis, das selbstverständlich durch den LAGRANGEschen Satz 5.3.5 deutlich übertroffen wird.

Um nun transzendente Zahlen α in Form von Kettenbrüchen $[a_0; a_1, ...,]$ tatsächlich zu konstruieren, braucht man offenbar nur für das Erfülltsein der Bedingung

$$(2) \qquad\qquad \varlimsup_{i \to \infty} \frac{\log a_{i+1}}{\log q_i} = \infty$$

zu sorgen. Denn dann gibt es zu jedem $\delta \in \mathbb{R}_+$ unendlich viele i mit $a_{i+1} \geq q_i^\delta$, was in Verbindung mit (1) und der Annahme, α sei algebraisch, die Ungleichung $\delta \leq \partial(\alpha) - 2$ erzwingt. Andererseits kann δ beliebig groß gewählt werden. Nach den Rekursionsformeln 5.3.2(1) für die Näherungsnenner ist $q_i = a_i q_{i-1} + q_{i-2} \leq (a_i + 1)q_{i-1}$, also induktiv

$$(3) \qquad\qquad q_i \leq \prod_{j=1}^{i}(a_j + 1) \qquad \text{für } i = 0, 1, ...$$

Ist nun $g \in \mathbb{N}$, $g \geq 2$ und wählt man $a_i := g^{i!}$ für alle $i = 1, 2, ...$, so folgt aus (3)

$$\log q_i \leq i \log 2 + (\log g)\sum_{j=1}^{i} j! \leq i + i!(\log g)\sum_{k=0}^{i-1} \frac{1}{k!\binom{i}{k}} \leq 3(\log g)i!,$$

wenn nur i genügend groß ist; dabei hat man $\binom{i}{k} \geq 1$ und anschließend $\sum_{k \geq 0} k!^{-1}$ $= e < 3$ verwendet. Diese Abschätzung für $\log q_i$ zeigt, daß hier (2) erfüllt ist. Also definieren alle Kettenbrüche $[a_0; g^{1!}, g^{2!}, ..., g^{i!}, ...]$ transzendente Zahlen.

An der Bedingung (2) erkennt man ohne weiteres, daß a_{i+1} in Abhängigkeit von den $a_1, ..., a_i$ (gemäß 5.3.2(1) sind genau diese für q_i verantwortlich) für genügend viele i genügend groß sein muß. Dies bedeutet, daß der Kettenbruch genügend rasch konvergieren muß, will man seine Transzendenz mittels LIOUVILLEs Satz beweisen.

4. Transzendente g–adische Reihen. Hier sollen transzendente reelle Zahlen in Form geeigneter g–adischer Reihen nach fallenden Potenzen eines festen ganzen $g \geq 2$ konstruiert werden. Dazu setzt man zunächst voraus, $h{:}\mathbb{N} \to \mathbb{N}$ sei streng monoton wachsend und genüge der "Lückenbedingung" $\varlimsup_{j \to \infty} h(j+1)/h(j) > 1$; die unendliche Folge $\gamma_1, \gamma_2, ... \in \{0, ..., g-1\}$ habe unendlich viele von Null verschiedene Glieder. Dann ist $\alpha := \sum_{j=1}^{\infty} \gamma_j g^{-h(j)}$ jedenfalls irrational; dies sieht man ähnlich wie in 5.1.9 mit dem Irrationalitätskriterium 5.1.5, da die Ziffernfolge seiner g–adischen Entwicklung aufgrund der von h geforderten Lückenbedingung nicht periodisch sein kann. Setzt man nun für $n = 1, 2, ...$

$$(1) \qquad\qquad p_n := \sum_{j=1}^{n} \gamma_j g^{h(n)-h(j)}, \qquad q_n := g^{h(n)},$$

so ist

$$(2) \quad 0 < \alpha - \frac{p_n}{q_n} = \alpha - \sum_{j=1}^{n} \frac{\gamma_j}{g^{h(j)}} \leq \sum_{j>n} \frac{g-1}{g^{h(j)}} \leq \frac{g-1}{g^{h(n+1)}} \sum_{i=0}^{\infty} g^{-i} = g^{1-h(n+1)}.$$

Ist nun α algebraisch, so hat man nach dem LIOUVILLEschen Approximationssatz bei geeignetem $c(\alpha) > 0$ für dieselben n wegen (1)

$$(3) \qquad\qquad \alpha - \frac{p_n}{q_n} \geq c(\alpha) g^{-\partial(\alpha)h(n)};$$

Kombination von (2) und (3) zeigt dann, daß $\overline{\lim}_{n\to\infty} h(n+1)/h(n) \leq \partial(\alpha)$ gelten muß. Umgekehrt gewendet liefert dies die

Proposition. *Ist $g \in \mathbb{N}$, $g \geq 2$, sind in der Folge $(\gamma_j)_{j=1,2,...}$ mit allen $\gamma_j \in \{0, ..., g-1\}$ unendlich viele Glieder von Null verschieden und genügt die streng monoton wachsende Funktion $h:\mathbb{N} \to \mathbb{N}$ der Lückenbedingung*

$$\varlimsup_{j\to\infty} h(j+1)/h(j) = \infty,$$

so definiert die g–adische Reihe $\sum_{j=1}^{\infty} \gamma_j g^{-h(j)}$ eine transzendente Zahl. Z.B. sind alle $\sum_{j=1}^{\infty} \gamma_j g^{-j!}$ transzendent.

Bemerkungen. 1) Beispiele vom Typ $\sum \gamma_j 10^{-j!}$ für transzendente Zahlen führte LIOUVILLE bereits in seiner ersten Note 1844 auf. Dort findet sich auch die überraschende Anmerkung: "Je crois me souvenir qu'on trouve un théorème de ce genre dans une lettre de Goldbach à Euler; mais je ne sache pas que la démonstration en ait jamais été donnée."

2) Mit den auf CANTOR zurückgehenden Überlegungen in 5.1.10, die dort zum Beweis von Satz A geführt haben, kann man leicht einsehen, daß es sogar *überabzählbar viele* transzendente Zahlen des Typs $\sum \gamma_j 10^{-j!}$ gibt. In diesem Zusammenhang ist auch interessant, daß die Menge derjenigen reellen Zahlen, deren Transzendenz man aufgrund des LIOUVILLEschen Approximationssatzes erkennen kann, vom LEBESGUEschen Maß Null ist.

3) Ist $k \in \mathbb{N}$, $k \geq 2$ und sind g und die γ_j wie in der Proposition, so ist $\sum \gamma_j g^{-k^j}$ nicht algebraisch von einem Grad kleiner als k. Dies gibt die Betrachtung nach (3) noch her, aber nicht mehr die Transzendenz; dazu konvergieren diese Reihen gegenüber den $\sum \gamma_j g^{-j!}$ schon zu langsam. (Man könnte aber natürlich auch sagen, der LIOUVILLEsche Approximationssatz ist dafür zu schwach, vgl. § 2.)

§ 2. Schärfere Approximationssätze

1. Der Thue–Siegel–Rothsche Satz. Hier wird die Schilderung der historischen Entwicklung der Transzendenzmethoden und ihrer Ergebnisse in der zweiten Hälfte des 19. Jahrhunderts zunächst unterbrochen. Während dieser Programmpunkt im nächsten Paragraphen nachgeholt werden wird, soll erst über Verschärfungen des LIOUVILLEschen Approximationssatzes berichtet werden.

Dazu definiert man für festes ganzes $d \geq 2$ die reelle Zahl $K(d)$ als das Infimum aller reellen κ, so daß für jedes reelle algebraische α mit $\partial(\alpha) = d$ die Ungleichung

$$(1) \qquad\qquad |\alpha - \frac{p}{q}| < q^{-\kappa}$$

höchstens endlich viele Lösungen $(p,q) \in \mathbb{Z} \times \mathbb{N}$ hat. Da (1) für $\kappa = 2$ nach 4.3.2 oder 5.3.7 unendlich viele derartige Lösungen hat, ist klar, daß man $K(d) \geq 2$ für $d = 2, 3, \ldots$ hat. Andererseits ist $K(d) \leq d$ für dieselben d. Denn wäre $K(d) > d$ für ein solches d, so wähle man $\varepsilon \in \mathbb{R}_+$ so klein, daß auch noch $K(d) > d + \varepsilon$ erfüllt ist. Dann hat $|\alpha - \frac{p}{q}| < q^{-d-\varepsilon}$ unendlich viele Lösungen (p,q) wie bei (1), für die aber $|\alpha - \frac{p}{q}| \geq c(\alpha)q^{-d}$ nach dem LIOUVILLEschen Satz gelten muß, also $q^\varepsilon < c(\alpha)^{-1}$, was nur für endlich viele $q \in \mathbb{N}$ sein kann. Wegen $|p| - |\alpha|q \leq |\alpha q - p| < q^{1-d-\varepsilon} \leq 1$ können dann zu jedem dieser endlich vielen q auch nur endlich viele $p \in \mathbb{Z}$ gehören.

Damit hat man $2 \leq K(d) \leq d$ für alle $d = 2, 3, \ldots$, insbesondere $K(2) = 2$. Für $d \geq 3$ stellt sich jedoch die Frage der weiteren Verschärfung der oberen Schranke für $K(d)$. Den ersten großen Durchbruch in dieser Richtung erzielte THUE (Selected Mathematical Papers, 232–253) im Jahre 1909, der $K(d) \leq \frac{1}{2}d + 1$ beweisen konnte. Zwölf Jahre später stieß C.L. SIEGEL (Gesammelte Abhandlungen I, 6–46) in neue Bereiche vor, indem er die THUEsche Schranke auf $K(d) \leq 2\sqrt{d} - 1$ herunterdrücken konnte; bei großem d ist der Gewinn gegenüber THUE beträchtlich. Nach einer ganzen Reihe von geringfügigen weiteren Verbesserungen bewies erst K.F. ROTH (Mathematika 2, 1–20 (1955)) die von SIEGEL ausgesprochene Vermutung $K(d) = 2$ für alle $d = 2, 3, \ldots$. Für diese Leistung wurde ROTH auf dem Internationalen Mathematiker–Kongreß in Edinburgh 1958 mit einer FIELDS–Medaille ausgezeichnet.

Das ROTHsche Ergebnis, dessen Beweis hier nicht gegeben werden kann, wird in äquivalenter Weise formuliert und seiner Entstehungsgeschichte wegen zitiert als

Satz von Thue–Siegel–Roth. *Zu jeder algebraischen Irrationalzahl α und zu jedem $\kappa > 2$ existiert eine Konstante $c(\alpha, \kappa) > 0$, so daß für alle $(p,q) \in \mathbb{Z} \times \mathbb{N}$*

gilt

(2)
$$|\alpha - \frac{p}{q}| \geq c(\alpha, \kappa) q^{-\kappa}.$$

Denn nach ROTHs Resultat in der zuerst gegebenen Fassung gilt bei beliebigem $\kappa > 2$ wegen (1) die Ungleichung $|\alpha - \frac{p}{q}| \geq q^{-\kappa}$ für alle (p, q) bis auf höchstens endlich viele und diese möglichen Ausnahmen führen dann zum Faktor $c(\alpha, \kappa)$ rechts in (2). Wenn umgekehrt (2) für alle (p, q) erfüllt ist, zeigt man ebenso-leicht, daß $|\alpha - \frac{p}{q}| < q^{-\kappa'}$ bei $\kappa' > \kappa$ nur endlich oft gelten kann, und so erhält man ROTHs Ergebnis in der zuerst zitierten Version zurück.

2. Anwendungen auf Transzendenz. Da der THUE–SIEGEL–ROTHsche Approximationssatz für reell–algebraische α mit $\partial(\alpha) \geq 3$ wesentlich schärfer als der LIOUVILLEsche aus 1.2 ist, wird man von ihm neue Anwendungen erwarten. So bekommt man z.B. als Verschärfung der Proposition 1.4 die

Proposition A. *Sind g, (γ_j), h wie in Proposition 1.4, nur daß die Lückenbe-dingung jetzt $\overline{\lim}_{j \to \infty} h(j+1)/h(j) > 2$ laute, so ist $\sum_{j=1}^{\infty} \gamma_j g^{-h(j)}$ transzendent. Z.B. sind alle $\sum_{j=1}^{\infty} \gamma_j g^{-k^j}$ mit ganzen $k \geq 3$ transzendent.*

Beweis. Man übernimmt 1.4(1) und 1.4(2), ersetzt jedoch 1.4(3) nach der An-nahme, $\alpha := \sum \gamma_j g^{-h(j)}$ sei algebraisch, gemäß 1(2) durch die ROTHsche Un-gleichung

$$\alpha - \frac{p_n}{q_n} \geq c(\alpha, \kappa) g^{-\kappa h(n)}.$$

Kombination dieser unteren Abschätzung für $\alpha - \frac{p_n}{q_n}$ mit der oberen aus 1.4(2) führt nach Logarithmieren zu $\overline{\lim}_{n \to \infty} h(n+1)/h(n) \leq \kappa$. Da κ aber im THUE–SIEGEL–ROTHschen Satz beliebig oberhalb 2 gewählt werden kann, hat man den gewünschten Konflikt mit der neuen Lückenbedingung erreicht. Zu der in der Proposition genannten Anwendung vergleiche man Bemerkung 3 in 1.4. □

Bemerkungen. 1) Die Transzendenz der Reihe $\sum_{j=1}^{\infty} \gamma_j g^{-2^j}$ kann offenbar nicht mehr aus dem THUE–SIEGEL–ROTHschen Satz in der vorliegenden Form ge-schlossen werden. Es gelang jedoch der Nachweis einer Variante, bei der 1(2) schon bei beliebigem $\kappa > 1$ gilt, aber nur noch für alle $(p, q) \in \mathbb{Z} \times \mathbb{N}$, bei denen q nur Primfaktoren aus einer festen endlichen Menge hat. Diese Version kann natürlich auf die (p_n, q_n) aus 1.4(1) angewandt werden. Einen Beweis der zi-tierten Variante, die den THUE–SIEGEL–ROTHschen Satz 1 umfaßt, findet der Leser etwa bei T. SCHNEIDER [27].

2) Dieselbe Variante gestattet übrigens auch den Nachweis der Transzendenz des in 5.1.9 erwähnten MAHLERschen Dezimalbruchs $0,12345\ldots$, ja aller dortigen $\alpha(g)$.

Proposition B. *Sind* g, (γ_j), h *wie in Proposition A, nur daß die Lücken-bedingung jetzt auf* $\overline{\lim}_{j\to\infty}(h(j+1) - 2h(j)) = \infty$ *abgeschwächt sei. Dann definieren die Reihen* $\sum_{j\geq 1} \gamma_j g^{-h(j)}$ *transzendente reelle Zahlen, für die die Folge der Kettenbruchelemente unbeschränkt ist. Insbesondere trifft dies für* $\sum g^{-j!}$ *und* $\sum g^{-k^j}$ *für* $k = 3, 4, \ldots$ *zu.*

Beweis. Daß die Lückenbedingung in Proposition A die hier verlangte impliziert, ist klar; daß die Umkehrung nicht gilt, zeigt $h(j) := 2^j j$. Die Transzendenz der Reihen ergibt sich aus der in obiger Bemerkung 1 zitierten Version des THUE–SIEGEL–ROTHschen Satzes. Ist $\alpha := \sum_{j\geq 1} \gamma_j g^{-h(j)} = [a_0; a_1, a_2, \ldots]$, so sieht man die Unbeschränktheit von $(a_i)_{i\geq 1}$ wie folgt:

Man ordne jedem $j \in \mathbb{N}$ mit $g^{h(j)} \geq a_1$ das kleinste $i = i(j) \in \mathbb{N}_0$ zu, so daß $g^{h(j)} < q_{i+1}$ gilt; dann ist $q_i \leq g^{h(j)}$ und $i \geq 1$. (Denn $i = 0$ würde $g^{h(j)} < q_1 = a_1$ implizieren; natürlich ist q_i bzw. p_i der i–te Näherungsnenner bzw. –zähler des Kettenbruchs von α.) Damit ist Lemma 5.3.7(iii) anwendbar und man hat, in Verbindung mit 5.3.7(1), für alle $(c, d) \in \mathbb{Z} \times \mathbb{N}$ mit $d < q_{i+1}$ wegen $\alpha_{i+1} := [a_{i+1}; a_{i+2}, \ldots]$ die Ungleichungskette

$$(1) \qquad q_i^{-1}(a_{i+1} + 2)^{-1} < (\alpha_{i+1}q_i + q_{i-1})^{-1} = |q_i\alpha - p_i| \leq d\left|\alpha - \frac{c}{d}\right|.$$

Wendet man dies an mit $c := \sum_{k=1}^{j} \gamma_k g^{h(j)-h(k)}$, $d := g^{h(j)}$, vgl. 1.4(1) nach leichter Änderung der Bezeichnungsweise, so liefern 1.4(2) und (1)

$$q_i^{-1}(a_{i+1} + 2)^{-1} < g^{h(j)+1-h(j+1)},$$

also wegen $q_i \leq g^{h(j)}$

$$g^{h(j+1)-2h(j)-1} < a_{i(j)+1} + 2.$$

Die Lückenbedingung an h hat dann die Unbeschränktheit von (a_i) zur Folge. $\qquad\square$

Bemerkungen. 3) Seit 1979 sind einige Originalarbeiten erschienen, in denen die Kettenbruchentwicklung von Reihen der Form $\sum_{j\geq 1} g^{-h(j)}$ mit $h : \mathbb{N} \to \mathbb{N}$ und $d_j := h(j+1) - 2h(j) \geq 0$ für alle genügend großen j explizit angegeben werden konnte. Hierher gehören insbesondere die in Proposition B genannten Beispiele, aber auch die dort fehlende Reihe $\sum_{j\geq 1} g^{-2^j}$, bei der die Folge der Kettenbruchelemente tatsächlich beschränkt ist. Als ein Beispiel sei vorgestellt

$$\sum_{j\geq 1} 2^{-2^j} = [0; 3, 6, 4, 4, 2, 4, 6, 4, 2, 6, 4, 2, 4, 4, 6, \ldots],$$

wobei alle $a_2, a_3, \ldots \in \{2, 4, 6\}$ nach einem explizit angebbaren (sicher nicht periodischen) Muster auftreten. Übrigens ist die Folge der Kettenbruchelemente stets beschränkt, wenn (d_j) beschränkt ist, vgl. etwa J.O. SHALLIT (J. Number Theory *11*, 209–217 (1979); *14*, 228–231 (1982)).

4) Die Zahlen in 3) gehören zu den ganz seltenen *Beispielen von reellen* (tran-szendenten) *Irrationalzahlen, für die man sowohl die g–adische Entwicklung* (we-nigstens für das in der Definition durch die Reihe verwendete *g*) *als auch die regelmäßige Kettenbruchentwicklung kennt.* Das erste solche Beispiel fand wohl P.E. BÖHMER (Math. Ann. *96*, 367–377 (1927)).

3. Thue–Gleichung und Roths Verallgemeinerung. Die wichtigsten An-wendungen der Verbesserungen, die vor allem THUE, SIEGEL und ROTH am LIOUVILLEschen Satz angebracht haben, liegen sicher viel mehr im Bereich der diophantischen Gleichungen als der Transzendenz. Daher soll im nächsten Ab-schnitt gezeigt werden, wie man aus dem Approximationssatz 1 ableiten kann folgenden

Satz von Roth über diophantische Gleichungen. *Sei* $f \in \mathbb{Z}[Z]$*, vom Grad* $d \geq 3$*, über* $\mathbb{Q}$ *irreduzibel und es werde* $F(X, Y) := Y^d f(\frac{X}{Y})$ *gesetzt;* $G \in \mathbb{Z}[X, Y]$ *habe einen Gesamtgrad höchstens* $d-3$*. Dann hat die diophantische Gleichung*

$$(1) \qquad\qquad F(X, Y) = G(X, Y)$$

höchstens endlich viele Lösungen in $\mathbb{Z}^2$*.*

Hierin enthalten ist folgendes Resultat über die sogenannte THUEsche *Gleichung*, welche THUE 1909 aus seiner in 1 zitierten Verschärfung des LIOUVILLEschen Satzes abgeleitet hat. Die THUE–Gleichung ist gerade der Spezialfall eines kon-stanten Polynoms *G* von ROTHs Gleichung (1).

Korollar. *Genügen* f*,* d *und* F *den Bedingungen des vorstehenden Satzes und ist* $m \in \mathbb{Z}$ *beliebig, so hat die* THUE*–Gleichung*

$$(2) \qquad\qquad F(X, Y) = m$$

höchstens endlich viele Lösungen in $\mathbb{Z}^2$*.*

Beispiel. Ist $p \geq 5$ eine Primzahl, so hat die diophantische Gleichung

$$X^{p-1} + X^{p-2}Y + \ldots + Y^{p-1} = G(X, Y)$$

nach dem ROTHschen Satz höchstens endlich viele Lösungen in $\mathbb{Z}^2$, wenn der Gesamtgrad von $G \in \mathbb{Z}[X, Y]$ höchstens $p - 4$ ist. Dies ergibt sich aus der Irreduzibilität von $Z^{p-1} + Z^{p-2} + \ldots + 1$ über $\mathbb{Q}$, die man am einfachsten aus dem EISENSTEINschen Kriterium ableitet.

Bemerkung. Die PELL–Gleichung $X^2 - DY^2 = 1$ hat, wie in 4.3.3 gesehen, in $\mathbb{Z}^2$ unendlich viele verschiedene Lösungen und ist wegen der Irreduzibilität von $Z^2 - D$, $D \in \mathbb{N}$ kein Quadrat, vom Typ der THUE–Gleichung (2), allerdings mit $d = 2$. Dies zeigt, daß die Bedingung $d \geq 3$ bei der THUE–Gleichung im allgemeinen nicht weiter abgeschwächt werden kann.

4. Reduktion auf den Thue–Siegel–Rothschen Satz. Zunächst überlegt sich der Leser leicht, daß es zum Beweis der Endlichkeit der Lösungsanzahl von 3(1) ausreicht, nur solche Lösungen von 3(1) zu beachten, für die gilt

$$(1) \qquad\qquad y > 0 \quad \text{und} \quad |x| \leq y.$$

Ist jetzt

$$G(X, Y) = \sum_{\substack{k, \ell \geq 0 \\ k + \ell \leq g}} m_{k\ell} X^k Y^\ell \quad \text{und} \quad M := \sum_{\substack{k, \ell \geq 0 \\ k + \ell \leq g}} |m_{k\ell}|,$$

so hat man für jede (1) genügende Lösung (x, y) von 3(1) die Abschätzung

$$(2) \qquad\qquad |G(x, y)| \leq M y^g.$$

Gilt nun für f die Zerlegung

$$(3) \qquad\qquad f(Z) = a \cdot \prod_{j=1}^{d} (Z - \zeta_j), \qquad a \in \mathbb{Z} \setminus \{0\},$$

mit algebraischen ζ_j, die nach Korollar 1.6.2 wegen der Irreduzibilität von f paarweise verschieden und sämtliche vom Grade d (≥ 3) sind, so gilt wegen (2) für jede (1) genügende Lösung (x, y) von 3(1)

$$(4) \qquad \prod_{j=1}^{d} |x - \zeta_j y| \leq |a| \prod_{j=1}^{d} |x - \zeta_j y| \leq M y^g.$$

Für jedes der gerade genannten (x, y) gilt daher $|x - \zeta_j y| \leq M^{1/d} y^{g/d}$ für mindestens ein $j \in \{1, \ldots, d\}$.

Macht man nun die Annahme, 3(1) hätte unendlich viele (1) genügende Lösungen (x, y), so würde es also mindestens einen Index $I \in \{1, \ldots, d\}$ geben, für den die Ungleichung $|x - \zeta_I y| \leq M^{1/d} y^{g/d}$ noch immer für unendlich viele der vorigen $(x, y) \in \mathbb{Z} \times \mathbb{N}$ gilt. Bei $j \neq I$ ist für dieselben (x, y)

$$(5) \qquad |x - \zeta_j y| = |(\zeta_I - \zeta_j)y + (x - \zeta_I y)| \geq c_1 y - M^{1/d} y^{g/d} \geq \frac{1}{2} c_1 y$$

mit $c_1 := \operatorname{Min}_{i \neq j} |\zeta_i - \zeta_j| > 0$, wenn man noch $y \geq (\frac{2}{c_1})^{d/(d-g)} M^{1/(d-g)} =: c_2 M^{1/(d-g)}$ verlangt und $g < d$ beachtet. (Im ROTHschen Satz ist sogar $g \leq d - 3$ vorausgesetzt, was im Moment aber noch nicht voll ausgenutzt zu werden braucht.)

Wegen (4) und (5) ist für unendlich viele (1) und

$$(6) \qquad\qquad y \geq c_2 M^{1/(d-g)}$$

genügende Lösungen (x, y) von 3(1)

$$(\frac{1}{2} c_1 y)^{d-1} |x - \zeta_I y| \leq M y^g,$$

also

$$(7) \qquad\qquad |\zeta_I - \frac{x}{y}| \leq \frac{(2/c_1)^{d-1} M}{y^{d-g}}.$$

Nach dem THUE–SIEGEL–ROTHschen Satz 1 ist jedoch für alle $(x, y) \in \mathbb{Z} \times \mathbb{N}$

$$(8) \qquad\qquad |\zeta_I - \frac{x}{y}| \geq \frac{c(\zeta_I, \kappa)}{y^\kappa},$$

wobei κ fest ist (und größer als 2). Kombination von (7) und (8) zeigt

$$(9) \qquad\qquad y^{d-g-\kappa} \leq \frac{(2/c_1)^{d-1}}{c(\zeta_I, \kappa)} M,$$

immer noch für unendlich viele verschiedene $y \in \mathbb{N}$. Ist $d > g + \kappa$, so hat man die Annahme im Anschluß an (4) zu einem Widerspruch geführt.

Da ROTH $g \leq d - 3$ voraussetzt und $\kappa = 2 + \varepsilon$ mit $\varepsilon \in]0, 1[$ nehmen kann, ist $g + \kappa \leq d - 1 + \varepsilon < d$ bei seinen Voraussetzungen über G erfüllt. $\qquad\square$

Bemerkung. Da THUE mit $\kappa = \frac{1}{2}d + 1 + \varepsilon$ aus seinem Approximationssatz auskommen mußte, hatte er $g < \frac{1}{2}d - 1$ vorauszusetzen; in den Fällen $d = 3, 4$ zwang dies dazu, konstante Polynome G zu nehmen, wie dies im Korollar geschehen ist. Offenbar ist $g + \kappa < d$ mit dem LIOUVILLEschen Satz überhaupt nicht einzurichten, da nach ihm keine bessere Wahl als $\kappa = d$ möglich ist.

5. Effektivitätsfragen. Die in 4 durchgeführte Reduktion des Satzes 3 von ROTH über diophantische Gleichungen auf seinen Approximationssatz 1 hat nebenbei ergeben (vgl. 4(1) und 4(9)), daß jede Lösung $(x, y) \in \mathbb{Z}^2$ der diophantischen Gleichung 3(1) bei $g + \kappa < d$ der Abschätzung

$$(1) \qquad |x|, |y| \leq (\underset{1 \leq j \leq d}{\mathrm{Min}}\, c(\zeta_j, \kappa))^{-1/(d-g-\kappa)} (\frac{2}{c_1})^{(d-1)/(d-g-\kappa)} M^{1/(d-g-\kappa)}$$

genügt, wobei $d/(d - g) < (d - 1)/(d - g - \kappa)$ beachtet wurde ebenso wie die Tatsache, daß o.B.d.A. $c_1 \leq 2$ und $c(\zeta_j, \kappa) \leq 1$ für alle $j = 1, \ldots, d$ vorausgesetzt werden darf. Hier ist c_1 alleine vom Polynom f im ROTHschen Satz abhängig und effektiv angebbar. Da $g \geq 0$ bei $G \neq 0$ ist, mußte zur Befriedigung der Bedingung $g + \kappa < d$ das κ kleiner als d gewählt werden, was mit dem (effektiven) LIOUVILLEschen Approximationssatz unmöglich ist. Die schärferen Approximationssätze von THUE, SIEGEL und ROTH gestatten dann zwar immer kleinere Wahlen von κ im Intervall $]2, d[$, jedoch waren ihre Beweise prinzipiell ineffektiv, d.h. die in 1(2) eingehende Konstante $c(\alpha, \kappa)$ und damit der erste Faktor rechts in (1) sind *nicht* effektiv angebbar. Somit besagt (1) zwar die Endlichkeit der Anzahl der Lösungen von 3(1); es gelingt *auf diesem Wege* aber nicht, zu vorgegebener Gleichung 3(1) eine nur von dieser abhängige Schranke $S > 0$ explizit zu bestimmen, so daß $|x|, |y| \leq S$ für alle ihre Lösungen (x, y) gilt, und damit einen Lösungsalgorithmus für 3(1) zu erhalten.

In dieser Richtung konnte man aber entscheidende Fortschritte erzielen, nachdem A. BAKER 1966/8 seine neue analytische Methode publiziert hatte, zu der in 5.9 noch einige Worte gesagt werden sollen. Nach Vorarbeiten von BAKER hat N.I. FEL'DMAN (Izv. Akad. Nauk SSSR, Ser. Mat. *35*, 973–990 (1971)) mit dessen (effektiver) Methode bewiesen die

Proposition. *Zu jeder algebraischen Zahl α mit $\partial(\alpha) \geq 3$ gibt es effektiv angebbare, nur von α abhängige positive Konstanten $c(\alpha)$, $\lambda(\alpha)$, so daß für alle $(p, q) \in \mathbb{Z} \times \mathbb{N}$ gilt*

$$|\alpha - \frac{p}{q}| \geq c(\alpha) q^{\lambda(\alpha) - \partial(\alpha)}.$$

Verwendet man dieses Resultat in 4 anstelle des THUE–SIEGEL–ROTHschen

Satzes, so kann man dort $\kappa := d - \lambda$ mit $\lambda := \text{Min}_{1 \leq j \leq d} \lambda(\zeta_j)$ wählen und erhält $d - g - \kappa = \lambda - g$. Da $\lambda > 0$ im allgemeinen sehr klein ausfällt, hat man zur Erfüllung von $d > g + \kappa$ sogleich $g = 0$ zu nehmen, d.h. man wird auf die THUE–Gleichung 3(2) beschränkt. Die rechte Seite in (1) wird dann mit den sich aus der Proposition ergebenden effektiven $c(\zeta_j) \in]0, 1]$ und dem m aus 3(2) zu

$$(\underset{1 \leq j \leq d}{\text{Min}} c(\zeta_j))^{-1/\lambda} (\frac{2}{c_1})^{(d-1)/\lambda} |m|^{1/\lambda} =: c|m|^{1/\lambda}.$$

Damit hat man folgende Verschärfung von Korollar 3 gewonnen.

Satz. *Sei $f \in \mathbb{Z}[Z]$, vom Grade $d \geq 3$, über $\mathbb{Q}$ irreduzibel und es werde $F(X, Y) := Y^d f(\frac{X}{Y})$ gesetzt. Dann gibt es effektiv angebbare, nur von f abhängige positive Konstanten c und μ, so daß jede Lösung $(x, y) \in \mathbb{Z}^2$ der THUE–Gleichung*

$$F(X, Y) = m \qquad (m \in \mathbb{Z})$$

der Bedingung $|x|, |y| \leq c|m|^\mu$ genügt.

Bemerkung. Das zehnte der in 3.2.13 angesprochenen HILBERTschen Probleme stellte unter der Überschrift *Entscheidung der Lösbarkeit einer diophantischen Gleichung* folgende Aufgabe: "Eine diophantische Gleichung mit irgendwelchen Unbekannten und mit ganzen rationalen Zahlenkoeffizienten sei vorgelegt: *Man soll ein Verfahren angeben, nach welchem sich mittels einer endlichen Anzahl von Operationen entscheiden läßt, ob die Gleichung in ganzen rationalen Zahlen lösbar ist.*"

Versteht man unter dem von HILBERT gewünschten "Verfahren" einen *Algorithmus* in heute präzisiertem Sinne, so könnte man sein zehntes Problem folgendermaßen formulieren: Existiert ein Algorithmus, der für ein gegebenes Polynom $P \in \mathbb{Z}[X_1, \dots, X_n]$ stets eine Entscheidung liefert, ob die Gleichung $P(X_1, \dots, X_n) = 0$ eine Lösung in $\mathbb{Z}^n$ hat oder nicht? Anfang 1970 hat YU.V. MATIJASEVIC (Dokl. Akad. Nauk SSSR *191*, 279–282 (1970)) dieses Problem *negativ* entschieden. Dem widerspricht natürlich *nicht*, daß man für *spezielle* polynomiale Gleichungen, wie etwa nach dem letzten Satz für die THUE–Gleichung, einen Algorithmus besitzt, wie ihn sich HILBERT gewünscht hat.

6. Schmidts Sätze über simultane Approximation. Die letzten Abschnitte sollten einen kleinen Einblick in die vielfältigen Konsequenzen des THUE–SIEGEL–ROTHschen Satzes 1 geben, der die mit LIOUVILLE 110 Jahre vorher begonnenen Untersuchungen der Approximation *einer* algebraischen Zahl durch rationale zu einem gewissen Abschluß gebracht hatte. Dieser Bericht wäre aber nicht vollständig, würde man die fundamentalen Arbeiten von W.M. SCHMIDT über simultane Approximation algebraischer Zahlen unerwähnt lassen. Zwei seiner wichtigsten Ergebnisse können unter der gemeinsamen Voraussetzung (die auch für die Korollare A und B gilt), daß $1, \alpha_1, \ldots, \alpha_n$ *reelle algebraische, über* $\mathbb{Q}$ *linear unabhängige Zahlen sind und daß* ε *eine beliebige positive reelle Zahl ist*, wie folgt formuliert werden:

Satz A von Schmidt. *Es gibt höchstens endlich viele* $q \in \mathbb{N}$ *mit*

$$(1) \qquad\qquad q^{1+\varepsilon} \|\alpha_1 q\| \cdot \ldots \cdot \|\alpha_n q\| < 1.$$

Satz B von Schmidt. *Es gibt höchstens endlich viele* $(q_1, \ldots, q_n) \in \mathbb{Z}^n$ *mit*

$$(2) \qquad\qquad 0 < |q_1 \cdot \ldots \cdot q_n|^{1+\varepsilon} \|\alpha_1 q_1 + \ldots + \alpha_n q_n\| < 1.$$

Korollar A. *Es gibt höchstens endlich viele* $(p_1, \ldots, p_n, q) \in \mathbb{Z}^n \times \mathbb{N}$ *mit*

$$(3) \qquad\qquad \left|\alpha_i - \frac{p_i}{q}\right| < q^{-1-\frac{1}{n}-\varepsilon} \qquad \text{für } i = 1, \ldots, n.$$

Korollar B. *Es gibt höchstens endlich viele* $(p, q_1, \ldots, q_n) \in \mathbb{Z}^{n+1}$ *mit* $\sum q_i^2 > 0$ *und*

$$(4) \qquad\qquad \left(\operatorname*{Max}_{1 \le i \le n} |q_i|\right)^{n+\varepsilon} |\alpha_1 q_1 + \ldots + \alpha_n q_n - p| < 1.$$

Als leichte Übung möge der Leser Korollar A (bzw. B) aus Satz A (bzw. B) ableiten.

Bemerkungen. 1) Wie aus dem in Bemerkung 1 zu 4.3.2 angesprochenen allgemeinen DIRICHLETschen Approximationssatz hervorgeht, sind alle vier Resultate von SCHMIDT bestmöglich bis auf das jeweilige ε in den Exponenten.

2) Im Falle $n = 1$ reduzieren sich alle vier Resultate auf den (THUE-SIEGEL-) ROTHschen Satz in der Version bei 1(1) mit $\kappa = 2+\varepsilon$. Beide Sätze von SCHMIDT sind Konsequenzen seines "Teilraumsatzes", den man z.B. in seiner Monographie [26] findet. Zum Beweis wurden den von ROTH entwickelten Ideen zahlreiche neue hinzugefügt, vornehmlich aus der sogenannten Geometrie der Zahlen.

3) Die SCHMIDTschen Sätze fanden bisher Anwendungen auf Transzendenzfragen ebenso wie auf diophantische Gleichungen. Das letztere — sicher weit bedeutendere — Anwendungsgebiet beinhaltet geeignete Verallgemeinerungen der THUE–Gleichung 3(2).

§ 3. Die Sätze von Hermite, Lindemann und Weierstraß

1. Historisches. Wie im ersten Paragraphen gesehen, wurde 1844 die bis dahin offene Frage nach der Existenz transzendenter reeller Zahlen in konstruktiver Weise positiv entschieden. Mit dem LIOUVILLEschen Approximationssatz ebenso wie mit seinen Verschärfungen und Verallgemeinerungen von THUE, SIEGEL, ROTH und SCHMIDT gelang es bis heute aber "nur", die Transzendenz von solchen reellen Zahlen nachzuweisen, die durch genügend rasch konvergente Grenzprozesse definiert sind, etwa durch gewisse Reihen oder Kettenbrüche, wie dies in den Anwendungen in 1.3, 1.4 und 2.2 zum Ausdruck kam. Z.B. konvergiert die Reihe $\sum_{n \geq 0} n!^{-1}$ für e bei weitem nicht schnell genug, um auf diesem Wege die Transzendenz von e mit Hilfe eines bisher bekannten Approximationssatzes einsehen zu können.

Wie aber am Ende von 1.1 erwähnt, war während der ersten Hälfte des 19. Jahrhunderts das Interesse an der Frage nach der Transzendenz von π und anderer "in der Natur vorkommender" Konstanten aus Analysis, Geometrie und weiteren mathematischen Teildisziplinen erwacht. Die erste Zahl dieser Art, bei der der Transzendenznachweis gelang, war die EULERsche Zahl e. Dies war HERMITEs epochale Leistung im Jahre 1873. Nur wenig später, 1882, konnte LINDEMANN den HERMITEschen Ansatz so ausbauen, daß sich auch ein Beweis der Vermutung von EULER, LAMBERT und LEGENDRE über die Transzendenz von π ergab: Damit war gleichzeitig die alte Frage nach der Quadratur des Kreises negativ entschieden.

HERMITEs Arbeit *Sur la fonction exponentielle* wurde in vier kurzen Noten (Oeuvres III, 150–181) publiziert. Aus heutiger Sicht kann man sagen, daß sich diese Arbeit, in der erstmals analytische Schlußweisen in die Transzendenzuntersuchungen eingeführt wurden, als bis zum Jahre 1929 wichtigster Beitrag zu diesem neuen Teilgebiet der Zahlentheorie herausstellte.

Als zentrales analytisches, wenngleich mathematisch überaus einfaches Hilfsmittel der HERMITEschen Methode hat sich die für beliebige Polynomfunktionen φ und komplexe Zahlen u, v gültige Gleichheit

$$\int_u^v e^{-t}\varphi(t)\,dt = e^{-u}\Phi(u) - e^{-v}\Phi(v), \qquad \Phi(t) := \sum_{k \geq 0} \varphi^{(k)}(t)$$

erwiesen. Man bezeichnet diese als HERMITEsche *Identität* und bestätigt sie leicht durch sukzessive partielle Integrationen. Sie war historisch der entscheidende Ansatzpunkt für die Beweise der in 2 und 3 zu formulierenden arithmetischen Sätze über Werte der Exponentialfunktion an algebraischen Argumentstellen.

Die Beweise dieser Sätze sind in den seit den Originalarbeiten von HERMITE, LINDEMANN sowie WEIERSTRASS (vgl. 3) vergangenen 125 Jahren stark vereinfacht worden. Alleine vor 1900 entstanden mindestens 15 Publikationen bedeutender Mathematiker, in denen Beweisvarianten, Vereinfachungen und Verallgemeinerungen der Ergebnisse von HERMITE und LINDEMANN veröffentlicht wurden. Was die erwähnten Varianten und Vereinfachungen betrifft, kann der Leser auf die vergleichende Analyse im 36–seitigen Anhang *Classical Proofs of the Transcendency of e and π* des Buches von MAHLER (*Lectures on Transcendental Numbers*, Springer, Berlin etc., 1976) verwiesen werden.

2. Hauptergebnisse von Hermite und Lindemann. Das erste Resultat ist der

Satz von Hermite. *Die Zahl e ist transzendent.*

Die in 1 genannte 30–seitige Arbeit, in der HERMITE seine Methode vorstellte und den zitierten Satz zeigte, enthält eine Fülle von weiteren analytischen Formeln, von denen viele zum Beweis selbst nicht gebraucht wurden. Diese Tatsache war sicher *ein* Grund für die vorher angesprochene, bald anlaufende Welle von Varianten und Vereinfachungen. Andererseits scheinen im Wunsch, eine existierende Methode zu vereinfachen, die weiterführenden, in diesen analytischen Formeln vorhandenen Ansätze jahrzehntelang unentdeckt geblieben zu sein.

Eine weitere Konsequenz des erwähnten Formelreichtums in der HERMITEschen Originalarbeit dürfte gewesen sein, daß manche ihrer Leser nicht einmal bemerken konnten, daß dort die Transzendenz von *e* tatsächlich bewiesen ist. So wurde dieses damals sensationelle Ergebnis z.B. vom Referenten der HERMITE–Arbeit im Jahrbuch über die Fortschritte der Mathematik *5*, 248–249 (1873) mit keinem Wort erwähnt.

Ein ganz anderer Leser war F. LINDEMANN, der in seiner Arbeit *Über die Zahl π* (Math. Ann. *20*, 213–225 (1882)) bemerkte: "Man wird sonach die Unmöglichkeit der Quadratur des Kreises darthun, wenn man nachweist, dass ..."

[**Satz von Lindemann.**]   "... *die Zahl π überhaupt nicht Wurzel einer algebraischen Gleichung irgendwelchen Grades mit rationalen Coefficienten sein kann.*"

Zwei Zeilen später schreibt LINDEMANN: "Die wesentliche Grundlage der Untersuchung bilden die Relationen zwischen gewissen bestimmten Integralen, welche Herr Hermite angewandt hat.... § 4 enthält weitere Verallgemeinerungen."

Der detaillierte Beweis, den LINDEMANN dann für die Transzendenz von π lieferte, ergab in seinem § 4 (im wesentlichen) noch folgende Verallgemeinerung, die man heute bezeichnet als

Satz von Hermite–Lindemann.   *Für jedes $\alpha \in \mathbb{C}^\times$ ist α oder e^α transzendent.*

Für $\alpha = 1$ erhält man den Satz von HERMITE wieder. Wegen $e^{\pi i} = -1$ ist πi, also π transzendent, und man hat erneut LINDEMANNs Hauptergebnis. Eine weitere unmittelbare Folge ist

Korollar A.   *Ist $\alpha \in \mathbb{C}^\times$ und $\log \alpha \neq 0$, wobei $\log$ irgendeine Bestimmung des komplexen Logarithmus ist, so ist α oder $\log \alpha$ transzendent.*

Denn wären α und $\log \alpha =: \beta$ beide algebraisch, so auch β und e^β ($= \alpha$), obwohl $\beta \neq 0$ ist, und dies widerspricht dem Satz von HERMITE–LINDEMANN.

Der Nachweis der folgenden Konsequenz des Satzes von HERMITE–LINDEMANN kann dem Leser als Übung überlassen bleiben.

Korollar B.   *Ist g eine der trigonometrischen Funktionen* sin, cos, tan, cot, *eine der hyperbolischen Funktionen* sinh, cosh, tanh, coth *oder Umkehrfunktion einer dieser acht Funktionen, so gilt für jede Stelle $\alpha \in \mathbb{C}^\times$, an der g definiert ist: α oder $g(\alpha)$ ist transzendent.*

3. Der Satz von Lindemann–Weierstraß. Am Ende seiner in 2 zitierten Arbeit kündigte LINDEMANN noch an: "*Versteht man unter den z_i beliebige rationale oder algebraisch irrationale, von einander verschiedene Zahlen, und unter den N_i ebensolche Zahlen, die nicht sämtlich gleich Null sind, so kann keine Gleichung der Form bestehen:*

$$0 = N_0 e^{z_0} + N_1 e^{z_1} + N_2 e^{z_2} + \ldots + N_r e^{z_r}.$$

... Eine genauere Darlegung der hier nur angedeuteten Beweise behalte ich mir für eine spätere Veröffentlichung vor." Welch letztere dann allerdings unterblieb, da sich LINDEMANN anderen Gegenständen zuwandte, insbesondere seine Kräfte auf das FERMAT–Problem 4.2.8 konzentrierte.

Dafür hat dann K. WEIERSTRASS in seiner Arbeit *Zu Lindemann's Abhandlung: Über die Ludolph'sche Zahl* (Mathematische Werke II, 341–362) einen vollständigen Beweis der LINDEMANNschen Ankündigung publiziert, die heute beider Namen trägt. Von ihr werden sogleich vier äquivalente Formulierungen vorgestellt, deren dritte in § 4 bewiesen wird.

Folgende Definitionen noch vorab: Sei $K|L$ irgendeine Körpererweiterung. Man nennt $\beta_1, \ldots, \beta_n \in K$ algebraisch abhängig über L , falls es ein $f \in L[X_1, \ldots, X_n] \setminus \{0\}$ gibt mit $f(\beta_1, \ldots, \beta_n) = 0$; andernfalls heißen $\beta_1, \ldots, \beta_n$ algebraisch unabhängig über L. Ist speziell $L = \mathbb{Q}$ und K irgendein Teilkörper von $\mathbb{C}$, so läßt man den Zusatz "über $\mathbb{Q}$" meistens weg: Man sagt in diesem Fall also, $\beta_1, \ldots, \beta_n$ seien algebraisch abhängig (bzw. unabhängig), wenn es ein (bzw. kein) $f \in \mathbb{Q}[X_1, \ldots, X_n] \setminus \{0\}$ gibt mit $f(\beta_1, \ldots, \beta_n) = 0$; o.B.d.A. kann hier offenbar $f \in \mathbb{Q}[X_1, \ldots, X_n] \setminus \{0\}$ durch $f \in \mathbb{Z}[X_1, \ldots, X_n] \setminus \{0\}$ ersetzt werden.

Satz von Lindemann–Weierstraß.   Seien $\alpha_1, \ldots, \alpha_n \in \overline{\mathbb{Q}}$.[*)]

Version 1:   Sind $\alpha_1, \ldots, \alpha_n$ paarweise verschieden, so sind $e^{\alpha_1}, \ldots, e^{\alpha_n}$ linear unabhängig über $\overline{\mathbb{Q}}$.

Version 1′:   Sind $\alpha_1, \ldots, \alpha_n$ paarweise verschieden, so sind $e^{\alpha_1}, \ldots, e^{\alpha_n}$ linear unabhängig über $\mathbb{Q}$.

Version 2:   Sind $\alpha_1, \ldots, \alpha_n$ über $\mathbb{Q}$ linear unabhängig, so sind $e^{\alpha_1}, \ldots, e^{\alpha_n}$ über $\overline{\mathbb{Q}}$ algebraisch unabhängig.

Version 2′:   Sind $\alpha_1, \ldots, \alpha_n$ über $\mathbb{Q}$ linear unabhängig, so sind $e^{\alpha_1}, \ldots, e^{\alpha_n}$ über $\mathbb{Q}$ algebraisch unabhängig.

Bemerkungen. 1) Der Satz von LINDEMANN–WEIERSTRASS enthielt das erste Resultat über algebraische Unabhängigkeit von Zahlen (vgl. Versionen 2 und 2′), ohne daß dies allerdings LINDEMANN oder WEIERSTRASS explizit angemerkt hätten; beide zitierten nur Version 1.

2) Sind die $\alpha_1, \ldots, \alpha_n$ über $\mathbb{Q}$ linear abhängig, so ist $k_1\alpha_1 + \ldots + k_n\alpha_n = 0$ mit gewissen nicht sämtlich verschwindenden $k_j \in \mathbb{Z}$. Ist die Numerierung der α's o.B.d.A. so, daß $k_1, \ldots, k_m \geq 0 > k_{m+1}, \ldots, k_n$ gilt, so ist

$$f := X_1^{k_1} \cdot \ldots \cdot X_m^{k_m} - X_{m+1}^{-k_{m+1}} \cdot \ldots \cdot X_n^{-k_n} \in \mathbb{Z}[X_1, \ldots, X_n]$$

---

*) Hier und im folgenden bezeichnet $\overline{\mathbb{Q}}$ den algebraischen Abschluß von $\mathbb{Q}$ in $\mathbb{C}$, vgl. 1.6.3.

ein Polynom $\neq 0$ mit $f(e^{\alpha_1}, \ldots, e^{\alpha_n}) = 0$, weshalb dann also die $e^{\alpha_1}, \ldots, e^{\alpha_n}$ über $\mathbb{Q}$ und erst recht über $\overline{\mathbb{Q}}$ algebraisch abhängen.

3) Aus der oben gegebenen Definition der algebraischen Unabhängigkeit folgt direkt noch dieses: Sind $\beta_1, \ldots, \beta_n \in K$ algebraisch unabhängig über L, so ist *jedes einzelne β_j transzendent über L.*

4) Schließlich ist klar, daß der Satz von HERMITE–LINDEMANN aus 2 im Satz von LINDEMANN–WEIERSTRASS enthalten ist: Wäre nämlich für ein $\alpha \in \mathbb{C}^{\times}$ gleichzeitig $\alpha, e^{\alpha} \in \overline{\mathbb{Q}}$, so wären e^0, e^{α} über $\overline{\mathbb{Q}}$ linear abhängig, obwohl $0, \alpha \in \overline{\mathbb{Q}}$ voneinander verschieden sind, im Widerspruch zu Version 1.

4. Zur Äquivalenz der vier Versionen. Hier wird gezeigt, daß die Versionen 1 und 2 zueinander äquivalent sind ebenso wie die Versionen 1' und 2'. Trivialerweise folgen aus den erstgenannten Versionen die zweitgenannten; die ebenfalls zutreffende Umkehrung dieser Implikation braucht hier nicht bewiesen zu werden. Sobald Version 2 in § 4 gezeigt sein wird, ist damit jedenfalls die Gültigkeit aller vier behaupteten Versionen eingesehen.

Es werde mit $1 \Rightarrow 2$ begonnen und dazu angenommen, $\alpha_1, \ldots, \alpha_n$ seien über $\mathbb{Q}$ linear unabhängig, aber $e^{\alpha_1}, \ldots, e^{\alpha_n}$ seien über $\overline{\mathbb{Q}}$ algebraisch abhängig, d.h. es gäbe ein Polynom

$$P = \sum_{j_1, \ldots, j_n = 0}^{L} p(j_1, \ldots, j_n) X_1^{j_1} \cdot \ldots \cdot X_n^{j_n} \in \overline{\mathbb{Q}}[X_1, \ldots, X_n] \setminus \{0\},$$

welches an der Stelle $(e^{\alpha_1}, \ldots, e^{\alpha_n}) \in \mathbb{C}^n$ verschwindet. Dies besagt aber

$$(1) \qquad \sum_{j_1, \ldots, j_n} p(j_1, \ldots, j_n) \exp(j_1 \alpha_1 + \ldots + j_n \alpha_n) = 0.$$

Wegen der linearen Unabhängigkeit der $\alpha_1, \ldots, \alpha_n$ über $\mathbb{Q}$ sind die Argumente in $\exp(\ldots)$ paarweise verschiedene algebraische Zahlen, etwa $\beta_1, \ldots, \beta_m$. Da die $\mu \in \{1, \ldots, m\}$ und die $(j_1, \ldots, j_n)$, über die in (1) summiert wird, bijektiv aufeinander bezogen sind, besagt (1) genau

$$(2) \qquad \sum p_{\mu} \exp(\beta_{\mu}) = 0,$$

wobei die $p_{\mu} \in \overline{\mathbb{Q}}$ in irgendeiner Reihenfolge mit den $p(j_1, \ldots, j_n)$ aus (1) übereinstimmen und somit nicht alle Null sind. (2) steht dann im Widerspruch zur Aussage von Version 1.

Nun zu 2 ⇒ 1: Seien $\alpha_1, \ldots, \alpha_n \in \overline{\mathbb{Q}}$ paarweise verschieden und es werde eine Beziehung der Form

$$(3) \qquad\qquad \sum_{j=1}^{n} a_j e^{\alpha_j} = 0$$

mit $a_1, \ldots, a_n \in \overline{\mathbb{Q}}$, nicht alle Null, angenommen. Ist $n = 1$, so hat man schon einen Widerspruch. Sei also $n \geq 2$. Bezeichnet dann m die Maximalzahl der über $\mathbb{Q}$ linear unabhängigen $\alpha_1, \ldots, \alpha_n$, so ist $1 \leq m \leq n$. O.B.d.A. sei die Numerierung der α's so gewählt, daß $\alpha_1, \ldots, \alpha_m$ über $\mathbb{Q}$ linear unabhängig sind und daß sich $\alpha_{m+1}, \ldots, \alpha_n$ aus den $\alpha_1, \ldots, \alpha_m$ mit rationalen Koeffizienten r_{jk} linear kombinieren lassen, d.h.

$$(4) \qquad \alpha_j = r_{j1}\alpha_1 + \ldots + r_{jm}\alpha_m \qquad (j = m+1, \ldots, n),$$

falls überhaupt $m < n$ ist. Ist $s \in \mathbb{N}$ ein gemeinsamer Nenner aller r_{jk}, also $sr_{jk} =: s_{jk} \in \mathbb{Z}$, so setzt man $s_k := \text{Min}(0, s_{m+1,k}, \ldots, s_{n,k}) \leq 0$ für $k = 1, \ldots, m$ und bildet das Polynom

$$(5) \qquad \begin{aligned} P &:= X_1^{-s_1} \cdot \ldots \cdot X_m^{-s_m} \Big(\sum_{j=1}^{m} a_j X_j^s + \sum_{j=m+1}^{n} a_j X_1^{s_{j1}} \cdot \ldots \cdot X_m^{s_{jm}} \Big) \\ &\in \overline{\mathbb{Q}}[X_1, \ldots, X_m]. \end{aligned}$$

Die paarweise Verschiedenheit der $s\alpha_1, \ldots, s\alpha_n$ impliziert, daß sämtliche n in der Klammer rechts in (5) auftretenden Exponentensysteme $(s\delta_{j1}, \ldots, s\delta_{jm}) \in \mathbb{N}_0^m$ für $j = 1, \ldots, m$ und $(sr_{j1}, \ldots, sr_{jm}) \in \mathbb{Z}^m$ für $j = m+1, \ldots, n$ paarweise verschieden sind. Daher ist $P \neq 0$ und weiterhin gilt mit (3), (4) und (5)

$$\begin{aligned} &P(e^{\alpha_1/s}, \ldots, e^{\alpha_m/s}) \\ &= \Big(\sum_{j=1}^{m} a_j e^{\alpha_j} + \sum_{j=m+1}^{n} a_j e^{\alpha_1 r_{j1} + \ldots + \alpha_m r_{jm}} \Big) \exp\big(-\frac{1}{s}(s_1\alpha_1 + \ldots + s_m\alpha_m)\big) \\ &= 0. \end{aligned}$$

Somit sind $e^{\alpha_1/s}, \ldots, e^{\alpha_m/s}$ über $\overline{\mathbb{Q}}$ algebraisch abhängig, obwohl die Exponenten $\alpha_1/s, \ldots, \alpha_m/s \in \overline{\mathbb{Q}}$ über $\mathbb{Q}$ linear unabhängig sind, was Version 2 widerspricht.

Die Äquivalenz $1' \Leftrightarrow 2'$ läßt sich völlig analog einsehen.

§ 4. Die Methode von Hermite–Mahler

1. Vorbemerkungen. Zwanzig Jahre nach seinem Transzendenzbeweis für e legte HERMITE (Oeuvres IV, 357–377) eine weitere wichtige, diesmal rein analytische Untersuchung der Exponentialfunktion vor. Offenbar hat erst MAHLER 1931 bemerkt, daß sich der Satz von LINDEMANN–WEIERSTRASS aus den darin enthaltenen Formeln gewinnen läßt.

Bevor dieser Weg zum LINDEMANN–WEIERSTRASSschen Satz im vorliegenden Paragraphen eingeschlagen wird, sei noch eine grundsätzliche Vorbemerkung über analytische Beweise für Transzendenz oder algebraische Unabhängigkeit gemacht. Diese verlaufen generell nach folgendem Muster: Man beschafft sich irgendwie aus der Annahme, der jeweils zu zeigende Satz sei falsch, eine nichtverschwindende algebraische Zahl, die aus algebraischen Gründen "nicht zu klein" sein kann, aber aus analytischen Gründen "sehr klein" sein muß.

Für die in diesem und dem folgenden Paragraphen zu beweisenden arithmetischen Sätze werden in 2 die unteren, also die algebraischen Abschätzungen vorbereitet.

2. Ungleichungen für algebraische Zahlen. Zunächst einige zweckmäßige Bezeichnungen: $H(P)$ bedeutet die *Höhe* eines Polynoms $P \in \mathbb{C}[X_1,\ldots,X_n]$, das ist das Maximum der Absolutbeträge sämtlicher Koeffizienten von P.

Ist $\alpha \in \overline{\mathbb{Q}}$, $d := \partial(\alpha)$ und sind $\alpha_1 := \alpha, \alpha_2,\ldots,\alpha_d$ sämtliche Konjugierten von α bezüglich $\mathbb{Q}$, so heißt $\boxed{\alpha} := \underset{1\leq\delta\leq d}{\mathrm{Max}} |\alpha_\delta|$ das *Haus* von α. Ist $P_\alpha := a_d X^d + \ldots + a_0 \in \mathbb{Z}[X]$ das in 1.6.1 eingeführte ganzzahlige Minimalpolynom von α, so ist

$$(a_d\alpha)^d + \sum_{\delta=0}^{d-1} a_\delta a_d^{d-1-\delta}(a_d\alpha)^\delta = 0$$

wegen $P_\alpha(\alpha) = 0$. Dies bedeutet, daß $a_d\alpha$ Wurzel des normierten, über $\mathbb{Q}$ offenbar ebenfalls irreduziblen Polynoms

$$X^d + \sum_{\delta=0}^{d-1} a_\delta a_d^{d-1-\delta} X^\delta \in \mathbb{Z}[X]$$

ist. Somit ist $a_\delta\alpha$ eine ganze algebraische Zahl (desselben Grades wie α) und es ist $\{m \in \mathbb{N} : m\alpha$ ganz algebraisch$\} \neq \emptyset$. Jedes Element dieser Menge heißt *ein Nenner für* α; ihr kleinstes Element heißt *der Nenner von* α, in Zeichen Nen α oder Nen(α).

Lemma. *Für* $\alpha \in \overline{\mathbb{Q}}^{\times}$ *gilt* $|\alpha| \geq (\text{Nen } \alpha)^{-\partial(\alpha)} \lceil \alpha \rceil^{1-\partial(\alpha)}$.

Beweis. Nach Definition von Nen α ist $\beta := \alpha$ Nen α $(\neq 0)$ eine ganze algebraische Zahl, für die nach Satz 1.6.5(i) die Norm $N(\beta) \in \mathbb{Z} \setminus \{0\}$ ist, weshalb $|N(\beta)| \geq 1$ gilt; dabei bedeutet N die in 1.6.4(1) eingeführte Norm. Weiter ist $\partial(\beta) = \partial(\alpha)$ $(=: d)$; ebenso ist klar, daß man alle Konjugierten $\beta_1, \ldots, \beta_d$ von β erhält, indem man die Konjugierten $\alpha_1, \ldots, \alpha_d$ von α jeweils mit Nen α multipliziert. So ist nach Definition von $N(\beta)$ in 1.6.4(1)

$$1 \leq |\beta_1 \cdot \ldots \cdot \beta_d| = (\text{Nen } \alpha)^d |\alpha_1 \cdot \ldots \cdot \alpha_d| \leq (\text{Nen } \alpha)^d \lceil \alpha \rceil^{d-1} |\alpha|,$$

was schon die behauptete Ungleichung impliziert.   □

Das soeben eingesehene Lemma wird benötigt zum Beweis eines weiteren Satzes, den man oft zitiert als

Liouville–Abschätzung. *Seien* $\alpha_1, \ldots, \alpha_s \in \overline{\mathbb{Q}}$ *und* h *der Grad des algebraischen Zahlkörpers* $\mathbb{Q}(\alpha_1, \ldots, \alpha_s)$ *über* $\mathbb{Q}$. *Es sei* $P \in \mathbb{Z}[X_1, \ldots, X_s] \setminus \{0\}$ *und sein Grad in* X_σ *sei* $\partial_\sigma(P)$. *Dann gilt entweder* $P(\alpha_1, \ldots, \alpha_s) = 0$ *oder*

$$|P(\alpha_1, \ldots, \alpha_s)| \geq H(P)^{1-h} \prod_{\sigma=1}^{s} \left((1 + \lceil \alpha_\sigma \rceil) \text{Nen } \alpha_\sigma \right)^{-h\partial_\sigma(P)}.$$

Beweis. Man setze $d_\sigma := \partial_\sigma(P)$, $N_\sigma := \text{Nen } \alpha_\sigma$. Ist dann

$$(1) \qquad P = \sum_{\delta_1=0}^{d_1} \cdots \sum_{\delta_s=0}^{d_s} p(\delta_1, \ldots, \delta_s) X_1^{\delta_1} \cdot \ldots \cdot X_s^{\delta_s},$$

so ist offenbar $\text{Nen}(P(\alpha_1, \ldots, \alpha_s)) \leq \prod_{\sigma=1}^{s} N_\sigma^{d_\sigma}$. Weiter ist $P(\alpha_1, \ldots, \alpha_s) \in \mathbb{Q}(\alpha_1, \ldots, \alpha_s)$ und somit $\partial(P(\alpha_1, \ldots, \alpha_s)) \leq h$. Ist jetzt $(\alpha :=) P(\alpha_1, \ldots, \alpha_s) \neq 0$, so folgt mit dem vorangestellten Lemma

$$(2) \qquad |P(\alpha_1, \ldots, \alpha_s)| \geq \lceil \alpha \rceil^{1-h} \prod_{\sigma=1}^{s} N_\sigma^{-hd_\sigma}.$$

(Daß man übrigens bei der Ersetzung von $\partial(\alpha)$ durch h tatsächlich höchstens weiter verkleinert, folgt aus der bei $\alpha \neq 0$ gültigen Ungleichung $\lceil \alpha \text{ Nen } \alpha \rceil \geq 1$.) Nach (1) ist

$$\lceil \alpha \rceil \leq H(P) \sum_{\delta_1=0}^{d_1} \cdots \sum_{\delta_s=0}^{d_s} \lceil \alpha_1 \rceil^{\delta_1} \cdot \ldots \cdot \lceil \alpha_s \rceil^{\delta_s} = H(P) \prod_{\sigma=1}^{s} \sum_{\delta_\sigma=0}^{d_\sigma} \lceil \alpha_\sigma \rceil^{\delta_\sigma}$$

$$\leq H(P) \prod_{\sigma=1}^{s} (1 + \lceil \alpha_\sigma \rceil)^{d_\sigma}.$$

Verwendet man diese Abschätzung rechts in (2) weiter, so erhält man die Abschätzung von LIOUVILLE.   □

Bemerkung. Wie erklärt sich die Bezeichung "LIOUVILLE–Abschätzung"? Man nehme dort $s := 1$, $\alpha_1 := \alpha$ algebraisch, $P := qX - p$ mit $q \in \mathbb{N}$, $p \in \mathbb{Z}$. Wegen $h = \partial(\alpha)$ hat man bei $\alpha \neq p/q$ die Ungleichung

$$(3) \qquad |\alpha q - p| \geq c_1(\alpha)(\operatorname{Max}(|p|, q))^{1-\partial(\alpha)}$$

mit von p, q unabhängiger Konstanten $c_1(\alpha) > 0$. Ist nun o.B.d.A. $|\alpha q - p| \leq 1$, so $|p| \leq 1 + |\alpha|q \leq (1 + |\alpha|)q$ und daher $|\alpha q - p| \geq c_2(\alpha)q^{1-\partial(\alpha)}$ wegen (3), wo c_2 dieselbe Eigenschaft wie c_1 hat. Damit hat man von neuem den LIOUVILLEschen Approximationssatz 1.2.

3. Konstruktion geeigneter Exponentialpolynome. Nun werden die ersten analytischen Vorbereitungen für den Beweis des Satzes von LINDEMANN–WEIERSTRASS nach der HERMITE–MAHLERschen Methode getroffen.

Seien $a_1, \ldots, a_s \in \mathbb{C}$ paarweise verschieden und sei $\mathbf{m} := (m_1, \ldots, m_s) \in \mathbb{N}_0^s$. Für $z \in \mathbb{C}$ ergibt sich aus

$$(1) \qquad R(z; \mathbf{m}) := \frac{1}{2\pi i} \int_{|w|=r} e^{wz} \prod_{\sigma=1}^{s} (w - a_\sigma)^{-m_\sigma - 1} dw$$

bei $r > \operatorname*{Max}_{1 \leq \sigma \leq s} |a_\sigma|$ mittels Residuensatz

$$(2) \qquad R(z; \mathbf{m}) = \sum_{\sigma=1}^{s} P_\sigma(z; \mathbf{m}) e^{a_\sigma z}$$

mit den Polynomfunktionen

$$(3) \quad P_\sigma(z; \mathbf{m}) := \sum_{\ell_1 + \ldots + \ell_s = m_\sigma} \frac{1}{\ell_\sigma!} z^{\ell_\sigma} \prod_{\substack{\tau=1 \\ \tau \neq \sigma}}^{s} (-1)^{\ell_\tau} \binom{m_\tau + \ell_\tau}{\ell_\tau} (a_\sigma - a_\tau)^{-m_\tau - \ell_\tau - 1}.$$

Dabei wurde die LEIBNIZ–Formel über die mehrfache Differentiation von Produkten berücksichtigt. Andererseits führt die Substitution $w = \frac{1}{t}$ im Integral rechts in (1) zu

$$(4) \qquad R(z; \mathbf{m}) = \frac{1}{2\pi i} \int_{|t|=\frac{1}{r}} t^{M-1} e^{z/t} \prod_{\sigma=1}^{s} (1 - a_\sigma t)^{-m_\sigma - 1} dt,$$

wobei

$$(5) \qquad M + 1 := \sum_{\sigma=1}^{s} (m_\sigma + 1)$$

gesetzt ist. Ist $\sum_{\rho \geq 0} b_\rho t^\rho$ die TAYLOR–Entwicklung von $\prod_\sigma (1 - a_\sigma t)^{-m_\sigma - 1}$ um $t = 0$, so führt der Residuensatz von (4) zu

$$(6) \qquad R(z; \mathbf{m}) = \sum_{\rho=0}^{\infty} \frac{b_\rho}{(M + \rho)!} z^{M+\rho}.$$

Bemerkung. Ganze Funktionen der Form $\sum P_\sigma(z) \exp(a_\sigma z)$, wie sie in (2) auftreten, nennt man *Exponentialpolynome*.

4. Eigenschaften dieser Exponentialpolynome.
Die für den Beweis des Satzes von LINDEMANN–WEIERSTRASS relevanten Eigenschaften der in 3 konstruierten Exponentialpolynome entnimmt man folgendem

Lemma. *Sind $a_1, \ldots, a_s \in \mathbb{C}$ paarweise verschieden, so gilt bei beliebigem $\mathbf{m} \in \mathbb{N}_0^s$, wenn noch M durch 3(5) definiert ist:*

(i)   *Der Grad von P_σ in z ist m_σ.*

(ii)   *$m_\sigma! P_\sigma(1; \mathbf{m})$ ist ein Polynom in den $(a_\sigma - a_\tau)^{-1}$, $\tau = 1, \ldots, s$, $\tau \neq \sigma$, vom Gesamtgrad höchstens M und mit ganzrationalen Koeffizienten.*

(iii) *Es ist $|P_\sigma(1; \mathbf{m})| \leq c_1^M$; sind speziell die $a_1, \ldots, a_s \in \overline{\mathbb{Q}}$, so gilt auch $\overline{|P_\sigma(1; \mathbf{m})|} \leq c_1^M$, eventuell mit abgeändertem c_1.*

(iv)   *$R(z; \mathbf{m})$ hat an 0 eine Nullstelle der Ordnung M.*

(v)   *Es ist $|R(1; \mathbf{m})| \leq c_2/M!$.*

Dabei hängen die Konstanten $c_1, c_2 \geq 1$ zwar von den $a_1, \ldots, a_s$ ab, jedoch nicht von $\mathbf{m}$.

Beweis. (i) und (ii) sind direkt aus 3(3) ersichtlich, wenn man für (ii) noch die mit 3(5) folgende Abschätzung

$$(1) \qquad \sum_{\tau \neq \sigma} (m_\tau + 1 + \ell_\tau) = (M - m_\sigma) + (m_\sigma - \ell_\sigma) \leq M$$

für alle $(\ell_1, \ldots, \ell_s) \in \mathbb{N}_0^s$ mit $\ell_1 + \ldots + \ell_s = m_\sigma$ beachtet. Mit

$$c_3 := \mathrm{Max}(1, \mathrm{Max}_{\tau \neq \sigma} |a_\sigma - a_\tau|^{-1})$$

folgt aus 3(3) unter Berücksichtigung von (1) und 3(5)

$$(2) \quad |P_\sigma(1; \mathbf{m})| \leq c_3^M \sum_{\ell_1 + \ldots + \ell_s = m_\sigma} \prod_{\tau=1}^s \binom{m_\tau + \ell_\tau}{\ell_\tau} = c_3^M \binom{M + m_\sigma}{m_\sigma} \leq (4c_3)^M,$$

was den ersten Teil von (iii) beweist. Um den Zusatz einzusehen, hat man lediglich in der Definition von c_3 das "innere" Maximum über die $\lceil (a_\sigma - a_\tau)^{-1} \rceil$ zu nehmen; dann gilt (2) genauso für $\lceil P_\sigma(1; \mathbf{m}) \rceil$. (iv) folgt direkt aus 3(6) und $b_0 = 1$. Weiter ergibt sich aus

$$\sum_{\rho=0}^{\infty} b_\rho t^\rho = \prod_{\tau=1}^{s} \sum_{\ell_\tau=0}^{\infty} \binom{m_\tau + \ell_\tau}{\ell_\tau}(a_\tau t)^{\ell_\tau} = \sum_{\rho=0}^{\infty} t^\rho \sum_{\ell_1 + \ldots + \ell_s = \rho} \prod_{\tau=1}^{s} \binom{m_\tau + \ell_\tau}{\ell_\tau} a_\tau^{\ell_\tau}$$

mit $c_4 := \mathrm{Max}(1, |a_1|, \ldots, |a_s|)$

$$(3) \qquad |b_\rho| \leq c_4^\rho \sum_{\ell_1 + \ldots + \ell_s = \rho} \prod_{\tau=1}^{s} \binom{m_\tau + \ell_\tau}{\ell_\tau} = c_4^\rho \binom{M + \rho}{\rho}$$

für alle $\rho \in \mathbb{N}_0$ und daraus mittels 3(6)

$$|R(1; \mathbf{m})| \leq \frac{1}{M!} \sum_{\rho=0}^{\infty} c_4^\rho \rho!^{-1} = \frac{e^{c_4}}{M!},$$

was auch (v) beweist.   □

Bemerkung. Die Richtigkeit der in (2) bzw. (3) verwendeten Formel zur Auswertung der s–fachen Summe über Produkte gewisser Binomialkoeffizienten sieht man folgendermaßen ein: In $|z| < 1$ gilt für $m \in \mathbb{N}_0$

$$(1 - z)^{-m-1} = \sum_{\ell=0}^{\infty} \binom{m + \ell}{\ell} z^\ell,$$

wie sich durch m–fache Differentiation der geometrischen Reihe ergibt. Sind $m_1, \ldots, m_s \in \mathbb{N}_0$, so folgt daraus mit der Festsetzung 3(5)

$$\sum_{\rho=0}^{\infty} \binom{M + \rho}{\rho} z^\rho = (1 - z)^{-M-1} = \prod_{\tau=1}^{s}(1 - z)^{-m_\tau - 1} = \prod_{\tau=1}^{s} \sum_{\ell_\tau=0}^{\infty} \binom{m_\tau + \ell_\tau}{\ell_\tau} z^{\ell_\tau}$$

$$= \sum_{\rho=0}^{\infty} z^\rho \sum_{\ell_1 + \ldots + \ell_s = \rho} \prod_{\tau=1}^{s} \binom{m_\tau + \ell_\tau}{\ell_\tau}$$

in $|z| < 1$, woraus man durch Koeffizientenvergleich die oben zweimal verwendete Formel

$$\sum_{\ell_1 + \ldots + \ell_s = \rho} \prod_{\tau=1}^{s} \binom{m_\tau + \ell_\tau}{\ell_\tau} = \binom{M + \rho}{\rho}$$

für alle $\rho \in \mathbb{N}_0$ erhält.

5. Eine Determinantenbetrachtung. Nun wird $\mathbf{m} \in \mathbb{N}_0^s$ auf s verschiedene Arten spezialisiert, indem man für $\rho = 1, \ldots, s$

$$R_\rho(z) := R(z; N - 1 + \delta_{\rho 1}, \ldots, N - 1 + \delta_{\rho s})$$

sowie

$$P_{\rho\sigma}(z) := P_\sigma(z; N - 1 + \delta_{\rho 1}, \ldots, N - 1 + \delta_{\rho s}) \qquad (\sigma = 1, \ldots, s)$$

bildet. Dabei bedeutet $\delta_{\rho\sigma}$ das KRONECKER–Symbol und $N \in \mathbb{N}$ ist zunächst beliebig. Nach 3(2) ist für $\rho = 1, \ldots, s$

$$(1) \qquad\qquad R_\rho(z) = \sum_{\sigma=1}^{s} P_{\rho\sigma}(z) e^{a_\sigma z}.$$

Nach Lemma 4(i) hat $P_{\rho\sigma}$ in z den Grad $N - 1 + \delta_{\rho\sigma}$ und daher hat die Polynomfunktion

$$(2) \qquad\qquad \Delta(z) := \det(P_{\rho\sigma}(z))_{\rho,\sigma=1,\ldots,s}$$

den Grad sN. Nach 3(5) gilt für die obigen s speziellen Wahlen für $\mathbf{m}$ stets $M = sN$ und so entnimmt man der sich aus (1) und (2) ergebenden Identität

$$\Delta(z)e^{a_1 z} = \det \begin{pmatrix} R_1(z) & P_{12}(z) & \cdots & P_{1s}(z) \\ \vdots & \vdots & & \vdots \\ R_s(z) & P_{s2}(z) & \cdots & P_{ss}(z) \end{pmatrix},$$

daß $\Delta(z)$ wegen Lemma 4(iv) an $z = 0$ eine Nullstelle mindestens der Ordnung sN hat. Also gilt mit einem (explizit angebbaren) $c \in \mathbb{C}^\times$

$$(3) \qquad\qquad \Delta(z) = c z^{sN}.$$

6. Gewinnung einer nichtverschwindenden algebraischen Zahl. Man macht nun die der Version 2 des LINDEMANN–WEIERSTRASSschen Satzes in 3.3 widersprechende Annahme, bei über $\mathbb{Q}$ linear unabhängigen $\alpha_1, \ldots, \alpha_n \in \overline{\mathbb{Q}}$ seien $e^{\alpha_1}, \ldots, e^{\alpha_n}$ über $\overline{\mathbb{Q}}$ algebraisch abhängig. Dann existiert ein Polynom

$$(1) \qquad\qquad P = \sum_{\lambda_1,\ldots,\lambda_n=0}^{L} p(\lambda_1, \ldots, \lambda_n) X_1^{\lambda_1} \cdot \ldots \cdot X_n^{\lambda_n}$$

mit nicht sämtlich verschwindenden algebraischen Koeffizienten $p(\lambda_1, \ldots, \lambda_n)$, die o.B.d.A. als ganz algebraisch vorausgesetzt werden dürfen, so daß gilt

$$P(e^{\alpha_1}, \ldots, e^{\alpha_n}) = 0.$$

Nun betrachtet man die $r := (K+1)^n$ Polynome $X_1^{\kappa_1} \cdot \ldots \cdot X_n^{\kappa_n} P$ mit $0 \leq \kappa_1, \ldots, \kappa_n \leq K$. Dies sind offenbar über $\mathbb{C}$ linear unabhängige Linearformen in den $s := (K+L+1)^n$ Potenzprodukten $X_1^{\mu_1} \cdot \ldots \cdot X_n^{\mu_n}$ mit $0 \leq \mu_1, \ldots, \mu_n \leq K+L$, deren Koeffizienten Null oder irgendwelche der $p(\lambda_1, \ldots, \lambda_n)$ aus (1) sind. Bezeichnet man nun die s nach Voraussetzung paarweise verschiedenen algebraischen Zahlen $\mu_1 \alpha_1 + \ldots + \mu_n \alpha_n$, $0 \leq \mu_1, \ldots, \mu_n \leq K+L$, in irgendeiner Reihenfolge mit $a_1 := 0, a_2, \ldots, a_s$, so gelten die r homogenen linearen Gleichungen

$$(2) \qquad \sum_{\sigma=1}^{s} b_{\rho\sigma} e^{a_\sigma} = 0 \qquad (\rho = 1, \ldots, r),$$

wobei die Matrix $(b_{\rho\sigma})$ maximalen Rang r hat

Denkt man sich nun die Untersuchungen in 3 bis 5 mit den zuletzt definierten algebraischen $a_1, \ldots, a_s$ durchgeführt, so erkennt man $\Delta(1) \neq 0$ aus 5(3). Daher hat die quadratische Matrix $(P_{\rho\sigma}(1))_{\rho,\sigma=1,\ldots,s}$, die bei der Wahl $z=1$ in 5(1) auftritt, den Rang s, und so kann man $s-r$ verschiedene $\lambda_1, \ldots, \lambda_{s-r} \in \{1, \ldots, s\}$ finden, so daß die Zahl

$$(3) \qquad \delta := \det \begin{pmatrix} b_{11} & \cdots & b_{1s} \\ \vdots & & \vdots \\ b_{r1} & \cdots & b_{rs} \\ P_{\lambda_1 1}(1) & \cdots & P_{\lambda_1 s}(1) \\ \vdots & & \vdots \\ P_{\lambda_{s-r} 1}(1) & \cdots & P_{\lambda_{s-r} s}(1) \end{pmatrix}$$

von Null verschieden ist. Weiter liegt δ in dem von $\alpha_1, \ldots, \alpha_n$ (vgl. Lemma 4(ii)) und den Koeffizienten von P erzeugten algebraischen Zahlkörper, der über $\mathbb{Q}$ den Grad d haben möge.

7. Untere Abschätzung. Ist γ_1 ein Nenner aller $(a_\sigma - a_\tau)^{-1}$, $\sigma \neq \tau$, so ist nach 6(3) und Lemma 4(ii)

$$(1) \qquad \text{Nen } \delta \leq \gamma_1^{(s-r)sN} N!^{s-r}.$$

Ist γ_2 eine obere Schranke für die Häuser aller Koeffizienten von P (und damit eine Schranke für alle $\overline{|b_{\rho\sigma}|}$ in 6(2)), so ergibt sich aus 6(3) mittels Lemma 4(iii)

$$(2) \qquad \overline{|\delta|} \leq s! \gamma_2^r \gamma_3^{(s-r)sN}.$$

Dabei sind γ_1, γ_2, γ_3 (und im folgenden γ_4, γ_5, γ_6) ebenso wie r, s, d mindestens Eins und hängen höchstens von $\alpha_1, \ldots, \alpha_n$, P und K ab. Mit Rücksicht auf $\partial(\delta) \leq d$ sowie (1) und (2) folgt aus Lemma 2

(3) $$|\delta| \geq \gamma_4^{-N} N!^{-(s-r)d}.$$

8. Obere Abschätzung.

Mittels 5(1) und 6(2) ergibt sich aus 6(3)

$$\delta = \det \begin{pmatrix} 0 & b_{12} & \cdots & b_{1s} \\ \vdots & \vdots & & \vdots \\ 0 & b_{r2} & \cdots & b_{rs} \\ R_{\lambda_1}(1) & P_{\lambda_1 2}(1) & \cdots & P_{\lambda_1 s}(1) \\ \vdots & \vdots & & \vdots \\ R_{\lambda_{s-r}}(1) & P_{\lambda_{s-r} 2}(1) & \cdots & P_{\lambda_{s-r} s}(1) \end{pmatrix}$$

Entwickelt man hier die Determinante nach der ersten Spalte, so folgt unter Beachtung von Lemma 4(v)

(1) $$|\delta| \leq (s-r)\frac{\gamma_5}{(sN)!}\gamma_2^r \gamma_3^{(s-r-1)sN} \leq \gamma_6^N N!^{-s}.$$

9. Parameterwahl.

Da es jetzt gelingen wird, durch geeignete Wahl eines höchstens von $\alpha_1, \ldots, \alpha_n$ und P abhängigen K für

(1) $$s > (s-r)d$$

zu sorgen, widersprechen sich die Ungleichungen 7(3) und 8(1) für jedes $N \geq N_0(\alpha_1, \ldots, \alpha_n, P)$ und die Annahme zu Anfang von 6 erweist sich als falsch. Nach Definition von r, s in 6 folgt nämlich mit $K := L(nd-1)$ unter Verwendung des Mittelwertsatzes der Differentialrechnung

$$(s-r)d = \big((K+L+1)^n - (K+1)^n\big)d = Ln(K+\lambda+1)^{n-1}d = (K+L)(K+\lambda+1)^{n-1}$$

mit reellem $\lambda \in]0, L[$. Diese Gleichung führt direkt zu $(s-r)d < (K+L+1)^n = s$, womit (1) tatsächlich befriedigt ist.

10. Historische Anmerkung.

HERMITE hatte in seinem ursprünglichen Transzendenzbeweis für e ganz ähnliche Determinantenbetrachtungen anzustellen, wie dies oben in 5 durchgeführt wurde. Seine Vorgehensweise in diesem

Punkt hat die weitere Entwicklung der analytischen Transzendenzmethoden nachhaltiger beeinflußt, als dies alle vereinfachenden Beweisvarianten für die Sätze von HERMITE, LINDEMANN und WEIERSTRASS in der Folgezeit vermochten.

In diesem Zusammenhang ist vor allem die große Arbeit von SIEGEL (Gesammelte Abhandlungen I, 209–266) aus dem Jahre 1929 *Über einige Anwendungen diophantischer Approximationen* zu nennen. In ihrem ersten Teil wurde eine neue Methode zum Nachweis der algebraischen Unabhängigkeit von Zahlen entwickelt, die Werte gewisser ganzer Funktionen an algebraischen Argumentstellen sind. SIEGELs Hauptergebnisse verallgemeinerten den Satz von LINDEMANN–WEIERSTRASS (in den Versionen 2, 2′). Einer der wesentlichen analytischen Punkte in SIEGELs Methode war der Nachweis des Nichtverschwindens gewisser Determinanten, deren Elemente Polynome sind. SIEGELs Schlußweise an dieser Stelle ist offenbar von HERMITEs Vorgehen bei der Exponentialfunktion entscheidend beeinflußt worden, während MAHLER seinen in diesem Paragraphen dargestellten Weg zum Satz von LINDEMANN–WEIERSTRASS kurz nach Erscheinen der SIEGELschen Arbeit publizierte.

SIEGELs Arbeit enthielt zahlreiche neue Ideen, die sich auf die weitere Entwicklung der Transzendenzmethoden überaus fruchtbar ausgewirkt haben; insbesondere auf eine wird sogleich in 5.1 zurückzukommen sein.

§ 5. Der Satz von Gel'fond–Schneider

1. Hilberts siebtes Problem. Wie dies bereits in 3.1 angeklungen ist, blieb HERMITEs Methode für über 50 Jahre der einzige Schritt in Richtung auf die Entwicklung einer analytischen Transzendenztheorie. Ohne die wichtigen, in den §§ 3 und 4 besprochenen Beiträge von LINDEMANN und WEIERSTRASS als "quantités négligeables" verstehen zu wollen, bleibt doch festzustellen, daß die wirklichen nach–HERMITEschen Fortschritte nicht beim Ausbau oder bei der Vereinfachung einer existierenden Methode erzielt wurden, sondern beim Ringen um die Lösung neuer, offener Probleme.

HILBERT selbst hat dies geahnt, als er im Rahmen seiner bereits in 3.2.13 zitierten "Probleme" als siebtes unter der Überschrift *Irrationalität und Transzendenz bestimmter Zahlen* folgendes ausführte:

"HERMITEs arithmetische Sätze über die Exponentialfunktion und ihre Weiterführung durch LINDEMANN sind der Bewunderung aller mathematischen Generationen sicher. Aber zugleich erwächst uns die Aufgabe, auf dem betretenen Wege fortzuschreiten. Ich möchte daher eine Klasse von Problemen kennzeichnen, die meiner Meinung nach als die nächstliegenden hier in Angriff zu nehmen sind. Wenn wir von speziellen, in der Analysis wichtigen transzendenten Funktionen erkennen, daß sie für gewisse algebraische Argumente algebraische Werte annehmen, so erscheint uns diese Tatsache stets als besonders merkwürdig und der eingehenden Untersuchung würdig. Wir erwarten eben von transzendenten Funktionen, daß sie für algebraische Argumente im allgemeinen auch transzendente Werte annehmen, und obgleich ..., so werden wir es doch für höchst wahrscheinlich halten, daß z.B. die Exponentialfunktion $e^{i\pi z}$, die offenbar für alle rationalen Argumente z stets algebraische Werte hat, andererseits für alle irrationalen algebraischen Argumente z stets transzendente Zahlenwerte annimmt. Wir können dieser Aussage auch eine geometrische Einkleidung geben, wie folgt. *Wenn in einem gleichschenkligen Dreieck das Verhältnis vom Basiswinkel zum Winkel an der Spitze algebraisch, aber nicht rational ist, so ist das Verhältnis zwischen Basis und Schenkel stets transzendent.* Trotz der Einfachheit dieser Aussage und der Ähnlichkeit mit den von HERMITE und LINDEMANN gelösten Problemen halte ich doch den Beweis dieses Satzes für äußerst schwierig, ebenso wie etwa den Nachweis dafür, daß *die Potenz α^β für eine algebraische Basis α und einen algebraisch irrationalen Exponenten β, z.B. die Zahl $2^{\sqrt{2}}$ oder $e^\pi = i^{-2i}$, stets eine transzendente oder auch nur eine irrationale Zahl darstellt.* Es ist gewiß, daß die Lösung dieser und ähnlicher Probleme uns zu ganz neuen Methoden und zu neuen Einblicken in das Wesen spezieller irrationaler und transzendenter Zahlen führen muß."

Offenbar verallgemeinerte das hier von HILBERT gestellte Problem die in 1.1 erwähnte Vermutung von EULER über die Transzendenz von $a^{\sqrt{b}}$.

A.O. GEL'FOND gelang 1929 eine partielle Lösung des siebten HILBERTschen Problems im Spezialfall imaginär–quadratischer Exponenten β, womit insbesondere die Transzendenz von e^π bewiesen war (vgl. Ende des obigen HILBERT-Zitats). GEL'FOND stützte sich dabei auf die Methode der Entwicklung einer ganzen Funktion (hier e^z) in eine NEWTONsche Interpolationsreihe nach geeigneten Interpolationsstellen (hier $(\lambda_1 + \beta\lambda_2)\log\alpha$ mit $(\lambda_1, \lambda_2) \in \mathbb{Z}^2$), die eine Ausnutzung der arithmetischen Voraussetzungen ($\alpha, \beta \in \overline{\mathbb{Q}}^\times$, $\log\alpha \neq 0$, β imaginär–quadratisch) und der Annahme (hier $\alpha^\beta \in \overline{\mathbb{Q}}$) gestatten. Ein Jahr später konnte R.O. KUZ'MIN mit demselben Ansatz auch den Spezialfall reell–quadratischer Exponenten β erledigen und somit insbesondere EULERs Vermutung beweisen.

Bald danach gelangen vollständige (und überdies kurze) Lösungen des siebten HILBERTschen Problems unabhängig voneinander GEL'FOND (Dokl. Akad. Nauk SSSR *2*, 1–6 (1934)) und SCHNEIDER (J. Reine Angew. Math. *172*, 65–69 (1934)), deren Ergebnis so formuliert sei:

Satz von Gel'fond–Schneider.   *Sei $\alpha \in \mathbb{C}^\times$ und $\log\alpha \neq 0$, wobei $\log$ eine beliebige Bestimmung des komplexen Logarithmus bedeutet; sei $\beta \in \mathbb{C} \setminus \mathbb{Q}$.*

Dann ist mindestens eine der Zahlen $\alpha, \beta, \alpha^\beta$ $(:= e^{\beta \log \alpha})$ *transzendent.*

Dies beinhaltet insbesondere die geometrische Behauptung des HILBERT–Zitats: Sei A bzw. B der Winkel an der Spitze bzw. an der Basis des gleichschenkligen Dreiecks und sei a bzw. b die Länge der Schenkel bzw. der Basis; nach Voraussetzung ist $\frac{B}{A} \in \overline{\mathbb{Q}} \setminus \mathbb{Q}$. Eine elementargeometrische Überlegung zeigt

$$(1) \qquad\qquad \frac{b}{2a} = \cos B = \sin \frac{A}{2}.$$

Wendet man nun den Satz von GEL'FOND–SCHNEIDER an mit $\alpha := e^{iA}$ und $\beta := \frac{B}{A}$, so sind e^{iA} und $(\alpha^\beta =) e^{iB}$, also auch $e^{iA/2}$ und e^{iB} nicht beide algebraisch. Nach den klassischen EULERschen Formeln $\sin \frac{A}{2} = \frac{1}{2i}(e^{iA/2} - e^{-iA/2})$, $\cos B = \frac{1}{2}(e^{iB} + e^{-iB})$ sind dann auch $\sin \frac{A}{2}$, $\cos B$ nicht beide algebraisch und so ist $\frac{b}{a}$ nach (1) transzendent.

Beiden Lösungen von GEL'FOND und SCHNEIDER ist gemeinsam, daß sie nun nicht mehr, wie noch GEL'FOND 1929, eine einzige Funktion direkt untersuchen, sondern daß sie sich einer Idee bedienen, die in ähnlichem Zusammenhang erstmals in der in 4.10 zitierten Arbeit von SIEGEL auftauchte. Diese Idee, in 3 als SIEGELsches Lemma präzisiert, bestand darin, mit Hilfe eines DIRICHLETschen Schubfachschlusses zunächst aus den arithmetisch zu untersuchenden ganzen Funktionen (e^z, $e^{\beta z}$ bei GEL'FOND; z, α^z bei SCHNEIDER) eine Hilfsfunktion aufzubauen und diese dann geeignet weiter zu behandeln. Bis vor zwei Jahrzehnten begann fast jede analytische Methode für Transzendenz oder algebraische Unabhängigkeit damit, daß man zunächst ein geeignetes SIEGELsches Lemma ausnutzte. 1989 fand dann M. LAURENT einen Ansatz, der ohne dieses Lemma auskommt und stattdessen auf Rangabschätzungen gewisser Matrizen zurückgreift.

2. Ein Schubfachschluß. Um ein solches Lemma beweisen zu können, wird zunächst vorausgeschickt das mit einem Schubfachschluß zu beweisende

Lemma. *Seien* $C, M, N \in \mathbb{N}$ *mit* $M < N$; *seien* $a_{mn} \in \mathbb{R}$ *für* $m = 1, \ldots, M$; $n = 1, \ldots, N$ *und* $\mathrm{Max}_{m,n} |a_{mn}| \leq A$. *Dann existieren nicht sämtlich verschwindende* $x_1, \ldots, x_N \in \mathbb{Z}$ *mit allen* $|x_n| \leq C$, *so daß für* $m = 1, \ldots, M$ *gilt*

$$|a_{m1}x_1 + \ldots + a_{mN}x_N| < NAC^{1-\frac{N}{M}}.$$

Beweis. Man betrachte die N–Tupel $\mathbf{x} := (x_1, \ldots, x_N) \in \mathbb{N}_0^N$ mit allen $x_n \leq C$ und schreibt $L_m(\mathbf{x}) := a_{m1}x_1 + \ldots + a_{mN}x_N$. Ist V_m bzw. $-W_m$ die Summe der positiven bzw. negativen unter den $a_{m1}, \ldots, a_{mN}$, so ist $V_m + W_m \leq NA$ und $V_m C \geq L_m(\mathbf{x}) \geq -W_m C$. Die $(C+1)^N$ Punkte $L(\mathbf{x}) := (L_1(\mathbf{x}), \ldots, L_M(\mathbf{x}))$ fallen also alle in einen gewissen achsenparallelen Würfel des $\mathbb{R}^M$ der Kantenlänge NAC. Man wähle nun $J \in \mathbb{N}$ maximal, so daß $J < (C+1)^{N/M}$ gilt; sodann zerlege man den genannten Würfel in J^M kongruente achsenparallele Teilwürfel (der Kantenlänge $\frac{NAC}{J}$). Wegen $J^M < (C+1)^N$ gibt es einen derartigen Teilwürfel, in den zwei der $L(\mathbf{x})$ hineinfallen, etwa $L(\mathbf{x}')$ und $L(\mathbf{x}'')$. Dies bedeutet jedoch

$$| \sum_{n=1}^{N} a_{mn}(x'_n - x''_n)| = |L_m(\mathbf{x}') - L_m(\mathbf{x}'')| \leq \frac{NAC}{J} \qquad \text{für } m = 1, \ldots, M.$$

Der Punkt $\mathbf{x} = (x_1, \ldots, x_N)$ mit allen $x_n := x'_n - x''_n$ leistet das im Lemma Gewünschte, wenn man $\mathbf{x} = \mathbf{x}' - \mathbf{x}'' \neq \mathbf{0}$ beachtet ebenso wie die Ungleichung $J > C^{N/M}$, die sich mit dem Mittelwertsatz der Differentialrechnung wie folgt ergibt: Nach Definition von J ist $J \geq (C+1)^{N/M} - 1$ und nun ist $(C+1)^{N/M} - C^{N/M} = \frac{N}{M}(C+\vartheta)^{(N-M)/M} > 1$ wegen $N > M$, $C \geq 1$, $\vartheta \in]0,1[$. □

3. Siegelsches Lemma. Hier wird eine Tatsache aus der Theorie der algebraischen Zahlkörper benötigt, die man z.B. bei E. HECKE (*Vorlesungen über die Theorie der algebraischen Zahlen*, Akad. Verlagsgesellschaft, Leipzig, 1923;[*)] S. 77 ff.) findet: Sei K ein algebraischer Zahlkörper vom Grad d über $\mathbb{Q}$ und O_K der Ganzheitsring von K (vgl. 1.6.5). *Dann gibt es über $\mathbb{Q}$ linear unabhängige* $w_1, \ldots, w_d \in O_K$, *so daß sich jedes $A \in O_K$ in eindeutiger Weise schreiben läßt als* $A = \sum_{\delta=1}^{d} a_\delta w_\delta$ *mit* $a_1, \ldots, a_d \in \mathbb{Z}$. Jedes solche System $w_1, \ldots, w_d \in O_K$ heißt eine *Ganzheitsbasis* von K.

Ist nun $w_1, \ldots, w_d \in O_K$ eine Ganzheitsbasis von K und sind $\sigma_1, \ldots, \sigma_d$ die verschiedenen Einbettungen von K in $\mathbb{C}$, so ist die Determinante

$$\Delta(w_1, \ldots, w_d) := \det(\sigma_j w_\delta)_{j,\delta=1,\ldots,d}$$

von Null verschieden und ihr Absolutbetrag hängt alleine von K, nicht jedoch von der speziell gewählten Ganzheitsbasis $w_1, \ldots, w_d$ ab.

Mit diesen Vorbemerkungen und Lemma 2 hat man alle Mittel beisammen, um zu beweisen das folgende

---

[*)] In englischer Übersetzung: *Lectures on the Theory of Algebraic Numbers*, Springer, Berlin etc., 1981.

Siegelsche Lemma. *Sei K ein algebraischer Zahlkörper vom Grad d über $\mathbb{Q}$. Seien $M, N \in \mathbb{N}$ mit $N > dM$ und seien $A_{mn} \in O_K$ $(1 \leq m \leq M, 1 \leq n \leq N)$ vorgegeben; A sei eine obere Schranke für die Absolutbeträge sämtlicher A_{mn} und deren Konjugierten bezüglich $\mathbb{Q}$. Dann gibt es eine von M, N, den A_{mn} und von A unabhängige Konstante $c > 0$, so daß die M Gleichungen*

$$\sum_{n=1}^{N} A_{mn} x_n = 0 \qquad (m = 1, \ldots, M)$$

durch ein von Null verschiedenes $(x_1, \ldots, x_N) \in \mathbb{Z}^N$ mit sämtlichen $|x_n| \leq 1 + (cNA)^{dM/(N-dM)}$ erfüllt werden.

Beweis. Es wird eine Ganzheitsbasis $w_1, \ldots, w_d$ von K fixiert, d.h. mit gewissen $a_{mn\delta} \in \mathbb{Z}$ ist

(1) $$A_{mn} = \sum_{\delta=1}^{d} a_{mn\delta} w_\delta$$

für alle vorkommenden m, n. Für $\sigma \in \{\sigma_1, \ldots, \sigma_d\}$ hat man wegen (1) die dMN Gleichungen

(2) $$\sigma A_{mn} = \sum_{\delta=1}^{d} a_{mn\delta} \sigma w_\delta.$$

Unterdrückt man hier für den Moment die Indizes m, n, so ist nach der CRA-MERschen Regel

$$a_\delta\, \Delta(w_1, \ldots, w_d) = \det \begin{pmatrix} \sigma_1 w_1 & \ldots & \sigma_1 A & \ldots & \sigma_1 w_d \\ \vdots & & \vdots & & \vdots \\ \sigma_d w_1 & \ldots & \sigma_d A & \ldots & \sigma_d w_d \end{pmatrix},$$

wobei die $\sigma_j A$ in der δ-ten Spalte der Matrix nach Voraussetzung absolut durch das A im Lemma beschränkt sind. Aus dieser Gleichung hat man wegen $\Delta(w_1, \ldots, w_d) \neq 0$ unmittelbar $|a_{mn\delta}| \leq cA$ mit einem nur von $w_1, \ldots, w_d$ abhängigen $c > 0$.

Nun wendet man Lemma 2 an, indem man dort M, A, C der Reihe nach ersetzt durch dM, cA, $1 + [(cNA)^{dM/(N-dM)}]$. Nach jenem Lemma existieren nicht sämtlich verschwindende $x_1, \ldots, x_N \in \mathbb{Z}$ mit allen $|x_n| \leq 1 + (cNA)^{dM/(N-dM)}$, so daß für $m = 1, \ldots, M; \delta = 1, \ldots, d$ gilt

$$\left| \sum_{n=1}^{N} a_{mn\delta} x_n \right| < cNA(1 + [(cNA)^{dM/(N-dM)}])^{-(N-dM)/dM} < 1.$$

Da alle $a_{mn\delta}, x_n \in \mathbb{Z}$ sind, verschwindet hier die Summe links für alle genannten m, δ, weshalb man mit (1)

$$\sum_{n=1}^{N} A_{mn} x_n = \sum_{\delta=1}^{d} w_\delta \sum_{n=1}^{N} a_{mn\delta} x_n = 0$$

für $m = 1, \ldots, M$ gewinnt.   □

Bemerkung. Das c im SIEGELschen Lemma hängt offenbar alleine von der fest gewählten Ganzheitsbasis $w_1, \ldots, w_d$ von K ab.

4. Hilfsfunktion für Gel'fond–Schneider. Man macht sofort die Annahme, unter den Voraussetzungen des zu beweisenden Satzes seien α, β, α^β, $(=: \gamma)$ algebraisch, und setzt $K := \mathbb{Q}(\alpha, \beta, \gamma)$, dessen Grad über $\mathbb{Q}$ wieder h heißen möge. Nun strebt man an, ein Polynom

$$(1) \qquad P = \sum_{\lambda_1=0}^{L_1-1} \sum_{\lambda_2=0}^{L_2-1} p(\lambda_1, \lambda_2) X_1^{\lambda_1} X_2^{\lambda_2} \in \mathbb{Z}[X_1, X_2] \setminus \{0\}$$

mit absolut "nicht zu großen" $p(\lambda_1, \lambda_2)$ zu bauen, so daß die ganze Funktion $F(z) := P(e^z, e^{\beta z})$ "viele" Nullstellen hat (mit Vielfachheiten gerechnet). Genau will man an jede der U verschiedenen Stellen $u \log \alpha$ $(u = 0, \ldots, U-1)$ Nullstellen von F mindestens der Vielfachheit N plazieren, d.h für

$$(2) \qquad F^{(n)}(u \log \alpha) = 0 \quad \text{für} \quad 0 \le n < N, \ 0 \le u < U$$

sorgen. Dabei hat man $\log \alpha \ne 0$ zu beachten und $L_1, L_2, N, U \in \mathbb{N}$ sind Parameter, die im Moment noch weitestmöglich frei bleiben sollen. Sie werden in 8 so gewählt, daß insgesamt ein Widerspruch entsteht, der dann den Satz von GEL'FOND–SCHNEIDER beweist. Aus (1) erhält man durch Differentiation

$$(3) \qquad F^{(n)}(u \log \alpha) = \sum_{\lambda_1=0}^{L_1-1} \sum_{\lambda_2=0}^{L_2-1} p(\lambda_1, \lambda_2)(\lambda_1 + \beta \lambda_2)^n \alpha^{\lambda_1 u} \gamma^{\lambda_2 u},$$

wobei man insgesamt bereits *entscheidend die Differentialgleichung und das Additionstheorem der Exponentialfunktion ausgenutzt* hat. Die Faktoren der $p(\lambda_1, \lambda_2)$ rechts in (3) sind aus K, nicht unbedingt aus O_K. Sind A_1, B_1, C_1 die Nenner von α, β, γ, so stellen die Ausdrücke

$$A_1^{L_1 U} B_1^{N} C_1^{L_2 U} F^{(n)}(u \log \alpha)$$

wegen (3) Linearformen in den $L_1 L_2$ Unbestimmten $p(\lambda_1, \lambda_2)$ mit Koeffizienten aus O_K dar, und zwar hat man NU solche Linearformen gemäß der Anzahl der Paare (n, u) in (2). Bezeichnet man *ab jetzt positive Konstanten, die alleine von α, β, γ abhängen dürfen, mit $c_1, c_2, \ldots$,* so hat man im Hinblick auf die Anwendung des SIEGELschen Lemmas 3 mit $L := \mathrm{Max}(L_1, L_2)$ die folgende Abschätzung

$$\left| A_1^{L_1 U} B_1^N C_1^{L_2 U} (\lambda_1 + \beta \lambda_2)^n \alpha^{\lambda_1 u} \gamma^{\lambda_2 u} \right| \leq \exp(c_1 LU + N \log L + c_2 N) =: A.$$

Um die Bedingung $N > dM$ des SIEGELschen Lemmas zu garantieren, hat man gegenwärtig $L_1 L_2 > hNU$ vorauszusetzen; damit der "SIEGELsche Exponent" $dM/(N - dM)$ in jenem Lemma durch 1 nach oben beschränkt werden kann, wird noch schärfer verlangt

$$(4) \qquad\qquad L_1 L_2 \geq 2hNU.$$

Nach dem SIEGELschen Lemma gibt es dann nicht sämtlich verschwindende $p(\lambda_1, \lambda_2) \in \mathbb{Z}$ mit durch $1 + c_3 L_1 L_2 A$ nach oben beschränkten Absolutbeträgen, also

$$(5) \qquad\quad |p(\lambda_1, \lambda_2)| \leq \exp(c_4 LU + N \log L + c_2 N) =: B,$$

so daß die mit diesen p's gebildete "Hilfsfunktion" $F(z) = P(e^z, e^{\beta z})$ sämtliche Bedingungen (2) erfüllt. Man hat lediglich c_4 geeignet größer als c_1 zu wählen.

5. Gewinnung einer zur Abschätzung geeigneten Zahl.
Um die in 4.1 angedeutete Beweistaktik verfolgen zu können, besorgt man sich nun eine nicht-verschwindende Zahl aus K, die in 6 nach unten und in 7 nach oben abgeschätzt wird.

Nach 4(1) hat die Hilfsfunktion F die Gestalt

$$F(z) = \sum_{\lambda_1=0}^{L_1-1} \sum_{\lambda_2=0}^{L_2-1} p(\lambda_1, \lambda_2) e^{(\lambda_1 + \beta \lambda_2) z} =: \sum_{\lambda=0}^{L_1 L_2 - 1} p_\lambda e^{w_\lambda z}$$

mit paarweise verschiedenen $w_\lambda \in \mathbb{C}$, die in irgendeiner Reihenfolge mit den wegen $\beta \notin \mathbb{Q}$ paarweise verschiedenen $\lambda_1 + \beta \lambda_2$ übereinstimmen. Da die VANDER-MONDE–Determinante $\det(w_\lambda^\kappa)_{\kappa, \lambda = 0, \ldots, L_1 L_2 - 1}$ von Null verschieden ist und da nach Konstruktion in 4 die p_λ (das sind die $p(\lambda_1, \lambda_2)$ aus 4(1)) nicht alle Null sind, folgt aus

$$F^{(\kappa)}(z) = \sum_{\lambda=0}^{L_1 L_2 - 1} \left(p_\lambda e^{w_\lambda z} \right) w_\lambda^\kappa \qquad (\kappa = 0, 1, \ldots),$$

daß F in ganz $\mathbb{C}$ höchstens Nullstellen einer Ordnung kleiner als $L_1 L_2$ haben kann.

Nach der vorstehenden Betrachtung ist die ganze Funktion F nicht identisch Null. Daher gibt es ein kleinstes $M \in \mathbb{N}$, so daß zwar $F^{(n)}(u \log \alpha) = 0$ für $u = 0, \ldots, U-1$; $n = 0, \ldots, M-1$, jedoch $F^{(M)}(u_0 \log \alpha) \neq 0$ für ein geeignetes $u_0 \in \{0, \ldots, U-1\}$. Nach Konstruktion in 4 ist $M \geq N$ klar. Wegen 4(3) ist dieses $F^{(M)}(u_0 \log \alpha) \in K^\times$ und damit ein Kandidat zur weiteren Behandlung nach dem in 4.1 aufgestellten Programm.

6. Untere Abschätzung. Nach 4(3) ist $F^{(M)}(u_0 \log \alpha)$ ein Polynom in α, β, γ mit Graden höchstens $L_1 U$, M, $L_2 U$ und in $\mathbb{Z}$ gelegenen Koeffizienten, die mit Rücksicht auf 4(5) und $N \leq M$ höchstens gleich

$$\sum_{\lambda_1=0}^{L_1-1} \sum_{\lambda_2=0}^{L_2-1} |p(\lambda_1, \lambda_2)|(\lambda_1 + \lambda_2)^M \leq \exp(c_5 LU + 2M \log L + c_6 M)$$

sind. Nach der LIOUVILLE–Abschätzung 4.2 ist

(1) $\qquad \log|F^{(M)}(u_0 \log \alpha)| \geq -2(h-1)M \log L - c_7 LU - c_8 M.$

7. Obere Abschätzung. Nach den Ergebnissen in 5 ist mit F auch

(1) $\qquad F_1(z) := F(z) \prod_{u=0}^{U-1} (z - u \log \alpha)^{-M}$

eine ganze Funktion. Auf $|z| = R$ gilt nach Definition von F und wegen 4(5) die Abschätzung $|F(z)| \leq L^2 B \exp((1 + |\beta|)LR)$. Verlangt man auch noch

(2) $\qquad R \geq 2U|\log \alpha|,$

so gilt daher auf $|z| = R$ die Abschätzung $\prod_u |z - u \log \alpha|^M \geq (\frac{1}{2}R)^{MU}$. Wegen (1), 4(5) und $M \geq N$ ist somit insgesamt auf $|z| = R$ unter der Voraussetzung (2)

(3) $\qquad |F_1(z)| \leq \exp(c_9 LR + M \log L + c_{10} MU - MU \log R).$

Als *ganz entscheidend* wird sich hier der Anteil $-MU \log R$ erweisen, der von den "sehr vielen" Nullstellen herrührt, für die bei der Konstruktion der Hilfsfunktion F in 4 gesorgt wurde.

Durch TAYLOR–Entwicklung von F um $u_0 \log \alpha$ sieht man aus (1) sofort

$$F_1(u_0 \log \alpha) = \frac{1}{M!} F^{(M)}(u_0 \log \alpha) \prod_{\substack{u=0 \\ u \neq u_0}}^{U-1} ((u_0 - u) \log \alpha)^{-M}.$$

In Verbindung mit (3) liefert das Maximumprinzip dann

$$\log |F^{(M)}(u_0 \log \alpha)| \leq M \log M + MU \log U + c_9 LR + M \log L \\ + c_{11} MU - MU \log R.$$

Mit 6(1) kombiniert gibt dies unter Berücksichtigung von (2)

(4) $\quad MU \log R \leq M \log M + MU \log U + c_{12} LR + c_{13} MU + (2h - 1)M \log L.$

8. Parameterwahl. Da man nun einen Widerspruch erzwingen möchte, muß man versuchen, die noch freien Parameter L_1, L_2, N, U, R so zu wählen, daß zwar

$$4(4): L_1 L_2 \geq 2hNU, \qquad 7(2): R \geq 2U|\log \alpha|$$

erfüllt sind, nicht jedoch 7(4). Wählt man etwa $U := 2h+2$, N eine Quadratzahl (die genügend groß genommen werden kann), $L := L_1 := L_2 := (2h+1)N^{1/2}$, so ist jedenfalls 4(4) in Ordnung. Wählt man weiter etwa $R := M^{1/2}$ ($\geq N^{1/2}$), so ist auch 7(2) erfüllt, wenn man nur N als Quadratzahl $\geq c_{14}$ nimmt. Mit den getroffenen Wahlen ist die rechte Seite von 7(4) kleiner als $M \log M + c_{15}M + (2h-1)\frac{1}{2}M \log M = (h + \frac{1}{2})M \log M + c_{15}M$. Die linke Seite in 7(4) ist gleich $(h+1)M \log M$ und somit tatsächlich größer als die rechte, wenn nur $M \geq c_{16}$ ist, was durch genügend große Wahl von N erzwungen werden kann. Damit ist der Satz von GEL'FOND–SCHNEIDER bewiesen. $\qquad \square$

Der Leser hat sicher erkannt, daß man bei der Parameterwahl durchaus einen gewissen Spielraum hat; man muß ja "nur" 4(4), 7(2) erfüllen und 7(4) verletzen.

Bemerkung. Der in 4 bis 8 geführte Beweis des Satzes von GEL'FOND und SCHNEIDER folgte der Methode von GEL'FOND. Während jedoch GEL'FOND sowohl Differentialgleichung als auch Additionstheorem der Exponentialfunktion investierte, kam SCHNEIDER alleine mit dem Additionstheorem aus.

SCHNEIDER begann mit derselben Annahme, konstruierte mit SIEGELs Lemma sein P in 4(1) aber so, daß $F(z) := P(z, \alpha^z)$ viele *einfache* Nullstellen hatte, etwa an allen N^2 (wegen $\beta \notin \mathbb{Q}$) paarweise verschiedenen Stellen $u + \beta v$;

$u, v = 0, \ldots, N - 1$. Wieder erweist sich F als nicht identisch Null. Ein funktionentheoretischer Satz, der die sogenannte Wachstumsordnung von F, das ist $\rho(F) := \overline{\lim}_{r \to \infty} \frac{\log \log M(r, F)}{\log r}$ (wobei $M(r, F) := \mathrm{Max}_{|z|=r} |F(z)|$ gesetzt ist), mit ihrer Nullstellenanzahl in "großen" Kreisen um $z = 0$ in Verbindung bringt, gestattet nun zu schließen, daß F nicht an allen Stellen $u + \beta v$, $(u, v) \in \mathbb{N}_0^2$ verschwinden kann. Somit hat man die Existenz eines kleinsten $M \in \mathbb{N}$, $M \geq N$, so daß F zwar an allen Stellen $u + \beta v$ $(u, v = 0, \ldots, M - 1)$ verschwindet, daß es jedoch u_0, v_0 mit $0 \leq u_0$, $v_0 \leq M$, $\mathrm{Max}(u_0, v_0) = M$ und $F(u_0 + \beta v_0) \neq 0$ gibt. Dieses $F(u_0 + \beta v_0) \in K^\times$ kann nun analog zu 6 und 7 nach unten und oben abgeschätzt werden.

9. Ausblicke. Vier neuere Entwicklungstendenzen der analytischen Transzendenztheorie seien noch ganz kurz gestreift.

a) Axiomatisierungen. Die Bemerkung am Ende von 8 hat gezeigt, daß sowohl GEL'FOND als auch SCHNEIDER bei ihren Lösungen des siebten HILBERTschen Problems unterschiedliche Methoden angewandt haben, die beide in der Folgezeit zu weiteren Ergebnissen geführt haben. Den ersten Versuch, einen allgemeinen Satz herauszupräparieren, der möglichst viele, mit der GEL'FONDschen Methode beweisbaren Resultate umfaßt, wurde von SCHNEIDER 1948 unternommen und später in seinem Buch [26], Sätze 12 und 13, ausführlich dargestellt. Die wohl eleganteste Version einer solchen "Axiomatisierung" der GEL'FONDschen Methode findet der Leser bei M. WALDSCHMIDT [31], S. 77ff., wo eine ähnliche Axiomatisierung der SCHNEIDERschen Methode angegeben ist, S. 49ff.

b) BAKERs Resultate. Man kann den Satz von GEL'FOND und SCHNEIDER äquivalent wie folgt formulieren: *Für $\alpha_1, \alpha_2 \in \overline{\mathbb{Q}}^\times$ sind $\log \alpha_1$, $\log \alpha_2$ über $\mathbb{Q}$ linear unabhängig genau dann, wenn sie über $\overline{\mathbb{Q}}$ linear unabhängig sind;* dabei sind die $\log \alpha_j$ beliebige, aber dann fixierte Bestimmungen des komplexen Logarithmus.

Ist nämlich die in 1 formulierte Version richtig und nimmt man an, $\log \alpha_1$, $\log \alpha_2$ seien über $\overline{\mathbb{Q}}$ linear abhängig, nicht aber über $\mathbb{Q}$, so besagt dies, daß $(\beta :=)$ $\frac{\log \alpha_1}{\log \alpha_2} \in \overline{\mathbb{Q}} \setminus \mathbb{Q}$ ist; wegen $\alpha_2 \in \overline{\mathbb{Q}}^\times$, $\log \alpha_2 \neq 0$ wäre dann $\alpha_2^\beta (= \alpha_1)$ transzendent. Ist dagegen die neue Version richtig und nimmt man an, es gäbe $\alpha_2 \in \overline{\mathbb{Q}}^\times$, $\log \alpha_2 \neq 0$ und $\beta \in \overline{\mathbb{Q}} \setminus \mathbb{Q}$ mit $\alpha_2^\beta =: \alpha_1$ algebraisch, so ist $\alpha_1 \neq 0$ und $\log \alpha_1 - \beta \log \alpha_2 = 0$, d.h. $\log \alpha_1$, $\log \alpha_2$ wären über $\overline{\mathbb{Q}}$ linear abhängig, obwohl sie (wegen $\beta \notin \mathbb{Q}$) über $\mathbb{Q}$ linear unabhängig sind.   □

BAKER hat nun in einer Reihe von Arbeiten ab 1966 die in 4 bis 8 dargestellte GEL'FONDsche Transzendenzmethode so verallgemeinert, daß er z.B. zeigen konnte: *Sei $n \in \mathbb{N}$, $\alpha_1, \ldots, \alpha_n \in \overline{\mathbb{Q}}^\times$; $\log \alpha_1, \ldots, \log \alpha_n$ sind über $\mathbb{Q}$ linear* *unabhängig genau dann, wenn* $1, \log \alpha_1, \ldots, \log \alpha_n$ *über* $\overline{\mathbb{Q}}$ *linear unabhängig sind.*

Wesentlich wichtiger noch als diese rein qualitativen Ergebnisse waren für die Anwendungen seine quantitativen Verschärfungen des soeben zitierten Satzes, d.h. effektive untere Schranken für $|\beta_0 + \beta_1 \log \alpha_1 + \ldots + \beta_n \log \alpha_n|$ in Abhängigkeit von den Graden und Höhen*) der algebraischen α_i, β_j. Solche Resultate spielen z.B. bei den in 2.5 angesprochenen effektiven Verschärfungen des LIOU-VILLEschen Approximationssatzes eine große Rolle. Für seine bahnbrechenden Arbeiten, zu denen man vielleicht am besten durch sein Buch (*Transcendental Number Theory*, University Press, Cambridge, 1975) Zugang erhält, wurde BA-KER auf dem Internationalen Mathematiker-Kongreß in Nizza 1970 mit einer FIELDS–Medaille ausgezeichnet.

c) GEL'FONDs *Vermutung.* Ist $\alpha \in \overline{\mathbb{Q}}^\times$, $\log \alpha \neq 0$ und $\beta \in \overline{\mathbb{Q}}$ mit $d := \partial(\beta) \geq 2$; dann betrachtet man die $d - 1$ nach GEL'FOND–SCHNEIDER transzendenten Zahlen $\alpha^\beta, \ldots, \alpha^{\beta^{d-1}}$. Für $d \geq 3$ zeigte GEL'FOND 1949, daß mindestens zwei der vorstehenden $d - 1$ Zahlen voneinander algebraisch unabhängig sind; dazu hat er seine Transzendenzmethode von 1934 zu einer Methode für algebraische Unabhängigkeit ausgebaut. Er vermutete, daß sämtliche $d - 1$ Potenzen unter den genannten Voraussetzungen voneinander algebraisch unabhängig sind. Für $d = 3$ ist dies in seinem zitierten Resultat enthalten, aber für kein $d \geq 4$ ist die Vermutung bewiesen, obwohl sich gerade die GEL'FONDsche Methode für algebraische Unabhängigkeit in den letzten 15 Jahren enorm entwickelt hat. Das beste in dieser Richtung zur Zeit bekannte Resultat stammt von G. DIAZ (1987): Unter den obigen $d-1$ Potenzen gibt es mindestens $[\frac{1}{2}(d+1)]$ voneinander algebraisch unabhängige.

d) SCHANUELs *Vermutung:* Sind $\alpha_1, \ldots, \alpha_n \in \mathbb{C}$ über $\mathbb{Q}$ linear unabhängig, so kommen unter den $2n$ Zahlen $\alpha_1, \ldots, \alpha_n, e^{\alpha_1}, \ldots, e^{\alpha_n}$ n voneinander algebraisch unabhängige vor. Dies ist die weitestgehende Vermutung über die arithmetische Natur von Werten der Exponentialfunktion. Im Falle algebraischer $\alpha_1, \ldots, \alpha_n$ ist ihre Aussage richtig und identisch mit Version 2' des Satzes von LINDEMANN–WEIERSTRASS. Ist $\beta \in \overline{\mathbb{Q}}$ und $d := \partial(\beta) \geq 2$, so sind $1, \beta, \ldots, \beta^{d-1}$ über $\mathbb{Q}$ linear unabhängig und die Vermutung von S. SCHANUEL, angewandt mit $n := d$, würde die algebraische Unabhängigkeit von $\alpha^\beta, \ldots, \alpha^{\beta^{d-1}}$, $\log \alpha$ bei $\alpha \in \overline{\mathbb{Q}}^\times$, $\log \alpha \neq 0$, also auch die GEL'FONDsche Vermutung aus c) implizieren.

Die Richtigkeit der SCHANUELschen Vermutung würde z.B. auch die algebraische Unabhängigkeit von e und π enthalten und damit insbesondere die Transzendenz von $e + \pi$ und $e\pi$.

---

*) Unter der Höhe einer algebraischen Zahl versteht man die Höhe ihres ganzzahligen Minimalpolynoms.

Kapitel 7. Primzahlen

Dieses Schlußkapitel handelt nochmals, nun sehr ausführlich, von den multiplikativen Bausteinen der natürlichen Zahlen, den Primzahlen. Der EUKLIDsche Satz über die Unendlichkeit der Primzahlmenge, für den in den Kapiteln 1 und 2 fünf Beweise gegeben wurden, legt zahlreiche Fragen nahe, von denen hier einige besprochen werden sollen.

So geht es in § 1 zunächst um die Darstellbarkeit von Primzahlen als Werte gewisser Funktionen. Des weiteren wird die Problematik der großen bzw. kleinen Lücken in der Primzahlfolge behandelt.

Die Frage nach der Größenordnung von $\pi(x)$, der Anzahl aller Primzahlen unterhalb x, auf die schon in 1.4.5 und in § 1 erste Antworten gefunden wurden, rückt in den §§ 2 und 3 immer mehr in den Mittelpunkt.

In § 2 werden hauptsächlich die Sätze von TCHEBYCHEF diskutiert, die bereits die richtige Größenordnung von $\pi(x)$ erkennen lassen. Während hier jedoch sehr einfache Hilfsmittel ausreichen, stützt sich der in § 3 gegebene analytische Beweis des Primzahlsatzes von HADAMARD und DE LA VALLEE POUSSIN, der die Asymptotik $\pi(x) \sim x/\log x$ beinhaltet, wesentlich auf funktionentheoretische Sätze, insbesondere auf eine detaillierte Untersuchung der von RIEMANN eingeführten Zetafunktion.

§ 1. Elementare Ergebnisse

1. Darstellung von Primzahlen durch Polynome. GOLDBACH bemerkte in einem Brief vom 18. November 1752 an EULER, daß ein Polynom nicht nur Primzahlen darstellen kann. Diese Aussage wird im folgenden Satz präzisiert, dessen Beweis einer Idee EULERs (1760) folgt.

Satz. *Ein Polynom in einer Unbestimmten mit komplexen Koeffizienten, dessen Werte an allen genügend großen ganzzahligen Stellen Primzahlen sind, ist konstant.*

Beweis. Sei $f \in \mathbb{C}[X]$ und $f(n) \in \mathbb{P}$ für alle $n \geq n_0$ bei geeignetem ganzem n_0. Dies zieht ersichtlich $f \in \mathbb{Q}[X]$ nach sich und deswegen gibt es ein $\gamma \in \mathbb{N}$ mit $\gamma f \in \mathbb{Z}[X]$. Ist p_0 die Primzahl $f(n_0)$, wendet man die TAYLOR–Formel 2.4.4(1) an und substituiert dort n_0 bzw. $\gamma t p_0$, $t \in \mathbb{N}_0$, für X bzw. Y, so erhält man

$$f(n_0 + \gamma t p_0) = f(n_0) + t p_0 \sum_{\lambda \geq 1} \frac{1}{\lambda!} \gamma f^{(\lambda)}(n_0)(\gamma t p_0)^{\lambda-1},$$

wobei alle $\frac{1}{\lambda!} \gamma f^{(\lambda)}(n_0)$ ganz sind. So geht $p_0 = f(n_0)$ in allen Primzahlen $f(n_0 + \gamma t p_0)$, $t \in \mathbb{N}_0$, auf, weshalb $f(n_0 + \gamma t p_0) = f(n_0)$ für alle $t \in \mathbb{N}_0$ sein muß. Dies impliziert die Konstanz von f. □

Bemerkungen. 1) Während es also keine nichtkonstanten komplexen Polynome gibt, die *an allen* genügend großen ganzzahligen Stellen Primzahlen als Werte annehmen, hat man immer wieder versucht, wenigstens nichtkonstante Polynome zu finden, die *an vielen* sukzessiven ganzzahligen Stellen Primzahlwerte haben. So hat EULER 1772 angemerkt, daß $X^2 - X + 41$ an allen Stellen $1, 2, \ldots, 40$ Primzahlwerte hat. LEGENDRE (*Théorie des Nombres*, 1798, No. 255) notierte, daß $X^2 + X + 41$ an den Stellen $0, \ldots, 39$ (nach EULERs Resultat also sogar an $-40, -39, \ldots, 0, \ldots, 39$) Primzahlwerte annimmt. Ersetzt man in LEGENDRES Polynom X durch $X - 40$, so gewinnt man $X^2 - 79X + 1601$ als Polynom, das an den Stellen $0, 1, \ldots, 79$ Primzahlwerte hat.

Übrigens steht hinter der EULERschen Bemerkung der 1913 von G. RABINO-WITSCH entdeckte

Satz. *Für negative ganze, quadratfreie $d \equiv 1$ (mod 4) sind folgende Aussagen äquivalent:*

(i)   *Das Polynom $X^2 - X + \frac{1}{4}(1 + |d|)$ hat an allen Stellen $1, 2, \ldots, \frac{1}{4}(|d| - 3)$ Primzahlwerte.*

(ii)   *Der Ganzheitsring des imaginär–quadratischen Zahlkörpers $\mathbb{Q}(\sqrt{d})$ ist faktoriell.*

Wie in der Bemerkung zu 1.6.9 festgestellt, ist der Ganzheitsring von $\mathbb{Q}(\sqrt{-163})$ Hauptidealring, also nach Satz 1.5.5C faktoriell und so liefert die Implikation (ii) ⇒ (i) des zitierten Satzes genau das obige EULERsche Polynom mit vielen Primzahlwerten.

2) Man kann sich natürlich auch fragen, ob nichtkonstante ganzzahlige Polynome die Eigenschaft haben können, daß sie wenigstens *an unendlich vielen* ganzzahligen Stellen Primzahlen als Werte annehmen. Über den gegenwärtigen Stand dieses Problems wurde bereits in 3.2.10 berichtet.

3) In Ergänzung zu dem oben bewiesenen Satz sei noch erwähnt, daß es MATI-JASEVIC im Zusammenhang mit seiner negativen Lösung des zehnten HILBERT–Problems (vgl. 6.2.5) gelungen ist, ein ganzzahliges Polynom in *mehreren* Unbestimmten so zu konstruieren, daß dieses sämtliche Primzahlen, aber keine anderen natürlichen Zahlen als Werte annimmt, wenn die Komponenten der Argumentstellen unabhängig voneinander alle nichtnegativen ganzen Zahlen durchlaufen. *Ein* derartiges Polynom (in 26 Unbestimmten) findet der Leser explizit auf Seite 331 des in 3.2.13 zitierten Sammelwerks *Mathematical developments arising from Hilbert problems*.

4) R.C. BUCK (Amer. Math. Monthly 53, 265 (1946)) hat gezeigt, daß man das Wort *Polynom* im Satz durch *rationale Funktion* ersetzen kann.

2. Exponentielle Folgen von Primzahlen.

W.H. MILLS (Bull. Amer. Math. Soc. 53, 604 (1947)) hat mit der Entdeckung des folgenden Resultats zahlreiche weitere Untersuchungen angeregt, die sich mit der Frage der Darstellung unendlich vieler (oder aller) Primzahlen durch möglichst "einfache" Formeln beschäftigen: *Es gibt eine reelle Zahl* $u > 1$, *so daß* $[u^{3^n}]$ *für alle natürlichen* n *Primzahl ist.*

Obwohl der Beweis dieses MILLSschen Satzes elementar ist, hat er den Nachteil, von dem tiefliegenden, mit analytischen Methoden bewiesenen Satz von A.E. INGHAM (Quart. J. Math. Oxford (2) 8, 255–266 (1937))

$$(1) \qquad p_{k+1} - p_k = O(p_k^{5/8}) \qquad (k \to \infty)$$

über die Größenordnung der Differenz sukzessiver Primzahlen abzuhängen. Dabei bedeutet hier und im folgenden stets p_k die k–te Primzahl, wenn man der Größe nach ordnet, also $p_1 = 2$, $p_2 = 3$, $p_3 = 5$ usw.

Das nachfolgend zitierte Ergebnis von E.M. WRIGHT (Amer. Math. Monthly 58, 616–618 (1951)) hängt weder von (1) noch von einer der neueren Verschärfungen von (1) ab, sondern lediglich von der elementar beweisbaren Abschätzung

$$(2) \qquad p_{k+1} - p_k < p_k \qquad (k = 1, 2, \ldots);$$

dafür wächst aber die nur Primzahlen darstellende Folge mit zunehmendem n sehr viel schneller als im MILLSschen Beispiel: *Zu jeder Primzahl* p *existiert ein reelles* $u \in]p, p+1[$, *so daß alle Zahlen* $[w_n]$ *mit* $n \in \mathbb{N}_0$ *Primzahlen sind; dabei ist* $w_0 := u$ *und* $w_{n+1} := 2^{w_n}$ *für alle nichtnegativen ganzen* n *gesetzt.*

Die Richtigkeit von (2) folgt aus dem sogenannten BERTRANDschen *Postulat: Für jedes reelle* $x \geq 1$ *existiert eine Primzahl im Intervall* $]x, 2x]$. Dies hat 1852 P.L. TCHEBYCHEF (Oeuvres I, 49–70) mit elementaren Mitteln gezeigt, die denjenigen eng verwandt sind, die in § 2 zum Zuge kommen. Die (heute leicht irreführende) Bezeichnung des "Postulats" rührt daher, daß J. BERTRAND (J. Ecole Roy. Polytechn. *17*, 129 (1845)) festgestellt hat, für jedes $n = 7, \ldots, 6 \cdot 10^6$ existiere mindestens eine Primzahl zwischen $\frac{1}{2}n$ und $n - 2$ und daraufhin vermutete, das sei wohl immer so.

Bemerkung. Als Beispiel einer Formel, die *alle* Primzahlen darstellt, sei ein Resultat von W. SIERPINSKI (C. R. Acad. Sci. Paris *235*, 1078–1079 (1952)) zitiert. Diesem werde vorausgeschickt, daß $p_k \leq 2^k$ für alle $k \in \mathbb{N}$ gilt, wie (2) sofort induktiv lehrt. Daher konvergiert die Reihe $\sum_{k \geq 1} p_k 10^{-2^k}$; ihr Wert sei a. Dann gilt für alle $k \in \mathbb{N}$

$$(3) \qquad\qquad p_k = [10^{2^k} a] - 10^{2^{k-1}} [10^{2^{k-1}} a].$$

Man muß allerdings vor einer Überschätzung der Bedeutung derartiger Versuche warnen: Um viele Primzahlen aus (3) zu berechnen, muß man genügend viele Dezimalstellen von a kennen und dazu benötigt man wiederum die Kenntnis vieler Primzahlen, wie man aus der Reihendarstellung von a sieht.

3. Große Lücken. In 2 wurden mehrfach obere Abschätzungen für die Differenz sukzessiver Primzahlen referiert (vgl. 2(1), 3(2)). Eine Aussage in entgegengesetzter Richtung macht folgender

Satz. *Die Folge der Differenzen sukzessiver Primzahlen ist nicht beschränkt.*

Beweis. Ist $J \in \mathbb{N}$ beliebig, so betrachte man die J Zahlen $z_j := (J+1)! + j$ für $j = 2, \ldots, J+1$. Offenbar ist j echter Teiler von z_j für die genannten j und so hat man J aufeinanderfolgende zusammengesetzte natürliche Zahlen konstruiert. $\square$

Bemerkung. Die längste derzeit explizit bekannte Primzahllücke schließt an die Primzahl 218 209 405 436 543 an, wonach genau 906 zusammengesetzte Zahlen folgen (vgl. T.R. NICELY, Math. Comp. *68*, 1311–1315 (1999)). Der Beweis des obigen Satzes garantiert eine derartig große Lücke erst oberhalb 10^{2290}.

4. Sieb des Eratosthenes, Primzahltafeln. Bevor in 6 das Problem besonders *kleiner* Lücken in der Primzahlfolge diskutiert wird, soll hier ein *Verfahren zur Bestimmung aller Primzahlen p mit $\sqrt{x} < p \leq x$* beschrieben werden, *wenn man sämtliche $p \leq \sqrt{x}$ bereits kennt.* Dieses Verfahren nützt die folgende einfache Tatsache aus.

Proposition. *Für reelles $x > 1$ und ganze n mit $\sqrt{x} < n \le x$ gilt: n ist Primzahl genau dann, wenn jede n teilende Primzahl größer als $\sqrt{x}$ ist.*

Beweis. Für alle Primzahlen p mit $p|n$ sei $p > \sqrt{x}$; dies gilt insbesondere für $p(n)$, die kleinste n teilende Primzahl (man beachte $n \ge 2$).Also ist $p(n) > \sqrt{x} \ge \sqrt{n}$ und nach Proposition 1.1.4 ist n Primzahl. Die Umkehrung ist trivial. □

Das in Aussicht gestellte Verfahren werde nun an einem Beispiel ($x = 270$) erläutert. Man schreibt alle natürlichen $n \le x$ ($= 270$) in einem rechteckigen Schema (mit $2 \cdot 3 \cdot 5 = 30$ Spalten) hin und macht die $\sqrt{x}$ (< 17) nicht übersteigenden Primzahlen $(2, 3, 5, 7, 11, 13)$ kenntlich (hier durch Fettdruck). Sodann markiert man deren im Schema vorkommenden Vielfachen (hier durch Unterstreichen). Dabei sind zur Ersparnis der Schreibarbeit von vornherein die Vielfachen von 2, 3 oder 5 weggelassen, was damit gleichbedeutend ist, daß man nur die zu 30 teilerfremden n ins Schema aufnimmt; dies führt anstelle von 30 zu $\varphi(30) = 8$ Spalten. Nach der vorangestellten Proposition sind die nicht unterstrichenen n zwischen $\sqrt{x}$ und x genau die Primzahlen dieses Intervalls.

1	**7**	**11**	**13**	17	19	23	29
31	37	41	43	47	<u>49</u>	53	59
61	67	71	73	<u>77</u>	79	83	89
<u>91</u>	97	101	103	107	109	113	<u>119</u>
<u>121</u>	127	131	<u>133</u>	137	139	<u>143</u>	149
151	157	<u>161</u>	163	167	<u>169</u>	<u>173</u>	179
181	<u>187</u>	191	193	197	199	<u>203</u>	<u>209</u>
211	<u>217</u>	<u>221</u>	223	227	229	233	239
241	<u>247</u>	251	<u>253</u>	257	<u>259</u>	263	269

Den hier beschriebenen Algorithmus bezeichnet man als *Sieb des* ERATOSTHENES. ERATOSTHENES VON KYRENE (3. Jahrhundert v.Chr.) hat auf dem Höhepunkt seines Schaffens wie DIOPHANT (vgl. 1.3.1) in Alexandria gelebt. Sein Verfahren wurde durch die *Introductio Arithmetica* des NIKOMACHOS VON GERASA (um 100 n. Chr.) überliefert.

Das Sieb des ERATOSTHENES ist für numerische Zwecke gut geeignet. Insbesondere dient es zur Erstellung (nicht zu umfangreicher) *Primzahltafeln*. So schreibt man aus dem soeben vorgeführten Beispiel die folgende kleine Tafel zusammen (π ist die in 1.1.4 definierte Anzahlfunktion).

x	$\pi(x)$	x	$\pi(x)$	x	$\pi(x)$	x	$\pi(x)$	x	$\pi(x)$	x	$\pi(x)$
2		31		73		127		179		233	
3		37		79		131		181		239	
5		41		83		137		191		241	
7		43		89		139		193		251	
11	5	47	15	97	25	149	35	197	45	257	55
13		53		101		151		199		263	
17		59		103		157		211		269	
19		61		107		163		223			
23		67		109		167		227			
29	10	71	20	113	30	173	40	229	50		

Die historische Entwicklung der Primzahltafeln sei in groben Zügen durch eine kleine Aufstellung nachgezeichnet:

L. FIBONACCI (1202)	$p < 10^2$
F. VAN SCHOOTEN (1657)	$p < 10^4$
J.G. KRÜGER (1746), J.H. LAMBERT (1770)	$p < 10^5$
G. VEGA (1796)	$p < 4 \cdot 10^5$
L. CHERNAC (1811)	$p < 10^6$
J.C. BURCKHARDT (1814/7)	$p < 3 \cdot 10^6$
Z. DASE (1862)	$6 \cdot 10^6 < p < 9 \cdot 10^6$
J. GLAISHER (1879/83)	$3 \cdot 10^6 < p < 6 \cdot 10^6$
D.N. LEHMER (1909/14)	$p < 10^7$

Die letztgenannte Primzahltafel von LEHMER (*List of Prime Numbers from 1 to 10, 006, 721*, Carnegie Inst. Washington, Publ. No. 165, 1914) wurde 1956 neu aufgelegt und dürfte noch immer die weitverbreitetste sein, wenngleich man im Zeitalter der immer schnelleren Computer Vertafelungen der Primzahlen bis in die Größenordnung 10^9 vorgenommen hat.

Wenn man eine Tafel aller Primzahlen bis N hat, kann man $\pi(x)$ für alle $x \le N$ unmittelbar durch Auszählen ermitteln. Tatsächlich hat GAUSS genau auf diesem Wege aus den Tafeln von LAMBERT und VEGA die (richtige) Vermutung über das Verhalten von $\pi(x)$ bei $x \to \infty$ herauspräpariert (vgl. 2.1). In seiner Besprechung der neu erschienenen Primzahltafeln von CHERNAC äußerte er sich dann auch begeistert (Werke II, 181–182)

"... Wie schätzbar ein solches der Arithmetik gemachtes Geschenk sei, beurtheilt ein Jeder leicht, der viel mit grössern Zahlenrechnungen zu thun hat. Der Verf. verdient doppelten Dank, sowohl für seine höchst mühsame Arbeit selbst,..., als für den gewiss sehr erheblichen auf den Druck gemachten Aufwand, wofür sich sonst schwerlich ein Verleger gefunden haben möchte. ... Die erste Million ist nun für Jedermanns Gebrauch da; und wer Gelegenheit und Eifer für diesen Gegenstand hat, möge daher seine Mühe auf das Weitere richten."

Auf Möglichkeiten, $\pi(x)$ *exakt* bis weit hinein in Bereiche zu berechnen, in denen längst nicht mehr alle Primzahlen bekannt sind, wird in 5 kurz eingegangen.

5. Anzahlfunktion. Ist wieder $x > 1$ reell (wie in 4), so überstehen genau die $1 + \pi(x) - \pi(\sqrt{x})$ Zahlen 1 und die Primzahlen p mit $\sqrt{x} < p \leq x$ den Siebprozeß nach ERATOSTHENES: Aus der Menge aller natürlichen $n \leq x$ sind ja genau die Primzahlen $p \leq \sqrt{x}$ und deren Vielfache ausgesiebt worden.

Definiert man für beliebige reelle y

$$(1) \qquad\qquad P(y) := \prod_{p \leq y} p$$

sowie

$$(2) \qquad Q(x, y) := \#\{n \in \mathbb{N} : n \leq x,\ (n, P(y)) = 1\},$$

so ist die Gleichung

$$(3) \qquad\qquad 1 + \pi(x) - \pi(\sqrt{x}) = Q(x, \sqrt{x})$$

unmittelbar einsichtig. $Q(x, y)$ wird nun für die weiteren Betrachtungen geeignet umgeformt, indem man sich der in Satz 1.4.9(iii) notierten Eigenschaft der MÖBIUS–Funktion μ bedient. So ergibt sich

$$(4) \qquad Q(x, y) = \sum_{\substack{n \leq x \\ (n, P(y))=1}} 1 = \sum_{n \leq x}\ \sum_{d \mid (n, P(y))} \mu(d).$$

Die letzte Summationsbedingung $d \mid (\dots)$ ist nach Definition des ggT äquivalent zu den beiden Bedingungen $d \mid n$, $d \mid P(y)$, so daß man weiter die Formel

$$(5) \qquad Q(x, y) = \sum_{d \mid P(y)} \mu(d) \sum_{\substack{n \leq x \\ d \mid n}} 1 = \sum_{d \mid P(y)} \mu(d)\left[\frac{x}{d}\right]$$

hat, wegen (3) insbesondere

$$(6) \qquad\qquad \pi(x) = \pi(\sqrt{x}) - 1 + \sum_{d \mid P(\sqrt{x})} \mu(d)\left[\frac{x}{d}\right].$$

Nach 1.4.9 ist $\mu(d)$ in (5) und (6) nur der Werte 1 und -1 fähig, da $P(y)$ quadratfrei ist. Die Anzahl der $d \in \mathbb{N}$ mit $d|P(y)$, also der Summanden rechts in (5), ist $2^{\pi(y)}$. Sind nämlich $p_1, \ldots, p_{\pi(y)}$ genau die y nicht übersteigenden Primzahlen, so sind daraus genau $2^{\pi(y)}$ verschiedene quadratfreie $d \in \mathbb{N}$ multiplikativ zu bilden.

Formel (6) erlaubt nun die *exakte* Berechnung von $\pi(x)$, wenn alle $\sqrt{x}$ nicht übersteigenden Primzahlen bekannt sind (vgl. Ende von 4). Diese prinzipielle Möglichkeit zur Ermittlung von $\pi(x)$ ist in der Praxis natürlich stark limitiert durch die mit x rasch anwachsende Anzahl der rechts in (6) zu berücksichtigenden Summanden. Mit verfeinerten Siebtechniken haben verschiedene Autoren zu (6) analoge Formeln für $\pi(x)$ ersonnen, bei denen der genannte Nachteil von (6) sukzessive reduziert wurde. Zu erwähnen sind hier vor allem E.D.F. MEISSEL (Math. Ann. *2*, 636–642 (1870)), D.H. LEHMER (Illinois J. Math. *3*, 381–388 (1959)) sowie J.C. LAGARIAS, V.S. MILLER und A.M. ODLYZKO (Math. Comp. *44*, 537–560 (1985)).

Die Werte für $\pi(10^8)$ und $\pi(10^9)$ in der nachfolgenden Tabelle stammen von MEISSEL, der letztere allerdings um 56 nach oben korrigiert von LEHMER, dessen Berechnung von $\pi(10^{10})$ um 1 nach unten korrigiert werden mußte. Für $i = 11, 12, 13$ wurde $\pi(10^i)$ von J. BOHMAN (mittels LEHMERs Methode) im Jahre 1972 angegeben, für $i = 14, 15, 16$ von LAGARIAS, MILLER und ODLYZKO.

i	$\pi(10^i)$	i	$\pi(10^i)$
1	4	10	455 052 511
2	25	11	4 118 054 813
3	168	12	37 607 912 018
4	1 229	13	346 065 536 839
5	9 592	14	3 204 941 750 802
6	78 498	15	29 844 570 422 669
7	664 579	16	279 238 341 033 925
8	5 761 455	17	2 623 557 157 654 233
9	50 847 534	18	24 739 954 287 740 860

Bemerkung. In Bemerkung 3 zu 1.4.5 wurde in quantitativer Weise gezeigt, daß es nicht zu wenig Primzahlen gibt. In entgegengesetzter Richtung kann unter Ausnützung der Darstellung (5) der in (2) definierten Funktion $Q(x, y)$ bewiesen werden, daß *fast keine* natürliche Zahl Primzahl ist in folgendem Sinne: *Bei* $x \to \infty$ *gilt* $\pi(x) = O(\frac{x}{\log\log x})$. EULER (Opera Omnia Ser. 1, XIV, 216–244) hat 1737 festgestellt, daß es "unendlich viel weniger Primzahlen als ganze Zahlen" gibt; seine Begründung bewies die Behauptung jedoch nicht in dem soeben präzisierten Sinne.

6. Primzahlzwillinge. Ist p_k, wie nach 2(1) vereinbart, die k–te Primzahl und wird $d_k := p_{k+1} - p_k$ gesetzt, so zeigt Satz 3 die Unbeschränktheit der Folge $(d_k)_{k \in \mathbb{N}}$. Andererseits ist $d_k = 1$ genau für $k = 1$, also $d_k \geq 2$ für $k \geq 2$. Jedes Paar (p_k, p_{k+1}) mit $d_k = 2$ heißt ein *Primzahlzwilling*. Beispiele hierfür sind $(3,5)$, $(5,7)$, $(11,13)$, $(17,19)$.

Analog dazu, wie man seit Jahrhunderten möglichst große Primzahlen explizit zu finden sucht (vgl. 3.2.12), ist man auch an möglichst großen Primzahlzwillingen interessiert. Genannt seien hier die Paare $(n-1, n+1)$ mit $n = 10^9 + 8$, $10^{12} + 62$, $76 \cdot 3^{139}$, $156 \cdot 5^{202}$, $297 \cdot 2^{546}$, $318\,032\,361 \cdot 2^{107001}$, wobei die letzte Zahl bereits $32\,220$ Dezimalstellen hat.

Als Anzahlfunktion wird man hier, ähnlich wie $\pi(x)$ bei den Primzahlen, zu untersuchen haben

$$(1) \qquad \pi_2(x) := \#\{n \in \mathbb{N} : n, n+2 \in \mathbb{P},\ n+2 \leq x\}.$$

Definiert man mit der Bezeichnung 5(1) jetzt analog zu 5(2)

$$(2) \qquad Q_2(x,y) := \#\{n \in \mathbb{N} : n \leq x,\ (n(n+2), P(y)) = 1\},$$

so überlegt man sich leicht, daß für $x \geq 9$ die Gleichung

$$(3) \qquad \pi_2(x) - \pi_2(\sqrt{x} + 2) = Q_2(x - 2, \sqrt{x})$$

gilt, die man als Analogon zu 5(3) zu betrachten hat. Die Auswertung von $Q_2(x - 2, \sqrt{x})$ ist allerdings nicht einfach zu handhaben, weshalb (3) für die *exakte* Berechnung von $\pi_2(x)$ ungeeignet ist. In dieser Hinsicht bleibt man bei den Primzahlzwillingen auf die grobe Methode des Abzählens angewiesen, die zur folgenden Tabelle führt:

i	$\pi_2(10^i)$		i	$\pi_2(10^i)$
1	2		7	58 980
2	8		8	440 312
3	35		9	3 424 506
4	205		10	27 412 679
5	1 224		11	224 376 048
6	8 169		12	1 870 585 220

Die vorstehende Tabelle stützt die *Vermutung, daß es unendlich viele Primzahlzwillinge gibt*. Die Frage nach dem Analogon zum EUKLIDschen Satz 1.1.4 ist demnach noch offen.

Im folgenden soll kurz über einige Resultate in dieser Richtung referiert werden. Dazu werde zuerst angemerkt, daß hinter Gleichung (3) offenbar wie in 4 und 5 die Siebmethode von ERATOSTHENES steht: Aus der Folge aller Produkte $n(n + 2)$ mit $n + 2 \leq x$ siebt man diejenigen aus, die Vielfache einer Primzahl $p \leq \sqrt{x}$ sind.

V. BRUN hat ab 1915 in einer Reihe von Arbeiten eine neuartige Siebmethode entwickelt, mit deren Hilfe er die Anzahlfunktion (2) wesentlich subtiler abschätzen konnte, als dies via der Analoga zu 5(4) und 5(5) möglich war. Die interessantesten Sätze von BRUN über Primzahlzwillinge sind diese:

a) *Die Reihe* $\sum_p^* p^{-1}$ *über alle Primzahlen* p, *für die auch* $p + 2$ *Primzahl ist, konvergiert.* Falls es überhaupt unendlich viele Primzahlzwillinge gibt, sind sie jedenfalls sehr viel seltener als die Primzahlen, deren Reziprokensumme $\sum_p p^{-1}$ nach Bemerkung 4 zu 1.4.5 divergiert.

b) *Es gibt unendlich viele natürliche* n *mit* $\Omega(n) \leq 9$ *und* $\Omega(n+2) \leq 9$. Dabei ist die (streng additive) zahlentheoretische Funktion Ω wie folgt erkärt: Ist $\nu_p(n)$ die Vielfachheit von p in n, so ist $\Omega(n) := \sum_p \nu_p(n)$.

Klar ist, daß die obige Vermutung bewiesen wäre, wenn man $\Omega(n), \Omega(n+2) \leq 9$ in b) durch $\Omega(n), \Omega(n + 2) < 2$ ersetzen könnte. In dieser Richtung wurde 1973 tatsächlich die vorletzte Stufe erreicht, als CHEN (Sci. Sinica *16*, 157–176 (1973)) mit neueren Siebmethoden zeigte: *Es gibt unendlich viele Primzahlen* p *mit* $\Omega(p + 2) \leq 2$.

Bemerkungen. 1) Das Problem der Primzahlzwillinge gehört zu einem allgemeineren Problemkreis, den man mit Siebmethoden wirkungsvoll angreifen kann: Seien $a, k, \ell \in \mathbb{N}$, $b \in \mathbb{Z} \setminus \{0\}$, $2|ab$, $(a, b) = 1$, $(k, \ell) = 1$. Was läßt sich aussagen über die Anzahl der Primzahlen $p \equiv \ell \pmod{k}$, für die $ap + b$ ebenfalls Primzahl ist? Der Fall $a = k = \ell = 1$, $b = 2$ ist das oben diskutierte Problem der Primzahlzwillinge; auf den Fall $a = 2$, $b = 1$, $k = 4$, $\ell = 3$ beziehen sich die Voraussetzungen über p in Korollar 3.2.12.

2) Über Siebmethoden und ihre Anwendungen kann sich der Leser orientieren in Kapitel IV des Buches von H. HALBERSTAM und K.F. ROTH (*Sequences* I, Clarendon, Oxford, 1966), ferner in den Büchern von HALBERSTAM und RICHERT (*Sieve Methods*, Academic Press, London etc., 1974) bzw. von W. SCHWARZ *Einführung in Siebmethoden der analytischen Zahlentheorie*, Bibliographisches Institut, Mannheim etc., 1974).

7. Die Goldbach–Probleme. GOLDBACH schrieb in einem Brief vom 7. Juni 1742 an EULER, scheinbar sei jede ganze Zahl größer als Eins ein *aggregatum trium numerorum primorum*. In seiner Antwort vom 30. Juni ging EULER auf diese Passage ein, indem er es als sicher erachtete, daß jeder *numerus par summa duorum primorum* sei. Seit man die Eins nicht mehr zu den Primzahlen rechnet, formuliert man zwei GOLDBACH–Probleme:

a) *Jede gerade Zahl größer als Zwei ist als Summe zweier Primzahlen darstellbar.*

b) *Jede ungerade Zahl größer als Fünf ist als Summe dreier Primzahlen darstellbar.*

Klar ist, daß b) von a) impliziert wird. Ist nämlich $n \geq 7$ ungerade, so ist $n - 3 \geq 4$ gerade und nach a) hat man $n = 3 + p + p'$ mit Primzahlen p, p'.

Noch im Jahre 1900 beurteilte HILBERT in seinem bereits in 3.2.13 und 6.5.1 zitierten Pariser Vortrag die Aussichten, bei den GOLDBACH–Problemen [und bei dem in 6 behandelten Problem der Primzahlzwillinge] in nächster Zeit voranzukommen, offenbar nicht zu optimistisch: " ... wird man vielleicht dereinst in die Lage kommen, an die strenge Beantwortung des Problems von GOLDBACH zu gehen, ... [ferner an die bekannte Frage, ob es unendlich viele Primzahlenpaare mit der Differenz 2 gibt ...]"

Um 1920 gab es dann erste wesentliche Fortschritte bei beiden GOLDBACH–Problemen. BRUN konnte mit seiner schon in 6 erwähnten Siebmethode zeigen, daß es zu jedem genügend großen geraden n ein natürliches q mit $q < n$ gibt, so daß $\Omega(q), \Omega(n - q) \leq 9$ gilt. Verbesserte Siebmethoden ergaben durch CHEN (Kexue Tongbao *17*, 385–386 (1966)) folgendes bisher beste Ergebnis zu a): *Zu jedem genügend großen geraden n gibt es eine Primzahl $p < n$ mit $\Omega(n - p) \leq 2$.*

Als derzeit weitreichendstes numerisches Resultat zu a) sei dasjenige von T. OLIVEIRA E SILVA (http://listserv.nodak.edu/...) von 2005 erwähnt, nachdem jede gerade Zahl n mit $4 \leq n \leq 3 \cdot 10^{17}$ Summe zweier Primzahlen ist.

Während Problem a) noch offen ist, wurde b) prinzipiell gelöst. Einen ersten entscheidenden Schritt machten dabei HARDY und LITTLEWOOD (Acta Math. *44*, 1–70 (1923)), die mit einer analytischen Methode zeigten, daß jede große ungerade Zahl Summe dreier Primzahlen ist, vorausgesetzt allerdings, eine Verallgemeinerung der in 3.12 zu diskutierenden unbewiesenen RIEMANNschen Vermutung ist richtig. Daß grundsätzlich ein gangbarer Weg zur Behandlung von b) gefunden war, erwies sich bald als wichtiger als die Einschränkung des erzielten Resultats durch die unbewiesene Voraussetzung. I.M. VINOGRADOV (Dokl. Akad. Nauk SSSR *15*, 291–294 (1937)) gelang es nämlich, durch Verfeinerung der analytischen Techniken das HARDY–LITTLEWOOD–Resultat von der unbewiesenen Annahme zu befreien. VINOGRADOV zeigte, daß jede ungerade Zahl größer als $3^{3^{15}}$ Summe dreier Primzahlen ist. Diese Schranke konnte inzwischen von CHEN und T. WANG (Acta Math. Sinica *32*, 702–718 (1989)) auf $\exp(\exp(11, 503)) =: E$ gesenkt werden, eine Zahl, die im Dezimalsystem immer noch etwa 43000 Ziffern hat. Um b) vollständig zu beweisen, bleiben "lediglich" noch die ungeraden n mit $3 \cdot 10^{17} < n \le E$ zu kontrollieren.

Bemerkung. Eine Darstellung des CHENschen Satzes findet sich in Kapitel 11 des in Bemerkung 2 zu 6 zitierten Buchs von HALBERSTAM und RICHERT. Mit den von HARDY, LITTLEWOOD und VINOGRADOV angewandten Methoden kann man sich sehr gut vertraut machen durch das Studium des Buchs von VAUGHAN [30]. Die wichtigsten Originalarbeiten zu den GOLDBACH–Problemen sind in Buchform zusammengefaßt durch Y. WANG (*Goldbach Conjecture*, World Scientific, Singapore, 1984), aufgeteilt nach *elementaren* (hierzu rechnet man weite Teile der Siebtheorie) und *analytischen* Methoden. Zu dieser in der Zahlentheorie üblich gewordenen Einteilung der Methoden werden in 3.9 einige grundsätzliche Worte zu sagen sein.

§ 2. Anzahlfunktion: Tchebychefs Sätze

1. Vermutungen von Legendre und Gauss. Bis zum Ende des achtzehnten Jahrhunderts kannte man über das asymptotische Verhalten der Anzahlfunktion π lediglich die beiden qualitativen Aussagen $\pi(x) \to \infty$ bzw. $\frac{\pi(x)}{x} \to 0$ bei $x \to \infty$ von EUKLID bzw. EULER. Quantitative Verfeinerungen lagen nicht vor.

Erst das gewissenhafte Auszählen immer umfangreicherer Primzahltafeln (vgl. 1.4) führte unabhängig voneinander LEGENDRE und GAUSS zu Vermutungen, die beide nach geeigneter Interpretation zur asymptotischen Gleichheit (vgl. 1.4.12)

$$(1) \qquad \pi(x) \sim \frac{x}{\log x} \quad (x \to \infty)$$

äquivalent sind.

LEGENDRE (Théorie des Nombres, 1798, No. 394–401) verglich die aus den Tafeln von VEGA, CHERNAC und BURCKHARDT ermittelten Werte von $\pi(x)$ für $x \le 10^6$ mit der Funktion

$$(2) \qquad \lambda(x) := \frac{x}{\log x - 1,08366}$$

und fand im betrachteten Bereich sehr gute Übereinstimmung. In No. 395 a.a.O. sagte er ganz deutlich, es bliebe nur noch übrig, das allgemeine Gesetz zu beweisen.

GAUSS hat seine Anmerkungen über die Approximation von $\pi(x)$ durch eine "einfache" Funktion in einem Brief vom 24. Dezember 1849 an J.F. ENCKE mitgeteilt (Werke II, 444–447). Wie aus diesem Brief hervorgeht, datiert seine erste Beschäftigung mit dem Problem mindestens bis 1793 zurück (er war damals sechzehn Jahre alt):

"Die gütige Mitteilung Ihrer Bemerkungen über die Frequenz der Primzahlen ist mir in mehr als einer Beziehung interessant gewesen. Sie haben mir meine eigenen Beschäftigungen mit demselben Gegenstande in Erinnerung gebracht, deren erste Anfänge in eine sehr entfernte Zeit fallen, ins Jahr 1792 oder 1793, wo ich mir die LAMBERT'schen Supplemente zu den Logarithmentafeln angeschafft hatte. Es war noch ehe ich mit feineren Untersuchungen aus der höheren Arithmetik mich befaßt hatte eines meiner ersten Geschäfte, meine Aufmerksamkeit auf die abnehmende Frequenz der Primzahlen zu richten, zu welchem Zweck ich dieselben in einzelnen Chiliaden*[)] abzählte, und die Resultate auf einem der angehefteten weissen Blätter verzeichnete.**[)] Ich erkannte bald, dass unter allen Schwankungen diese Frequenz durchschnittlich nahe dem Logarithmen verkehrt proportional sei, so dass die Anzahl aller Primzahlen unter einer gegebenen Grenze n nahe durch das Integral

$$\int \frac{dn}{\log n}$$

ausgedrückt werde, wenn der hyperbolische Logarithm. verstanden werde. In späterer Zeit, als mir die in VEGA's Tafeln (von 1796) abgedruckte Liste bis 400031 bekannt wurde, dehnte ich meine Abzählung weiter aus, was jenes Verhältnis bestätigte. Eine grosse Freude machte mir 1811 die Erscheinung von CHERNAC's cribrum, und ich habe (da ich zu einer anhaltenden Abzählung der Reihe nach keine Geduld hatte) sehr oft einzelne unbeschäftigte Viertelstunden verwandt, um bald hie bald dort eine Chiliade abzuzählen; ich liess jedoch zuletzt es ganz liegen, ohne mit der Million ganz fertig zu werden. Erst später benutzte ich GOLDSCHMIDT's Arbeitsamkeit, theils die noch gebliebenen Lücken in der ersten Million auszufüllen, theils nach BURCKARDT's Tafeln die Abzählung weiter fortzusetzen. So sind (nun schon seit vielen Jahren) die drei ersten Millionen abgezählt, und mit dem Integralwerth verglichen ...", worüber nun eine kleine Tabelle folgt. Offenbar von ENCKE auf die LEGENDREsche Annäherung (2) an $\pi(x)$ aufmerksam gemacht, fährt GAUSS dann fort:

"Dass LEGENDRE sich auch mit diesem Gegenstande beschäftigt hat, war mir nicht bekannt, auf Veranlassung Ihres Briefes habe ich in seiner *Théorie des Nombres* nachgesehen, und in der zweiten Ausgabe einige darauf bezügliche Seiten gefunden, die ich früher übersehen (oder seitdem vergessen) haben muss. LEGENDRE gebraucht die Formel

$$\frac{n}{\log n - A}$$

---

*[)] Folge von tausend sukzessiven Zahlen
**[)] Direkt vor dem Brief an ENCKE abgedruckt (Werke II, 435–443)

wo A eine Constante sein soll, für welche er 1,08366 setzt."

Der Brief endet mit einer vergleichenden Betrachtung seiner eigenen Approximation

$$\text{(3)} \qquad \text{li } x := \int_0^x \frac{dt}{\log t} \qquad (x > 1)$$

an $\pi(x)$ mit der LEGENDREschen aus (2). Dabei hat man das Integral rechts in (3) im Sinne des CAUCHYschen Hauptwerts $\lim_{\varepsilon\downarrow 0}(\int_0^{1-\varepsilon} + \int_{1|\varepsilon}^x)\frac{dt}{\log t}$ zu verstehen. Die in (3) definierte Funktion li heißt *Integrallogarithmus*.

Mittels partieller Integration kann nun die asymptotische Gleichheit

$$\text{(4)} \qquad \text{li } x \sim \frac{x}{\log x} \qquad (x \to \infty)$$

leicht bestätigt werden. Es ist nämlich

$$\text{li } x - \text{li } 2 = \int_2^x 1 \cdot \frac{1}{\log t}dt = \frac{x}{\log x} - \frac{2}{\log 2} + \int_2^x \frac{dt}{\log^2 t}$$

und daraus

$$|\text{li } x - \frac{x}{\log x}| \le \int_{\sqrt{x}}^x \frac{dt}{\log^2 t} + O(\sqrt{x}) = O\left(\frac{x}{\log^2 x}\right),$$

was zu (4) führt.

Wenn (1) bewiesen ist, ist $\pi(x) \sim \lambda(x)$ bzw. wegen (4) auch $\pi(x) \sim \text{li } x$ gezeigt; in dem hier präzisierten Sinne sind dann die Vermutungen von LEGENDRE bzw. GAUSS bestätigt, daß λ bzw. li die Funktion π gut annähern.

Wie bereits in 1.4.14 erwähnt, ist die Aussage (1) nichts anderes als der *Primzahlsatz*, der zuerst 1896 gezeigt werden konnte und für den in § 3 ein Beweis geführt wird. Einige Dinge, die dort benötigt werden, die aber auch von selbständigem Interesse sind, werden im laufenden Paragraphen bereitgestellt. Dessen Hauptergebnisse gehen auf die beiden wichtigen Arbeiten von TCHEBYCHEF (Oeuvres I, 27–48 bzw. 49–70) *Sur la fonction qui détermine la totalité des nombres premiers* bzw. *Mémoire sur les nombres premiers* aus den Jahren 1851/4 zurück. TCHEBYCHEF konnte zwar die Asymptotik (1) noch nicht beweisen; immerhin konnte er aber zeigen, daß $\frac{x}{\log x}$ die "richtige" Größenordnung für $\pi(x)$ ist (vgl. 3).

2. Legendres Identität. *Für jede Primzahl p und für jede natürliche Zahl n ist die Vielfachheit von p in $n!$ gleich*

$$\text{(1)} \qquad \sum_{j=1}^{\infty}\left[\frac{n}{p^j}\right].$$

Bemerkung. Man beachte hier, daß $[np^{-j}]$ Null ist genau dann, wenn $p^j > n$ oder gleichbedeutend $j > (\log n)/(\log p)$ gilt. Den Ausdruck (1) für $\nu_p(n!)$ hat LEGENDRE in der Einleitung zu seiner *Théorie des Nombres* angegeben.

Beweis. Offenbar ist für $j \in \mathbb{N}_0$

$$A_p(n,j) := \#\{k \in \mathbb{N} : k \le n,\ \nu_p(k) = j\} = \left[\frac{n}{p^j}\right] - \left[\frac{n}{p^{j+1}}\right]$$

und damit wegen der strengen Additivität von ν_p (vgl. Bemerkung zu 1.4.2)

$$\nu_p(n!) = \sum_{k=1}^{n} \nu_p(k) = \sum_{j=1}^{\infty} j A_p(n,j) = \sum_{j=1}^{\infty} j \left[\frac{n}{p^j}\right] - \sum_{j=1}^{\infty} (j-1)\left[\frac{n}{p^j}\right],$$

was (1) impliziert. □

3. Obere Abschätzung. Nun wird die in der Bemerkung zu 1.5 erwähnte, mit dem Sieb des ERATOSTHENES erzielbare Aussage $\pi(x) = O(\frac{x}{\log\log x})$ erheblich verbessert.

Satz. *Für alle reellen $x > 1$ gilt*

(1) $$\pi(x) < 8 \log 2 \frac{x}{\log x} .$$

Beweis. Bei natürlichem n gilt $\nu_p\left(\binom{2n}{n}\right) = 1$ für alle Primzahlen p mit $n < p \le 2n$ und also

$$n^{\pi(2n)-\pi(n)} \le \prod_{n<p\le 2n} p \le \binom{2n}{n} \le 2^{2n}.$$

Logarithmieren liefert für $n = 2, 3, \ldots$

(2) $$\pi(2n) - \pi(n) \le \frac{2n \log 2}{\log n} .$$

Ist $k \ge 3$ und wendet man (2) für $n = 2^i$ $(i = 2, \ldots, k-1)$ an, so erhält man durch Addition

$$\pi(2^k) \le \pi(4) + \sum_{i=2}^{k-1} \frac{2^{i+1}}{i} < \sum_{i=1}^{k-1} \frac{2^{i+1}}{i} < \frac{2^{k+2}}{k} ,$$

wobei man die Ungleichung rechts (für $k \geq 3$) induktiv bestätigt. Indem man $k = 1, 2$ direkt betrachtet, gewinnt man

$$(3) \qquad\qquad \pi(2^k) < \frac{2^{k+2}}{k}$$

für alle natürlichen k. Jedem reellen $x > 1$ ordnet man nun in eindeutiger Weise $k \in \mathbb{N}$ zu gemäß $2^{k-1} < x \leq 2^k$ und erhält dann mittels (3) und der Monotonie von π

$$\pi(x) \leq \pi(2^k) < \frac{2^{k+2}}{k} < (8 \log 2) \frac{x}{\log x} \,. \qquad\qquad \square$$

Bemerkungen. 1) Mit der in 1.6 erwähnten Siebmethode von BRUN kann man ebenfalls $\pi(x) = O(x/\log x)$ erhalten. Über die Primzahlzwillinge liefert BRUNs Methode $\pi_2(x) = O(x/\log^2 x)$, woraus leicht das in 1.6 unter a) zitierte Resultat folgt.

2) Mit ähnlich elementaren Schlußweisen wie zu (1) kann man in entgegengesetzter Richtung zu

$$(4) \qquad\qquad \pi(x) \geq \frac{1}{2} \log 2 \frac{x}{\log x}$$

für alle reellen $x \geq 2$ gelangen. Dies verschärft die in Bemerkung 3 zu 1.4.5 gefundene untere Abschätzung für $\pi(x)$ deutlich.

4. Partielle Summation. In 5 und 6 ebenso wie in den Abschnitten 2, 3, 9, 12 von § 3 wird benötigt das folgende

Lemma über partielle Summation.   *Sei $(a_n)_{n \in \mathbb{N}}$ eine Folge komplexer Zahlen, $(t_n)_{n \in \mathbb{N}}$ eine streng monoton wachsende, unbeschränkte Folge reeller Zahlen und $A(t)$ die Summe über diejenigen a_n, deren Indizes n der Bedingung $t_n \leq t$ genügen. Ist dann $g : [t_1, \infty) \to \mathbb{C}$ stetig differenzierbar, so gilt für alle reellen $x \geq t_1$*

$$\sum_{\substack{n \\ t_n \leq x}} a_n g(t_n) = A(x) g(x) - \int_{t_1}^{x} A(t) g'(t) dt.$$

Beweis. Sei $N \in \mathbb{N}$ gemäß $t_N \leq x < t_{N+1}$ gewählt; dann gilt wegen $A(t) = A(t_n)$ für $t_n \leq t < t_{n+1}$ und wegen $A(t_n) - A(t_{n-1}) = a_n$ für $n \geq 2$ sowie $A(t_1) = a_1$

$$\int_{t_1}^{x} A(t)g'(t)dt = \left(\sum_{n=1}^{N-1} \int_{t_n}^{t_{n+1}} + \int_{t_N}^{x}\right) A(t)g'(t)dt$$

$$= \sum_{n=1}^{N-1} A(t_n)(g(t_{n+1}) - g(t_n)) + A(t_N)(g(x) - g(t_N))$$

$$= \sum_{n=2}^{N} A(t_{n-1})g(t_n) - \sum_{n=1}^{N} A(t_n)g(t_n) + A(x)g(x)$$

$$= -\sum_{n=1}^{N} a_n g(t_n) + A(x)g(x). \qquad \square$$

Als Spezialfall des Lemmas erweist sich die EULERsche *Summenformel* in ihrer einfachsten Form. Seine Summenformel gab EULER (Opera Omnia Ser. 1, XIV, 42–72) im Jahre 1732 ohne Beweis an; 1735 lieferte er einen Beweis nach (Opera Omnia Ser. 1, XIV, 108–123).

Ist $x \geq 1$ reell, so wendet man das Lemma über partielle Summation an mit $a_n := 1$, $t_n := n$ für alle natürlichen n. Man erhält für stetig differenzierbare $g := [1, \infty) \to \mathbb{C}$ mittels partieller Integration

$$\sum_{n \leq x} g(n) = [x]g(x) - \int_1^x [t]g'(t)dt$$

$$= [x]g(x) - \int_1^x (t - \frac{1}{2})g'(t)dt + \int_1^x (t - [t] - \frac{1}{2})g'(t)dt$$

$$= \int_1^x g(t)dt + \frac{1}{2}g(1) + ([x] + \frac{1}{2} - x)g(x) + \int_1^x (t - [t] - \frac{1}{2})g'(t)dt.$$

Schreibt man N für ganzzahliges x, so nimmt die EULERsche Summenformel die geläufigere Form

$$(1) \qquad \sum_{n=1}^{N} g(n) = \int_1^N g(t)dt + \frac{1}{2}(g(1) + g(N)) + \int_1^N (t - [t] - \frac{1}{2})g'(t)dt$$

an. Insbesondere für $g = \log$ erhält man daraus

$$(2) \qquad \begin{aligned} \log N! &= \int_1^N \log t\, dt + \frac{1}{2}\log N + \int_1^N (t - [t] - \frac{1}{2})t^{-1}dt \\ &= N \log N - N + \frac{1}{2}\log N + O(1) \end{aligned}$$

bei $N \to \infty$. Dabei ist beachtet, daß für große n gilt

$$\int_n^{n+1} (t - [t] - \frac{1}{2}) t^{-1} dt = 1 - (n + \frac{1}{2}) \log(1 + \frac{1}{n}) = -\frac{1}{12} n^{-2} + O(n^{-3}).$$

Der erhaltene Ausdruck für $\log N!$ ist im wesentlichen die wohlbekannte STIR-LING–*Formel*.

5. Zwei asymptotische Ergebnisse von Mertens. Hier werden nach dem Vorgang von MERTENS (J. Reine Angew. Math. **78**, 46–62 (1874)) zwei Summen über Primzahlen ausgewertet. Durch Kombination beider Resultate wird dann in 6 ein weiterer Satz von TCHEBYCHEF gewonnen, für den dieser in der ersten am Ende von 1 genannten Arbeit einen deutlich komplizierteren Beweis geliefert hat.

Proposition A. *Bei* $x \to \infty$ *gilt* $\sum_{p \le x} \frac{\log p}{p} = \log x + O(1)$.

Beweis. Nach der LEGENDRE–Identität 2 ist für ganzes $N \ge 0$

(1)
$$\begin{aligned}
\log N! &= \sum_{p \le N} \nu_p(N!) \log p \\
&= \sum_{p \le N} (\log p) \sum_{j \ge 1} [Np^{-j}] \\
&= N \sum_{p \le N} \frac{\log p}{p} - \sum_{p \le N} (\frac{N}{p} - [\frac{N}{p}]) \log p + \sum_{p \le N} (\log p) \sum_{j \ge 2} [Np^{-j}].
\end{aligned}$$

Die Anzahl der Summanden der $\Sigma_2(N)$ genannten zweiten Summe ganz rechts in (1) ist $\pi(N)$, nach Satz 3 also höchstens $\frac{6N}{\log N}$ bei $N > 1$; da jeder einzelne Summand nichtnegativ und durch $\log N$ beschränkt ist, hat man $0 \le \Sigma_2(N) \le 6N$ für $N \ge 1$. Für die mit $\Sigma_3(N)$ bezeichnete letzte Doppelsumme in (1) gilt offenbar

$$0 \le \Sigma_3(N) \le N \sum_{p \le N} \frac{\log p}{p(p-1)} < N \sum_p \frac{\log p}{p(p-1)} =: cN,$$

da die auftretende unendliche Reihe konvergiert.

Benutzt man andererseits in (1) zur Auswertung von $\log N!$ die Formel 4(2), so erhält man nach Division durch N die Asymptotik $\log N + O(1) = \sum_{p \le N} (\log p)/p$.

Für jedes große *reelle* x ist damit

$$\sum_{p \le x} \frac{\log p}{p} = \log[x] + O(1) = \log x + \log(1 - \frac{\{x\}}{x}) + O(1)$$

$$= \log x + O(1) + O(\frac{1}{x}),$$

woraus die Behauptung folgt; man beachte $\{x\} = x - [x]$. □

Proposition B. *Es gibt eine reelle Konstante B, so daß für $x \to \infty$ gilt*

$$\sum_{p \le x} \frac{1}{p} = \log\log x + B + O(\frac{1}{\log x}).$$

Beweis. Nach dem Lemma 4 über partielle Summation, angewandt mit $t_n := p_n$, $a_n := (\log p_n)/p_n$, $g(t) := 1/\log t$, ist

$$(2) \qquad \sum_{p \le x} \frac{1}{p} = \sum_{p \le x} \frac{\log p}{p} \frac{1}{\log p} = \frac{A(x)}{\log x} + \int_2^x \frac{A(t)}{t \log^2 t} dt.$$

Nach Proposition A ist hier $A(t) = \log t + a(t)$, wobei $a(t)$ beschränkt bleibt. Trägt man dies rechts in (2) ein, so entsteht

$$\sum_{p \le x} \frac{1}{p} = \int_2^x \frac{dt}{t \log t} + 1 + \int_2^\infty \frac{a(t)}{t \log^2 t} dt + \frac{a(x)}{\log x} - \int_x^\infty \frac{a(t)}{t \log^2 t} dt;$$

die beiden letzten Summanden rechts sind $O(\frac{1}{\log x})$. □

Bemerkung. Proposition B stellt eine deutliche Verbesserung einer Aussage in Bemerkung 4 zu 1.4.5 dar. Als Übung leite man aus Proposition B die Asymptotik

$$\prod_{p \le x} (1 - \frac{1}{p}) \sim \frac{C}{\log x} \qquad (x \to \infty)$$

mit einer Konstanten $C \in \mathbb{R}_+$ her. Übrigens ist $C = e^{-\gamma}$, wobei γ die in 5.1.11 erwähnte EULERsche Konstante bedeutet.

6. Letzte Vorstufe des Primzahlsatzes. Die Abschätzungen 3(1) und 3(4) ergänzend konnte TCHEBYCHEF mit seinen Methoden in Richtung auf den Primzahlsatz 1(1) noch zeigen:

Satz. Wenn $\pi(x)(\log x)/x$ bei $x \to \infty$ konvergiert, dann ist der Grenzwert Eins.

Beweis. Es existiere der Grenzwert $\lim_{x\to\infty} \pi(x)\frac{\log x}{x}$ und er sei gleich C; das bedeutet $\pi(x) = \frac{x}{\log x}(C + \varepsilon(x))$ mit einer Funktion $\varepsilon(x)$, die bei $x \to \infty$ gegen Null konvergiert. Unter Beachtung dieser Gleichheit gibt das Lemma 4 über partielle Summation, angewandt mit $t_n := p_n$, $a_n := 1$, $g(t) := 1/t$

$$\Sigma(x) := \sum_{p\leq x}\frac{1}{p} = \sum_{p\leq x}1\cdot\frac{1}{p} = \frac{\pi(x)}{x} + \int_2^x \frac{\pi(t)}{t^2}dt$$

$$= \frac{C+\varepsilon(x)}{\log x} + \int_2^x \frac{C+\varepsilon(t)}{t\log t}dt = (C+\delta(x))\log\log x$$

mit einer Funktion $\delta(x)$, die bei $x \to \infty$ gegen Null strebt. Nach Proposition 5B ist $\Sigma(x) = \log\log x + O(1)$ und so folgt aus der zuletzt erhaltenen Gleichungskette $C = 1$. $\square$

Bemerkung. In den Ungleichungen 3(4) bzw. 3(1) kann man die Faktoren $\frac{1}{2}\log 2$ bzw. $8\log 2$ bei $\frac{x}{\log x}$ noch verbessern, vor allem dann, wenn man mit Abschätzungen für $\pi(x)$ zufrieden ist, die nur für alle genügend großen x gelten. TCHEBYCHEF selbst hatte 0,92129... bzw. 1,10555... als Faktoren. Mit TCHE-BYCHEFs Originalmethode, aber viel größerem numerischem Aufwand konnte SYLVESTER (Collected Mathematical Papers III, 530–545; IV, 687–731) beide Faktoren noch weiter auf 0,95695... bzw. 1,04423... verschärfen. Seine zweite Arbeit erschien 1892, vier Jahre vor dem Beweis des Primzahlsatzes. Interessant ist das Ende seiner ersten Arbeit (1881), wo er über den (vermuteten) Primzahlsatz sagt: "... we shall probably have to wait until some one is born into the world as far surpassing Tchebycheff in insight and penetration as Tchebycheff has proved himself superior in these qualities to the ordinary run of mankind."

§ 3. Der Primzahlsatz

1. Riemanns Anstoß. Nachdem die elementaren TCHEBYCHEFschen Methoden weitgehend ausgenützt waren, stagnierte das Problem der asymptotischen Bestimmung von $\pi(x)$ bis in die 1890er Jahre. Wichtige Fortschritte der Funktionentheorie ließen damals die bereits in 1.4.14 zitierte RIEMANNsche Abhandlung *Ueber die Anzahl der Primzahlen unter einer gegebenen Grösse* aus dem Jahre 1859 erst richtig zugänglich und fruchtbar werden.

In dieser seiner einzigen, zu Lebzeiten publizierten zahlentheoretischen Arbeit hatte RIEMANN auf nur neun Druckseiten in äußerst komprimierter Form über ausgiebige Untersuchungen referiert, eigentlich mehr ein Programm entworfen, dessen Ideen die Nachwelt zu verstehen und auszuarbeiten hatte. Was er dort wirklich *bewies*, war, daß die zunächst nur in der Halbebene Re $s > 1$ durch die Reihe $\sum n^{-s}$ definierte Funktion $\zeta(s)$ (vgl. 1.4.4(3)) nach ganz $\mathbb{C}$ meromorph fortsetzbar ist, daß diese Fortsetzung lediglich an der Stelle 1 einen Pol besitzt (einfach und mit Residuum 1) und daß sie einer gewissen Funktionalgleichung genügt (vgl. 10).

Außerdem folgten vier *Behauptungen* über die Nullstellenverteilung der Zetafunktion, eine über die Produktzerlegung der ganzen Funktion $(s-1)\zeta(s)$ und als einzige zahlentheoretische Behauptung die sogenannte Primzahlformel. Bei dieser wird die endliche Summe $\sum_{j\geq 1} \frac{1}{j}\pi(x^{1/j})$ im wesentlichen durch li x und die Werte li x^ρ exakt ausgedrückt, wenn ρ alle Nullstellen der Zetafunktion durchläuft und li den durch 2.1(3) eingeführten Integrallogarithmus bezeichnet.

Wichtiger als die Primzahlformel selbst, für deren Richtigkeit RIEMANN nur heuristische Gründe angegeben hatte, war seine Idee, durch Anwendung der Theorie der analytischen Funktionen einer komplexen Variablen auf das Studium einer ganz bestimmten Funktion, hier der Zetafunktion, zahlentheoretische Sätze zu gewinnen. Diese Idee erwies sich als umso fruchtbarer, je weiter sich die Funktionentheorie entwickelt hatte.

So konnte J. HADAMARD 1893, gestützt auf seine Untersuchungen über die Produktentwicklung ganzer Funktionen endlicher Wachstumsordnung (vgl. Bemerkung zu 6.5.8), einer Verfeinerung des WEIERSTRASSschen Produktsatzes, drei der oben genannten RIEMANNschen Behauptungen beweisen. Ebenfalls von der HADAMARDschen Produktentwicklung von $(s-1)\zeta(s)$ ausgehend konnte H. VON MANGOLDT 1895 die RIEMANNsche Primzahlformel zeigen, aus der der Primzahlsatz jedoch nicht abgeleitet werden konnte. Im Jahre 1905 erbrachte VON MANGOLDT noch den Beweis einer weiteren der sechs RIEMANNschen Behauptungen, von denen heute noch eine offen ist (vgl. 12).

In diese Jahre stürmischer Entwicklung, angeregt durch RIEMANNs genialen Anstoß und die Schaffung geeigneter Hilfsmittel in der Funktionentheorie, fielen auch die beiden ersten Beweise für den

Primzahlsatz. *Bei $x \to \infty$ gilt $\pi(x) \sim x/(\log x)$.*

Diese Beweise fanden unabhängig voneinander und nahezu zeitgleich HADAMARD (Oeuvres I, 189–210) und C. DE LA VALLÉE POUSSIN (Ann. Soc. Sci. Bruxelles **20**, 183–256, 281–397 (1896)). Beide verwendeten entscheidend die Tatsache, daß ζ in der Halbebene Re $s \geq 1$ nicht verschwindet (vgl. unten Satz 4). Auch der hier in 2 bis 8 zu führende Beweis des Primzahlsatzes nützt dies (in 6) aus.

2. Konvergenz einer Folge und Primzahlsatz. Nachstehend wird der Primzahlsatz auf ein der hier anzuwendenden Methode leichter zugängliches Problem verlagert.

Proposition. *Die Konvergenz der Folge*

(1)
$$\left(\sum_{p\leq n}\frac{\log p}{p} - \log n\right)_{n=1,2,\dots}$$

impliziert den Primzahlsatz.

Beweis. Setzt man $A(x) := \sum_{p\leq x}(\log p)/p$ für reelles positives x und konvergiert die Folge (1) gegen c, so hat man wegen $\log([x]/x) = \log(1-\{x\}/x) = O(\frac{1}{x})$ bei $x \to \infty$

$$A(x) - \log x - c = A([x]) - \log[x] - c + O(x^{-1}) = o(1).$$

Daher strebt die Funktion $A(x) - \log x$ der reellen Variablen x bei $x \to \infty$ gegen c. Mit geeigneter Funktion $\varepsilon : \mathbb{R}_+ \to \mathbb{R}$, die $\lim_{x\to\infty} \varepsilon(x) = 0$ genügt, ist also für $x \in \mathbb{R}_+$ nach der Voraussetzung in der Proposition

$$A(x) = \log x + c + \varepsilon(x).$$

Nach dem Lemma 2.4 über partielle Summation ist dann

(2)
$$\begin{aligned}
\pi(x) &= \sum_{p\leq x}\frac{\log p}{p}\frac{p}{\log p} \\
&= A(x)\frac{x}{\log x} + \int_2^x A(t)\frac{1-\log t}{\log^2 t}\,dt \\
&= \int_2^x \frac{dt}{\log t} + 2 + \frac{2c}{\log 2} + \frac{\varepsilon(x)x}{\log x} + \int_2^x \varepsilon(t)\frac{1-\log t}{\log^2 t}\,dt.
\end{aligned}$$

Wird nun $\varepsilon \in \mathbb{R}_+$ beliebig vorgegeben, so ist $|\varepsilon(t)| \leq \varepsilon$ für alle t oberhalb eines $x_0(\varepsilon)$, das o.B.d.A. schon größer als e sein möge; das letzte Integral in (2) ist absolut beschränkt durch

$$\left|\int_2^{x_0(\varepsilon)} \varepsilon(t)\frac{1-\log t}{\log^2 t}\,dt\right| + \varepsilon\left(\frac{x}{\log x} - \frac{2}{\log 2}\right).$$

Aus (2) folgt damit $\pi(x) = \mathrm{li}\,x + o(x/\log x)$ und hieraus mit 2.1(4) der Primzahlsatz. $\qquad\square$

Bemerkung. Umgekehrt kann auch aus dem Primzahlsatz die Konvergenz der Folge (1) hergeleitet werden.

3. Die Reste der Zetareihe. In 1.4.4(3) wurde die RIEMANNsche Zetafunktion ζ in $\sigma := \operatorname{Re} s > 1$ definiert durch die Reihe

$$(1) \qquad \sum_{n=1}^{\infty} n^{-s}.$$

Die in 4 und 6 über die "Reste" $\sum_{n \geq N} n^{-s}$ dieser Reihe benötigte Information ist enthalten im folgenden

Lemma. *Für jedes natürliche N gilt in $\sigma > 1$*

$$(2) \qquad \sum_{n=N}^{\infty} n^{-s} = \frac{1}{s-1} N^{1-s} + s \int_{N}^{\infty} (1 - \{t\}) t^{-s-1} dt.$$

Dabei ist das Integral in $\sigma > 0$ holomorph.

Beweis. Für reelles $x \geq N$ ist nach dem Lemma 2.4 über partielle Summation

$$\sum_{N \leq n \leq x} n^{-s} = ([x] - N + 1) x^{-s} + s \int_{N}^{x} ([t] - N + 1) t^{-s-1} dt.$$

In der Halbebene $\sigma > 1$ folgt daraus bei $x \to \infty$

$$\sum_{n=N}^{\infty} n^{-s} = s \int_{N}^{\infty} (t - N + 1 - \{t\}) t^{-s-1} dt$$

und die Ausführung des Integrals liefert (2).

Daß das in $\sigma > 0$ absolut konvergente Integral

$$(3) \qquad J(s) := \int_{N}^{\infty} (1 - \{t\}) t^{-s-1} dt$$

dort eine holomorphe Funktion definiert ($N \geq 1$ sei eine feste *reelle* Zahl), kann man allgemeinen funktionentheoretischen Sätzen über die Holomorphie sogenannter Parameterintegrale entnehmen, soll hier jedoch *ad hoc* gezeigt werden.

Dazu beachtet man die für reelle $t \geq 1$ und komplexe $h \neq 0$ gültige Abschätzung

$$|\frac{1}{h}(t^{-h} - 1) + \log t| = |\sum_{\ell=2}^{\infty} \frac{(-1)^\ell}{\ell!} h^{\ell-1} \log^\ell t|$$

(4)
$$\leq |h|(\log t)^2 \sum_{\ell \geq 0} \frac{1}{\ell!}(|h| \log t)^\ell$$

$$= |h| t^{|h|} \log^2 t.$$

Führt man jetzt noch das ebenfalls in $\sigma > 0$ absolut konvergente Integral

(5)
$$K(s) := -\int_N^\infty (1 - \{t\})(\log t) t^{-s-1} dt$$

ein, so folgt mit (3) und (4) für komplexe $h \neq 0$ und s mit Re $s > 0$, Re$(s+h) > 0$

$$|\frac{J(s+h) - J(s)}{h} - K(s)| = |\int_N^\infty (1 - \{t\})(\frac{1}{h}(t^{-h} - 1) + \log t) t^{-s-1} dt|$$

$$\leq |h| \int_N^\infty t^{-\sigma-1+|h|} \log^2 t \, dt$$

$$\leq |h| \int_N^\infty t^{-1-(\sigma/2)} \log^2 t \, dt.$$

Denn bei festem s mit $\sigma = $ Re $s > 0$ darf im Sinne des geplanten Grenzübergangs $h \to 0$ von vornherein $|h| \leq \frac{1}{2}\sigma$ vorausgesetzt werden. Damit ist die Holomorphie von J in $\sigma > 0$ gezeigt einschließlich der in dieser Halbebene gültigen (erwarteten) Gleichung $J' = K$. □

4. Fortsetzung und Nullstellenfreiheit der Riemannschen Zetafunktion. Diesbezüglich entnimmt man die für den Beweis des Primzahlsatzes benötigten Informationen folgendem

Satz. *Die in $\sigma > 1$ durch die Reihe 3(1) definierte* RIEMANN*sche Zetafunktion läßt sich in die Halbebene $\sigma > 0$ meromorph fortsetzen. Diese Fortsetzung ist dort holomorph bis auf einen einfachen Pol an der Stelle 1 mit dem Residuum 1; außerdem ist sie in $\sigma \geq 1$ nullstellenfrei.*

Beweis. Alle Aussagen, die sich auf die Halbebene $\sigma > 1$ beziehen, wurden schon in 1.4.4 bereitgestellt. Nach Lemma 3 gilt in $\sigma > 1$

(1)
$$\zeta(s) = \frac{1}{s-1} + s \int_1^\infty (1 - \{t\}) t^{-s-1} dt,$$

wobei das Integral rechts in $\sigma > 0$ holomorph ist. Damit ist jetzt nur noch $\zeta(1 + it) \neq 0$ für alle reellen $t \neq 0$ zu zeigen.

Wäre $1 + iT$ mit $T \in \mathbb{R}^{\times}$ eine Nullstelle von ζ, so würde die TAYLOR-Entwicklung von $\zeta(s + iT)$ um $s = 1$ beginnen mit

$$(2) \qquad\qquad \zeta(s + iT) = (s - 1)\zeta'(1 + iT) + \dots,$$

während nach (1) die LAURENT–Entwicklung von $\zeta(s)$ um $s = 1$ mit

$$(3) \qquad\qquad \zeta(s) = (s - 1)^{-1} + \dots$$

anfängt. Die durch

$$(4) \qquad\qquad Z(s) := \zeta(s)^3 \zeta(s + iT)^4 \zeta(s + 2iT)$$

definierte Funktion Z ist in $\sigma > 1$ holomorph, in $\sigma > 0$ meromorph und hat wegen (2) und (3) an der Stelle $s = 1$ eine Nullstelle, weswegen

$$(5) \qquad\qquad \log |Z(\sigma)| \to -\infty \qquad \text{bei } \sigma \to 1$$

gilt.

Aus der EULERschen Produktdarstellung 1.4.4(4) von ζ folgt durch Logarithmieren

$$(6) \qquad \log \zeta(s) = \sum_p -\log(1 - p^{-s}) = \sum_p \sum_{j=1}^{\infty} \frac{1}{j} p^{-js} =: \sum_{n=1}^{\infty} a_n n^{-s}$$

in $\sigma > 1$, wobei $\log$ den Hauptwert des komplexen Logarithmus bedeutet. Da die a_n offenbar nichtnegative rationale Zahlen sind, ist mit $t := \operatorname{Im} s$

$$(7) \qquad\qquad \log |\zeta(s)| = \operatorname{Re} \log \zeta(s) = \sum_{n=1}^{\infty} a_n n^{-\sigma} \cos(t \log n),$$

wobei $\log$ links und in der Summe rechts wieder den reellen Logarithmus bedeutet. Für $\sigma > 1$ ist wegen (4) und (7)

$$\log |Z(\sigma)| = 3 \log |\zeta(\sigma)| + 4 \log |\zeta(\sigma + iT)| + \log |\zeta(\sigma + 2iT)|$$
$$= \sum_{n=1}^{\infty} a_n n^{-\sigma} (3 + 4 \cos(T \log n) + \cos(2T \log n)) \geq 0,$$

was (5) widerspricht. Dabei folgt die untere Abschätzung der Summe aus $a_n n^{-\sigma} \geq 0$ und der für alle reellen τ gültigen Ungleichung

$$3 + 4 \cos \tau + \cos 2\tau = 2(1 + \cos \tau)^2 \geq 0. \qquad\qquad \square$$

5. Über gewisse Dirichlet–Reihen. Ist $(a_n)_{n=1,2,\dots}$ eine beliebige Folge komplexer Zahlen, so nennt man bei komplexem s Reihen der Gestalt

$$(1) \qquad \sum_{n=1}^{\infty} a_n n^{-s}$$

DIRICHLET–Reihen. Solche Reihen sind bereits in 1.4.4(1) und 1.4.4(3) aufgetreten, ebenso wie zuletzt in 3 und 4. In 6 wird über DIRICHLET–Reihen folgendes einfache Ergebnis gebraucht.

Lemma. *Gilt bei beliebigem reellem $\varepsilon > 0$ für die Koeffizienten a_n der DIRICHLET–Reihe (1) die Bedingung $a_n = O(n^{\varepsilon})$ bei $n \to \infty$, so konvergiert diese Reihe mindestens in $\sigma > 1$ absolut und kompakt gleichmäßig, definiert dort also eine holomorphe Funktion.*

Beweis. Man fixiere ein reelles $\sigma_0 > 1$ beliebig. Sodann wähle man ε reell mit $0 < \varepsilon < \sigma_0 - 1$ beliebig und hat nach Voraussetzung $|a_n| \leq c(\varepsilon) n^{\varepsilon}$ für alle $n \in \mathbb{N}$ und daher

$$|\sum_{n=1}^{\infty} a_n n^{-s}| \leq c(\varepsilon) \sum_{n=1}^{\infty} n^{-(\sigma-\varepsilon)} \leq c(\varepsilon) \sum_{n=1}^{\infty} n^{-(\sigma_0-\varepsilon)}$$

für alle komplexen s mit Re $s = \sigma \geq \sigma_0$. Die Reihe ganz rechts konvergiert wegen $\sigma_0 - \varepsilon > 1$ und das WEIERSTRASSsche Majoranten–Kriterium liefert die Behauptung. $\qquad \square$

Bemerkung. Über die Theorie der DIRICHLET–Reihen gibt etwa das Buch von G.H. HARDY und M. RIESZ (*The general theory of Dirichlet's series*, University Press, Cambridge, 1952) detaillierte Auskünfte.

6. Die Existenz des Grenzwerts. Nach Proposition 2 ist der Primzahlsatz bewiesen, sobald das folgende Ergebnis gezeigt ist.

Satz. *Die Folge $(\sum_{p \leq n} \frac{\log p}{p} - \log n)_{n=1,2,\dots}$ konvergiert.*

Beweis. Wird $a_n := \sum_{p \leq n} (\log p)/p$ für natürliche n gesetzt, so gilt $a_n = \log n + O(1)$ nach Proposition 2.5A, erst recht also $a_n = O(n^{\varepsilon})$ für jedes $\varepsilon \in \mathbb{R}_+$. Nach Lemma 5 definiert die in $\sigma > 1$ absolut konvergente Reihe $\sum a_n n^{-s}$ dort eine holomorphe Funktion $f(s)$. Für diese gilt in $\sigma > 1$, wenn man die Summationsreihenfolge mit Rücksicht auf die vorliegende absolute Konvergenz vertauscht,

$$(1) \qquad f(s) = \sum_{n=1}^{\infty} \sum_{p \leq n} \frac{\log p}{p} n^{-s} = \sum_{p} \frac{\log p}{p} \sum_{n=p}^{\infty} n^{-s}.$$

Die letzte innere Summe wird mittels Lemma 3 weiter bearbeitet:

(2)
$$\sum_{n=p}^{\infty} n^{-s} = \frac{1}{s-1} p^{1-s} + s \int_p^{\infty} (1 - \{t\}) t^{-s-1} \, dt$$
$$= \frac{p}{s-1} \left(\frac{1}{p^s - 1} - \frac{1}{p^s(p^s - 1)} + \frac{s(s-1)}{p} \int_p^{\infty} (1 - \{t\}) t^{-s-1} \, dt \right).$$

Für jede Primzahl p ist die Funktion

(3)
$$g_p(s) := \frac{1}{p^s(1 - p^s)} + \frac{s(s-1)}{p} \int_p^{\infty} (1 - \{t\}) t^{-s-1} \, dt$$

in der Halbebene $\sigma > 0$ holomorph; weiter gilt dort die Abschätzung

(4)
$$|g_p(s)| \leq \frac{1}{p^{\sigma}(p^{\sigma} - 1)} + \frac{|s|(|s| + 1)}{\sigma p^{\sigma+1}}.$$

Nach (1), (2), (3) ist in $\sigma > 1$

$$f(s) = \sum_p \frac{\log p}{p} \frac{p}{s-1} \left(\frac{1}{p^s - 1} + g_p(s) \right) = \frac{1}{s-1} \left(\sum_p \frac{\log p}{p^s - 1} + \sum_p g_p(s) \log p \right),$$

wobei die letzte Reihe rechts wegen (4) eine in $\sigma > \frac{1}{2}$ holomorphe Funktion h definiert. Mit dieser hat man also

(5)
$$f(s) = \frac{1}{s-1} \left(\sum_p \frac{\log p}{p^s - 1} + h(s) \right).$$

Durch Differentiation der linken Hälfte von 4(6) erhält man in $\sigma > 1$

$$\frac{\zeta'(s)}{\zeta(s)} = -\sum_p \frac{\log p}{p^s - 1};$$

dies in (5) eingetragen führt zu der in $\sigma > 1$ gültigen Formel

(6)
$$f(s) = \frac{1}{s-1} \left(-\frac{\zeta'(s)}{\zeta(s)} + h(s) \right),$$

deren rechte Seite nach Satz 4 und den vor (5) über h festgestellten Holomor-
phieverhältnissen jedenfalls in $\sigma \geq 1$ holomorph ist bis auf einen doppelten Pol
an der Stelle 1. Der Hauptteil der LAURENT-Entwicklung von f um 1 ist wegen

(6) und Satz 4 gleich $(s-1)^{-2} + C(s-1)^{-1}$ mit einer gewissen reellen Konstanten C. Mit diesem C definiert man nun die jedenfalls in $\sigma \geq 1$ holomorphe Funktion

$$F(s) := f(s) + \zeta'(s) - C\zeta(s).$$

Diese neue Funktion F besitzt nach (1), 3(1) und der aus 3(1) folgenden Formel $\zeta'(s) = -\sum(\log n)n^{-s}$ in $\sigma > 1$ die folgende Darstellung als DIRICHLET–Reihe

$$F(s) = \sum_{n=1}^{\infty} (a_n - \log n - C)n^{-s},$$

deren Koeffizienten

(7)
$$f_n := a_n - \log n - C = \sum_{p \leq n} \frac{\log p}{p} - \log n - C$$

nach Proposition 2.5A beschränkt sind. Der in 8 folgende Konvergenzsatz beinhaltet dann insbesondere, daß die Reihe

(8)
$$\sum_{n=1}^{\infty} f_n n^{-1} \quad \text{konvergiert},$$

woraus in 7 gefolgert wird, daß $(f_n)_{n=1,2,\dots}$ eine Nullfolge ist. Das letztere ist nach (7) gleichbedeutend mit

$$\lim_{n \to \infty} \Big(\sum_{p \leq n} \frac{\log p}{p} - \log n \Big) = C. \qquad \square$$

7. Anwendung des Cauchy–Kriteriums. Mit diesem wird hier gezeigt, daß *die durch 6(7) definierte Folge (f_n) wegen 6(8) gegen Null konvergiert.*

Wegen 6(8) gibt es zunächst zu beliebigem reellem $\varepsilon \in]0, \frac{1}{2}]$ ein $N_0 = N_0(\varepsilon) > 0$, so daß für alle ganzen $N > N_0$ die beiden Ungleichungen

(1)
$$\sum_{N \leq n \leq N(1+\varepsilon)} f_n n^{-1} < \varepsilon^2 \quad \text{und} \quad \sum_{N(1-\varepsilon) \leq n \leq N} f_n n^{-1} > -\varepsilon^2$$

gelten. Für die ganzen n mit $N \leq n \leq N(1+\varepsilon)$ ist wegen 6(7)

$$f_n = \sum_{p \leq n} \frac{\log p}{p} - \log n - C \geq \sum_{p \leq N} \frac{\log p}{p} - \log N - C + \log \frac{N}{n}$$
$$\geq f_N - \log(1+\varepsilon) > f_N - \varepsilon.$$

Nach der ersten Ungleichung (1) folgt hieraus

$$(2) \qquad (f_N - \varepsilon) \sum_{N \leq n \leq N(1+\varepsilon)} \frac{1}{n} < \varepsilon^2.$$

Da die Summe links in (2) nicht kleiner als $\frac{1+[N(1+\varepsilon)]-N}{N(1+\varepsilon)} > \frac{\varepsilon}{1+\varepsilon}$ ist, folgt $f_N - \varepsilon <$ $\varepsilon(1+\varepsilon)$, also $f_N < \varepsilon(2+\varepsilon) \leq \frac{5}{2}\varepsilon$, wenn nur $N > N_0$ gilt.
Andererseits gilt für die ganzen n mit $N(1-\varepsilon) \leq n \leq N$ wegen 6(7)

$$f_n \leq \sum_{p \leq N} \frac{\log p}{p} - \log N - C + \log \frac{N}{n} \leq f_N - \log(1-\varepsilon) < f_N + 2\varepsilon,$$

letzteres mit Rücksicht auf $\varepsilon \leq \frac{1}{2}$. Nach der zweiten Ungleichung (1) erhält man daraus

$$(3) \qquad (f_N + 2\varepsilon) \sum_{N(1-\varepsilon) \leq n \leq N} \frac{1}{n} > -\varepsilon^2.$$

Hier ist die Summe nicht kleiner als $\frac{N-[N(1-\varepsilon)]}{N} \geq \varepsilon$. Aus (3) folgt damit $f_N + 2\varepsilon > -\varepsilon$, also $f_N > -3\varepsilon$, falls nur $N > N_0$ gilt. Insgesamt hat man $|f_N| < 3\varepsilon$ für diese N und so ist (f_N) als Nullfolge erkannt.

8. Konvergenzsatz. *Sei $(f_n)_{n=1,2,\dots}$ eine beschränkte Folge komplexer Zahlen und die in $\sigma > 1$ durch die* DIRICHLET*–Reihe*

$$(1) \qquad \sum_{n=1}^{\infty} f_n n^{-s}$$

definierte Funktion F sei in $\sigma \geq 1$ holomorph. Dann konvergiert die Reihe (1) in $\sigma \geq 1$ gegen $F(s)$.

Beweis. Man fixiere $s_0 \in \mathbb{C}$ mit $\sigma_0 := \operatorname{Re} s_0 \geq 1$. Dann ist $F(s + s_0)$ jedenfalls in $\sigma := \operatorname{Re} s \geq 0$ nach Voraussetzung holomorph. Ist jetzt $R \in \mathbb{R}_+$ beliebig gewählt, so kann man ein $\delta \in \mathbb{R}_+$ mit $\delta \leq \operatorname{Min}(1, R/\sqrt{2})$ finden derart, daß das Kreissegment

$$D_{R,\delta} := \{s \in \mathbb{C} : |s| \leq R,\ \operatorname{Re} s \geq -\delta\}$$

ganz dem Holomorphiegebiet von $F(s + s_0)$ angehört. Bezeichnet Γ den einmal in positivem Sinne durchlaufenen Rand von $D_{R,\delta}$ und Γ_r (bzw. Γ_ℓ) den in der rechten (bzw. linken) Halbebene $\sigma > 0$ (bzw. $\sigma \leq 0$) gelegenen Teil von Γ, so gilt nach der CAUCHYschen Integralformel

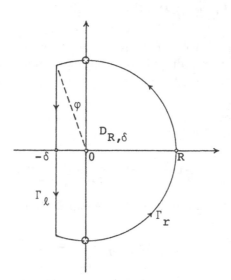

(2) $$2\pi i F(s_0) = \int_\Gamma F(s + s_0) N^s (s^{-1} + sR^{-2}) ds.$$

Dabei bedeutet N hier und im folgenden eine beliebige natürliche Zahl. Für $s \in \Gamma_r$ ist $\mathrm{Re}(s + s_0) > 1$, also hat man dort

(3) $$F(s + s_0) = (\sum_{n \leq N} + \sum_{n > N}) f_n n^{-s - s_0} =: Q_N(s + s_0) + R_N(s + s_0).$$

Da $Q_N(s + s_0)$ in der ganzen s–Ebene holomorph ist, hat man

$$2\pi i Q_N(s_0) = \int_{|s|=R} Q_N(s + s_0) N^s (s^{-1} + sR^{-2}) ds$$

(4)
$$= \int_{\Gamma_r} Q_N(s + s_0) N^s (s^{-1} + sR^{-2}) ds$$

$$+ \int_{\Gamma_r} Q_N(s_0 - s) N^{-s} (s^{-1} + sR^{-2}) ds.$$

Subtrahiert man (4) von (2), so entsteht unter Beachtung von (3)

$$2\pi i (F(s_0) - Q_N(s_0)) =$$

(5)
$$= \int_{\Gamma_r} (R_N(s+s_0)N^s - Q_N(s_0-s)N^{-s})(s^{-1} + sR^{-2})ds$$

$$+ \int_{\Gamma_\ell} F(s+s_0)N^s(s^{-1} + sR^{-2})ds.$$

Kann man jetzt zeigen, daß hier die rechte Seite für genügend große N beliebig klein wird, so bedeutet dies die Konvergenz der Partialsummen $Q_N(s_0) = \sum_{n \leq N} f_n n^{-s_0}$ der Reihe $\sum_n f_n n^{-s_0}$ gegen $F(s_0)$, womit dann der Satz bewiesen ist.

Um die Kleinheit der rechten Seite in (5) einzusehen, werden einige Abschätzungen benötigt. Zunächst ist

(6)
$$\frac{1}{s} + \frac{s}{R^2} = \frac{2}{R}\cos(\arg s) = \frac{2\,\mathrm{Re}\,s}{R^2} \qquad \text{auf } |s| = R.$$

Auf der in Γ_ℓ enthaltenen Strecke $s = -\delta + it$, $t \in \mathbb{R}$, $|t| \leq (R^2 - \delta^2)^{1/2}$ ist

(7)
$$|\frac{1}{s} + \frac{s}{R^2}| \leq \frac{1}{(\delta^2 + t^2)^{1/2}} + \frac{(\delta^2 + t^2)^{1/2}}{R^2} = \frac{R^2 + \delta^2 + t^2}{R^2(\delta^2 + t^2)^{1/2}} \leq \frac{2}{\delta}.$$

Bezeichnet $c \in \mathbb{R}_+$ eine obere Schranke für alle $|f_n|$, $n = 1, 2, \ldots$, so gilt für $s \in \Gamma_r$ erstens

(8)
$$\frac{1}{c}|R_N(s+s_0)| \leq \sum_{n > N} n^{-\sigma-1} < \int_N^\infty t^{-\sigma-1}dt = \frac{1}{\sigma N^\sigma}$$

und zweitens

(9)
$$\frac{1}{c}|Q_N(s_0-s)| \leq \sum_{n \leq N} n^{\sigma-1} \leq N^\sigma(\frac{1}{N} + \frac{1}{\sigma}).$$

Dabei ist beachtet, daß man für $\sigma \geq 1$ die Abschätzung

$$\sum_{n \leq N} n^{\sigma-1} = N^{\sigma-1} + \sum_{n=1}^{N-1} n^{\sigma-1} < N^{\sigma-1} + \int_0^N t^{\sigma-1}dt = N^\sigma(\frac{1}{N} + \frac{1}{\sigma})$$

hat, während man in $0 < \sigma < 1$ sogar mit

$$\sum_{n \leq N} n^{\sigma-1} < \int_0^N t^{\sigma-1}dt = \frac{1}{\sigma}N^\sigma$$

auskommt.

Wegen (6), (8), (9) ist für $s \in \Gamma_r$

$$|(R_N(s+s_0)N^s - Q_N(s_0-s)N^{-s})(\frac{1}{s} + \frac{s}{R^2})| \leq c(\frac{2}{\sigma} + \frac{1}{N})\frac{2\sigma}{R^2} = c(4 + \frac{2\sigma}{N})\frac{1}{R^2}$$

und so gilt für das erste Integral rechts in (5)

(10) $$|\int_{\Gamma_r}(\ldots)(\ldots)ds| \leq 2\pi c(\frac{2}{R} + \frac{1}{N}).$$

Das zweite Integral rechts in (5) muß man sehr genau untersuchen. Zunächst werde $M := \text{Max}\{|F(s+s_0)| : s \in D_{R,\delta}\}$ gesetzt; offenbar hängt M alleine von R und δ ab. Auf dem Teil von Γ_ℓ mit $\text{Re } s = -\delta$ berücksichtigt man $|N^s| = N^{-\delta}$ im Integranden; die Länge dieses Teils des Integrationswegs ist $2(R^2 - \delta^2)^{1/2} < 2R$ und so liefert dieser wegen (7) höchstens den Beitrag

(11) $$MN^{-\delta}\frac{2}{\delta}2R$$

zum Absolutbetrag des zweiten Integrals in (5). Der Beitrag des in $-\delta < \text{Re } s \leq 0$ verlaufenden Teils des Integrationswegs ist wegen (6), wenn φ den in der Figur definierten Winkel bedeutet,

$$(\int_{\pi/2}^{\pi/2+\varphi} + \int_{3\pi/2-\varphi}^{3\pi/2})F(Re^{i\tau} + s_0)N^{R\cos\tau + iR\sin\tau}\frac{2\cos\tau}{R}iRe^{i\tau}d\tau.$$

Der Absolutbetrag hiervon ist höchstens

(12)
$$2M(\int_{\pi/2}^{\pi/2+\varphi} + \int_{3\pi/2-\varphi}^{3\pi/2})(-\cos\tau)N^{R\cos\tau}d\tau$$
$$= 4M\int_{\pi/2}^{\pi/2+\varphi}(-\cos\tau)N^{R\cos\tau}d\tau = 4M\int_0^{\sin\varphi}\frac{x}{(1-x^2)^{1/2}}N^{-Rx}dx$$
$$\leq 4M\int_0^{\sin\varphi}N^{-Rx}dx < \frac{4M}{R\log N},$$

falls nur $N > 1$ ist. Hierbei hat man die vorletzte Ungleichung, da $\sin\varphi = \frac{\delta}{R} \leq \frac{1}{\sqrt{2}}$ nach der Wahl von δ gilt und daher $x(1-x^2)^{-1/2} \leq 1$ für alle reellen $x \in [0, \sin\varphi]$ zutrifft.

Aus (11) und (12) entnimmt man die Abschätzung

$$|\int_{\Gamma_\ell}F(s+s_0)N^s(s^{-1} + sR^{-2})ds| \leq \frac{4MR}{\delta N^\delta} + \frac{4M}{R\log N}.$$

Dies mit (10) kombiniert ergibt wegen (5)

$$(13) \qquad |F(s_0) - Q_N(s_0)| \le c(\frac{2}{R} + \frac{1}{N}) + \frac{2MR}{\pi \delta N^\delta} + \frac{2M}{\pi R \log N} \,.$$

Ist nun $\varepsilon \in \mathbb{R}_+$ beliebig vorgegeben, so fixiert man etwa $R := \frac{1}{\varepsilon}$ und wählt anschließend δ (alleine abhängig von ε), so daß es alle von ihm zu Anfang des Beweises verlangten Eigenschaften hat. Wie nach (10) festgestellt, hängt dann auch M lediglich von ε ab. Wegen (13) hat man somit für alle ganzen $N > N_0(\varepsilon) := \mathrm{Max}\big(1, \varepsilon^{-1}, (\frac{2M}{\pi \delta \varepsilon^2})^{1/\delta}, \exp(\frac{2M}{\pi})\big)$ die Ungleichung

$$|F(s_0) - Q_N(s_0)| < 3c\varepsilon + \varepsilon + \varepsilon = (3c+2)\varepsilon,$$

was den Konvergenzsatz beweist. $\square$

9. Mittelwert der Möbius–Funktion. Im folgenden Satz wird eine weitere Anwendung des Konvergenzsatzes 8 gegeben.

Satz.   *Bezeichnet μ die MÖBIUS–Funktion aus 1.4.9, so gilt*

$$(1) \qquad \sum_{n=1}^{\infty} \mu(n)n^{-s} = \frac{1}{\zeta(s)}$$

in der Halbebene $\sigma \ge 1$. Insbesondere ist

$$(2) \qquad \sum_{n=1}^{\infty} \frac{\mu(n)}{n} = 0.$$

Beweis. Da μ nach Satz 1.4.9(i), (ii) multiplikativ und beschränkt ist, gilt nach Satz 1.4.4, Satz 1.4.9(ii) und 1.4.4(4) in $\sigma > 1$

$$\sum_{n=1}^{\infty} \mu(n)n^{-s} = \prod_p \sum_{\nu=0}^{\infty} \mu(p^\nu)p^{-\nu s} = \prod_p (1 - p^{-s}) = \frac{1}{\zeta(s)} \,.$$

Die Funktion $\frac{1}{\zeta}$ ist nach Satz 4 in $\sigma \ge 1$ holomorph; nach Satz 8 konvergiert also $\sum \mu(n)n^{-s}$ in $\sigma \ge 1$ gegen $1/\zeta(s)$. $\square$

Ist f eine zahlentheoretische Funktion und existiert $\lim_{x\to\infty} \frac{1}{x}\sum_{n\leq x} f(n)$, so heißt dieser Grenzwert der *Mittelwert* von f. Daß z.B. die EULERsche Funktion φ keinen Mittelwert besitzt, geht aus Satz 1.4.12 hervor.

Korollar. *Bei $x\to\infty$ gilt $\sum_{n\leq x}\mu(x) = o(x)$ und daher besitzt die MÖBIUS-sche Funktion μ den Mittelwert Null.*

Beweis. Lemma 2.4 über partielle Summation liefert mit $A(t) := \sum_{n\leq t}\mu(n)n^{-1}$

$$\frac{1}{x}\sum_{n\leq x}\mu(n) = \frac{1}{x}\sum_{n\leq x}\frac{\mu(n)}{n}n = A(x) - \frac{1}{x}\int_1^x A(t)dt.$$

Ist $\varepsilon\in\mathbb{R}_+$ beliebig vorgegeben, so ist $|A(t)|\leq\varepsilon$ für alle reellen $t\geq x_0(\varepsilon)$ nach dem vorstehenden Satz, also hat man für alle $x\geq \mathrm{Max}(x_0(\varepsilon), \frac{1}{\varepsilon}\int_1^{x_0(\varepsilon)}|A(t)|dt)$ die Abschätzung

$$|\frac{1}{x}\sum_{n\leq x}\mu(n)| \leq \varepsilon + \frac{1}{x}\int_1^{x_0(\varepsilon)}|A(t)|dt + \frac{1}{x}\varepsilon(x - x_0(\varepsilon)) \leq 3\varepsilon. \qquad \square$$

Bemerkungen. 1) Die im Korollar untersuchte Summe wurde bereits in Bemerkung 4 zu 1.4.9 erwähnt.

2) EULER betrachtete in § 277 seiner schon in 6.1.1 zitierten *Introductio in Analysin Infinitorum* – in moderner Terminologie – die Reihe $\sum\mu(n)n^{-1}$ und argumentierte heuristisch, sie sei gleich dem Produkt $\prod_p(1-p^{-1})$, also gleich $1/\zeta(1)$ und somit Null. Diese Schlußweise wurde später insoweit gerechtfertigt, als man immerhin sichern konnte: *Wenn* EULERs Reihe konvergiert, so hat sie den Wert Null. *Daß* sie tatsächlich konvergent ist, wurde erst 1897 durch VON MANGOLDT bewiesen, der sich dabei auf funktionentheoretische Untersuchungen der RIEMANNschen Zetafunktion stützte.

LANDAU entdeckte dann 1899, daß Gleichung (2) mittels *elementarer* Methoden aus dem Primzahlsatz ableitbar ist. Dies bedeutet: Wenn man den Primzahlsatz hat, so kann man daraus ohne Verwendung *analytischer*, d.h. funktionentheoretischer Methoden Gleichung (2) gewinnen. 1911 zeigte LANDAU ergänzend, daß auch umgekehrt der Primzahlsatz aus Gleichung (2) mit elementaren Methoden folgt.

Zwei Sätze, die in dem hier präzisierten Sinne auseinander elementar ableitbar sind, bezeichnet man in der Zahlentheorie als *elementar äquivalent*. Dementsprechend sind Gleichung (2) und der Primzahlsatz zueinander elementar äquivalent, unabhängig davon, wie jeder dieser beiden Sätze einzeln bewiesen werden kann.

10. Funktionalgleichung der Zetafunktion. Die Zetafunktion wurde in 1.4.4 durch die für $\sigma > 1$ konvergente Reihe $\sum n^{-s}$ definiert und in 4 mittels partieller Summation in die Halbebene $\sigma > 0$ meromorph fortgesetzt. Der Leser konnte sich davon überzeugen, daß beim oben gegebenen Beweis des Primzahlsatzes lediglich die Kenntnis der Zetafunktion in $\sigma \geq 1$ benötigt wurde.

In seiner in 1 genannten Arbeit hatte RIEMANN zwei Beweise angegeben für folgenden

Satz. *Die* RIEMANN*sche Zetafunktion läßt sich in die ganze komplexe Ebene meromorph fortsetzen und genügt dort der Funktionalgleichung*

$$(1) \qquad \zeta(1-s)\Gamma\left(\frac{1-s}{2}\right)\pi^{-(1-s)/2} = \zeta(s)\Gamma\left(\frac{s}{2}\right)\pi^{-s/2}.$$

Bemerkungen. 1) Im Satz bedeutet Γ die in $\mathbb{C}$ meromorphe und nullstellenfreie Gammafunktion, die genau an den Stellen $0, -1, -2, \ldots$ Pole besitzt, die sämtliche einfach sind.

2) Die hier in der symmetrischen Form (1) angegebene Funktionalgleichung der RIEMANNschen Zetafunktion wird oft auch in der äquivalenten Gestalt

$$\zeta(s) = 2^s \pi^{s-1} \sin\left(\frac{1}{2}\pi s\right)\Gamma(1-s)\zeta(1-s)$$

aufgeschrieben. Für diverse Beweise der Funktionalgleichung vergleiche man etwa die fünf einschlägigen Monographien über die RIEMANNsche Zetafunktion von E.C. TITCHMARSH (*The Theory of the Riemann Zeta–Function*, Clarendon Press, Oxford, 1951; 2nd Ed. 1986, revised by D.R. HEATH–BROWN; Reprint 1988), H.M. EDWARDS (*Riemann's Zeta Function*, Academic Press, New York–London, 1974), A. IVIC (*The Riemann Zeta–Function*, J. Wiley, New York etc., 1985), S.J. PATTERSON (*An introduction to the theory of the Riemann Zeta–Function*, Cambridge University Press, Cambridge, 1988) und A.A. KARATSUBA, S.M. VORONIN (*The Riemann Zeta–Function*, W. de Gruyter, Berlin–New York, 1992).

11. Pole und Nullstellen der Zetafunktion. Hierüber gibt folgendes Ergebnis Auskunft, dessen Beweis sich wesentlich auf die Funktionalgleichung 10(1) stützt.

Satz.

(i) Die RIEMANNsche Zetafunktion hat genau an der Stelle 1 einen Pol; dieser ist einfach und hat Residuum 1.

(ii) Außerhalb des Streifens $0 < \sigma < 1$ hat die Zetafunktion lediglich an $-2, -4, -6, \ldots$ Nullstellen, die sämtliche einfach sind.

(iii) Für jedes komplexe s mit $0 < \operatorname{Re} s < 1$ gilt: Ist eine der Zahlen s, $\bar{s}$, $1-s$, $1 - \bar{s}$ Nullstelle der Zetafunktion, so trifft dies für sämtliche zu; auch die Nullstellenordnungen sind dann dieselben.

Beweis. (i), (ii): Mit Rücksicht auf Satz 4 müssen nur noch die Teile der Behauptungen gezeigt werden, die sich auf die Halbebene $\sigma \leq 0$ beziehen.

In $\sigma > 0$ hat das Produkt $P(s) := \zeta(s)\Gamma(\frac{s}{2})\pi^{-s/2}$ nach Satz 4 und den in Bemerkung 1 zu 10 zitierten Eigenschaften der Gammafunktion genau an der Stelle $s = 1$ einen Pol, der überdies einfach ist. Wegen 10(1) ist dies gleichbedeutend damit, daß $P(s)$ in $\sigma < 1$ genau an der Stelle $s = 0$ einen Pol hat, der einfach ist. Dort hat aber der Faktor $\Gamma(\frac{s}{2})$ von $P(s)$ einen einfachen Pol, weshalb $\zeta(s)$ an 0 holomorph und von Null verschieden ist. So ist die Zetafunktion in $\sigma < 1$ polfrei.

Da $P(s)$ in $\sigma \geq 1$ nullstellenfrei ist, gilt dies wegen 10(1) auch in $\sigma \leq 0$. Insgesamt hat $P(s)$ in $\sigma \leq 0$ weder Nullstellen noch (wenn man von $s = 0$ absieht) Pole. Daher hat $\zeta(s)$ in $\sigma \leq 0$ (abgesehen von der bereits behandelten Stelle $s = 0$) genau dort Nullstellen, wo $\Gamma(\frac{s}{2})$ Pole hat, d.h. an $s = -2, -4, -6, \ldots$; Bemerkung 1 in 10 zieht die Einfachheit all dieser Nullstellen nach sich.

(iii): Die Symmetrie–Eigenschaften der Nullstellen im Streifen $0 < \sigma < 1$ ergeben sich folgendermaßen. In $\sigma > 1$ hat man

$$\zeta(\bar{s}) = \sum_{n \geq 1} n^{-\bar{s}} = \overline{\sum_{n \geq 1} n^{-s}} = \overline{\zeta(s)};$$

analytische Fortsetzung zeigt dann, daß $\zeta(\bar{s}) = \overline{\zeta(s)}$ in ganz $\mathbb{C}$ zutrifft. Somit liegen die ζ–Nullstellen symmetrisch zur reellen Achse und die Ordnungen zweier konjugiert komplexer Nullstellen sind gleich. Aus 10(1) sieht man unmittelbar: Ist s eine in $0 < \sigma < 1$ gelegene ζ–Nullstelle, so hat $1 - s$ dieselbe Eigenschaft und die Nullstellenordnungen von s und $1 - s$ sind gleich. $\square$

Daß die Zetafunktion im sogenannten *kritischen Streifen* $0 < \sigma < 1$ unendlich viele Nullstellen hat, die nach (iii) des Satzes symmetrisch sowohl zur Mittelgeraden $\sigma = \frac{1}{2}$ als auch zur reellen Achse verteilt sind, war eine der drei RIEMANNschen Behauptungen, die HADAMARD 1893 beweisen konnte (vgl. 1).

Über die vertikale Verteilung der ζ–Nullstellen im kritischen Streifen weiß man sehr gut Bescheid. Bezeichnet nämlich $N(T)$ für reelles $T \geq 0$ die gemäß Vielfachheiten genommene Anzahl dieser Nullstellen in $0 \leq \operatorname{Im} s \leq T$, so besagt eine durch VON MANGOLDT 1905 bewiesene Behauptung RIEMANNS

$$(1) \qquad\qquad N(T) = \frac{T}{2\pi} \log \frac{T}{2\pi} - \frac{T}{2\pi} + O(\log T)$$

bei $T \to \infty$ (vgl. 1).

Über die horizontale Verteilung der ζ–Nullstellen des kritischen Streifens ist nicht so viel Genaues bekannt. Man kann bisher nicht die Existenz einer noch so kleinen reellen *Konstanten* $\eta \in]0, \frac{1}{2}]$ garantieren, so daß ζ in der Halbebene $\sigma > 1 - \eta$ nullstellenfrei ist (vgl. auch 12). Man kennt lediglich bei $|t| \to \infty$ gegen Null konvergente positive *Funktionen* $\eta(|t|)$, so daß $\zeta(\sigma + it) \neq 0$ ist für $\sigma > 1 - \eta(|t|)$ und $|t|$ genügend groß. DE LA VALLEE POUSSIN hat dies 1899 für $\eta(\tau) = c(\log \tau)^{-1}$ bewiesen; das beste Resultat in dieser Richtung lautet derzeit $\eta(\tau) = c(\log \tau)^{-2/3}(\log \log \tau)^{-1/3}$ und wurde 1958 unabhängig voneinander (im wesentlichen) von N.M. KOROBOV und VINOGRADOV gefunden. Dabei bedeuten c jeweils absolute positive Konstanten.

12. Riemannsche Vermutung heißt die einzige der bisher noch offenen RIE-MANNschen Behauptungen (vgl. 1): *Alle im Streifen $0 < \sigma < 1$ gelegenen Nullstellen der Zetafunktion liegen auf der Mittelgeraden $\sigma = \frac{1}{2}$.* Heute vermutet man zusätzlich, daß auch (vgl. Satz 11 (ii)) diese Nullstellen sämtliche einfach sind.

Andererseits seien von den theoretischen Resultaten, die für die Richtigkeit der RIEMANNschen Hypothese sprechen, lediglich zwei erwähnt. Zum einen gelang WEIL (Oeuvres Scientifiques/Collected Papers I, 277–279) für gewisse zu ζ analoge Funktionen der Beweis des Analogons zur RIEMANNschen Vermutung, ein Ergebnis, welches von P. DELIGNE (Inst. Hautes Etudes Sci. Publ. Math. 43, 273–307 (1974)) noch weitgehend verallgemeinert werden konnte. Zum zweiten konnte gezeigt werden, daß ein gewisser Anteil der nach Maßgabe von 11(1) im kritischen Streifen enthaltenen ζ–Nullstellen tatsächlich auf $\sigma = \frac{1}{2}$ liegt. Bezeichnet nämlich $N_0(T)$ die gemäß Vielfachheiten gezählte Anzahl der ζ–Nullstellen auf der Strecke

$$(1) \qquad\qquad \mathrm{Re}\, s = \frac{1}{2}, \qquad 0 \leq \mathrm{Im}\, s \leq T,$$

so hat A. SELBERG 1942 die Existenz einer reellen Konstanten $c \in]0, 1[$ bewiesen, so daß $N_0(T) \geq cN(T)$ für alle genügend großen $T > 0$ gilt. Dasselbe Resultat mit $c = \frac{2}{5}$ konnte J.B. CONREY (Bull. Amer. Math. Soc 20, 79–81 (1989)) sichern; genauer zeigte er, daß mindestens 40 Prozent der nichttrivialen ζ–Nullstellen auf $\sigma = \frac{1}{2}$ liegen und überdies *einfach* sind.

Interessant ist noch folgender einfache Zusammenhang zwischen RIEMANNscher Vermutung und dem Verhalten der bereits in Bemerkung 4 zu 1.4.9 betrachteten Funktion $M(x) := \sum_{n \leq x} \mu(n)$, die trivialerweise der Ungleichung

(2) $$|M(x)| \leq x$$

für alle reellen $x \geq 0$ genügt.

Satz.

(i)   Gilt $M(x) = O(x^\alpha)$ bei $x \to \infty$ mit reellem $\alpha \in [\frac{1}{2}, 1]$, so ist ζ in der Halbebene $\sigma > \alpha$ nullstellenfrei.

(ii)   Aus der Voraussetzung $M(x) = O(x^{1/2})$ folgt die Richtigkeit der RIE-MANNschen Vermutung und überdies die Einfachheit aller ζ–Nullstellen im kritischen Streifen.

Beweis. Lemma 2.4 über partielle Summation liefert bei $\sigma > 1$

$$\sum_{n \leq x} \mu(n) n^{-s} = M(x)x^{-s} + s \int_1^x M(t)t^{-s-1}dt,$$

woraus wegen (2) und 9(1) nach dem Grenzübergang $x \to \infty$ für $\sigma > 1$ folgt

(3) $$\frac{1}{\zeta(s)} = s \int_1^\infty M(t)t^{-s-1}dt.$$

(i): Wird nun $M(x) = O(x^\alpha)$ vorausgesetzt, so konvergiert das Integral rechts in (3) in der Halbebene $\sigma > \alpha$ absolut und definiert dort eine holomorphe Funktion, wie analoge Betrachtungen zu 3(3) erkennen lassen. Die in $\sigma > \alpha$ holomorphe rechte Seite von (3) stellt somit die analytische Fortsetzung von $\frac{1}{\zeta}$ in die genannte Halbebene dar, weshalb dort ζ selbst nullstellenfrei sein muß. (Insbesondere zeigt dies Argument, daß $M(x) = O(x^\alpha)$ bei $\alpha < \frac{1}{2}$ sicher falsch ist.)

(ii): Die jetzt wegen $|M(x)| \leq cx^{1/2}$ in $\sigma > \frac{1}{2}$ gültige Gleichung (3) impliziert in dieser Halbebene die Abschätzung

(4) $$\frac{1}{|\zeta(s)|} \leq c\frac{|s|}{\sigma - \frac{1}{2}}.$$

Ist s_0 eine k–fache Nullstelle von ζ, so gilt $\zeta(s) = a_k(s - s_0)^k + \dots$ (mit $a_k \in \mathbb{C}^\times$) für alle komplexen s nahe bei s_0. Ist insbesondere $s_0 = \frac{1}{2} + it_0$ mit reellem t_0 eine solche Nullstelle, so gilt für alle $s = \frac{1}{2} + \varepsilon + it_0$ mit kleinem $\varepsilon \in \mathbb{R}_+$ wegen (4) die Abschätzung

$$1 \leq c\frac{|\frac{1}{2} + \varepsilon + it_0|}{\varepsilon}|\zeta(\frac{1}{2} + \varepsilon + it_0)| \leq c(1 + |t_0|)\frac{1}{\varepsilon}(1 + |a_k|)\varepsilon^k =: c_1\varepsilon^{k-1},$$

was wegen der Kleinheit von ε sofort $k = 1$ impliziert. $\qquad\square$

Bemerkungen. 1) Abschätzungen des Typs $M(x) = O(x^\alpha)$ mit $\alpha < 1$ sind bisher nicht bekannt (vgl. Korollar 9). Insbesondere macht Teil (ii) des Satzes das Interesse deutlich, welches die erst jüngst widerlegte MERTENSsche Vermutung gehabt hat (vgl. Bemerkung 4 zu 1.4.9).

2) RIEMANN selbst äußerte sich S. 139 a.a.O. zu seiner Behauptung so:

"... es ist sehr wahrscheinlich, dass alle Wurzeln reell sind.*) Hiervon wäre allerdings ein strenger Beweis zu wünschen; ich habe indess die Aufsuchung desselben nach einigen flüchtigen vergeblichen Versuchen vorläufig bei Seite gelassen, da er für den nächsten Zweck meiner Untersuchung entbehrlich schien."

3) HILBERT begann die Formulierung des achten Problems seiner schon in 3.2.13 und 6.5.1 genannten Sammlung unter der Überschrift *Primzahlprobleme* folgendermaßen:

"In der Theorie der Verteilung der Primzahlen sind in neuerer Zeit durch HADAMARD, DE LA VALLEE POUSSIN, VON MANGOLDT und andere wesentliche Fortschritte gemacht worden. Zur vollständigen Lösung der Probleme, die uns die Riemannsche Abhandlung ... gestellt hat, ist es jedoch noch nötig, die Richtigkeit der äußerst wichtigen Behauptung von RIEMANN *nachzuweisen, daß die Nullstellen der Funktion* $\zeta(s)$ *... sämtlich den reellen Bestandteil* $\frac{1}{2}$ *haben –* wenn man von den bekannten negativ ganzzahligen Nullstellen absieht... "

Gegen Ende seines achten Problems regte HILBERT das Studium der Zetafunktion algebraischer Zahlkörper an, was seither zwar intensiv betrieben wird, allerdings ohne daß hier die Analoga zur RIEMANNschen Vermutung hätten gezeigt werden können.

13. Schlußbemerkungen. Die ersten Beweise des Primzahlsatzes durch HADAMARD und DE LA VALLEE POUSSIN verliefen im wesentlichen so: Man stellt zunächst die (je nach Vorgang gewichtete) Summe

$$(1) \qquad\qquad \sum_{n \leq x} a_n$$

der Koeffizienten der in $\sigma > 1$ konvergenten DIRICHLET–Reihe $\sum a_n n^{-s}$ von $-\zeta'(s)/\zeta(s)$ durch ein komplexes Integral längs der vertikalen Geraden $\mathrm{Re}\, s = \sigma_0$ mit $\sigma_0 > 1$ dar, in dessen Integrand der Quotient ζ'/ζ eingeht. Da ζ in $\sigma \geq 1$, ja sogar noch in einem gewissen Bereich $\sigma > 1 - \eta(|t|)$ (vgl. Ende von 11) nullstellenfrei ist, kann der Integrationsweg so weit nach links verlagert werden, daß man den Pol der ζ–Funktion an $s = 1$ zur asymptotischen Auswertung der

---

*) Er meint alle s mit $\zeta(\frac{1}{2} + is) = 0$, die nicht rein imaginär sind.

Koeffizientensumme (1) via Residuensatz ausnutzen kann. Diese Auswertung von (1) liefert den Primzahlsatz in der Form $\pi(x) \sim \text{li } x$ (vgl. 2.1). Klar ist, daß man für die Wegverlagerung nach links genügend gute obere Abschätzungen für den Integranden, insbesondere für $|(\zeta'/\zeta)(\sigma + it)|$ in $1 - \eta(|t|) < \sigma \leq \sigma_0$ bei $|t| \to \infty$ benötigt.

Sowohl die Sicherung der Nullstellenfreiheit von ζ in $1 - \eta(|t|) < \sigma < 1$ bei genügend großem $|t|$ als auch die Gewinnung der erwähnten guten Schranken für $|\zeta'/\zeta|$ in diesem Bereich ist zwar mühevoll. Dafür hat dieser älteste Weg zum Primzahlsatz den Vorteil, sofort zu einer quantitativen Verfeinerung des Typs

$$(2) \qquad \pi(x) = \text{li } x + O(x \exp(-c \log^\alpha x))$$

bei $x \to \infty$ mit positiver Konstanten c zu führen. Gestützt auf sein am Ende von 11 erwähntes Resultat über die Nullstellenfreiheit von ζ etwas links von $\sigma = 1$ hat DE LA VALLEE POUSSIN 1899 die Asymptotik (2) mit $\alpha = \frac{1}{2}$ bewiesen. (Das ebenfalls am Ende von 11 zitierte Ergebnis von KOROBOV und VINOGRADOV führt in (2) im wesentlichen zu $\alpha = \frac{3}{5}$ und damit zum derzeit besten Restglied im Primzahlsatz.)

Neue Wege zum Primzahlsatz haben um 1930 herum die TAUBER–Sätze von S. IKEHARA und N. WIENER eröffnet. Grundsätzlich gestatten TAUBER–Sätze asymptotische Aussagen über (1), wenn man das asymptotische Verhalten bei $\sigma \to 1$ der in $\sigma > 1$ durch die Reihe $\sum a_n n^{-s}$ definierten Funktion genügend gut kennt und wenn die Reihen–Koeffizienten a_n geeignete Zusatzbedingungen erfüllen. Für die Beweise und Anwendungen der angesprochenen TAUBER–Sätze in der Primzahltheorie wurde die aufwendige Abschätzung von $|\zeta'/\zeta|$ an ∞ ebenso überflüssig wie der Nachweis des Nichtverschwindens von ζ etwas links von $\sigma = 1$. Dafür hängen die Beweise dieser TAUBER–Sätze von gewissen Resultaten über FOURIER–Transformation ab, die ihrerseits keineswegs auf der Hand liegen.

Vor fast drei Jahrzehnten hat D.J. NEWMAN (Amer. Math. Monthly *87*, 693–696 (1980)) einen dritten analytischen Weg zum Primzahlsatz gefunden, dem die Darstellung oben in 2 bis 8 gefolgt ist. Wie dort gesehen, kommt der NEWMANsche Ansatz einerseits mit Integration längs endlicher Wege (und der Tatsache $\zeta(s) \neq 0$ in $\sigma \geq 1$) aus, umgeht also Abschätzungen bei ∞; andererseits ist er frei von Sätzen der FOURIER–Analysis. NEWMANs Konvergenzsatz 8 geht übrigens auf INGHAM (Proc. London Math. Soc. (2) *38*, 458–480 (1935)) zurück, der allerdings FOURIER–Theorie zum Beweis benützte, was komplizierter als die Methode komplexer Integration ist.

Rückblickend kann man sagen, daß die analytische Primzahltheorie in weitgehender Ausführung des RIEMANNschen Programms durch die großen Erfolge von

HADAMARD, DE LA VALLEE POUSSIN, VON MANGOLDT und anderen um die
Wende zum 20. Jahrhundert gewaltig vorangetrieben wurde. Diese Entwicklung
wurde durch das Erscheinen von LANDAUs epochemachendem *Handbuch* [12] im
Jahre 1909 noch verstärkt: die Ideen der analytischen Zahlentheorie begannen
sich rasch auszubreiten und zogen viele bedeutende Ergebnisse nach sich.

Die Erfolge der analytischen Methoden führten andererseits gelegentlich auch zur
Unterschätzung elementarer Methoden selbst durch einflußreiche Mathematiker.
So äußerte sich etwa HARDY, dem die analytische Zahlentheorie starke Impulse
verdankt, in seinem Vortrag über "Goldbach's Theorem" am 6. Oktober 1921
vor der Mathematischen Gesellschaft in Kopenhagen folgendermaßen (Collected
Papers I, 549–550):

"You may ask me what an 'elementary' method is, and I must explain precisely
what I understand by this expression. I do not mean an easy or a trivial method;
an elementary method may be quite desperately ingenious and subtle. I am using
the word in a definite and technical sense, and in this I am only following the
common usage of arithmeticians. I mean, by an elementary method, a method
which makes no use of the notion of an analytic function...

...Let us turn back ... to its central theorem, the 'Primzahlsatz'[*] or 'prime
number theorem'... No elementary proof is known, and one may ask whether it
is reasonable to expect one. Now we know that the theorem is roughly equivalent
to a theorem about an analytic function, the theorem that Riemann's Zeta–
function has no zeros on a certain line[**]. A proof of such a theorem, not
fundamentally dependent upon the ideas of the theory of function, seems to
me extraordinarily unlikely. It is rash to assert that a mathematical theorem
cannot be proved in a particular way... If anyone produces an elementary proof
of the prime number theorem, he will show that these views are wrong, that the
subject does not hang together in the way we have supposed... "

Als dann doch im Jahre 1948, wenige Monate nach HARDYs Tod, gleichzeitig
SELBERG (Ann. Math. (2) *50*, 305–313 (1949)) und P. ERDÖS (Proc. Nat.
Acad. Sci. USA *35*, 374–384 (1949)) elementare Beweise des Primzahlsatzes
fanden, wirkte dies wie eine Sensation: Seit TCHEBYCHEF hatte man sich ein
Jahrhundert lang immer wieder vergeblich um einen derartigen Weg bemüht.
"Dies zeigt", um mit SIEGEL zu sprechen, "daß man über die wirklichen Schwie-
rigkeiten eines Problems nichts aussagen kann, bevor man es gelöst hat."

Die ERDÖS–SELBERGsche Entdeckung verhalf in der Folgezeit den elementaren
Methoden in der Zahlentheorie zu neuem Ansehen und gab ihnen den gebühren-
den Platz neben den analytischen zurück. Einen guten Eindruck von dieser

---

[*] Man sieht auch bei HARDY den Einfluß von LANDAUs "Handbuch".

[**] $\zeta(s) \neq 0$ auf Re $s = 1$.

Entwicklung gewinnt der interessierte Leser etwa anhand des Buchs von A.O. GEL'FOND und YU.V. LINNIK (*Elementary Methods in the Analytic Theory of Numbers*, M.I.T. Press, Cambridge/Mass., 1966).

Literaturverzeichnis

Literatur zur Zahlentheorie

[1] BOREWICZ, S.I., SAFAREVIC, I.R.: *Zahlentheorie*, Birkhäuser, Basel–Stuttgart, 1966

[2] CHAHAL, J.S.: *Topics in Number Theory*, Plenum Press, New York–London, 1988

[3] EDWARDS, H.M.: *Fermat's Last Theorem. A Genetic Introduction to Algebraic Number Theory*, Springer, New York–Heidelberg–Berlin, 1977 (Corr. 3rd Printing 2000)

[4] FREY, G.: *Elementare Zahlentheorie*, Vieweg, Braunschweig–Wiesbaden, 1984

[5] GUNDLACH, K.B.: *Einführung in die Zahlentheorie*, Bibl. Institut, Mannheim–Wien–Zürich, 1972

[6] HARDY, G.H., WRIGHT, E.M.: *Einführung in die Zahlentheorie*, Oldenbourg, München, 1958

[7] HASSE, H.: *Vorlesungen über Zahlentheorie*, Springer, Berlin-Göttingen-Heidelberg, 1950 (2. Aufl. 1964)

[8] HLAWKA, E., SCHOISSENGEIER, J.: *Zahlentheorie*, Manz, Wien, 1979 (2. Aufl. 1990)

[9] HUA, L.K.: *Introduction to Number Theory*, Springer, Berlin–Heidelberg–New York, 1982

[10] INDLEKOFER, K.-H.: *Zahlentheorie*, Birkhäuser, Basel–Stuttgart, 1978

[11] IRELAND, K., ROSEN, M.: *A Classical Introduction to Modern Number Theory*, Springer, New York–Heidelberg–Berlin, 1982 (Corr. 2nd Printing 1993)

[12] LANDAU, E.: *Handbuch der Lehre von der Verteilung der Primzahlen,*
Teubner, Leipzig–Berlin, 1909 (Nachdruck: Chelsea, New York, 1974)

[13] LANDAU, E.: *Vorlesungen über Zahlentheorie,* Hirzel, Leipzig, 1927 (Nachdruck: Chelsea, New York, 1950 (Band I, 1.Teil) bzw. 1969 (Band I,
2.Teil; Bände II, III))

[14] LEVEQUE, W.J.. *Fundamentals of Number Theory,* Addison–Wesley,
Reading/Mass. etc., 1977 (Reprint: Dover, Mineola NY, 1996)

[15] LEVEQUE, W.J.: *Topics in Number Theory,* Addison-Wesley, Reading/
Mass., 1956 (Reprint: Dover, Mineola NY, 2002)

[16] MORDELL, L.J.: *Diophantine Equations,* Academic Press, London–New
York, 1969

[17] NARKIEWICZ, W.: *Number Theory,* World Scientific, Singapore, 1983

[18] NIVEN, I., ZUCKERMAN, H.S.: *Einführung in die Zahlentheorie,* Bibl.
Institut, Mannheim–Wien–Zürich, 1976

[19] PERRON, O.: *Die Lehre von den Kettenbrüchen,* Teubner, Leipzig–Berlin,
1929 (3. Aufl., Bände I, II, Teubner, Stuttgart, 1954, 1957)

[20] PRACHAR, K.: *Primzahlverteilung,* Springer, Berlin–Göttingen–Heidelberg, 1957 (2. Aufl. 1978)

[21] REMMERT, R., ULLRICH, P.: *Elementare Zahlentheorie,* Birkhäuser, Basel–
Boston–Berlin, 1986 (2. Aufl. 1995)

[22] RIBENBOIM, P.: *The New Book of Prime Number Records,* Springer, New
York etc., 1995

[23] RIBENBOIM, P.: *13 Lectures on Fermat's Last Theorem,* Springer, New
York–Heidelberg–Berlin, 1979 (2nd Printing 1994)

[24] ROSE, H.E.: *A Course in Number Theory,* Claredon Press, Oxford, 1988
(2nd Ed. 1994)

[25] SCHEID, H.: *Zahlentheorie,* Wissenschaftsverlag, Mannheim–Wien–Zürich,
1991 (2. Aufl. 1994)

[26] SCHMIDT, W.M.: *Diophantine Approximation,* Springer, Berlin–Heidelberg–New York, 1980 (2nd Printing 1996)

[27] SCHNEIDER, T.: *Einführung in die transzendenten Zahlen,* Springer, Berlin–Göttingen–Heidelberg, 1957

[28]   SCHWARZ, W.: *Einführung in die Zahlentheorie*, Wiss. Buchgesellschaft, Darmstadt, 1975 (2. Aufl. 1987)

[29]   SIERPINSKI, W.: *Elementary Theory of Numbers*, Państwowe Wydawnictwo Naukowe, Warszawa, 1964 (2nd Ed., revised and enlarged by A. SCHINZEL, North–Holland, Amsterdam–New York–Oxford, 1988)

[30]   VAUGHAN, R.C.: *The Hardy-Littlewood method*, University Press, Cambridge etc., 1981 (2nd Ed. 1997)

[31]   WALDSCHMIDT, M.: *Nombres Transcendants*, Springer, Berlin–Heidelberg–New York, 1974

[32]   WOLFART, J.: *Einführung in die Zahlentheorie und Algebra*, Vieweg, Braunschweig–Wiesbaden, 1996

Aufgabensammlungen zur Zahlentheorie

[A1]   KAISER, H., LIDL, R., WIESENBAUER, J.: *Aufgabensammlung zur Algebra*, Akad. Verlagsgesellschaft, Wiesbaden, 1975

[A2]   PARENT, D.P.: *Exercises de théorie des nombres*, Gauthier–Villars, Paris, 1978 (Reproduction 1999)

[A3]   POLYA, G., SZEGÖ, G.: *Aufgaben und Lehrsätze aus der Analysis*, Band II, Springer, Berlin–Heidelberg, 1925 (4. Aufl. 1971)

[A4]   SIERPINSKI, W.: *A Selection of Problems in the Theory of Numbers*, Pergamon Press, New York, 1964

[A5]   SIERPINSKI, W.: *250 Problems in Elementary Number Theory*, Amer. Elsevier Publ. Comp., New York, 1970

Zahlreiche Aufgaben sind auch in [2], [4], [10], [11], [14], [15], [17], [18], [24], [25] enthalten.

Literatur zur Geschichte der Zahlentheorie

[G1]   BÜHLER, W.K.: *Gauss, a biographical study*, Springer, Berlin–Heidelberg–New York, 1981

[G2] DICKSON, L.E.: *History of the theory of numbers*, Vols. I, II, III, Carnegie
      Institute, Washington D.C., 1919, 1920, 1923 (Reprint: Dover, Washing-
      ton D.C., 2005)

[G3] DIEUDONNE, J.: *Geschichte der Mathematik 1700–1900*, Vieweg, Braun-
      schweig–Wiesbaden, 1985

[G4] EUKLID: *Die Elemente*, Buch I–XIII, Wiss. Buchgesellschaft, Darmstadt,
      1980 (Nachdruck 4. Aufl.: Deutsch, Frankfurt a.M., 2003)

[G5] GAUSS, C.F.: *Untersuchungen über höhere Arithmetik*, Nachdruck:
      Chelsea, New York, 1965
      (Deutsche Übersetzung der *Disquisitiones Arithmeticae*, G. Fleischer Jun.,
      Leipzig, 1801. Hiervon Nachdruck: Springer, Berlin etc., 1986. Die *Dis-
      quisitiones Arithmeticae* sind identisch mit dem ersten Band der GAUSS-
      schen Werke.)

[G6] MAHONEY, M.S.: *The mathematical career of Pierre de Fermat*, Univer-
      sity Press, Princeton, 1973

[G7] ORE, O.: *Number Theory and its History*, McGraw Hill, New York etc.,
      1948 (Paperback: Dover, New York, 2001)

[G8] SCHARLAU, W., OPOLKA, H.: *Von Fermat bis Minkowski*, Springer,
      Berlin–Heidelberg– New York, 1980

[G9] THIELE, R.: *Leonhard Euler*, Teubner, Leipzig, 1982

[G10] VAN DER WAERDEN, B.L.: *Erwachende Wissenschaft*, Birkhäuser, Ba-
      sel–Stuttgart, 1956 (2. Aufl. 1966)

[G11] WEIL, A.: *Number Theory; An approach through history. From Ham-
      murapi to Legendre*, Birkhäuser, Boston–Basel–Stuttgart, 1983 (4th Prin-
      ting 2007)

[G12] WUSSING, H.: *Carl Friedrich Gauss*, Teubner, Leipzig, 1979 (5. Aufl.
      1989)

Namen– und Sachverzeichnis

Namenverzeichnis

DIAZ, G. 281
DICKSON, L.E. 163, 186, 327
DIEUDONNE, J. 327
DIOPHANT 28, 170, 179
DIRICHLET, P.G.L. 52, 95, 139, 181, 187
DIXON, J.D. 101
DRESS, F. 163

EDWARDS, H.M. 182, 316, 324
EISENSTEIN, G. 136, 146
ENCKE, J.F. 293
ERATOSTHENES 186, 286
ERDÖS, P. 322
ERNVALL, R. 183
EUKLID 5, 11, 12, 20, 21, 23, 28, 168, 186, 327
EULER, L. 11, 52, 80, 97, 109, 131, 139, 143, 145, 155, 158, 172, 177, 181, 191, 227, 240, 242, 257, 272, 282, 289, 295, 315
EVERETT, C.J. 58

FALTINGS, G. 177, 183, 185
FAUQUEMBERGUE, E. 143
FEL'DMAN, N.I. 254
FERMAT, P. 52, 80, 97, 155, 179, 184
FIBONACCI, L. (= PISANO, L.) 194, 287
FOURIER, J.B. 220
FREY, G. 184, 324
FROBENIUS, G. 116
FUETER, R. 174

GAGE, P. 143
GAUSS, C.F. 8, 13, 53, 65, 75, 76, 81, 87, 94, 103, 110, 115, 132, 134, 145, 148, 162, 165, 199, 293, 327
GEL'FOND, A.O. 272, 279, 323
GERSTENHABER, M. 146
GILLIES, D.B. 143
GIRARD, A. 155

GLAISHER, J. 287
GOLDBACH, C. 52, 80, 88, 282, 291
GRANVILLE, A. 100
GUNDLACH, K.B. 324

HADAMARD, J. 302
HAGIS, P. JR. 12
HAJRATWALA, N. 143
HALBERSTAM, H. 291
HARDY, G.H. 50, 292, 307, 322, 324
HASSE, H. 8, 146, 324
HEATH-BROWN, D.R. 113, 316
HECKE, E. 274
HENSEL, K. 8, 182
HERMES, J. 88
HERMITE, C. 257, 263
HILBERT, D. 14, 146, 162
HLAWKA, E. 324
HOOLEY, C. 113
HUA, L.K. 324
HURWITZ, A. 143
HUYGENS, C. 237

I-HSING 94
IKEHARA, S. 321
INDLEKOFER, K.-H. 324
INGHAM, A.E. 284, 321
IRELAND, K. 324
IVIC, A. 316
IVORY, J. 97
IWANIEC, H. 140

JACOBSTHAL, E. 155
JACOBI, C.G.J. 113, 146, 164, 177
JAMES, R.D. 14
JENSEN, K.L. 182
JORDAN, C. 48

KAISER, H. 326
KANADA, Y. 214
KARATSUBA, A.A. 316

Sachverzeichnis